MATHEMATICAL BIOLOGY

Introduction to
Population Dynamics Modelling

**SENO
Hiromi**

数理生物学

個体群動態の
数理モデリング入門

瀬野裕美 [著]

共立出版

はじめに

　飽和密度に向かって増大する生物個体群密度 $N(t)$ の時間変動ダイナミクスの基礎的な**数理モデル**（mathematical model）として，次の4つの常微分方程式モデルは，いずれも logistic 方程式と呼ばれ，数学的には同等である（パラメータ r_0, β, K, b はすべて正定数）：

$$\frac{dN(t)}{dt} = \{r_0 - \beta N(t)\} N(t)$$

$$\frac{dN(t)}{dt} = r_0 \left\{1 - \frac{N(t)}{K}\right\} N(t)$$

$$\frac{dN(t)}{dt} = r_0 N(t) - b \{N(t)\}^2$$

$$\frac{dN(t)}{dt} = \{r_0 - \beta N(t)\} N(t) - b \{N(t)\}^2$$

しかし，これらの4つの logistic 方程式は，**数理モデリング**（mathematical modelling）の観点から考えれば，異なる数理モデルである[*1]。したがって，それぞれの logistic 方程式の解析から導かれる生物個体群密度の変動ダイナミクスに関する特性について議論する場合の内容や，それぞれの logistic 方程式を基点として新しい数理モデルを構成する場合の発展の詳細は異なってくる。

　本書は，特に，そのような，数理モデル構成における数理モデリングの意味を理解するために，基礎的な数理モデルの構成やその構造に関わる仮定や設定がどのように数理モデルに導入されてゆくのかに焦点をおいたものであり，数理生態学（Mathematical Ecology）の中の，とりわけ，数理集団生物学あるいは数理個体群生物学（Mathematical Population Biology）における個体群ダイナミクス[*2]（population dynamics）に関する数理モデリングの数理的な考え方の基本をできるだけ丁寧にまとめようとして書かれたものである。

　個体群ダイナミクスの基礎的な数理モデルは，集団生物学や個体群生物学の発展的・応用

[*1] 第 2.1.3 節，第 3.1.2 節，第 3.1.3 節の議論を参照。
[*2] しばしば，『個体群動態』とも称される。"dynamics" に対する和訳「動態」は秀逸。

的な数理モデルの基礎になっているばかりではなく，より広い数理生物学 (Mathematical Biology) のさまざまな数理モデルの基礎となっている。生態学に関わる問題はもちろんのこと，社会生物学，動物行動学，動物生理学，集団遺伝学，分子遺伝学，細胞遺伝学，細胞生物学，分子生物学，発生学などの生物学の他分野，医学・生理学，数理社会学，数理心理学，数理言語学などにおける問題に関する数理モデルの基礎としての位置づけをもつといってよい。本書はそのような生物の関わる現象のあらゆる数理モデルの基礎の一つに焦点をあてたものといえる。

　本書は，数理生物学に関わる数理モデルの「数理的解析の基礎」をまとめようとしたものではないので，そのようなことを学びたいと本書を開いた読者には期待はずれの内容になるかもしれない。もちろん，本書の読者の数理的解析への関心の便宜を図るために，できるだけ要所要所に参考文献を挙げたつもりである。また，数理モデリングの考え方を理解するのに役立つと思われる数理モデルの数理的解析に関しては，行数を惜しまず述べてある。

数理モデリングとは

　数理モデリングは，狭義には，**数理モデル**と呼ばれる数理的な構造を構成する「過程」を指すと考えればよい。しかし，実世界の現象の理解や研究のために数理モデルを構成し，解析する，という理論的研究においては，数理モデルの数理的解析（コンピュータによる数値計算も含む）の結果を研究対象の現象に引き戻して（対照させて），現象について導かれうる結論を「引き出す」必要があることから，広義には，現象の理解や研究のために構成される数理モデルと現象との間の連関をなす理論的・数理的な過程（考え方）を指していると考えることができる。数理モデルが「形ある表現」であるのに対し，数理モデリングは「形をもたない過程」であると考えてよいだろう。

　一般に，数理生物学における数理モデリングによる一連の研究過程は，次のような段階から構成される：

1. 研究の対象とする生命現象に関する生物学的，医学的な問題の設定。
2. 設定された問題を理論的に考察するために取り上げる現象に関わる要因の抽出。
3. 抽出した要因の特性，それらの間の関連性に関する仮定・仮説の設定。
4. 設定された仮定・仮説の数理的表現。
5. 仮定・仮説の数理的表現を用いた数理モデルの表現。
6. 段階1で設定した問題を鑑み，数理モデルの数理的構造を考慮に入れた上での，数理モデルの数理的解析の方針や手法の選定。
7. 数理モデルの数理的解析。
8. 数理モデル解析によって得られた数理的結果の，考察しようとしている問題への関連性，現象との連関性の導出。

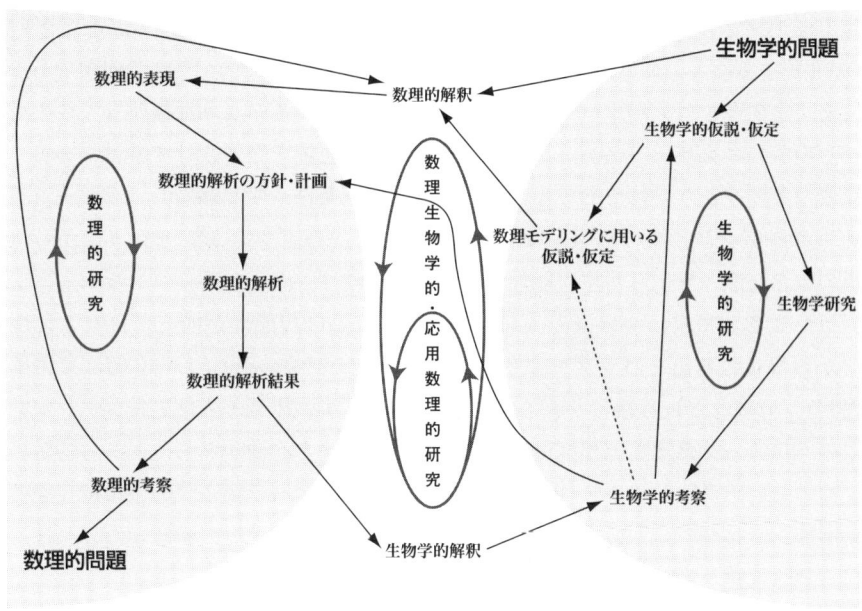

9. 数理モデル解析によって得られた結果の理論的統合に基づいた，考察しようとしている問題に関する生物学的，医学的な考察の展開．

　この過程は，この順に進行するのが一般的ではあるが，この順に一方向に進むものでないことは，極あたり前のことである．各段階が独立したものではなく，相互に関連性をもって達成されてゆく．ある段階に至って初めてそれ以前の段階における問題点が明らかになるということは，必ずといってよいほど起こることであるし，それが研究遂行上の不確定性であり，面白さでもあろう．実際，著者は，いよいよの研究のとりまとめとしての論文執筆中に上記の段階のいずれかにおける穴であるとか，問題点が明らかになる，という経験をしばしばしている．

　上記の9つの段階のいずれが「数理モデリング」にあたるか，という問いかけは，上記の広義の数理モデリングの意味に基づけば，ほとんど意味のない問いである．広義の数理モデリングは，上記の段階1と7をのぞいて，（陰に陽に）常に必要とされる過程だからである．ただし，数理モデリングの狭義に基づくならば，段階4と5がそれであろうか．

現象の研究における数理モデル解析の目的

　ひとくちに現象に対する数理モデルといっても，その構成方法によって，目的を類別することができる．大容量のデータを高速に処理できるコンピュータの能力を活用した数値計算によるコンピュータシミュレーションモデルにおいては，複雑な条件のもとでの特定の現象の「量」的な予測や推定を行うことが目的となるものが少なくない．たとえば，生

物個体群を成す個体の数や生物個体群の移住・拡散の速さ，分布域の広さなどといった「量」の変化を刻々と追おうとするコンピュータシミュレーション[*3]はこの類であるといえる。ますます進むコンピュータの大容量化，高速化が，そのような複雑な条件のもとに現われる現象のコンピュータシミュレーションによる研究を発展させて続けている。ただし，複雑な条件をとりいれたモデルにおいては，設定条件，すなわち，パラメータ[*4]として与えられるデータの値のわずかな違いが，コンピュータシミュレーションから得られる結果の大きな違いを生みだす可能性[*5]がある。これは，複雑な系のコンピュータシミュレーションにおいて常につきまとう可能性であり，この可能性がゆえに，たとえ現実のデータから得られる値をパラメータに用いているとしても，そのデータ値には不確定分（測定誤差，分散など）も避けがたく存在するので，コンピュータシミュレーションによる結果のパラメータ感受性の程度について慎重に検討する必要がある[*6]。ある特定のパラメータへの強い感受性が認められるような場合には，そのパラメータの値に依存する特性についてのシミュレーション結果については相当慎重な数値計算の検討がなければ，信頼のおける議論は難しいと考えるのが科学的であろう。

　また，複雑な条件を同時に考慮にいれたシミュレーションモデルでは，個々の条件がシミュレーションの結果についてどのような寄与をしているのかについての議論は困難である。得られたシミュレーション結果は，個々の条件の効果の単なる重ね合わせではなく，条件が複雑に関係し合った結果として得られたものであるから，どの条件が結果にどのように反映されるのかを議論するためには，数値計算の結果を大量にサンプルし，比較することによって考察することも可能ではあるが，上記のようなパラメータ感受性が強い場合や，高度に複雑なシミュレーションモデルにおいてはそれも不可能と考えられる[*7]。

　一方，現象の限られた構成要素・要因のみに着目して数理モデルを構成することも可能である。そのような数理モデルの解析では，現象の量的な予測や推定を高い精度で行なうことはできないし，ほとんどの場合，量的な予測や推定を目的にしていない。考慮すべき条件を全て組み入れているとは限らないからである。この種の数理モデル解析は，着目している要素が「質」的にどのような効果を現象においてもちうるのかを議論することが目的となる。条件の変化がどのように現象の特性に反映されうるのかを考察するのである。限られた構成要素・要因のみからなる数理モデルの解析結果は，相異なる現象のもつ共通

[*3] 「**シュミ**レーション」という表現を使う日本人が時たまあるが，まちがいである。"simulation"という英単語の発音に基づく正しい表現は，「**シミュ**レーション」である。
[*4] 初期条件もパラメータとして考えうる。
[*5] パラメータに対する結果の"感受性"（sensitivity）と呼ばれる。
[*6] このようなパラメータ感受性を検討せずに，特定のパラメータ値にのみ依存したシミュレーション結果に基づく議論を展開して導かれた一般的（に見える）結論は，科学的研究としては根本的な欠陥を持ちうる。
[*7] ただし，昨今ますます発展している，いわゆる，「複雑系の科学」では，往々にして，大規模な数値計算シミュレーションをその基盤の手法として，新しい数理モデルの展開が開けつつあるようでもある。たとえば，金子・津田 [158] や金子・池上 [157] などにその一端をかいま見ることができるだろう。

性や相違性を考察する材料を与えてくれる可能性がある．異なる現象であっても，それぞれの主因となる要素・要因の間の関係が同じ，もしくは類似している場合には，共通の数理的構造からなる数理モデルによって議論されうる場合があるからである．このような場合，異なる現象を対照させるための材料として数理モデルを活用することも可能である．

数理生物学

数理生物学という学問分野は，いわゆる，学際分野である．だから，生物現象をその研究の対象としていながらも，生物学の一分野として生物学に内含されつくされるものではない．それは，数学や物理学，化学と生物学の狭間から生まれた複合分野である[*8]．数理生物学では，考察の対象となる生物現象に関する科学的問題を，確率過程，微分方程式，差分方程式，オートマトン，ゲーム，最適制御などの理論を基礎にして構築された数理モデルの数理的解析の結果をもとに，生物現象に潜む「科学的な論点」を明確にしようとする．もちろん，それらの数理モデルはいずれも従来得られている生物学的知見および生物学的仮定に基づいて構築されるべきものである．ところが，そのように構成された数理モデルの解析によって得られた結論が生物学による研究結果と矛盾することがある．そのような場合でも，その数理モデル研究が，即，闇に葬られるというわけではない．数理モデルが既存の生物学的知見，生物学的仮定に基づいて構築された以上，結論が現象と矛盾するということは，数理モデルの前提として用いた生物学的知見，生物学的仮定において何らかの問題があるか，数理モデルの構成過程（数理モデリング）に問題があるか，のいずれかである．前者の場合，たとえば，現象に関する数理モデリングに採用した仮定の不備，誤り，あるいは，数理モデルに導入するべき要因の設定が適当でなかったなどの理由が考えられる．このような場合，生物学的論点を提示できる可能性がある．研究対象としている生物現象を理解する上で，生物学的な知見や仮定・仮説の不備や誤り，または，数理モデリングに採用された要因だけでは不十分であるということを理論的に示唆できる[*9]からである．このような論点での議論において，その数理モデルの解析結果は有用な対照として意義を持つのである．

複雑な開放系としての自然界では，様々な生物学的要因，環境要因が絡み合った結果として生物種の共存や絶滅が観測されるので，どの要因がどのようにどのくらい共存や絶滅と関わっているか，というダイナミクスの構造はそのままではわからない．だから，生物学は，そのダイナミクスを種々の観測データや実験データから解明してゆこうとする．現象の計量化によって現象を支配しているダイナミクスの性質を明らかにしてゆく研究は，

[*8] そんな分野があっても，何も特別なことではない．たしかに，現代の自然科学の分野はおそろしく細分化されてしまったかのように見えるが，いにしえの「科学 (Science)」は，ニュートンやレオナルド＝ダ＝ビンチがそうだったように，自然現象全般を「科学」という大きな枠組みの中で自由に探求するものだったのだから．

[*9] つまり，採用されなかった要因の重要性が顕在化する．

特定の生物現象の特定の側面を観測して考察するが故に，時に，現象特異的，つまり，その現象に限って示すことのできるような生物学的結論に至ることがある．もちろん，そうした結論であっても対照として他の研究にとって有用である場合もある．しかし，現象特異的な研究は，一般に，特定の環境条件や生物学的条件下の限られた観測に基づくために，そのような条件の変化がどのように観測している現象の特性を変化させうるのか，という問いに対して答えを用意できる可能性はいたって小さい．それは，その現象の現状での生物学的ダイナミクスの姿を研究しているのであって，その生物学的ダイナミクスが持つ様々な可能性をも含めた「構造」全体を研究しているのではない．また，現象特異的であるが故に，得られた結論の正当性がいかほどのものかを検討するための論点を欠く場合もある．数理モデル研究は理論的な思考実験の側面を持つ．また，生物学的知見や仮定に基づいて構成されるべきものである[*10]．だから，ある特定の現象の研究から得られた知見をもとに構成された数理モデルを研究することによって，環境条件の変化に対してどの程度まで不変的に同じ結論が観測できるのか，どのように違った様相を現象がみせるのか，という議論の論点を提供することができるのであり，他の現象のダイナミクスとの体系化も促すことができるのである．

生物現象に関する数理モデルの研究においては，上記のように，数理モデリング，数理モデル解析が，対象とする生物現象に関する研究との関わりの上でどのような位置づけを持つかが重要である．この点が曖昧になると，数理モデリングや数理モデル解析に基づく生物現象の研究としての「研究の位置づけ」ができずに研究が進展できなくなったり，生物現象研究からは離れ，生物現象の「言葉」に彩られただけの数理の研究，もしくは，演習程度のものになる危険性も少なくない．

ここで，かなり大まかではあるが，生物現象に関する数理モデル研究の位置づけとして4つの範疇[*11]を考えてみよう．まず，「具体的な生物現象の特定の側面を研究するための数理モデル」研究としての位置づけである．この場合の数理モデルは，特定の生物現象に特異的な数理モデリングによって構成され，その生物現象の特性についての議論を行うためのものである．特定の生物現象の特性に特化された数理モデルが構成されるために，その解析結果の一般性は高くはないが，対象とする生物現象へのより具体的な議論を提供できるものとなる．生物学研究者が自身の研究に貢献できる数理モデル研究を期待する場

[*10] ただし，現象との理論的な対照を行うことを目的として，あるいは，数理モデルの解析の一環として，生物学的知見や仮説・仮定の一部を非生物学的もしくは非現実的なものに置き換える場合も多々ある．また，生物学における従来の知見や既存の仮説・仮定から数理モデリングで要求される適当な仮定が得られない場合もある．そのような場合には，従来の知見や既存の仮説・仮定との論理的整合性を勘案しながら，理論的に新しく仮定・仮説を設定しなければならない（これは，理論生物学的側面といえる）．生物学研究においては，このように，いわゆる「ブラックボックス」的に取り扱われている生物現象の要因も少なくない．

[*11] 東 [115] は，類似の論点について，3つの範疇，「記述モデル」「説明モデル」「予測モデル」に基づいた議論を述べている．

はじめに　　vii

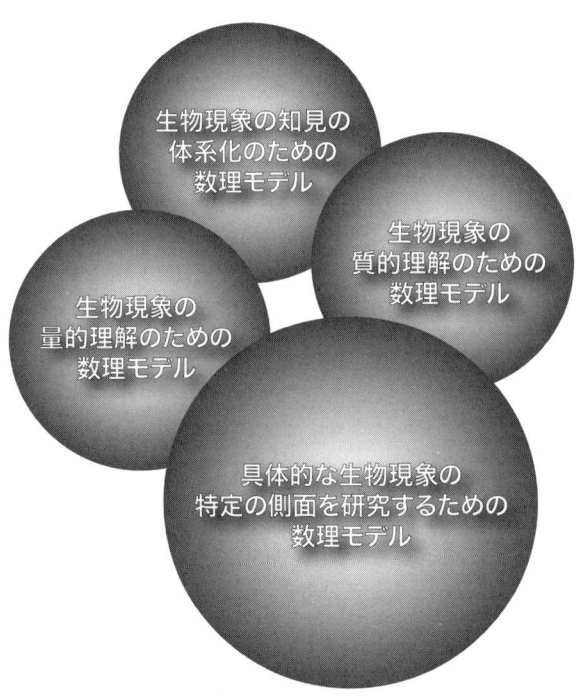

合には，この範疇の数理モデルが要求されることが多いだろう．しかし，多くの場合，そのような要求に応えられる数理モデリングによる数理モデルは，かなり複雑なものになる[*12]．それに対する相当の基礎研究の土台があってこそ実際的に生物学者の要求に応えられるような数理モデル研究の成果が望めるものである．この範疇の数理モデルには，対象とする生物現象の「記述」を目指したものが含まれる．また，「生物現象の量的理解のための数理モデル」も生物学者がしばしば要求する範疇のものである．つまり，数理モデルを用いる（！）ことによって，対象とする生物現象の「予測」をしたり，「特性の定量化」を目指した数理モデル研究である．これに対して，「生物現象の質的理解のための数理モデル」研究は，対象とする生物現象の特性を「理解」するための（思考）実験的な側面をもつ．より理論的な数理モデル研究といえる．さらに，「生物現象の知見の体系化のための数理モデル研究」は，いわば，理論生物学（Theoretical Biology）[*13] の研究としての数理モデル研究である．この類の研究は，生物学の研究のバックグラウンドとしての理論を提供できるものとも考えられる．無論，各々の数理モデル研究がこれらの4つの範疇に

[*12] もちろん，豆類につくマメゾウムシであるアズキゾウムシ Callosobruchus chinensis の個体数密度変動のデータの解析において，その変動様式を理解するために単純な離散型 logistic 方程式を用いた考察で成功した Fujita & Utida [80] のような例も少なくはない．

[*13] 昨今，「理論生物学」という表現は死語に近くなっているかのようにも感じられるほど，「数理生物学」の方がもっぱら用いられているように思うが，やはり，「理論生物学」という分野は健在（必ずしも数理モデルを用いない理論的研究の存在）であろう．

明確に類別されるものではないし，これらの4つの範疇は排他的なものでもなく，それぞれが互いに交わり合っているものである．大切なことは，既述のように，生物現象の研究としての数理モデル研究の各々が，その位置づけ，見地をもって展開されることである．

数理生物学において研究されてきた様々な数理モデルは，生物学以外の分野，特に，数学，物理学の分野にとって興味深い問題を提供してきた．実際，現在，数理生物学に関わる研究を行っている研究者は，生物学のみならず数学，物理学などの様々な研究室で活躍している[*14]．そして，数理生物学に関わる数理モデルを対象とした研究には，数学としての一般論的研究もあれば，特定の生物現象のみを取り上げた生物学的研究まであり，実に多種多様である．数学や物理学としての一般論的研究は，特定の生物現象に対する数理モデルを解析する際にも実用的に応用されうる可能性をもつものなので，現在の数理生物学は，そのような多種多様な数理研究が交差する，境界が実に曖昧な分野といえる．ただし，一方では，数理モデル研究のすべてが「数理生物学」の研究であるとは考えがたい．生物現象に関する数理モデルの解析であっても，生物現象の考察のための生物学的議論を目的としない，数学や物理学としての一般論的研究は，数理生物学研究にとって価値ある研究であり得ても，一般には，数理生物学の研究とは考えられないし，そのような研究を専門として行っている研究者は数理生物学者と呼ぶよりも，やはり，数学者や物理学者と呼ぶほうが妥当であろう．だから，狭い意味では，研究の目的があくまでも生物現象を考察することであってはじめて明確に数理生物学の研究といえるだろう[*15]．

本書の特徴

本書は，数理生態学の中の，とりわけ，数理集団生物学，あるいは，数理個体群生物学 (Mathematical Population Biology) における population dynamics，すなわち，個体群ダイナミクス[*16] の基礎的な数理モデルの基礎とその周辺についてまとめながら，広義の数理モデリングの考え方の基本，より正確には，数理モデリングの**センス**のエッセンスを伝えようとして書かれたものである．特に，複数の生物個体群の間の相互作用下での個体群のサイズ（個体数や個体密度）変動のダイナミクスに関する Lotka–Volterra system（ロトカ–ヴォルテッラ系）[*17] と呼ばれる数理モデルを題材の中心に据え，その裾野に広がる多様な基本的な数理モデルのいくつかを取り上げながら，その数理モデリングについての議論を展開する．

[*14] 「数理生物学」専門のポストというものは皆無に近いほどほとんどないという現実も反映している．大学のポストに在籍する数理生物学者は，数理生物学以外の数学や物理学，情報科学などの分野の教育を行うポストに採用されていたりする．時には，それは，その研究者の専門的バックグラウンドとはかなり違っていたりもするのは，学際分野の研究者ならではの宿命か...

[*15] この意味では，学際分野であるがゆえに，同じ研究者の研究であっても，数理生物学に属したり，属さなかったりする．よって，実際的には，数理生物学者の全ての研究が（この狭い意味での）数理生物学の研究と呼べるとも限らない．

[*16] ＝『個体群動態』

はじめに

　本書の構成は，おおまかには，単一の個体群のサイズ変動に関する数理モデリングと複数種の生物個体群の間の相互作用下での個体群サイズ変動に関する数理モデリングの2本立てである．後者の数理モデリングについての基礎的理解と後者の数理モデリングへの発展を念頭において，前者でできるだけ多様な題材と見方を取り上げたつもりである．また，後者においては，競争系と餌–捕食者系というおおまかな枠組みで個体群間相互作用の数理モデリングの考え方の基本とその周辺をまとめようとした．

　このような目的で書かれた本書は，知識をとりまとめて読者に提供することよりも，むしろ，読者に一緒に議論に加わってもらい，読者一人一人に数理モデリングについて頭をひねってもらうことに役立つことを目標としている．読者が，一人でも，本書の内容から，直接的あるいは間接的に独自の数理モデリングの考察を展開してくださればば，著者としてそれ以上の喜びはない．

　本書の記述は，数理モデリングのステップを丁寧に述べていくスタイルを基本としてはいるが，このことは，それぞれの「数理モデリング」の刻一刻のすべてを文字にしているという意味ではない．読者は，文章や式の間を理解しながらでなければ内容を十分には理解できない箇所に少なからず出くわすであろう（このことは，おそらく，本書に限らず，たいていの専門書についてあてはまるということは，述べるまでもないことである）．そのためには，読者が実際に手を動かして数式の意味を理解する計算をしなければならないかもしれないし，参考文献にあたらなければならないかもしれない．だから，本書は，演習書ではないが，知識収得のための内容でもないので，どちらかというと，（広い意味での）演習書に近い性格を持つものといえるのかもしれない．

　本書には，数理個体群生物学において古典的であるが，応用のための基礎性が高い，重要な数理モデルとその周辺の数理モデリングについて，できるだけ丁寧にまとめたつもりなので，そこには，何らかの（特に生物個体群ダイナミクスに関する）現象の新しい数理モデリングを考える際のヒントを引き出す情報としての価値もあるだろうと思う．

　本書では，数理モデリングの考え方の基本に関する理解を深める手だてとして，取り上げた数理モデルの間の対照を諸処で行っていることと著者の拙筆でわかりづらくなってしまったところも多少あるやもしれない．恐縮ではあるが，そのような箇所については，現時点では，読者の賢明さに甘えるしかない．今後，読者から，本書の内容や構成などについて，ご意見，ご批判をいただければ幸いである．

[*17] 「Lotka」も「Volterra」も研究者の名前である．Alfred James Lotka (1880–1949, 米国), Vito Isacar Volterra (1860–1940, イタリア)．なお，「Volterra」は，和訳では，しばしば「ボルテラ」や「ヴォルテラ」とされるが，イタリア語としてより正しい発音は，「ヴォルテッラ」と撥音をもつ．Lotka と Volterra の抄歴を付録 B, C として掲載しているので参照されたい．

80年代以前に比べれば，90年代以後，数理生物学に関連する専門書の出版数は格段に増えた．実際，本書の（不必要に長かった）執筆中に出版された専門書も少なくない．本書で参照している文献（特に数理生物学関連のもの）については，できるだけ新しいものを挙げる方針はとったが，やはり，より新しい文献が参照文献としてより適切であるとは限らず，また，70～80年代に出版された数理生物学関連の専門書には優れたものが多く，現在でも色あせない内容をもっているので，新しくはないが故に入手が多少困難であるかもしれないものについてもあえて参照文献に加えている．関心のある読者には恐縮であるが，そのような文献についても，おそらく，（たとえば）適当な大学の図書館では見つかると思われるのでご容赦願いたい．

　さらに，本書の文献リストには，本文で参照文献としたものに加えて，本書の内容に関する考察のさらなる展開に有用と思われる数理生物学関連の相当数の専門書も挙げてある．また，文献のいくつかには，その特徴について，（著者の主観ではあるが）若干のコメントも添えておいたので，活用の参考にしていただければと思う．なお，ご多分に漏れず，参照文献のほとんどが英文文献であるが，翻訳書のあるものについてはわかる範囲で文献リストに並記するようにした．

　近年，生物学や医学の若手研究者の中に，数理モデル解析を手法として取り込んだ研究を発表する人が多くなってきているようである．生態学や生理学の教科書に微分方程式などによる数理モデルの記載があるのもあたり前になっている．しかし，数理モデル解析を研究に取り込む過程としての数理モデリングにおいて，あまりにも安易であれば，間違った，または，不適切な考え方をする研究者が増えてくるのではないかという危惧を著者は抱かざるを得ない．適切な数理モデリングには，現象の的確な知識，必要とされる数理の知識の両方が必要であるが，それらだけでは十分ではなく，それらを結びつける適切なセンス（決して生来のものではなく，経験がつくり出すもの）が必要なのであるから，そこがおかしいと数理モデリングがおかしくなり，不適切な数理モデル[18]が構成されたり，数理モデル解析の結果に関する議論が不十分だったり，誤りを含む可能性が大きくなる[19]．そのような，現象と数理の間の連関に関するセンスは，専門書からの知識だけでは得られないものでもあり[20]，数理モデリングの考え方に焦点をおいて書かれた（学際的な）専門書がほとんどない[21]というのも事実である．本書は，この穴を補うのに多少なりとも役立ちはしないかという意図のこめられたものでもある．

　既に述べたように，本書の内容は，「こうでなければならない」といった定義や定理の

---

[18] たとえば，設定されていた生物学的な仮定と，数理モデルの数理的構造の不整合性など．
[19] 赤池[3]は，応用数理に関する文章において，『… 対象についての適切なモデル化がなくては，数理の適用は不可能である．このモデル化には対象についての体感的な深い理解に基づく「技（わざ）」が求められる …』と述べている．
[20] 知識の「活用」によって培われるものである．

ようなものを集めたものでは決してなく，数理モデリングの考え方の展開 の基礎が述べられたものである．したがって，本書に述べられた内容が唯一無二の考え方というわけではない．同じ数理モデルのモデリングにおいて，異なる数学的手法を用いるいくつかの選択肢が存在することが少なくない．著者としては，読者が自ら考え，新しい数理モデリングの考え方を練って，この本の内容がさらに未知の発展に誘われることを期待している．

この意味でも，本書には，本文のあちこちに「発展（問）」として，数理モデリングのさらなる発展的議論のためのテーマをあげておいた．これらのテーマはいずれも，模範的な解答はなさそうな内容のものである．取り組んで錬成させれば，新しい数理モデリングの発展，さらには，新しい数理生物学的研究への展開の糸口がつかめると思う．

結果として，本書の内容は，ぎゅうぎゅう詰めの大部となってしまったが，実は，それでも，当初予定していた内容の全てを盛り込むことはできなかった．確率論的モデルに関する数理モデリングの内容もその一つである．個体群ダイナミクスの数理モデリングには，確率論・確率過程論を応用したエレガントなものがいくつもある．本書でも，そういった考え方に適宜触れようとはしてあるが，結局，いわゆる決定論的モデル（deterministic model）の基本的な数理モデリングが主体となった．しかし，個体群ダイナミクスの確率論的モデル（stochastic model）にも，応用性の高い数理モデリングの考え方が多く，また，その数理モデリングの考え方は，決定論的モデルに関する数理モデリングの考え方と関連づけられるものも少なくない．関心のある読者には，是非，文献をあたってみられるとよい[*22]．数理モデリングのセンスをさらに磨き上げることができるであろう．

決定論的モデルについて限っても，本書に収めきれなかった内容がいくつもある．時間連続的なサイズ変動を伴う個体群に対する離散時間的な間引き（サイズの突発的減少）や大発生的加入（サイズの突発的増大），個体成長の数理モデリングの基礎としての von Bertalanffy モデル，metapopulation dynamics，個体間の競争を起因とする個体群内の

[*21] 実は，2000 年あたりから出版される数理生物学関連の専門書では，それ以前の数理モデルとその解析結果に関する解説の記載を中心としたものと異なり，数理モデルの意味，解釈，その構築についての考え方（すなわち，数理モデリング）に重要な位置づけを与えた内容のものが目立つ．そして，"(mathematical) modelling（あるいは，'modeling'）" という語句が数理生物学関連の国際会議のセッション名やカテゴリー名に使われることが自然になり，数理モデリングを強調した内容の国際的なスクールも毎年のように開催されている．

[*22] たとえば，古典的なものとして，Bartholomew (1967)[21] や Bartlett (1978, 1980)[22, 23] による専門書がある．特に，後者は，確率論的モデルによる個体群ダイナミクスの文脈で書かれている（ただし，どちらかというとかなり数学的である）．一方，Nisbet & Gurney (1982)[254] や Gurney & Nisbet (1998)[95] は，個体群ダイナミクスの数理モデルに関する教科書的専門書であり，その後半が確率論的モデルに関する記載となっている．数学というより数理生物学の専門書であるから，本書を手にしている読者にとっては，面白いかもしれない．また，寺本 (1990) [337] には，コンパクトながら，Nisbet & Gurney[254] や Gurney & Nisbet[95] に記載の確率過程の考え方に基づく個体群ダイナミクスの数理モデリングの考え方の基礎がまとめられ，さらに，数理生態学における興味深い問題のいくつかへの発展が取り扱われている．比較的近年，藤曲 (2003)[78] という，個体群ダイナミクスへの応用を視点とした確率過程の入門書，教科書的専門書も出版されたので，是非，参考にされるとよい．

構造（状態変数分布）の生起，個体群内の個体間の質的差（順位構造）に依存した個体間相互作用による個体群サイズ変動ダイナミクス，群れの集合として成り立つ個体群における群れサイズ分布に基づく個体群内構造，離散的な状態変数分布による個体群内構造の時間連続的変化の数理モデリングとしてのコンパートメントモデル，mass-action 仮定によらない，頻度に基づく個体間相互作用によって構成される伝染病感染の Hethcote 型モデル，警告色や擬態を有する餌に対する捕食過程における探索像の効果，個体の繁殖可能状態までの成熟期間を導入した誕生から繁殖可能までの時間遅れの個体群サイズ変動ダイナミクスへの効果，等々についての数理モデリングの基本的な考え方は，テーマとしては，より専門的，特殊にも思えるが，基礎から発展へ向けて，十分に吟味しがいもあり，未開発の側面もある，大変に興味深く，議論して面白い内容をもつものばかりである．本書に盛り込めなかったこれらの内容を全てまとめ上げることは，明らかに著者の手に余る．将来，またの機会に恵まれたなら，その一部でも，是非取り組んでみたいと思う．

　本書から生物現象の数理モデリングの面白さ，重要さが伝わり，多くの読者諸氏が数理モデリング，あるいは，数理モデル解析に関心を持ってくれ，あるいは，読者諸氏の従来の関心をさらに高め，このような学際研究がますます『面白く』なってゆくことを心から期待しています．

謝　辞

　本書の出版を引き受け，誠意をもって対応して下さいました共立出版株式会社，同社 信沢孝一氏，また，出版に際してご助言いただいた巌佐庸氏（九州大学大学院理学研究院）に感謝いたします。

　本書の内容である数理モデリングの基本的な考え方を整理する上で，在任した奈良女子大学理学部情報科学科・大学院人間文化研究科および広島大学理学部数学科・大学院理学研究科数理分子生命理学専攻での講義や学生諸君との議論が本質的に役立ちました。

　今の私を育てて下さった寺本研の先輩方に，この本の出版を通じて，敬意と感謝の念を少しでも表すことができているならば幸いです。

著者
鏡山に桜ほころぶ予感の東広島の地にて
平成 19 年 3 月

*23

---

*23 この鳥獣戯画図は，『鳥獣人物戯画巻』を手本として故寺本英先生が描かれたものを複製し掲載させていただきました。

目次

第1章 個体群サイズ変動 …… 1
- 1.1 資源 …… 1
- 1.2 個体群サイズ …… 1
- 1.3 増殖率 …… 3
- 1.4 単一個体群と複数種個体群 …… 5
- 1.5 密度効果 …… 5

第2章 単一個体群ダイナミクス …… 7
- 2.1 連続世代型ダイナミクス …… 7
  - 2.1.1 基礎理論 …… 7
  - 2.1.2 Malthus 型増殖 …… 10
  - 2.1.3 Logistic 型増殖 …… 18
  - 2.1.4 Allee 型密度効果 …… 37
  - 2.1.5 有性繁殖 …… 45
  - 2.1.6 個体群内の構造 …… 48
- 2.2 離散世代型ダイナミクス …… 70
  - 2.2.1 基礎理論 …… 71
  - 2.2.2 増殖曲線 …… 74
  - 2.2.3 世代分離型増殖過程 …… 77
  - 2.2.4 離散型 logistic 方程式 …… 79
  - 2.2.5 Verhulst モデル …… 89
  - 2.2.6 Ricker モデル …… 94
  - 2.2.7 拡張 Verhulst モデル …… 99
  - 2.2.8 離散世代ダイナミクスと個体群内の構造 …… 104

第3章 相互作用の数理モデリング　121

- 3.1 Mass-action 型相互作用 121
  - 3.1.1 Mass-action 仮定 121
  - 3.1.2 Lotka–Volterra 型相互作用 122
  - 3.1.3 Mass-action 仮定と logistic 方程式 125
- 3.2 Michaelis–Menten 型相互作用 134
  - 3.2.1 Michaelis–Menten 型反応速度式 134
  - 3.2.2 より一般的な Michaelis–Menten 型反応速度式 138
  - 3.2.3 反応阻害物質を導入した速度式 139
  - 3.2.4 個体群ダイナミクスへの応用 140
- 3.3 個体群内相互作用から離散世代増殖過程へ 144
  - 3.3.1 Poisson 分布に従う相互作用頻度：Royama の理論 144
  - 3.3.2 Skellam モデル 146
  - 3.3.3 幾何分布に従う相互作用頻度 147
  - 3.3.4 Site-based モデル 151

第4章 複数種個体群ダイナミクス　157

- 4.1 競争系 157
  - 4.1.1 搾取型と干渉型 157
  - 4.1.2 Lotka–Volterra 型競争系 160
  - 4.1.3 資源をめぐる競争 163
  - 4.1.4 個体群からの排出物が増殖率へ及ぼす影響 177
  - 4.1.5 離散世代型競争系 181
- 4.2 餌–捕食者系 186
  - 4.2.1 基礎理論 186
  - 4.2.2 枯渇性餌個体群 vs 定常サイズ捕食者個体群 193
  - 4.2.3 Lotka–Volterra 型捕食過程 196
  - 4.2.4 伝染病の感染ダイナミクス 200
  - 4.2.5 Nicholson–Bailey モデル 216
  - 4.2.6 離散世代 Lotka–Volterra 型餌–捕食者系 222
  - 4.2.7 Holling 型捕食過程 225
  - 4.2.8 餌の利用に関する選択 239
  - 4.2.9 構造をもつ餌個体群に対する選択的捕食 258

付録A　Taylor展開（Taylorの定理）	267
付録B　Lotkaの生涯 — Frank W. Notestein による追悼文 —	273
付録C　Volterraの生涯 — Joseph Pérès による抄歴 —	277
あとがき	287
参考文献	291
索引	321

第1章

個体群サイズ変動

1.1 資源

それぞれの生物は，それぞれに特有な**資源** (resource) に依存して生存している。ここでいう「資源」は，非生物的資源と生物的資源を両方含む。非生物的資源には，光，空間（場所）も含めるのが自然である。生物的資源としては，捕食対象としての餌個体群はもちろん，オス個体の立場から考えたメス個体群であったり，自己防衛のための利益となるような共生相手としての生物個体群を考えることもできる。すなわち，それぞれの生物にとっての資源とは，その生物の生存に必然的に利用される環境要素全て[*1] を含み，それぞれの生物種の増殖過程は，その生物種にとっての資源の質や量によって規定される。

1.2 個体群サイズ

個体群 (population) とは，何らかの関係性をもって共存している**個体** (individual) の集団である。ある生息領域に存在する生物個体群の「サイズ」は，個体群を形成する個体としてどのような特性をもつものを考えるかに依存して case by case で様々な計量化が可能である。考えているある領域全体についての総個体数や，あるいは，その領域内の単位面積（もしくは体積）あたりの個体数，すなわち，個体数密度（あるいは個体群密度；population density, population concentration）は，わかりやすい例である[*2]が，個体数の代わりに重量（生体量；biomass）[*3] を用いることもあれば，現存量 (standing crop) を用いることもある。また，対象とする個体群について，特定のスケールの「場所」（一枚の葉，一本の樹木，島など）が単位として本質的であるような場合には，その単位場所

[*1] ある生物個体群に対して，人による文化的活動が影響を及ぼしているとき，その生物個体群にとっての環境要素に人間の文化を考えなければならないこともあるだろう。
[*2] 人の場合の人口や人口密度
[*3] 植物の場合の乾重量 (dry weight) など。

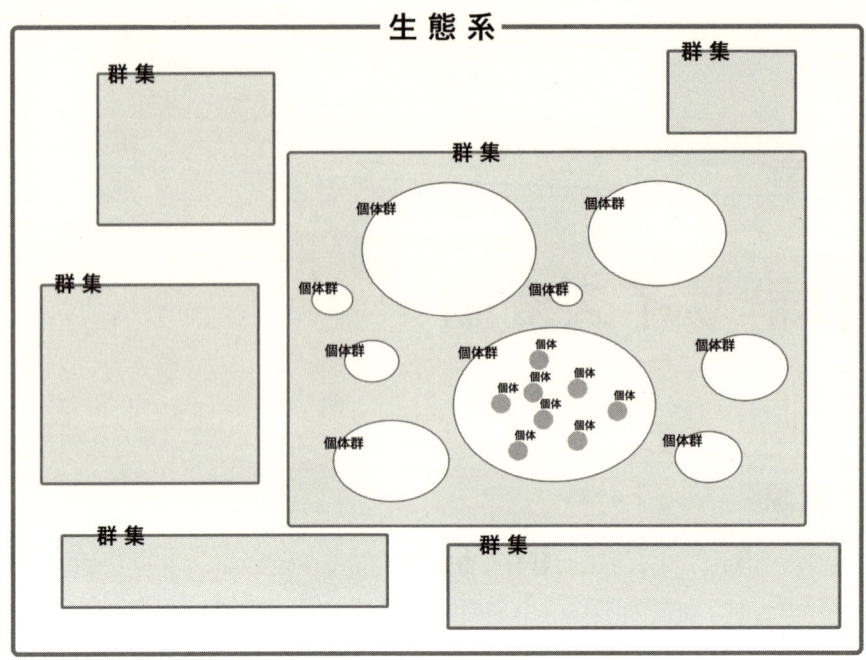

あたりの個体数（"intensity" と呼ばれる）を個体群サイズとして用いることもある。

　個体群ダイナミクスで議論の対象となる個体群を形成する「個体」として規定される対象は、研究により様々である。いわゆる「人」「頭」「匹」「羽」「株」などの単位で数えられるような慣用的な「個体」がなす個体群を考える場合はもちろん、ウィルスや細菌の個体、あるいは、細胞の個体からなる集団[*4]を扱う場合もあれば、個体という単位が集合して作る「群れ (group)」の集団[*5]を扱う場合には、「個体」にあたるのは一つ一つの群れであるといえる。また、1株に複数の花をつけるような植物個体（株）の場合には、花一つ一つを個体として扱うような個体群ダイナミクスも考えられよう。

　個体群ダイナミクスの考察において、最も慣例的に扱われるのは、やはり、個体集団における個体数や個体数密度であるが、本書で使う「サイズ」は、必ずしも、個体数や個体数密度、あるいは重量を指し示すと考える必要はない。考察の対象としての生物個体あるいは生物個体群の有する特性に応じて、case by case で、具体的な意味づけが与えられるものとする。だから、本書で使う「サイズ」が指すのは、対象となる生物個体群特有の繁殖過程によって定まる、個体群の「大きさ」の指標となるような、「何らか」の生物量を

[*4] ガン細胞の集団、たとえば、腫瘍の成長を考える場合や、体内に侵入してきた抗原と免疫細胞（B細胞やT細胞）とのダイナミクスを考えるような場合。

[*5] たとえば、1本の樹のように見えるサンゴは、サンゴ虫と呼ばれる小動物の近縁個体が成す群体である。サンゴの個体群ダイナミクスには、1群体内のサンゴ虫個体を考えるレベルと、1「本」1「本」の群体を個体として扱うレベルを考えることができる。

指す一般的（理論的）なものと考えてほしい．しかし，もちろん，何らかの単位で測った「個体数密度」と考えてもらってもさしつかえないし，それが最も理解しやすいとらえ方であることは確かだと思う．

　空間的に限られた生息域における総個体数を扱う場合には，その定まった生息域面積を介して，総個体数と平均個体数密度は一対一の関係を持つので，総個体数による個体群サイズ変動ダイナミクスと平均個体数密度によるそれは定性的に同等なものである．

　生物個体群における総個体数変動は，一般に，考えている集団の個体の空間分布，つまり，個体数密度の空間分布に依存する．個体群が拡がっている空間において，個体が均等に分布しているような場合には，（個体の間の質の違いはないものとして，あるいは，個体の質は平均で考えて）繁殖過程も空間的に均一に生じると期待できるので，個体の空間分布の総個体数変動への寄与はないと考えることができ，平均個体数密度による個体群サイズ変動ダイナミクスによる考察が活かせるが，個体の空間分布がパッチ（斑）状になっている場合のように，個体が密な箇所と疎な箇所が混在するような空間分布をもつ個体群においては，個体数密度が密な場所と疎な場所とでは個体あたりの繁殖率が異なると考えられるので，個体群全体における個体あたりの繁殖率にしても，個体の空間分布に依存した繁殖率の重みづけ平均が必要である．つまり，そのような場合には，総個体数と生息域面積だけで決まる単純平均個体数密度によるダイナミクスの考察では，対象となる生物個体群の実際のサイズダイナミクスとのギャップが起こりうると予想される．しかし，数理モデルによる考察は，必ずしも，実際の現象をシミュレートしたり，説明したりするためだけのものではなく，実際の現象を考察するための「実験」としての側面を持つので，空間分布が均等でない生物個体群に関しても，単純平均個体数密度や総個体数による個体群サイズ変動ダイナミクスに関する理論的考察は意義がある[*6]．

1.3　増殖率

　考えている生物個体群に関する個体群ダイナミクスにおいて，個体群サイズの変動は，個体群内での「繁殖」，「死亡」（捕食や闘争によるものも含む），および，個体群への外部からの「移入」，外部への「移出」という4つの要素によって生じるものと考えられる．これらの4つの要素それぞれによる増減の総計により，考えている個体群のサイズの増減が定まる．さらには，個体群サイズ変動の速度，すなわち，個体群サイズ増加率が定まる（後述の第2.1.1節参照）．

　「増殖（growth）」という言葉は，繁殖 過程（reproduction process）による個体群サイズの増減過程に対して使われるのが狭義ではあるが，広義な用いられ方として，しばし

[*6] むしろ，そうした数理モデル解析による考察から見いだされる『ギャップ』こそが，個体群ダイナミクス研究における新しい視点や洞察を生み出すと期待できる．現実に合う，とか，現実をうまく説明できる，ということを常に数理モデル研究の価値基準とすべきではない．

ば，上記の 4 つの要素による増減の総計としての個体群サイズの増減過程に対して用いられる[*7]。本書では，「増殖」という言葉を，これらの定義をあえて明確に区別することなく適宜用いることにする。特に，上記の 4 つの要素による増減の総計としての個体群サイズの変動率を**個体群サイズ増加率**と呼び，その変動率を個体群サイズで割ったものを**単位個体群サイズあたりの個体群サイズ増加率**と呼ぶ。これら二つの増加率の区別は，数理モデリングにおいて重要である。

　前者は，個体群のサイズの変動速度を表しているので，たとえば，闘争や捕食，あるいは，生態的撹乱（ecological disturbance）[*8]による個体群サイズの減少が反映されるものと考えてよいのに対し，後者は，単位個体群サイズあたり，あるいは，個体あたりの［平均］増殖率を指しているので，上記の闘争や捕食，生態的撹乱による個体群の一部分の損失が本来の意味を失う。単位個体群サイズあたりの増殖率として与えられるものに闘争や捕食，生態的撹乱によるものを個体群全体で平均したものをあてるのは，闘争や捕食，生態的撹乱による死亡が個体群内の全ての個体に対して等しい確率で起こると考えていることになる。一方，たとえば，環境の変動によって生じる各個体の繁殖力の生理的変化は，個体あたりの増殖率の変化として与えられるべきものであり，個体群全体を考えたサイズ増加率（前者）は，そのような個体レベルの変化の総計の結果として現れるべきものである。つまり，個体群サイズ変動を生じる要素として，個体群レベルで個体群そのものに働くものと，個体群内の個体レベルに働くものがあり，前者は，個体群サイズそのものの増減に働くのに対し，後者は，個体レベルの変化の総計として個体群サイズ変動に反映される。

　個体群サイズ変動ダイナミクスの数理モデリングを行う場合に，導入しようとする個体群サイズ変動に関わる要素が上記のいずれのスケールのものであるかを明確にしなければ，数理モデリングの適切性が損なわれる場合がある[*9]。もちろん，理論的な数理モデルでは，必ずしもこれらのいずれかでなければならないというわけではなく，いずれとも考えられるような場合もある。しかし，そのような場合でも，数理モデル解析の結果をもとに生物学的な議論を行おうとする場合には，個体群サイズ変動ダイナミクスを構成する各要素をいずれのスケールのものとして解釈するかを明確にしなければ適切な議論はできない。

[*7] いずれにせよ，個体群サイズ変動に関しては，「増殖」という言葉の意味は，「増える」だけでなく，「減る」ことも含んでいるとするのが一般的である。つまり，負の「増殖」が減少を意味する。

[*8] 火事，洪水のような自然要因によるものから，人による収穫，地理改変（土地開発など）まで含む。

[*9] 第 2.1 節以降で示すように，たとえば，連続世代型の個体群サイズ変動ダイナミクスにおいて，時刻 t における個体群サイズ $N(t)$ の変動ダイナミクスを数理モデリングする場合，$dN(t)/dt$ に関わる要素として導入するべき要素と，$[1/N(t)]dN(t)/dt$ に対して導入するべき要素とが区別されるべき場合がある。

1.4 単一個体群と複数種個体群

単一個体群（single population）とは，ある個体群のサイズ変動ダイナミクスを考える上で，その個体群をなす個体を同等なものと「みなす」ことができる場合に，その個体群を定義するものである．場合によっては，個体群を構成する個体として，生物学的には種の異なる個体の混合を考える場合もありえる．特に，数理モデルによる考察の理論性，もしくは，一般性が高くなればなるほどそのような場合がありえる．もちろん，それは，考えようとしている生物学的な問題に対してどのような数理モデリングを適用するかに依存している．たとえば，第 4.2 節で述べるような，捕食者と餌という関係にある二つの個体群の相互作用において，捕食者個体群に対する餌が複数の異なる生物種であっても，それらの複数の生物種の個体群（multi-species population）をとりまとめてひとつの個体群として扱って議論することは可能であり，その場合には，捕食者と餌という関係で対峙する二つの個体群の相互作用の特性を考察する理論的研究となる．逆に，個体群をなす個体が同一の生物学的種であっても，個体群内のダイナミクスを考える場合に，複数の「異なる」部分個体群の間の相互作用に基づくそれぞれの部分個体群サイズ変動のダイナミクスを考える必要がある場合もある．たとえば，本書第 4.2.4 節で述べるような伝染病の感染ダイナミクスに関する数理モデリングでは，典型的に，非感染者からなる部分個体群と感染者からなる部分個体群の 2 種類の個体群を区別したダイナミクスが必要である．また，単一生物種個体群（single species population）内の繁殖過程が考えようとする問題において取り上げるべき重要な要因の一つである場合には，オス個体群とメス個体群の相互作用を考えるためにそれらの個体群を区別する必要がある．

1.5 密度効果

資源量が有限であったり，環境が個体群サイズ（密度）に依存して劣化するような場合[*10]には，個体群サイズ増加率が，個体群サイズの増加に伴い，減少するという関係を想定できる．一方，一般に，個体群密度が相当に低くなると，個体群サイズ増加率が低下することも自然な設定であり得る．これは，個体群密度が低い故に個体あたりの増殖率が高いとしても，個体群を構成する個体数が少ないので，積算としての個体群サイズの増加率が低くなることがあり得るからである．一般的に，このような，個体群密度による個体群ダイナミクスへの影響を**密度効果**（density effect）[*11]と呼ぶ．

ここで，密度効果の意味「個体群密度による個体群ダイナミクスへの影響」における「個体群密度」については，その種自身の個体群密度のみならず，他種の個体群の密度に

[*10] たとえば，個体群密度がより高くなれば，その個体群から排出される老廃物の密度の上昇のために環境の質が低下し，個体あたりの増殖率が低下するような場合．

よる影響も考えうる．したがって，生物個体群ダイナミクスの数理モデリングとは，結局は，この「密度効果」の数理モデリングである，といっても言い過ぎではないだろう．

---

*11 個体群サイズを一定のレベルに保つように働く構造が個体群ダイナミクスに存在する場合，そのような構造を個体群サイズの**調節**（regulation）機構と呼ぶ．密度効果は，この調節機構として働きうる作用である．もちろん，逆の作用としても働きうるので，「密度効果＝調節機構」とは限らない．case by case で密度効果の個体群サイズ調節に関わる寄与を考えるべきである．

第 2 章

単一個体群ダイナミクス

2.1 連続世代型ダイナミクス

2.1.1 基礎理論

　時刻 t における個体群サイズ（または密度）を $N(t)$ で表すことにすると，時間 Δt 後の個体群サイズは $N(t+\Delta t)$ で表される．時刻 t から十分に短い時間 Δt の間における個体群サイズの変化分 $\Delta N = N(t+\Delta t) - N(t)$ を，**時刻 t と時刻 t における個体群サイズ $N(t)$ と，十分に短い時間長 Δt によって唯一（決定論的に，deterministic）決まりうるもの** であると仮定しよう[*1]．すなわち，一般的に，ΔN は，時刻 t，時刻 t における個体群サイズ $N(t)$ と時間の長さ Δt のある関数 Q として表すことができるとする： $\Delta N = Q(N(t), t, \Delta t)$．個体群サイズ変動において，個体群を取り囲む環境に季節変動がある場合には，関数 Q は，陽に時刻 t に依存しなければならない．

　この決定論的仮定は，時間 Δt が十分に短く，個体群サイズ変化に関わる決定論的要素に比べて不確定（確率的）要素の寄与が十分に弱い（確率的要素が生成する分散が十分に小さい）ならば，時刻 t 以降の適当に短い期間の間の個体群サイズ変化の特性を考える上では少なくともよい近似を与えてくれる[*2]．

　ΔN の大きさを与える関数 Q は，ΔN の定義より，次の性質を満たすべきである：

$$\text{任意の } N(t) \text{ に対して} \quad Q(N(t), t, 0) = 0 \tag{2.1}$$

この性質 (2.1) は，経過時間がゼロならば，個体群サイズの変化量はゼロ，という自明の

[*1] 本書では，この仮定以外の数理モデリングへの発展も後述するが，この節においては，この仮定に基づいた理論を展開する．

[*2] たとえ十分短い期間における個体群サイズ変化が決定論的な要素のみによって理解できたとしても，決定論的理解に基づく個体群サイズ変化からの確率要素によるズレは時間とともに蓄積され，十分な時間経過後の個体群サイズは，確率的要素の内含する分散の大きさに依存して，決定論的理解に基づいて予測される個体群サイズから有為に異なり得る．

理の数理的表現である*3。

時刻 t における個体群サイズがゼロならば，任意の時間 Δt の後の個体群サイズはゼロのままであるという仮定を採用するならば，

$$\text{任意の } \Delta t \text{ に対して} \quad Q(0, t, \Delta t) = 0 \tag{2.2}$$

という性質をも課すことができる．この性質 (2.2) が採用される場合とは，個体群サイズ変化が着目している個体群内部のダイナミクスだけで記述できる場合に相当する．ある時点で個体群サイズがゼロならば，無は有を生み出さないという理屈でそれ以降も個体群サイズはゼロであるとできるなら，この性質 (2.2) が採用されると考えてよい．親なくして子はなしというわけである．

この性質 (2.2) が満たされない場合とは，もちろん，$Q(0, t, \Delta t) > 0$ が，少なくとも，ある t と Δt について成り立ちうる場合である．これは，時刻 t において個体群サイズがゼロであっても，時間 Δt 後には個体群サイズが正になる，というわけであるから，着目している個体群への移入（immigration）の効果と考えることができる．ただし，性質 (2.2) が満たされるから移入がない，ということには必ずしもならないことには注意しよう．性質 (2.2) が満たされる場合，移入量が移出量と釣り合って等しい状態（動的平衡状態）が成立していると考えることもできるからである．そのような場合，移出入のダイナミクスは存在しても，個体群サイズ変動ダイナミクスへの寄与はないわけであり，個体群サイズ変動ダイナミクスを考える上での移出入の寄与はない．性質 (2.2) が満たされる個体群を**閉じた個体群**（closed population）と呼ぶことがある*4。

さて，この関数 Q は，個体群サイズ変化のダイナミクスの構造を記述するものである．今，いびつな関数は考えない*5 ことにして，この関数 Q の Δt に関するゼロの周りのTaylor（テイラー）展開（付録 A 参照）を考えてみよう：

$$Q(N, t, \Delta t) = Q(N, t, 0) + \left.\frac{\partial Q(N, t, \Delta t)}{\partial \{\Delta t\}}\right|_{\Delta t=0} \Delta t + O(\{\Delta t\}^2). \tag{2.3}$$

右辺第一項は，Q の性質 (2.1) よりゼロである*6。

一方，$\Delta N = N(t + \Delta t) - N(t) = Q(N(t), t, \Delta t)$ であったから，(2.3) と合わせて，

$$\frac{N(t + \Delta t) - N(t)}{\Delta t} = \left.\frac{\partial Q(N, t, \Delta t)}{\partial \{\Delta t\}}\right|_{\Delta t=0} + \frac{O(\{\Delta t\}^2)}{\Delta t} \tag{2.4}$$

---

*3 「自明の理」と書いたが，実際には，数理的なアイデアを応用した数理モデリングとして階段関数やデルタ関数を用いる場合があり，その場合，瞬間的に変数の値がジャンプするという性質をもつ数理モデルが構築されることになる．そのような数理モデルでは，ある種の数理的な取り扱い，あるいは，近似として，実際の現象との関係の解釈をする．本節で述べる議論では，このような数理モデル以外を考える．

*4 「閉じた系（closed system）」と称することもある．これは，エネルギーの出入りのない物理系の概念からのアナロジーと考えられる．しかし，生物個体群の「閉じた系」では，保存量が存在するとは限らない（ほとんどの場合，存在しない）．また，数学（特に力学系理論）における「閉じた系」という概念とも異なることに注意したい．

*5 つまり，次に述べる式 (2.3) が（近似的にでも）成り立つような関数 Q を考える．

2.1 連続世代型ダイナミクス

が導かれる．従って，$\Delta t \to 0$ の極限をとることによって，考えている個体群サイズ変化を導く次の微分方程式を得ることができる：

$$\frac{dN(t)}{dt} = \left.\frac{\partial Q(N, t, \Delta t)}{\partial \{\Delta t\}}\right|_{\Delta t=0}. \tag{2.5}$$

時刻 t から始まる時間 Δt の間の個体群変化ダイナミクスを与える関数 Q が与えられるか，関数 Q の偏微分による (2.5) の右辺の関数が与えられるならば，微分方程式 (2.5) によって，個体群サイズ変動が導かれる．

関数 Q が与えられることと，個体群サイズ $N(t)$ が導かれることとは本質的に異なることに注意しよう．前者は，任意の個体群サイズを初期値にした場合の個体群サイズの時間 Δt における変化量のダイナミクスを与えるが，後者は，時刻 t における個体群サイズを与える．

さて，(2.5) の右辺は，$N(t)$ と t の関数であるから，

$$\psi(N, t) = \left.\frac{\partial Q(N, t, \Delta t)}{\partial \{\Delta t\}}\right|_{\Delta t=0} \tag{2.6}$$

と表すことにする．関数 ψ は，時刻 t 以降の時間 Δt の長さに依存しないで，時刻 $t + \Delta t$ における個体群サイズを与える特性を内含しているから，時刻 t における個体群の有するサイズ増加力を表すものと考えることができる．閉じた個体群では，$\psi(0, t) = 0$ が任意の時刻 t について成り立つ．式 (2.6) より，結局，

$$\frac{dN(t)}{dt} = \psi(N(t), t) \tag{2.7}$$

が得られる．関数 ψ は，正味のサイズ増加速度を表している．

ここで，(2.4) と (2.6) から

$$N(t + \Delta t) - N(t) \approx \psi(N(t), t)\Delta t$$

という近似式を考えてみよう．左辺は，時刻 t から時間 Δt の間の個体群サイズ変化である．右辺は，時刻 t における状態 $(t, N(t))$ によって定まるサイズ増加速度 ψ であり，時間長 Δt に比例する量を示している．すなわち，この近似式から，時刻 t から時間 Δt の間の個体群サイズ変化は，時間の長さ Δt に比例し，比例定数が時刻 t における状態によって定まる（！）ということになる．時刻 t から十分に短い時間 Δt における個体群サイズ変化を表す $Q(N, t, \Delta t) = N(t + \Delta t) - N(t)$，すなわち，$\psi(N(t), t)\Delta t$ は，個

[*6] 右辺最後の項 $O(\{\Delta t\}^2)$ の意味は，

$$\lim_{\Delta t \to 0} \frac{O(\{\Delta t\}^2)}{\Delta t} = 0$$

を満たす Δt の 2 次以上の次数をもつ多項式で表される剰余関数項である．

体群に内在する自然繁殖過程（natural reproduction process），自然死亡過程（natural death process），そして，個体群とそれをとりまく環境との間の移出入過程（migration process; immigration and emigration）によって定まると考えてよい．つまり，

(時間 Δt における個体群サイズ変化分) =
+ (時間 Δt における個体群内の自然繁殖分)
− (時間 Δt における個体群内の自然死亡分)
+ (時間 Δt における個体群への外部からの移入分)
− (時間 Δt における個体群から外部への移出分)

という4つの要素の和として考えることができる．もちろん，これらの4つの要素には何らかの相互関係が存在するかもしれない．しかし，時間 Δt における個体群サイズ変化分の内訳をその要因別に4つに分類することは可能であろう．

この考え方に基づいて，しばしば，正味のサイズ増加速度 ψ を以下のように4つの関数の和として考える：

$$\psi(N(t),t) = \mathcal{B}(N(t),t) - \mathcal{D}(N(t),t) + \mathcal{I}(N(t),t) - \mathcal{E}(N(t),t).$$

関数 $\mathcal{B}, \mathcal{D}, \mathcal{I}, \mathcal{E}$ がそれぞれ上記の4つの要素に対応する個体群サイズ変化分を与える．それぞれの関数は，時刻 t と個体群サイズ $N(t)$ の関数として表してあるが，これは，時刻 t から十分に短い時間 Δt の間における個体群サイズの変化分 $\Delta N = N(t+\Delta t) - N(t)$ が時刻 t と時刻 t における個体群サイズ $N(t)$，そして，十分に短い時間の長さ Δt によって唯一（決定論的に，deterministic）決まりうるものであるという仮定による．これらの4つの関数の間に関数関係が存在してもよい．既述のように，**閉じた**個体群においては，任意の時刻 t について，$\mathcal{I}(N(t),t) - \mathcal{E}(N(t),t) = 0$ という条件が成り立つ．

2.1.2 Malthus 型増殖

個体群サイズに比例するサイズ増加率

最も簡単な設定は，時刻 t における個体群サイズが倍加すれば，時間 Δt の間の個体群サイズ増加も倍になるという仮定に基づくものである．個体群サイズとして，たとえば，細菌やバクテリアの大集団を考える場合には，この設定が適用できる場合が少なくない．この設定では，サイズ増加速度 ψ を

$$\psi(N(t),t)\Delta t = r(t)N(t)\Delta t \tag{2.8}$$

という関係で与えることになる．この場合，$\psi(0,t) = 0$ が任意の時刻 t について成り立つので，個体群は閉じている．正味のサイズ増加速度 ψ が (2.8) で与えられる場合には，式

2.1 連続世代型ダイナミクス

(2.7) より，

$$\frac{1}{N(t)}\frac{dN(t)}{dt} = r(t) \tag{2.9}$$

となり，この式の左辺は，単位個体群サイズあたりの時刻 t におけるサイズ増加速度[*7] であり，よって，時刻の関数 $r(t)$ は，単位個体群サイズあたりの時刻 t におけるサイズ増加率である。閉じた個体群に対する，この増殖過程は，しばしば，**Malthus（マルサス）型増殖過程** と呼ばれる[*8]。環境の時間変動，季節変動の効果は，この関数 $r(t)$ によって導入することができる。式 (2.9) によって定義される，単位個体群サイズあたりのサイズ増加率 $r(t)$ は，しばしば，**Malthus 係数**（malthusian coefficient）とも呼ばれる。微分方程式 (2.9) は容易に解くことができ[*9]，次の解が得られる：

$$N(t) = N(0)e^{\int_0^t r(\tau)d\tau} \tag{2.10}$$

もしも，常に $r(t) > 0$ ならば，(2.10) の右辺は，時間と共に単調に増加する。また，常に $r(t) < 0$ ならば，$N(t)$ は時間と共に単調に減少する。特に，$r(t) =$ 定数 $(\neq 0)$ の場合には，図 2.1 が示すように，個体群サイズ変動は指数関数的である。しかし，$r(t)$ が時刻に依存してその値の符号を変え得るような時間変動を伴う場合には，時間が十分に経過した後の個体群サイズは，$r(t)$ の変動の特性に依存して定まる（後述）。

さらに移出入を考える場合には，

$$\psi(N(t), t) = r(t)N(t) + b(t) \tag{2.11}$$

という関数を設定できる。これまでの議論と同様に考えれば，十分に短い時間 Δt に対して，

$$N(t + \Delta t) - N(t) = r(t)N(t)\Delta t + b(t)\Delta t + O(\{\Delta t\}^2) \tag{2.12}$$

[*7] $N(t)$ が個体群密度の場合には，(2.9) の左辺は，個体あたりの増殖率を表している。

$$\frac{N(t + \Delta t) - N(t)}{N(t)}$$

は，時刻 t から時間 Δt における個体群サイズの変化分を時刻 t における個体群サイズで割ったものであるから，時刻 t から時間 Δt の間の個体群サイズの変化分の単位個体群サイズあたりの平均値である。これをさらに Δt で割ることにより，時間平均の（単位時間あたりの）サイズ変化速度をあたえることになる。そして，$\Delta t \to 0$ の極限では，式 (2.9) の左辺が得られる。したがって，より正確には，単位個体群サイズあたりの時刻 t における「瞬間」サイズ増加速度を意味している。

[*8] 通常，任意の時刻に対して，「$r(t) =$ 定数」の場合が Malthus 型増殖と呼ばれるが，ここでは少し一般化しておく。このことは，慣用的な Malthus 増殖に関する概念に抵触するものではない。Malthus 型増殖は，malthusian growth, Malthus growth と表現される。この名称は，幾何級数的人口増加を唱えた「人口論（An Essay on the Principle of Population）」[207, 208] で著名なイギリス人経済学者 Thomas Robert Malthus (Feb. 13, 1766 – Dec. 29, 1834, born in "the Rookery", a country estate in Dorking, Surrey (south of London) and died at a place just outside of Bath.) の名にちなんだものである。

[*9] たとえば，変数分離法によって。

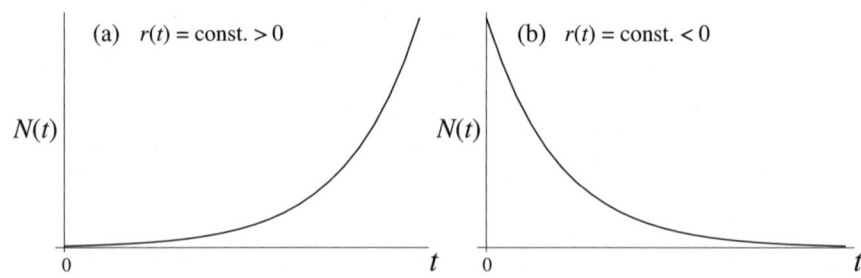

図 2.1 Malthus 型増殖過程 (2.10)。(a) $r(t) = \text{const.} > 0$；(b) $r(t) = \text{const.} < 0$。

であるから，$b(t)$ が，時刻 t に定まる単位時間あたりの（瞬間）移出入率である[*10]。この関数 $b(t)$ に時間周期的な変動を導入すると，移出入に季節変動がある場合の数理モデリングとなる。

関数 ψ が，式 (2.8)，式 (2.11) のいずれの場合であっても，微分方程式 (2.7) は陽に解くことができる。式 (2.11) は，$b(t) \equiv 0$ の場合として，式 (2.8) の場合を含んでいるから，式 (2.11) の場合についての微分方程式 (2.7) の解のみを示すことにすると，以下のようになる[*11]：

$$N(t) = \Theta(t) \int_0^t \frac{b(v)}{\Theta(v)} dv + N(0)\Theta(t). \tag{2.13}$$

ただし，

$$\Theta(t) \equiv e^{\int_0^t r(\tau)d\tau}$$

とおいている。右辺第 2 項が $b(t) \equiv 0$ の場合の解であるから，第 1 項が移出入による個体群サイズ変動の特性を与える項である。

　　Malthus 型増殖過程は，個体の増殖が Poisson 過程にしたがう確率過程から導くこともできる[*12]。時刻 t に個体数が n であるときに，時刻 t と $t + \Delta t$ の間，$[t, t+\Delta t]$ に個体数が $n+1$ になる確率を $n\beta\Delta t + O(\{\Delta t\}^2)$ とおく[*13]。また，$[t, t+\Delta t]$ に個体数が $n-1$ になる確率を

[*10] ここでは，移出入量は，その対象となる個体群サイズには依存しない場合を考えている。各時点における移出入の過程がその時点における個体群サイズに依存するような場合（たとえば，個体群サイズが大きくなると移入率が下がる場合）には，$b = b(t, N)$ とするべきであろう。

[*11] 解 (2.13) の導出については，基礎的な常微分方程式の教科書を見てもらいたい。たとえば，Bender & Orszag [27] や Jones & Sleeman [152]，Kahn [155] などを参照。

[*12] ここでの記載内容のより詳しい解説は，たとえば，寺本 [337] や藤曲 [78] を参照されたい。

[*13] 個体が細胞であり，増殖は分裂によるものとすると，1 細胞が $[t, t+\Delta t]$ において分裂する確率が $\beta\Delta t + O(\{\Delta t\}^2)$ で与えられていると考えればよい。各細胞の分裂は他細胞の分裂とは独立に行われるものとしているので，十分に短い時間 Δt において分裂という事象が生起する確率は，各細胞の分裂確率の和，すなわち，細胞数倍で与えられる。

2.1 連続世代型ダイナミクス

$n\delta\Delta t + O(\{\Delta t\}^2)$ とおく*14。すると，時刻 t における個体数が n である確率 $P(n,t)$ について次の関係式を導くことができる*15：

$$P(0, t+\Delta t) = P(0,t) + \{\delta\Delta t + O(\{\Delta t\}^2)\}P(1,t) + O(\{\Delta t\}^2)$$

$$P(1, t+\Delta t) = [1 - \{\beta\Delta t + O(\{\Delta t\}^2)\} - \{\delta\Delta t + O(\{\Delta t\}^2)\}]P(1,t)$$
$$+ \{2\delta\Delta t + O(\{\Delta t\}^2)\}P(2,t) + O(\{\Delta t\}^2)$$

$$P(n, t+\Delta t) = [1 - \{\beta n\Delta t + O(\{\Delta t\}^2)\} - \{\delta n\Delta t + O(\{\Delta t\}^2)\}]P(n,t)$$
$$+ \{(n+1)\delta\Delta t + O(\{\Delta t\}^2)\}P(n+1,t)$$
$$+ \{(n-1)\beta\Delta t + O(\{\Delta t\}^2)\}P(n-1,t)$$
$$+ O(\{\Delta t\}^2) \quad (n=2,3,\ldots).$$

両辺を Δt で割り，極限 $\Delta t \to 0$ をとれば，次の常微分方程式系が得られる：

$$\frac{dP(0,t)}{dt} = \delta P(1,t)$$

$$\frac{dP(1,t)}{dt} = -(\beta+\delta)P(1,t) + 2\delta P(2,t)$$

$$\frac{dP(n,t)}{dt} = -(\beta+\delta)nP(n,t) + (n+1)\delta P(n+1,t) + (n-1)\beta P(n-1,t)$$
$$(n=2,3,\ldots).$$

この常微分方程式系を用いて，時刻 t における個体数の期待値

$$\langle n \rangle_t = \sum_{i=0}^{\infty} iP(i,t)$$

の満たす微分方程式を導けば，

$$\frac{d\langle n \rangle_t}{dt} = (\beta-\delta)\langle n \rangle_t$$

という Malthus 型増殖過程を与える微分方程式 (2.9) と同等なものになる．

内的自然増殖率

式 (2.9) によって定義される，単位個体群サイズあたりのサイズ増加率 r は，資源量などの環境条件によって定まる．資源量が無限に豊富な場合のように，環境が生物個体群の増殖にとって理想的な条件*16 を満たす場合に実現される増殖率は，その種が生来潜

---

*14 $[t, t+\Delta t]$ において各個体の死亡は，他個体の死亡とは独立な事象として起こると仮定し，各個体の死亡する確率が，$\delta\Delta t + O(\{\Delta t\}^2)$ で与えられており，十分に短い時間 Δt において誕生という事象が生起する確率は，各個体の死亡確率の和，すなわち，個体数倍で与えられる．

*15 $[t, t+\Delta t]$ において，1個体の誕生と別個体の死亡が共に生起する確率は $O(\{\Delta t\}^2)$ で与えられる．また，同様に，$[t, t+\Delta t]$ において，2個体以上の誕生や死亡が起こる確率も $O(\{\Delta t\}^2)$ で与えられる．

*16 第 2.1.3 節で述べるような，密度効果も存在しないという条件が含まれる定義がより明確であろう．個体あたり最大の増殖率を考える場合，密度効果は重要な要素としてダイナミクスに関わってくる．第 2.1.4 節で再びこの議論を述べる．

在的に持ちうる最大の増殖率になると考えることができる。そのような個体あたりの最大の増殖率を**内的自然増殖率**（intrinsic natural growth rate; intrinsic rate of natural increase）と呼ぶ[*17]。そのような理想的な環境条件が生物個体群の増殖過程による資源消費にも関わらず不変的に満たされる場合には，サイズ増加率 r はその内的自然増殖率で一定である。この場合，個体群サイズは，

$$N(t) = N(0)e^{rt} \qquad (2.14)$$

という指数関数的な Malthus 型増殖過程を持つ（図 2.1 参照）。また，一般的に，式 (2.9) によって定義される，単位個体群サイズあたりのサイズ増加率 $r = r(t)$ をそのまま内的自然増殖率と呼ぶこともある[*18]。

Malthus 型絶滅過程

今，Malthus 係数が定数で与えられる Malthus 型増殖過程 (2.14) を考えよう。ただし，ここでは，Malthus 係数が $r = -\delta\ (<0)$ を満たす負の値であるとする。すなわち，個体群サイズは指数関数的にゼロに向かって減少する場合を考える（図 2.1(b) の場合）。サイズ増加率 r は，一般に，自然繁殖率，自然死亡率，移入率，移出率の総計で決まるので，負のサイズ増加率は，自然死亡と移出による個体群サイズの減少率が自然繁殖と移入による増加率を超えて現れるものと解釈できる。ここでは，閉じた個体群を考え，移出入はないものとする。さらに，今，自然繁殖も存在しないとしよう。つまり，δ は，自然死亡率である。

このとき，個体群は絶滅に向かっているわけであるから，個々の個体について考えると，どこかの時点で死亡しなければならない。初期個体群が全く同等な個体からなる集団[*19]であるとすると，時刻 $t = 0$ におけるどの個体についても，死亡時刻についての可能性は同等である。しかし，時間を経るにつれ，死亡する個体が現れ，個体群サイズは減少を続けるわけであるから，個体群が絶滅した結果において，個々の個体の死亡時刻は確定しており，時間軸の上にある分布を持っている。言いかえると，個体群が絶滅した結果，個々の個体の寿命が死亡時刻から確定しているので，時刻 $t = 0$ における個体群内の個体の寿命の分布が定まることになる。時刻 $t = 0$ における個体群内の個体間には違いがない（同等）というのに，寿命に分布があるというのは奇妙な感じがするが，実は，これは，今考えている，$r = -\delta\ (< 0)$ であるような式 (2.14) で与えられる Malthus 型増殖過程が，

[*17] 内的自然増加率，内的自然繁殖率という呼び方もある。簡単に，intrinsic growth rate と呼ぶことがしばしばである。Chapman [47, 48] や Odum [256] は biotic potential と呼んだ。

[*18] ただし，単位個体群サイズあたりのサイズ増加率 r が個体群サイズにもよっている場合，すなわち，$r = r(N, t)$ の場合，第 2.1.3 節で述べるような，密度効果が存在し，この $r = r(N, t)$ を内的自然増加率と呼ぶことはない。この場合，極限 $\lim_{N \to 0} r(N, t)$ を内的自然増加率と呼ぶことは可能である。

[*19] コホート (cohort) と呼ぶ。しばしば，コホートは，同時出生集団を指す。

2.1 連続世代型ダイナミクス

確率的な死亡過程を内含しているからと解釈することができる．確率的な死亡過程が存在するので，初期において個体間に違いがなくても，死亡時刻が確率的に定まる限り，寿命にはばらつき，すなわち，分布が生じると解釈することができるのである．本節では，このことをもう少し詳しく述べる[*20]．

式 (2.14) より，時刻 t における個体群サイズは，

$$N(t) = N(0)\mathrm{e}^{-\delta t} \tag{2.15}$$

で与えられる．すると，時刻 t までに死滅した個体群サイズ分は，

$$N(0) - N(t) = N(0)\left(1 - \mathrm{e}^{-\delta t}\right) \tag{2.16}$$

である．同様に考えると，時刻 $t + \Delta t$ までに死滅した個体群サイズ分は，

$$N(0) - N(t + \Delta t) = N(0)\left\{1 - \mathrm{e}^{-\delta(t + \Delta t)}\right\} \tag{2.17}$$

であるから，式 (2.17) から (2.16) を引き算することによって，時刻 t と $t + \Delta t$ の間に死滅した個体群サイズが

$$N(t) - N(t + \Delta t) = N(0)\left\{\mathrm{e}^{-\delta t} - \mathrm{e}^{-\delta(t + \Delta t)}\right\} \tag{2.18}$$

によって与えられることがわかる．すると，この結果より，初期個体群サイズ $N(0)$ の内，時刻 t と $t + \Delta t$ の間に死滅した個体群サイズの割合は，

$$\mathrm{e}^{-\delta t} - \mathrm{e}^{-\delta(t + \Delta t)} \tag{2.19}$$

であることがわかる．言いかえると，初期個体群サイズ $N(0)$ のメンバーの内，寿命が t と $t + \Delta t$ の間の長さだったメンバーの割合が (2.19) で与えられる．さらに言いかえると，初期個体群からランダムに 1 個体を選んだとき，その個体の（結果的な）寿命が t と $t + \Delta t$ の間の長さである確率が (2.19) で与えられる．

さて，ここで，寿命の頻度密度分布 $f(t)$ を考えよう．

$$F(t) = \int_0^t f(\tau) d\tau$$

で定義される累積頻度分布 $F(t)$ は，寿命が t 以下である頻度もしくは確率を与える．頻度密度分布 $f(t)$ は，この積分によって $F(t)$ との関係が与えられ，定義されるが，累積頻度分布 $F(t)$ によって次のように定義されると考えてもよい[*21]：

$$f(t) = \frac{dF(t)}{dt}.$$

[*20] ここでの議論は，時刻 t における量が $N(t)$ で与えられる放射性物質の崩壊の議論と同様である．
[*21] $F(0) = 0$ を考慮すると，数学的に同等．

定義より，$F(t+\Delta t) - F(t)$ は，寿命が $t+\Delta t$ 以下である確率から t 以下である確率を差し引いたものであるから，寿命が t と $t+\Delta t$ の間である確率である．よって，式 (2.19) と等しい．すなわち，

$$\frac{F(t+\Delta t) - F(t)}{\Delta t} = -\frac{\mathrm{e}^{-\delta(t+\Delta t)} - \mathrm{e}^{-\delta t}}{\Delta t} \tag{2.20}$$

という関係式が成り立つ．両辺の極限 $\Delta t \to 0$ をとれば，微分の定義より，

$$\frac{dF(t)}{dt} = -\frac{d}{dt}\{\mathrm{e}^{-\delta t}\}$$

つまり，

$$f(t) = \delta \mathrm{e}^{-\delta t} \tag{2.21}$$

である．寿命の頻度密度分布が指数分布になっていることがわかる．累積頻度分布 $F(t)$ は，(2.21) を積分することによって，

$$F(t) = 1 - \mathrm{e}^{-\delta t} \tag{2.22}$$

となる．

平均寿命 $\langle t \rangle$ は，

$$\langle t \rangle \equiv \int_0^{+\infty} t f(t) dt$$

より計算する[*22] と，$\langle t \rangle = 1/\delta$ であることがわかる．すなわち，自然死亡率の逆数が平均寿命を与える．

上記の結果は，個体の死亡が Poisson 過程による確率過程である場合に相当する．今，ある個体が時刻によらない確率で起こる死亡にさらされているとする[*23]．すなわち，ある個体の死亡が時刻 t と $t+\Delta t$ の間，$[t, t+\Delta t]$ に起こる確率を $\delta \Delta t + O(\{\Delta t\}^2)$ とおく．すると，ある個体が時刻 t までに死亡する確率 $P(t)$ について次の関係式を得ることができる：

$$P(t+\Delta t) = P(t) + \{\delta \Delta t + O(\{\Delta t\}^2)\}\{1 - P(t)\}.$$

両辺を Δt で割り，極限 $\Delta t \to 0$ をとれば，次の常微分方程式が得られる：

$$\frac{dP(t)}{dt} = \delta\{1 - P(t)\} \tag{2.23}$$

[*22] 確率密度分布関数を用いた期待値の計算．本節で現れた確率（頻度）分布関数や密度分布関数の取り扱いに関する基礎的な数学の参考書としては，たとえば，藤沢 [79]，奥川 [268]，柳川 [370] や稲垣・山根・吉田 [138] が入門的である．

[*23] Malthus 型絶滅過程では，すべての個体が（平均的に）同じ確率的死亡にさらされていると考えればよい．

2.1 連続世代型ダイナミクス

初期条件は，時刻 $t=0$ では死亡していないので，$P(0)=0$ と与えられる．この初期条件の下，(2.23) は簡単に解けて，

$$P(t) = 1 - e^{-\delta t}$$

が得られる．この式は，(2.22) と同一である．

ある個体が時間 $[t, t+\Delta t]$ に死亡する確率は，仮定より，$\{\delta\Delta t + O(\{\Delta t\}^2)\}\{1-P(t)\}$ であるから，この確率 $P(t)$ を用いれば，$\{\delta\Delta t + O(\{\Delta t\}^2)\}e^{-\delta t}$ で与えられる．この式が，上記の議論における，寿命が t と $t+\Delta t$ の間である確率 $F(t+\Delta t)-F(t)$ に等しいことは一目瞭然であろう．このように，Malthus 型絶滅過程は，個体の死亡が時刻によらない確率で起こる Poisson 過程の結果として解釈することもできるのである．

個体群サイズ増加率の季節変動

環境の季節的変動によって，個体群サイズの増加率 $r(t)$ が時間的に周期変動する場合を考えてみよう．関数 $r(t)$ を次のようにおく：

$$r(t) = \bar{r} + \frac{\sigma}{2}\sin(\omega t + \phi) \tag{2.24}$$

パラメータ $\bar{r}$ は時間平均サイズ増加率[*24]を意味し，σ はサイズ増加率の時間変動幅，ω はその時間変動の角振動数を意味する．すると，

$$\int_0^t r(\tau)d\tau = \bar{r}t - \frac{\sigma}{2\omega}[\cos(\omega t + \phi) - \cos\phi] \tag{2.25}$$

であるから，個体群サイズ変動の大きな時間スケールでのトレンド[*25]を決定づけるのは，パラメータ $\bar{r}$，つまり，サイズ増加率の時間平均の値であることがわかる．実際，(2.25) の右辺第 2 項は，有限振幅を持つ振動項であり，任意の時刻において，ある有限の範囲に収まる値しかとらないが，第 1 項は，時間に比例する値をとる．したがって，十分に時間が経過した後には，(2.25) 左辺の積分値は，主に $\bar{r}t$ によって決まり，振動項の絶対値は，$\bar{r}t$ に比べて無視できるだけ小さいものとして扱える．このような場合には，サイズ増加率の時間的な周期変動の特性（特に，振幅や周波数）は，個体群サイズ変動の大きな時間スケールにおける特性には寄与しないということである．(図 2.2 参照)

個体群サイズ増加率 $r(t)$ が常に負の値をとるような場合には，前出の Malthus 型絶滅過程の場合と同様の仮定をおけば，自然死亡率が時間関数であるような一般 Malthus 型絶

[*24] 時間変動するサイズ増加率の長時間平均 $\langle r \rangle$ を次のように定義すると，$\langle r \rangle = \bar{r}$ であることが導かれる：

$$\langle r \rangle \equiv \lim_{T\to\infty} \frac{1}{T}\int_0^T r(t)dt$$

[*25] 個体群サイズ変動の長時間における全体的な傾向（増加もしくは減少，あるいは，振動など）の特性．

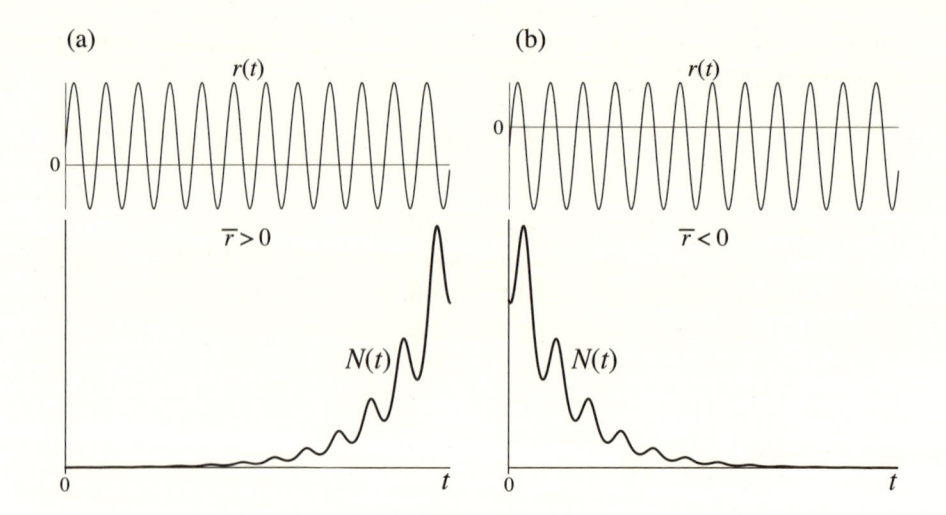

図 2.2　Malthus 型増殖過程 (2.10)。$r(t)$ が式 (2.24) で与えられる場合。(a) $\overline{r} > 0$; (b) $\overline{r} < 0$。

滅過程 を考えることができる。前出と全く同様な考察により，$r(t) = -\delta(t)$ (任意の t に対して負) となる場合の，(2.21) に対応する寿命 t の頻度密度分布 $f(t)$ は，

$$f(t) = \delta(t) \mathrm{e}^{-\int_0^t \delta(\tau) d\tau} \tag{2.26}$$

で得られ，(2.22) に対応する累積頻度分布 $F(t)$ が，

$$F(t) = 1 - \mathrm{e}^{-\int_0^t \delta(\tau) d\tau} \tag{2.27}$$

である[*26]。平均寿命 $\langle t \rangle$ は，一般的に

$$\langle t \rangle = \int_0^{+\infty} t \delta(t) \mathrm{e}^{-\int_0^t \delta(\tau) d\tau} dt \tag{2.28}$$

で計算される。図 2.3 に，自然死亡率が季節的時間変動をする場合についての頻度密度分布 $f(t)$ と累積頻度分布 $F(t)$ の数値計算による一例を示す。

2.1.3　Logistic 型増殖

19 世紀前半 (1838) にベルギーの数学者 Pierre François Verhulst[*27]は，次のような人口増加過程の数理モデルに関する論文を発表した [353]：

$$\frac{dN(t)}{dt} = aN(t) - b\{N(t)\}^2. \tag{2.29}$$

[*26] この時間依存の死亡率をもつような Malthus 型絶滅過程については，第 2.1.6 節でも述べる。

[*27] Oct. 28, 1804 – Feb. 15, 1849, born and died in Brussels, Belgium. 1825 年に University of Ghent (北ベルギー，フランダース地方) で数論 (number theory) で博士号を取った数学者。

2.1 連続世代型ダイナミクス

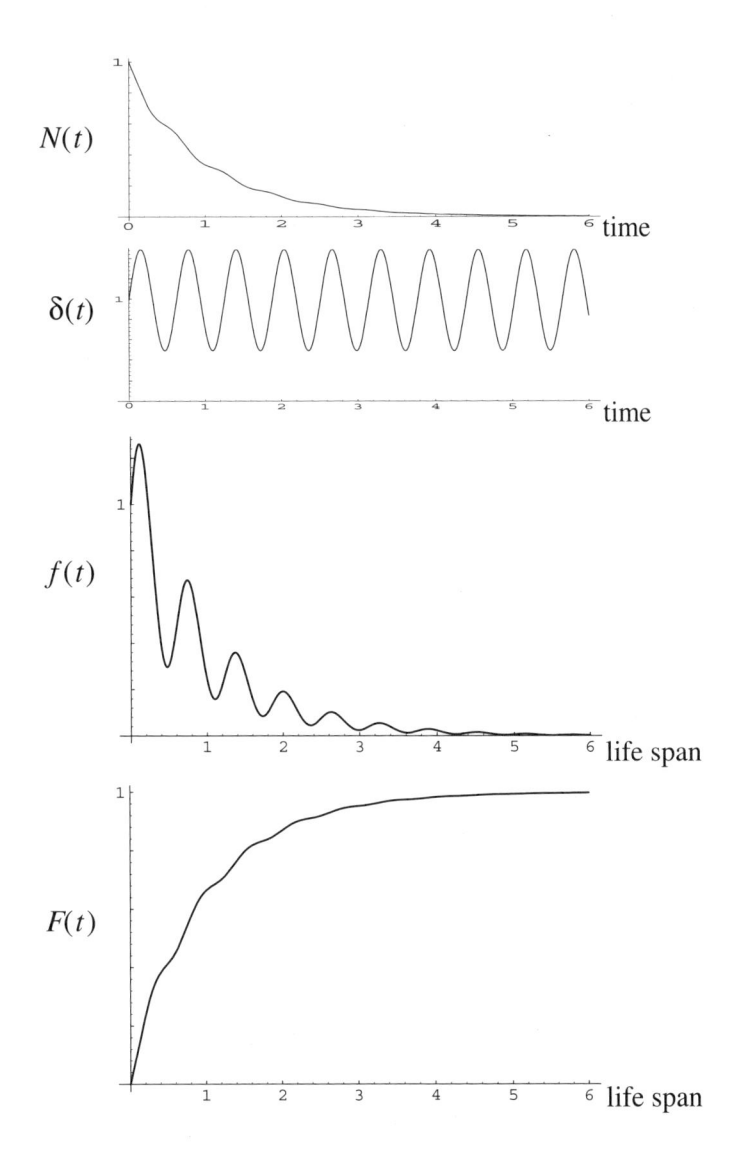

図 2.3 　一般 Malthus 型絶滅過程 における寿命 t の頻度密度分布 $f(t)$, 累積頻度分布 $F(t)$ の例。$r(t) = -\delta(t) = -1 - 0.5\sin[10t]$。$\delta$ の値がより大きい時期での死亡個体の割合がより大きくなっていることがわかる。

彼は，ある媒体内を進む物質が受ける抵抗が速度の2乗に比例するという物理学の法則のアナロジーとして，式 (2.29) の第2項を人口増加に対する環境による抵抗の効果として導入した[*28]。後の 1845 年，1847 年の論文 [354, 355] で Verhulst が式 (2.29) を **logistic 方程式** (logistic equation) と称したこと[*29] が現在の「ロジスティック方程式」という呼称の慣用の始まりであるとも言われる[*30]。

この節では，Verhulst の物理学的アナロジーからさらに発展した，密度効果の導入による飽和型の増殖過程としての，最も基礎的な **logistic 型増殖過程** の数理モデリングの考え方を詳細に述べる。

個体あたり増殖率に働く負の密度効果

資源量が有限であったり，環境が個体群サイズ（密度）に依存して劣化するような場合[*31] には，式 (2.7) における正味の個体群サイズ増加率 ψ が，個体群サイズ N の増加に伴い，減少するという関係を想定できる。ここでは，個体あたり（もしくは，単位個体群サイズあたり）の増殖率が個体群サイズ（密度）の減少関数である負の密度効果を考える。

単位個体群サイズあたりの増殖率は，(2.7) より，

$$\frac{1}{N(t)}\frac{dN(t)}{dt} = \frac{\psi(N(t),t)}{N(t)}$$

で与えられるので，今考えている場合には，

$$\frac{\partial}{\partial N}\left[\frac{\psi(N,t)}{N}\right] < 0 \tag{2.30}$$

という性質を想定することになる。

[*28] 第2項の係数 b を **Verhulst 係数** と呼ぶことがある。物理法則のアナロジーとして考えられた人口増加に対する抵抗の効果というアイデアは，Verhulst 自身の発想ではなく，Verhulst の指導者であった Lambert Adolphe Jacques Quetelet (Feb. 22, 1976 – Feb. 17, 1874, born in Gent and died in Brussel, Belgium) が 1835 年 [284] に発表しており，Verhulst にこのモデルに関する研究を勧めたのである。

[*29] "logistique".

[*30] ただし，なぜ Verhulst が式 (2.29) を logistic 方程式と称することにしたのかは明らかでなく，したがって，実は，この語句の慣用の由来は不明である。また，Verhulst [353] による方程式 (2.29) と同じ方程式を人口理論に適用し，Verhulst の研究を紹介することとなった有名な研究 [275] を Lowell J. Reed (1886–1966) と一緒に行ったアメリカの動物学者 Raymond Pearl (June 3, 1879 – Nov. 17, 1940) [271, 273, 274] にちなんで，**Verhulst–Pearl の logistic 方程式** と呼ばれることもある。

[*31] たとえば，個体群密度がより高くなれば，その個体群から排出される老廃物の密度の上昇のために環境の質が低下し，個体あたりの増殖率が低下するような場合を考えることができる。

Logistic 方程式

単純な場合として，式 (2.8) の場合と同様に，閉じた個体群を考えることにして，サイズ増加速度 ψ について，

$$\psi(N,t) = r(N,t)N \tag{2.31}$$

という関数を考えよう[*32]。すると，時刻 t における単位個体群サイズあたりの増殖率が $r(N(t),t)$ によって与えられ，条件 (2.30) は，この場合，

$$\frac{\partial r(N,t)}{\partial N} < 0 \tag{2.32}$$

と書きかえられる。

この条件 (2.32) を満たす，単位個体群サイズあたりの増殖率 r と個体群サイズ N の間の関係の最も単純なものとして，

$$r = r(N,t) = r_0(t) - \beta(t)N \tag{2.33}$$

という線形の関数を考えるのは，第一歩として，あるいは，第 0 次近似として適切である。$r_0(t)$ は，時刻 t において実現しうる単位個体群サイズあたりの増殖率の上限を与えているので，$r_0(t)$ が内的自然増殖率を表す[*33]。パラメータ $\beta(t)$ が，個体群密度による時刻 t の増殖率の低下の影響の強さを表している[*34]（森下 [236]）。このパラメータ $\beta(t)$ は，**Verhulst 係数**（Verhulst coefficient）あるいは **Verhulst–Pearl 係数**（Verhulst–Pearl coefficient）と呼ばれることがある。この場合，個体群サイズ変動ダイナミクスは，(2.7) より，

$$\frac{dN(t)}{dt} = \{r_0(t) - \beta(t)N(t)\}N(t) \tag{2.34}$$

[*32] 閉じた個体群を考える以上，$\psi(0,t) = 0$ が任意の時刻 t について成り立たなければならないので，式 (2.31) において，

$$\lim_{N\downarrow 0} r(N,t)N = 0$$

が任意の t について成り立つことを仮定する。たとえば，

$$\lim_{N\downarrow 0} |r(N,t)| < +\infty$$

が任意の t について成り立てばよい。

[*33] 十分に個体群密度が低くなれば，個体あたりの資源量は十分に大きくなり，個体群密度による環境の質の劣化もほとんど無視できるようになるとすれば，そのような場合に期待される（生物種が潜在的に有する）増殖率が r_0 で表現されている。ここで，内的自然増殖率が時間の関数になっているのは，個体群密度の影響ではなく，環境の季節的変動による生物個体の生理的な増殖能力の変化を導入したものと考えることができよう。

[*34] この意味から，時間の関数 $\beta(t)$ については，数理モデリング上，任意の時刻 t において $\beta(t) \geq 0$ であることが要求される。

となる．この微分方程式は，しばしば，単一種個体群に関する **logistic 方程式** (logistic equation) と呼ばれるものである．この微分方程式 (2.34) は，容易に直接解くことができ，その解は次のように与えられる*35：

$$N(t) = \left[\Xi(t) \int_0^t \frac{\beta(v)}{\Xi(v)} dv + \frac{\Xi(t)}{N(0)} \right]^{-1}. \tag{2.35}$$

ただし，

$$\Xi(t) \equiv e^{-\int_0^t r_0(\tau)d\tau}$$

とおいている．この個体群サイズ成長ダイナミクスを一般的な **logistic 型増殖過程** (logistic growth) と呼ぶ*36．図 2.4 に一般 logistic 型増殖過程の一例を示す．

最も慣用的に logistic 型増殖過程と称されるのは，係数 r_0 や β が時間によらない正定数の場合である．この場合には，微分方程式 (2.34) は，

$$\frac{dN(t)}{dt} = \{r_0 - \beta N(t)\} N(t) \tag{2.36}$$

となり，その解は，

$$N(t) = \frac{r_0/\beta}{1 - \left\{1 - \frac{r_0/\beta}{N(0)}\right\} e^{-r_0 t}} \tag{2.37}$$

---

*35 式 (2.34) は，ベルヌーイ方程式 (Bernoulli equation) と呼ばれる微分方程式の一種である (たとえば，Bender & Orszag [27] を参照)．最も一般的なベルヌーイ方程式は，次のような形式をもつものである：

$$\frac{du(x)}{dx} = a(x)u(x) + b(x)[u(x)]^q$$

ここで，関数 $a(x)$, $b(x)$ は，x の任意の関数であり，指数 q は，任意の実数である．$q = 0$ もしくは $q = 1$ の場合は，線形微分方程式になる．それ以外の q に対しては，次のような変数変換を考える：

$$z(x) = [u(x)]^{1-q}$$

すると，$z(x)$ に関する微分方程式は，

$$\frac{dz(x)}{dx} = (1-q)a(x)z(x) + (1-q)b(x)$$

という，$z(x)$ に関する線形の微分方程式になる．この $z(x)$ に関する微分方程式は，微分方程式 (2.7) と数学的には同等であり，解 (2.13) を応用することができる．微分方程式 (2.34) については，変数変換 $y(t) = 1/N(t)$ によって，変数 $y(t)$ に関する微分方程式を導き，解 (2.13) を応用することによって，解 (2.35) を得ることができる．

*36 より一般的には，logistic 型増殖過程は，飽和値に向かって個体群サイズが漸近増大するような個体群成長を指すことがあるので，単位個体群サイズあたりの増殖率が式 (2.33) で与えられる必要はないかもしれない (詳細を後述)．しかし，多くの生態学，数理生態学の教科書でそうであるように，ここでは，単位個体群サイズあたりの増殖率が式 (2.33) で与えられるような個体群成長を logistic 型増殖過程と呼んでいる．式 (2.33) は，係数が時間の関数として一般的に与えられている点で，慣用的な logistic 型増殖過程を一般化したものである．

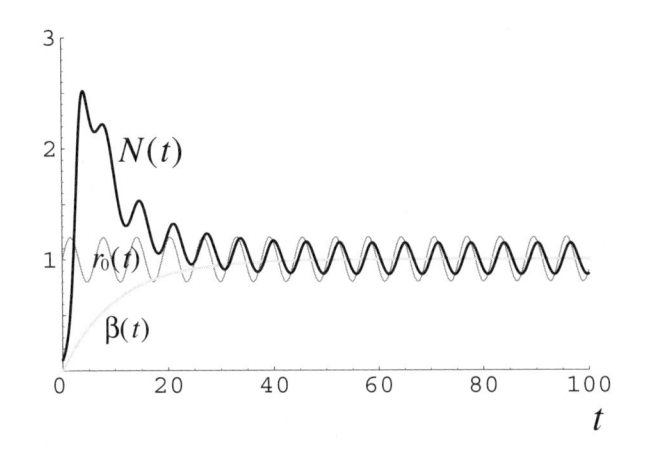

図 2.4 一般 logistic 型増殖過程 (2.35) の例。$r_0(t) = 1 + 0.2\sin(t)$；$\beta(t) = 1 - e^{-0.1t}$；$N(0) = 0.1$。個体群サイズ変動は平均値 1 の周りの周期的変動をもつ平衡状態に漸近する。

と表される。図 2.5 が示すように，この増殖過程では，個体群サイズは，必然的にある平衡値に向かって漸近してゆく。この漸近値を**環境許容量**（carrying capacity）[*37] と呼ぶことがある。すなわち，着目している生物種にとっての環境条件によって許容される個体群サイズの上限である。式 (2.37) で与えられる logistic 増殖過程では，環境許容量は，r_0/β で与えられる。

ここで『環境』と称しているのは，着目している生物個体群を取り囲む様々な生物的・非生物的要因による生息条件である。β が正の場合，内的自然増殖率 r_0 が負もしくはゼロの場合のみ，個体群は絶滅する，すなわち，$r_0 \leq 0$ の場合には，時間経過と共に個体群サイズはゼロに向かって漸近収束する[*38]。

今考えている logistic 型増殖過程において，環境条件は，パラメータ r_0, β に反映されるものと考えることができる。内的自然増殖率は，生物個体群が生来持っている，個体群サイズによらない値であると考えているが，たとえば，その値が遺伝的に定まっていると考える場合がある。遺伝的に定まるべき値は，進化的な時間の長さで環境条件に依存して定まるはずである。したがって，着目している生物個体群の生息条件が異なるならば，遺伝的に定まる内的自然増殖率も異なり得ると考えてよかろう。けれども，もう少し緩い意味で内的自然増殖率を捉えた方が一般性がある。それは，「密度効果が最も弱い[*39]場合に，与えられた環境条件[*40]によって定まる単位個体群サイズあたりの増殖率」という定

[*37] 環境収容量と呼ぶこともある。また，単に，飽和密度（saturation density）と呼ぶこともある。
[*38] 式 (2.35) によって与えられる一般 logistic 増殖過程の場合には，個体群の存続／絶滅は，$r_0(t)$ と $\beta(t)$ の時間変動の特性に依存して決まる。
[*39] ここで考えている数理モデリングにおいてはゼロとしてもよい。
[*40] もちろん，密度効果以外の生物的・非生物的要因による生息条件を指す。

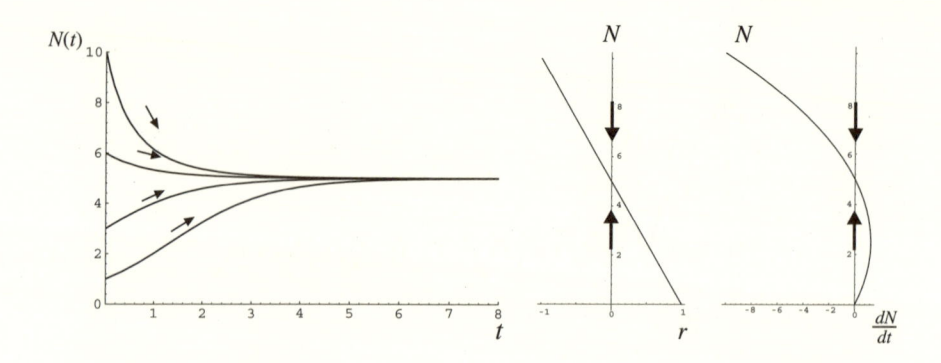

図 2.5 logistic 型増殖過程 (2.37)。$r_0 = 1$；$\beta = 0.2$。異なる 4 つの初期値からの個体群サイズの時間変動を示した。いずれの変動も $r_0/\beta = 5$ という平衡サイズに単調に漸近する。初期値が $r_0/2\beta (= 2.5)$ よりも小さい場合には，時間変動を表す曲線は変曲点をもち，S字型となるが，初期値が $r_0/2\beta$ よりも大きく r_0/β よりも小さい場合には，S字型にはならず，上に凸の曲線となる。初期値が r_0/β よりも大きい場合には，下に凸の曲線である。単位個体群サイズあたりの増殖率 r は個体群サイズ N が増大すると減少し，平衡サイズより大きな個体群サイズに対しては負である。

義である。この定義に基づけば，環境に時間変動がある場合，その環境変動を反映して内的自然増殖率も変動すると考えてよい。また，同様に，パラメータ β についても環境条件によって定まると考えれば，やはり，環境の時間変動を反映した β の時間変動を考えうる。パラメータ r_0 と β の意味が異なるのであるから，それぞれに関わる環境要因が異なると考えることも十分に可能である。だから，一方のパラメータのみが環境の時間変動に応じた時間変動を伴う，という数理モデリングも意味を持ちうる。

個体群サイズの正味の増加率は，式 (2.36) の右辺で表されるから，図 2.5 に示したように，個体群サイズ増加率と個体群サイズの関係は，単調ではない。個体群サイズが環境許容量の半分よりも小さい場合には，個体群サイズが大きくなるにつれてサイズ増加率は単調に増加するが，環境許容量の半分を超えた個体群サイズに対しては，サイズが大きくなるに連れてサイズ増加率は単調に減少する。つまり，環境許容量の半分の個体群サイズにおいて増加率は最大になる。このような，個体群サイズ増加率と個体群サイズの関係は，まさに密度効果によるものである。

logistic 方程式は，個体の増殖が密度依存の Poisson 過程にしたがう確率過程から導くこともできる[*41]。第 2.1.2 節 12 ページの Malthus 型増殖過程に関する Poisson 過程による解説と同様に，時刻 t に個体数が n であるときに，時刻 t と $t + \Delta t$ の間，$[t, t + \Delta t]$ に個体数が $n + 1$ になる確率を $n\beta \Delta t + O(\{\Delta t\}^2)$ とおく。一方，Malthus 型増殖過程に関する Poisson 過程による解説の場合とは異なり，$[t, t + \Delta t]$ に個体数が $n - 1$ になる確率は，$n^2 \delta \Delta t + O(\{\Delta t\}^2)$

[*41] ここでの記載内容のより詳しい解説は，たとえば，寺本 [337] や藤曲 [78] を参照されたい。

とおく．これは，$[t, t+\Delta t]$ において各個体の死亡は，他個体の死亡とは独立な事象として起こると仮定し，各個体の死亡する確率が，$n\delta\Delta t + O(\{\Delta t\}^2)$ で与えられており，十分に短い時間 Δt において誕生という事象が生起する確率は，各個体の死亡確率の和，すなわち，個体数倍で与えられるという数理モデリングである．すなわち，各個体の死亡確率が密度効果を伴う場合である．この場合，Malthus 型増殖過程に関する Poisson 過程による解説の場合と同様にして，時刻 t における個体数が n である確率 $P(n, t)$ について次の常微分方程式系が得られる：

$$\frac{dP(0,t)}{dt} = \delta P(1,t)$$

$$\frac{dP(1,t)}{dt} = -(\beta+\delta)P(1,t) + 4\delta P(2,t)$$

$$\frac{dP(n,t)}{dt} = -(\beta+n\delta)nP(n,t) + (n+1)^2\delta P(n+1,t) + (n-1)\beta P(n-1,t)$$

$$(n = 2, 3, \ldots).$$

この常微分方程式系を用いて，時刻 t における個体数の期待値

$$\langle n \rangle_t = \sum_{i=0}^{\infty} iP(i,t)$$

の満たす微分方程式を導けば，

$$\frac{d\langle n\rangle_t}{dt} = \beta\langle n\rangle_t - \delta\langle n^2\rangle_t$$
$$= (\beta - \delta\langle n\rangle_t)\langle n\rangle_t - \delta\sigma_t^2$$

となる．ここで，$\langle n^2\rangle_t$ は，時刻 t における個体数の 2 乗期待値 $\langle n^2\rangle_t = \sum_{i=0}^{\infty} i^2P(i,t)$ であり，$\sigma_t^2 = \langle n^2\rangle_t - \langle n\rangle_t^2$ は，時刻 t における個体数に関する分散である．したがって，分散 σ_t^2 が十分に小さく，$\sigma_t^2 \approx 0$ ならば，個体数の期待値 $\langle n\rangle_t$ は，logistic 方程式 (2.36) と同等な振る舞いをもつ．

もう一つの logistic 方程式

式 (2.37) によって与えられる慣用的な logistic 型増殖過程における環境許容量を K とすると，$K = r_0/\beta$ であった．この環境許容量を表すパラメータ K を用いると，logistic 方程式 (2.36) は次のように書きかえることができる：

$$\frac{dN(t)}{dt} = r_0\left\{1 - \frac{N(t)}{K}\right\}N(t) \tag{2.38}$$

この logistic 方程式 (2.38) の形は，現在，より慣用的に用いられているものである．実際，多くの専門書において，logistic 方程式の解説のために用いられているのがこの (2.38) の表現である．

実は，この方程式から始めて logistic 型増殖過程を記述する立場は，前節のそれとは本質的に異なる数理モデリングの側面をもっていると考えることができる．この logistic 方程式 (2.38) の場合には，単位個体群サイズあたりの増殖率 r と個体群サイズ N との間の関数関係に関する仮定を与える式 (2.33)（ただし，r_0 と β は時間によらない定数の場合）の代わりに，

$$r = r(N,t) = r_0 \left(1 - \frac{N}{K}\right) \qquad (2.39)$$

という数理モデリングの仮定をおいていることになる．この場合にも，パラメータ値 $1/K$ が仮定式 (2.33) におけるパラメータ β に対応しており，それがサイズ増加率 r の個体群密度による低下の影響の強さを表している．言いかえると，$1/K$ のパラメータ値の大きさが，単位密度増加あたりのサイズ増加率低下の大きさを与えている．このことは，仮定式 (2.33) における β と何ら違いはない．

これら二つの数理モデリングの違いは，まず，(2.33) と (2.39) から明らかなように，単位個体群サイズあたりの増殖率 r に対する個体群サイズ N の負の密度効果が内的自然増殖率 r_0 に対して差の関数として与えられるか，積の関数として与えられるかに表れている．もちろん，これら二つの数理モデリングはいずれも条件 (2.30)，そして，(2.32) を満たす．最大値の与えられたある関数がある変数の単調減少関数である場合に，その最大値からの減少の「分量」をその変数の増加関数[*42]で表すか，最大値からの減少の「割合」をその変数の増加関数[*43]で表すかだけの違いであるとも言えよう．

しかし，これらの二つの数理モデリングによる数理モデルには本質的な違いもあることに注意したい．式 (2.33) に基づく数理モデリングによれば，環境許容量は r_0/β で与えられるのであるから，環境許容量は内的自然増殖率に比例して大きくなる．一方，式 (2.39) に基づく数理モデリングにおいては，環境許容量 K は内的自然増殖率 r_0 とは独立なパラメータとして与えられる．後者の場合には，数理モデリングの前提として，環境許容量が生息環境に固有なものとして予め与えられるのであるが，前者の場合には，環境許容量は，着目している生物個体群に固有な特性を表す内的自然増殖率と密度効果による増殖率低下の兼ね合いで結果として定まるものである．既に述べたように，内的自然増殖率は，環境条件に応じて定まるものと考える．前者の数理モデリングの場合，内的自然増殖率に関わる環境要因の変化は，結果として，環境許容量にも変化を及ぼす（図 2.4 参照）のであるが，後者の場合には，内的自然増殖率の変化は環境許容量とは直接には関係ない．さらに，前者の場合，環境条件の時間変動に伴った内的自然増殖率の時間変動は，結果的に，環境許容量の時間変動を引き起こすことになる（図 2.4 参照）．後者の場合には，内的自然増殖率に時間変動があったとしても，環境許容量が時間によらない定数である場合

[*42] 式 (2.33) における βN．
[*43] 式 (2.39) における $r_0 N/K$．

2.1 連続世代型ダイナミクス

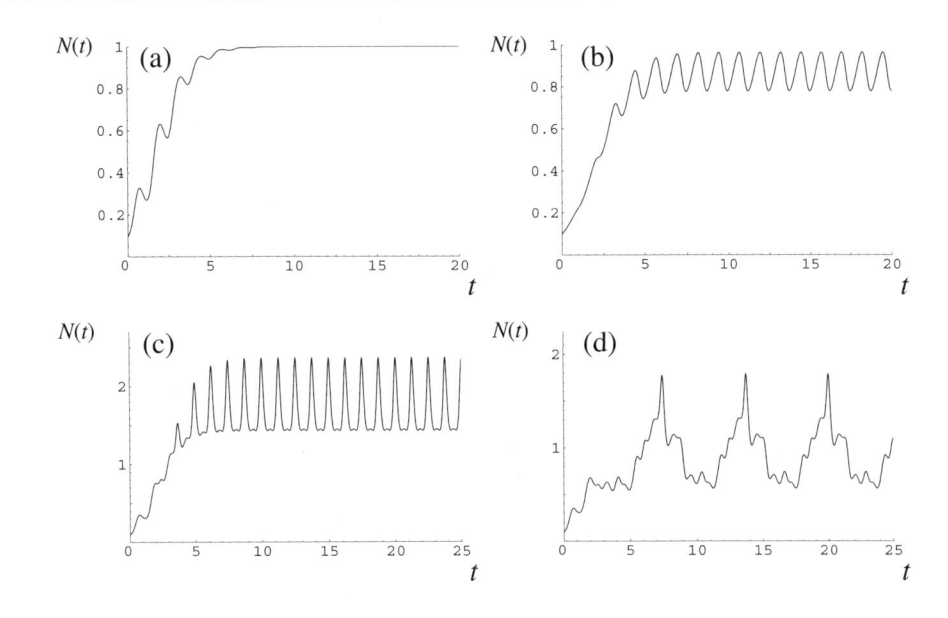

図 2.6 慣用的な logistic 方程式 (2.38) において, $r_0 = r_0(t)$, $K = K(t)$ の場合についての個体群サイズ変動. (a) $r_0(t) = 1.0 + 2.0\sin(5t)$, $K(t) = 1.0$; (b) $r_0(t) = 1.0$, $K(t) = 1.0 + 0.5\sin(5t)$; (c) $r_0(t) = 1.0 + 2.0\sin(5t)$, $K(t) = 1.0 + 0.5\sin(5t + 5.6)$; (d) $r_0(t) = 1.0 + 2.0\sin(5t)$, $K(t) = 1.0 + 0.5\sin(4t)$.

には，個体群サイズは，内的自然増殖率の時間変動による時間変動要素を伴いながら時間経過と共に環境許容量によって定まる一定の値に漸近収束する[*44]（図 2.6(a) 参照）。

式 (2.39) による数理モデリングが非常にしばしば logistic 型増殖過程の記述に関してとりあげられているのは，その構造の簡明さに理由があるのかもしれない。環境許容量はパラメータ K によって明確に与えられているので，このパラメータ K の大きさが，着目している個体群のサイズ動態に関する環境の好適さを表していると考えるならば，大きな K ほど環境は個体群サイズ増加にとって豊かであり，小さな K は貧しい環境を意味すると考えることができる。この考え方に基づいて，環境変動をこのパラメータ K に導入することもしばしば採用される数理モデリングである（図 2.6(b) 参照）。式 (2.39) における K のみが環境変動に伴う変動を有するような仮定に対しては，式 (2.33) による数理モデリングにおける，パラメータ β のみが環境変動に伴う変動を有するという仮定が対応すると考えられる。しかし，内的自然増殖率 r_0 が環境変動に伴う変動をもつ場合，式 (2.39)

[*44] ただし，内的自然増殖率がその時間変動において，負の値もとりうると，個体群は絶滅する，すなわち，個体群サイズがゼロに漸近収束する場合もあり得る。また，式 (2.39) に基づく数理モデリングにおいて，内的自然増殖率が時間と共にゼロに収束するような時間変動をもつ場合には，場合によっては，個体群サイズは環境許容量によって定まる値とは異なる正の値に収束しうる。本書ではこのような数理モデルについてはこれ以上は触れないが，数理モデリングの本質に触れる論点として，読者諸氏には考えてみていただきたい問題である。

による数理モデリングと式 (2.33) による数理モデリングとの違いは明白である（図 2.4 および図 2.6 参照）。

また，式 (2.39) から明らかなように，単位個体群サイズあたりの増殖率は，$(K-N)/K$ に比例しているので，環境によって許容される K という量の内の「残りの割合」が単位個体群サイズあたりの増殖率を決めるという解釈が成り立つ．いわば，与えられた容量 K が個体群サイズ N だけ消費されてゆき，容量の残り $K-N$ の大きさに比例して個体群サイズの増加率が定まっているという考え方[*45]である．内的自然増殖率は，この容量の消費速度係数とも呼べよう．式 (2.39) による慣用的 logistic 型増殖過程についてのこの解釈では，あくまでも，「先ず」環境許容量が与えられなければならない．よって，着目している生物個体群の生息環境条件において，個体群密度の効果を受けない要素が許容量を定めているはずである．そのような許容量は，個体群サイズの変動には無関係であると考えることができるだろうから，上記の解釈も可能になってくる．個体群密度効果による環境の改変（特に劣化）の効果が環境許容量も変えうるような場合には，一定の環境許容量を予め与える式 (2.39) による数理モデリングは不適切で[*46]，式 (2.33) による数理モデリングの方が適切な場合もありそうである．

S 字型飽和増殖過程と密度効果

さて，図 2.5 が示す個体群サイズの時間変化において，特に，初期個体群サイズ $N(0)$ が環境許容量 r_0/β よりも小さい場合の時間変動パターンは，図 2.7 が示すように，Malthus 型増殖過程 (2.10) における $r(t)$ が，任意の時刻 t において正であるが時間と共に指数関数的にゼロに向かって単調減少する場合のそれに酷似している．たとえば，Malthus 型増殖過程における単位個体群サイズあたりの増殖率 $[1/N(t)]dN(t)/dt = r(t)$ が

$$\frac{1}{N(t)}\frac{dN(t)}{dt} = r_0 \mathrm{e}^{-t/\tau} \tag{2.40}$$

（r_0 および τ は正定数）である場合には，

$$N(t) = N(0) \cdot \exp[r_0\tau(1-\mathrm{e}^{-t/\tau})] \tag{2.41}$$

という解が得られ，この (2.41) に従う個体群サイズの時間変動パターンは，一見，logistic 型のそれと区別がつかない．(2.41) で与えられるこの変動パターンを表す曲線は，**Gompertz 曲線**[*47] と呼ばれるものである．

実は，慣用的な logistic 方程式の解 (2.37) を用いると，

[*45] たとえば，椅子取りゲーム的なイメージであろうか．
[*46] ただし，この場合に対応して，環境許容量 K に対して，個体群サイズ N の何らかの関数，$K = K(N)$ を仮定するという数理モデリングは可能であろう．この数理モデリングにこれ以上深くは立ち入らないが，読者には，式 (2.33) による数理モデリングと比較しながら是非考えてみてもらいたい課題である．

2.1 連続世代型ダイナミクス

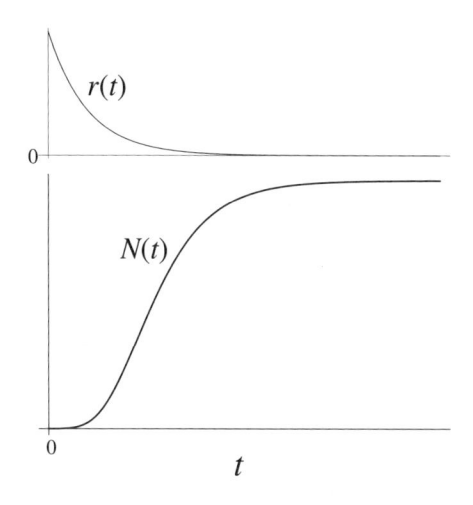

図 2.7 Malthus 型増殖過程 (2.10)。$r(t)$ は任意の時刻 t において正であるが時間と共に指数関数的にゼロに向かって単調減少する場合：$r(t) \propto \exp[-t/\tau]$（$\tau$ は正定数）。この $N(t)$ の与える曲線は，Gompertz 曲線と呼ばれるものである。

$$\frac{1}{N(t)}\frac{dN(t)}{dt} = r_0 \cdot \frac{r_0/\beta - N(0)}{N(0)e^{r_0 t} + r_0/\beta - N(0)} \tag{2.42}$$

が導かれるので，Malthus 型増殖過程を表す式 (2.9) と対応させるならば，慣用的な logistic 型増殖過程は，Malthus 型増殖過程における，単位個体群サイズあたりの増殖率が時間の関数として，(2.42) の右辺で与えられる場合に相当することがわかる。(2.42) の右辺で表される時間の関数は，$\exp[-t/\tau]$ のような単純な指数関数形はしていないが，初期個体群サイズ $N(0)$ が環境許容量 r_0/β よりも小さい場合には，任意の時刻において常に正の値をとり，しかも，指数関数的に単調にゼロに向かって減少することが容易にわかる。つまり，(2.42) の右辺の時間の関数の時間変動パターンは，初期個体群サイズ $N(0)$ が環境許容量 r_0/β よりも小さい場合には，図 2.7 における $r(t)$ の時間変動パターンと定性的には類似の特性をもつ。したがって，個体群サイズの時間変動が図 2.5 に示したよう

[*47] あるいは，**Gompertz–Wright 曲線**と呼ばれる。Benjamin Gompertz（March 5, 1779 – July 14, 1865, London）が 1825 年 [87] に考察した成人の死亡率曲線であり，集団遺伝学の研究業績で有名な Sewell Wright（Dec. 21, 1889 – March 3, 1988）が 1926 年 [362] に個体成長に対する logistic 方程式以外の数理モデルとして示したものでもある。実験的データによく当てはめられる曲線としてしばしば応用されてきた。

解 (2.41) から，同じ解を与える自励的（autonomous）な微分方程式が，

$$\frac{1}{N(t)}\frac{dN(t)}{dt} = \frac{1}{\tau}\{\ln[N(0)e^{r_0\tau}] - \ln N(t)\}$$

で与えられることがわかる。太田 [262] は，個体成長に関する数理モデリングとしての Gompertz 曲線についてのさらに詳しい議論をまとめている。

な単調増加なS字型パターンをもち，ある上限値に向かって漸近するとしても，その個体群サイズ変動ダイナミクスが「密度効果を伴う」logistic 型増殖過程によるものと考えるのは必ずしも正しくない[*48]。

時間に依存する単位個体群サイズあたり増殖率を伴う Malthus 型増殖過程と慣用的 logistic 型増殖過程の本質的な違いは，前者の場合，増殖率の時間依存性が，生物個体群を取り囲む環境からの否応なしの拘束条件として，個体群成長を規定しているのに対し，後者の場合には，個体群サイズ変動ダイナミクスを支配する微分方程式 (2.36) からわかるように，時間変動するパラメータは存在しない。すなわち，慣用的 logistic 型増殖過程では，**フィードバック (feedback) 的**に個体群自らの**密度効果** (density effect) によって自らの増殖率を低下させている。この場合，個体群ダイナミクスに内在する機構によって増殖率の低下が起こるのであって，個体群を取り囲む環境の時間変動は（少なくとも陽には）個体群ダイナミクスには存在しない。

Logistic 型増殖過程のより広い定義

多くの生態学，数理生態学の教科書でそうであるように，本書でも，単位個体群サイズあたりの増殖率が式 (2.33) で与えられるような個体群成長を logistic 型増殖過程と呼んでいる。しかし，実は，それは，個体群サイズ成長を記述する式 (2.33) や (2.39) で定義される logistic 方程式という限定された数理モデリングによるかなり狭い（あるいは厳密な）意味付けともいえる。実際，より一般的に，しばしば，logistic 型増殖過程とは，飽和値に向かって個体群サイズが漸近増大するような個体群成長を指すと考えられ，その場合，logistic 型増殖過程についての数理モデリングにおいて，単位個体群サイズあたりの増殖率が式 (2.33) や (2.39) で与えられる必然性や必要性は全くない。すなわち，式 (2.7) における個体群サイズ増加率 ψ が他の関数形であっても，（当然）飽和値に向かって漸近増大するような個体群サイズ成長を表すことはでき，より広い定義に基づけば，そのような増殖過程様式をも logistic 型増殖過程と呼べる。

この見地に立てば，前節で述べた Malthus 型増殖過程における単位個体群サイズあたりの増殖率が $r(t) \propto \exp[-t/\tau]$（$\tau$ は正定数）である場合の個体群サイズ変動，すなわち，Gompertz 曲線が与える個体群サイズ変動（図 2.7 参照）や，式 (2.42) で与えられる個体群サイズ変動[*49]も logistic 型増殖過程と呼べることになる。

さらに，たとえば，より単純な飽和型増殖過程を表す数理モデリングとして，

$$\frac{dN(t)}{dt} = I_0 - \delta N(t) \tag{2.43}$$

[*48] 同じ意見を，集団遺伝学の研究業績で有名な Sewall Wright が 1926 年 [362] に Raymond Pearl の 1925 年の著書 [272] における logistic 方程式の多用に対する批判として述べている。

[*49] 式 (2.42) は，対応する logistic 方程式 (2.36) によって与えられるものと同一の個体群サイズ変動を与えるが，logistic 方程式ではないことに注意。

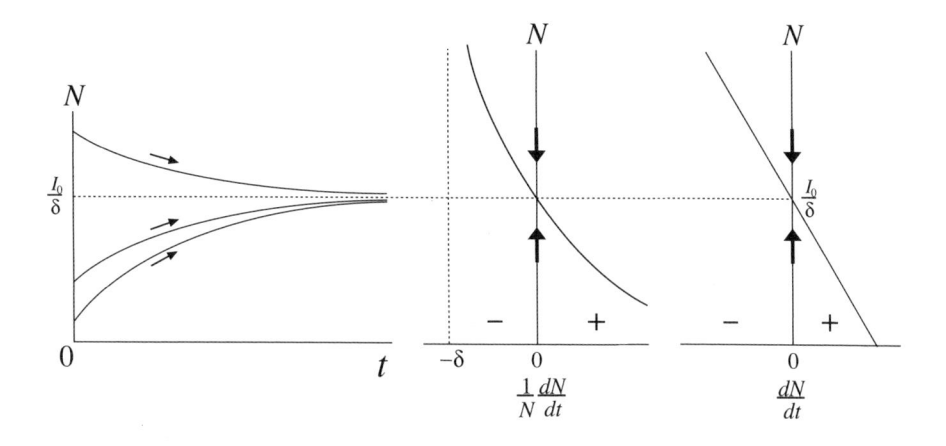

図 2.8 飽和型増殖過程 (2.44)。異なる 3 つの初期値からの個体群サイズの時間変動を示した。いずれの変動も I_0/δ という平衡サイズに単調に漸近する。初期値が I_0/δ よりも小さい場合には、時間変動を表す曲線は、必ず上に凸の単調増加曲線であり、S 字型とはならない。初期値が I_0/δ よりも大きい場合には、時間変動を表す曲線は、必ず下に凸の単調減少曲線として平衡値 I_0/δ に漸近する。個体群サイズ変化速度 dN/dt は個体群サイズ N が増大すると減少し、平衡サイズ I_0/δ より大きな個体群サイズに対しては負である。図 2.5 と比較してみられたい。

という線形の増殖過程を考えることができる[*50]。I_0 と δ は共に正定数である。この微分方程式 (2.43) の解は，

$$N(t) = \frac{I_0}{\delta} - \left\{\frac{I_0}{\delta} - N(0)\right\} e^{-\delta t} \tag{2.44}$$

と得られる。つまり、個体群サイズ $N(t)$ は、時間経過とともに必然的に（初期値によらず単調に）平衡値 I_0/δ に漸近する。

この飽和型増殖過程における個体群サイズ変動の時間変化の曲線においては、どのような初期値を選んでも S 字型の時間変化は起こらないことに注意しよう。一見、式 (2.33) や (2.39) で定義される logistic 方程式による飽和型増殖過程と同様の時間変化曲線に見えるが、実は、この点で異なる性質を持っているといえる。既に述べたように、式 (2.33) や (2.39) で定義される logistic 方程式による飽和型増殖過程においても、初期値が平衡値よりも小さく、かつ、平衡値の半分以上に大きい場合には、個体群サイズ変動の時間変化曲線は、上に凸の単調増加曲線になるし、初期値が平衡値よりも大きな場合には、それ

[*50] 著者は、いくつかの国際学会や国際研究会において、この式 (2.43) による個体群サイズ成長を「logistic 型」増殖過程と称して数理モデリングしている研究発表をしばしば聴いた。だから、「logistic 型増殖過程とは、飽和値に向かって個体群サイズが漸近増大するような個体群成長を指す」という考え方は、国際的には、それ相応に通用しているとも感じている。ただし、この式 (2.43) を logistic 方程式と呼ぶことは、まず、ないだろうし、そう呼ぶことは不適切・異例であると言ってもよいだろう。logistic 方程式と呼ばれるものは、やはり、式 (2.33) や (2.39) で定義されるような個体群サイズ成長を記述するものである。

は，下に凸の単調減少曲線になる．したがって，式 (2.33) や (2.39) で定義される logistic 方程式による飽和型増殖過程と式 (2.43) による飽和型増殖過程は，初期値 $N(0)$ が十分に大きな場合には，同等な時間変化の特性を持っていると考えることができる．しかし，個体群サイズが十分に小さい（＝初期値が十分に小さい）場合[*51]，前者については，指数関数的にサイズが成長するのに対して，後者の場合には，時間比例的，すなわち，線形関数的にサイズが成長する．このことが個体群サイズが十分に小さい場合の両者におけるサイズ成長の特性の違いを生み出しているのである．

ところで，式 (2.43) の数理モデリングはどのように解釈できるであろうか．右辺の式は，$N=0$ の場合でも正値 I_0 をもつ．だから，この式による個体群サイズ成長においては，個体群サイズがゼロ，つまり，個体が全くいない場合であっても，個体群サイズは成長しうる．このことから，式 (2.43) による個体群サイズ成長を行う個体群は閉じてはいないことがわかる．すなわち，考えられている個体群へは，単位時間あたり I_0 の量だけの個体群外からの移入が与えられていると解釈することができる．そして，この個体群は，$-\delta$ の（単位個体群サイズあたりの）自然増加率（Malthus 係数）を持つ Malthus 型増殖（絶滅）過程を持っていると考えることができる．単位個体群サイズあたりの自然増加率が負（$-\delta<0$，＝自然死亡率）であるから，もしも，この個体群が閉じているならば，必然的に絶滅に向かうであろう．しかし，考えている個体群への外からの定常的（一定速度の）移入によって，自然増加率（負なので，実は，自然死亡率）による個体群サイズの減少とのバランスがとれるような個体群サイズの平衡値が存在し，しかも，任意の（正の）初期値から個体群サイズが，そのバランスのとれる平衡値へと時間経過に伴って漸近するというわけである．

実は，この単純な（線形の）微分方程式 (2.43) の場合ですら，数理モデリングの解釈はこれには限らない．式 (2.43) を次のように書きかえる：

$$\frac{dN(t)}{dt} = \left\{ \frac{I_0}{N(t)} - \delta \right\} N(t). \tag{2.45}$$

すなわち，単位個体群当たりの増殖率 r が密度効果によって，$r = r(N) = I_0/N - \delta$ という個体群サイズの（非線形！）関数として与えられる（図 2.8 参照）という解釈ができる．この場合，$N \to 0$ のとき，$r \to \infty$ というのが奇異に感じられるかもしれないが，実際には，式 (2.45) で与えられる個体群サイズ変動では，どんなに 0 に近い小さな初期個体群サイズを与えても，任意の時刻での個体群サイズはその初期個体群サイズを下回ることはないので，この性質は，数理モデルから得られる個体群サイズ変動には現れない．単に数学的な（近似による）数理モデリングとして，個体群サイズ N に反比例して単位個体群サイズあたりの増殖率が低下する仮定[*52] を表現していると解釈することも可能なのである．この場合，前記の解釈と異なり，移出入が数理モデリングには導入されていない

[*51] 初期値が平衡値の半分未満で十分に小さい場合．

2.1 連続世代型ダイナミクス

という意味で個体群は閉じている。

拡張 logistic 方程式

ところで，logistic 方程式 (2.34) を導出する際に，単位個体群サイズあたりの増殖率 r と個体群サイズ N の間の関係に対する条件 (2.32) を満たす，最も単純なものとして，式 (2.33) を仮定したが，それは，式 (2.33) が線形であり，最初の数理モデリングとして最も単純だからであった。そこで，式 (2.33) で与えられる，単位個体群サイズあたりの増殖率 r と個体群サイズ N の間の関係のさらなる拡張として，条件 (2.32) を満たす，次のような式を考えてみることは意味があるだろう：

$$r = r(N,t) = r_0(t) - \beta(t) N^\alpha. \tag{2.46}$$

正の指数 α は，密度効果に対する増殖率の応答性を表すパラメータである。パラメータ α が小さいほど低密度における密度効果による単位個体群サイズあたりの増殖率減少はより急速であるが，高密度における個体群サイズ増加速度はより大きくなる（図 2.9 を参照）。

ここでは，パラメータ r_0 と β が時間によらない正定数の場合について議論を進めてみよう。$r_0/\beta > 1$ の場合には，個体群サイズは，増大を経て，平衡値に十分に近くなると，パラメータ α が大きいほどサイズ成長速度の減速が急速であり，α が小さい方がサイズ増大が速い[*53]。$r_0/\beta > 1$ の場合，つまり，図 2.9(a-1, 2) の場合，個体群サイズの平衡値は，α が小さいほど大きくなるが，$r_0/\beta < 1$ の場合，つまり，図 2.9(b-1, 2) の場合には，α が大きいほど大きくなる。$\alpha = 1$ とおく標準としての logistic 方程式 (2.34) が与える平衡値 r_0/β と，拡張された logistic 方程式の平衡値 $[r_0/\beta]^{1/\alpha}$ の大小関係は，r_0/β の 1 との大小関係と α の値に依存する。

このような数理モデリングの拡張は，数理的な仮定の拡張であると考えてよい[*54]。拡張に伴って現れたパラメータ α は，個体群サイズ変動のダイナミクスにおける特性としての意味を持っている。すなわち，考えている個体群における密度効果に対する増殖率の応答性を与えるパラメータと考えることができる。したがって，このパラメータ α の個体群ダイナミクスに及ぼす影響を議論することは，個体群の密度効果に対して，増殖率がどのような応答性をもって個体群サイズ変動に影響を及ぼすかを考察することになる。だから，この拡張は，数理生物学的にも意味のある拡張であって，決して，数理的な興味のみによる拡張とはいえない。ただし，個体群の密度効果に対する増殖率の応答性が，式

[*52] 個体群サイズが小さくなればなるほど，単位個体群あたりの増殖率は無限に大きくなることから，この場合の数理モデリングでは，内的自然増加率は無限大という仮定となる。これも数学的近似（あるいは理想化）である。

[*53] ここでの記述については，図 2.10 も参照されるとよりわかりやすいだろう。

[*54] この数理的な仮定の拡張は，後述の mass-action 仮定の適用によるものと考えることもできる。第 3.1 節参照。

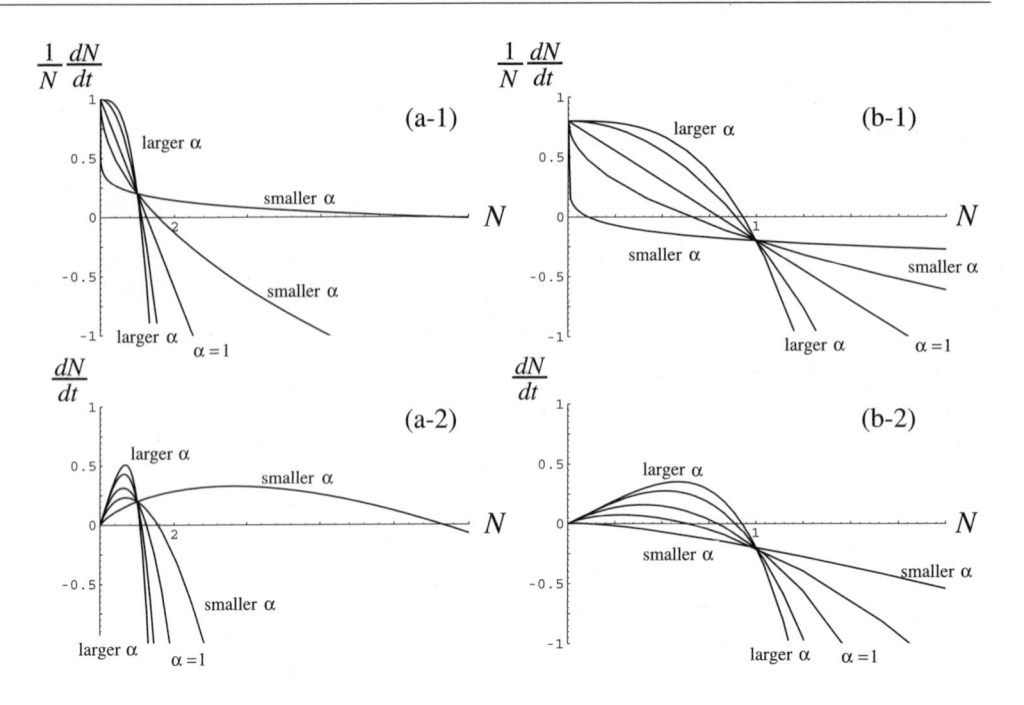

図 2.9 拡張 logistic 方程式 (2.47) における単位個体群サイズあたりの増殖率 $r = r(N) = (1/N)dN/dt$, および, 個体群サイズ変化速度 dN/dt の個体群サイズ N 依存性。式 (2.46) において, r_0 および β が定数の場合。(a-1, 2) $r_0 = 1$; $\beta = 0.8$; $r_0/\beta = 1.25 > 1$; (b-1, 2) $r_0 = 0.8$; $\beta = 1$; $r_0/\beta = 0.8 < 1$。$\alpha = 0.1$, $\alpha = 0.5$, $\alpha = 1$, $\alpha = 2$, $\alpha = 3$ についてのグラフ。

(2.46) の形におけるパラメータ α で与えられるという根拠はない。つまり, 式 (2.46) の形におけるパラメータ α によって数理モデルに導入されたような個体群の密度効果に対する増殖率の応答性の特性は, 増殖率に関する他の数理モデリングによっても導入し得るものであって, 式 (2.46) の形である必然性は全くないと言ってもよい。パラメータ α の導入によるこの拡張は, 数理的に単純で自然な拡張であり, その拡張によって, 個体群の密度効果に対する増殖率の応答性を考察するための要素が数理モデルに導入されたと考えるのが合理的である。

実際に, F.E. Smith [324] がミジンコの一種 *Daphnia magna* の個体群密度変動に関する実験において, 個体あたりの増殖率が個体群密度に対して下に凸な曲線になるというデータを見いだしており, 式 (2.46) における $\alpha < 1$ なる場合の個体あたり増殖率の個体群サイズ依存性の実例の一つと考えることができる。

単位個体群サイズあたりの増殖率 r が式 (2.46) で与えられる場合, 個体群サイズ変動ダイナミクスは, (2.7) より,

$$\frac{dN(t)}{dt} = \{r_0(t) - \beta(t)[N(t)]^\alpha\} N(t) \tag{2.47}$$

2.1 連続世代型ダイナミクス

となる．この微分方程式を，単一種個体群に関する**拡張 logistic 方程式** (extended logistic equation) と呼ぼう[*55]．また，ここで，便宜上，式 (2.34) によって定義される logistic 方程式を**標準 logistic 方程式** (standard logistic equation) と呼んでおく．

この拡張 logistic 方程式も微分方程式 (2.34) に対するものと同様の解法[*56]で直接解くことができる：

$$N(t) = \left\{ \alpha \Phi(t) \int_0^t \frac{\beta(v)}{\Phi(v)} dv + \frac{\Phi(t)}{[N(0)]^\alpha} \right\}^{-1/\alpha}. \tag{2.48}$$

ただし，

$$\Phi(t) \equiv e^{-\alpha \int_0^t r_0(\tau) d\tau}.$$

この個体群サイズ成長ダイナミクスを**拡張 logistic 型増殖過程** (extended logistic growth) と呼ぶことにしよう．係数 r_0 や β が時間によらない定数である場合は，式 (2.36) で与えられる慣用的な logistic 増殖過程の拡張版と考えることができ[*57]，その解は，

$$N(t) = \left[\frac{r_0/\beta}{1 - \left\{ 1 - \frac{r_0/\beta}{[N(0)]^\alpha} \right\} e^{-\alpha r_0 t}} \right]^{1/\alpha} \tag{2.49}$$

で与えられる．

パラメータ α の個体群サイズ成長への効果は，図 2.10 に示したとおりである．パラメータ α が大きくなるにつれて，初期のサイズ成長はより急速になるが，サイズが十分に大きくなってからのサイズ成長速度の減速率（負の加速）もより大きくなる[*58]．特に α が十分に大きな場合には，平衡値近くに至るまでの個体群サイズ成長はほとんど Malthus 型増殖的である．実際，十分に大きな α，十分に小さな初期値 $N(0)$ に対して，解 (2.49)

[*55] 第 2.1.3 節の logistic 方程式 (2.38) からの拡張として，式 (2.47) に数学的に同等な拡張様式をもつ方程式

$$\frac{dN(t)}{dt} = r_0 \left\{ 1 - \left[\frac{N(t)}{K} \right]^\alpha \right\} N(t)$$

が Gilpin and Ayala [84] によって考察されている．パラメータ r_0 および K は正定数である．拡張 logistic 方程式については，第 3.1.3 節で再度議論する．

[*56] 微分方程式 (2.34) は，標準 logistic 方程式の場合と同様に，ベルヌーイ方程式 (Bernoulli equation) の一種であり，変数変換 $y(t) = 1/[N(t)]^\alpha$ によって，変数 $y(t)$ に関する微分方程式を導くと，やはり，式 (2.11) の場合についての微分方程式 (2.7) と数学的には同等の線形微分方程式になり，解 (2.13) を応用することができる．

[*57] 実際，この場合，$\{N(t)\}^\alpha$ についての微分方程式は，慣用的な logistic 方程式 (2.36) と数学的に同等になる．

[*58] 図 2.9 で示されるように，十分小さな初期サイズからのサイズ成長においては，α が大きいほど $(1/N)dN/dt$ は初期には小さくなるが，dN/dt については，大きくなる．

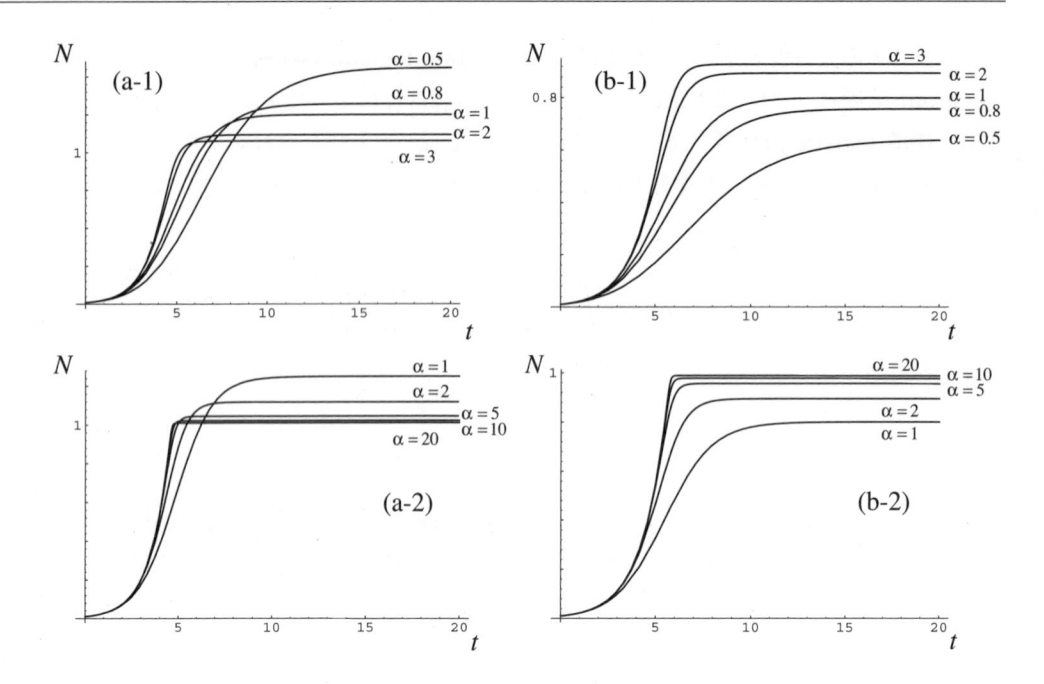

図 2.10 拡張 logistic 方程式 (2.47) による個体群サイズ成長。式 (2.46) において，r_0 および β が定数の場合の解 (2.49) による個体群サイズ成長曲線。(a-1, 2) $r_0 = 1; \beta = 0.8; r_0/\beta = 1.25 > 1$; (b-1, 2) $r_0 = 0.8; \beta = 1; r_0/\beta = 0.8 < 1$。初期値 $N(0) = 0.01$ でいくつかの α の値に対する成長曲線を描いた。α が十分に大きな場合には，平衡値近くに至るまでの個体群サイズ成長はほとんど Malthus 型増殖的である。

は，指数関数で近似できる[*59]。また，解 (2.49) による個体群サイズ成長曲線の変曲点は，パラメータ α の単調増加関数であり，α が増加するにつれて平衡値 $[r_0/\beta]^{1/\alpha}$ に単調に近づく。つまり，α が十分に大きくなると，平衡値の近くまでの成長曲線は，下に凸の単調増加曲線となる[*60]。つまり，十分に α が大きな場合の，小さな初期値 $N(0)$ からの個体群サイズ成長は，ほとんど指数関数的・Malthus 型増殖的であり，平衡値の近くまで急速にサイズ成長が起こり，それからかなり短い期間にその成長（サイズ増加）の急速な減速が引き続き，一定の平衡値に漸近する。いわば，大まかな全体的傾向として，指数関数的な個体群サイズ成長が突然止み，個体群サイズの時間変動がほとんどみられない平衡状態

[*59] 十分に小さな初期値 $N(0)$ を考えた場合，十分に大きな α に対して，$1/[N(0)]^\alpha$ は，非常に大きくなるので，解 (2.49) の指数関数の項が他の項より非常に大きくなることより，近似的に，

$$N(t) \approx N(0)e^{r_0 t}$$

となることを導くことができる。

[*60] これは，$d^2N/dt^2 = 0$ となるような N の値が，α が増加するにつれて平衡値 $[r_0/\beta]^{1/\alpha}$ に単調に近づくことから示せる。

2.1 連続世代型ダイナミクス

に至るような個体群サイズ変動が観測されることになる（図 2.10(a-2) や (b-2) を参照）。かなり低い密度でも密度効果に敏感な個体群（α が大の場合：図 2.9 参照）については，相対的に緩慢ではある[*61]が指数関数的な個体群サイズ成長に引き続き，突如サイズ成長が鈍り，サイズはほぼ一定値に至るという特徴的な個体群サイズ成長パターンが導かれると示唆できる。

---発展---
どのような logistic 方程式の拡張がさらに考えられるであろうか。

2.1.4 Allee 型密度効果

定義

個体群サイズ変動における密度効果の働き方を考えるとき，とりわけ，個体群内での繁殖過程について，個体群密度がある程度高い方が個体あたりの増殖率が高くなる場合もあると考えられる。個体群密度が低すぎると，交尾相手を見つけることの困難さが増すことや好適餌場の発見の効率低下が考えうるからである。一方，ある程度，個体群密度が高いことによって，捕食などの致死的な事象から逃れやすくなる[*62]可能性もある。ただし，個体群密度が高すぎると，第 2.1.3 節でも述べたように，一般的に，環境の質の低下や個体群内の個体間相互作用の激化によって個体あたり増殖率は低下すると考えられる。このように考えると，個体あたり増殖率は，中庸な個体群密度において最大値をとり，その密度より小さな個体群密度[*63]では密度上昇に対して増加，より大きな個体群密度[*64]では密度上昇に対して減少というような，山型の個体群密度依存性をもつと考えることができる（図 2.11 参照）。このうち，ある程度までの個体群密度上昇に対する個体あたり増殖率の上昇効果を **Allee 型密度効果**（Allee's density effect）と呼ぶ[*65]。逆に，相対的に個体群密度が低い状況で，個体群密度が下がるにつれて個体あたり増殖率が低下する効果を Allee 型密度効果と呼んでもよい。

[*61] 図 2.10 が示すように，より大きな α に対して，小さな初期値 $N(0)$ からの個体群サイズ成長は，初期においてはより緩慢になる。

[*62] 生物集団における警戒音による対捕食者警戒効率の上昇や，他個体の行動から環境の善し悪しの情報を獲得することによる生存率の上昇などの可能性が考えられる。

[*63] **過疎**（undercrowding）と呼ばれる。

[*64] **過密**（overcrowding）と呼ばれる。

[*65] 個体群密度の個体あたり増殖率への関係に関する研究で著名なアメリカの動物生態学者 Warder Clyde Allee（June 5, 1885 – March 18, 1955）の研究 [6] にちなむ呼び方。しばしば，短縮して **Allee 効果**（Allee effect）とも呼ばれる。また，個体群ダイナミクスにおける様々な要素に関する密度効果において，**最適密度**（optimum density）が存在することを **Allee's principle**（アリーの原理）と呼ぶこともある。

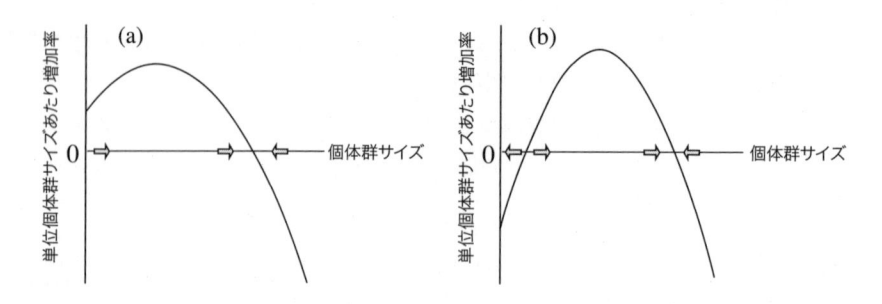

図 2.11 Allee 型密度効果をもつ単位個体群サイズあたりの増加率の個体群サイズ依存性．(a) の場合には，任意の個体群サイズを初期値とした変動は，ある正の平衡値に漸近収束するが，(b) の場合には，十分に小さな個体群サイズを初期値とすると，個体群サイズはゼロに漸近収束，すなわち，個体群は漸近的に絶滅する．矢印は，個体群サイズの変動の方向を示す．いずれの場合も単位個体群サイズあたりの増加率は，ある中庸な個体群サイズで最大値をとる．

ここで，Allee 型密度効果と呼んでいるのは，相対的に低い個体群密度における「個体あたり増殖率」に対する個体群密度上昇の増殖促進効果であることに注意しよう．「個体群密度（サイズ）の増加速度」に対する個体群密度による促進効果は，Allee 型密度効果とは呼ばない．また，この密度効果は，個体あたり増殖率に対する個体群密度上昇による促進効果を指したものでしかなく，個体あたり増殖率が山型の個体群密度依存性をもつということまでを指しているのでもない．

第 2.1.3 節で述べた logistic 方程式に関する個体あたり増殖率に働く密度効果では，単位個体群サイズあたりの増殖率は，個体群サイズの増加に伴って単調に減少する（図 2.5，図 2.8，図 2.9 の $(1/N)dN/dt$ の N 依存性を参照されたい）．すなわち，一般的に，logistic 方程式においては，Allee 型密度効果は導入されていない[*66]．

内的自然増殖率再考

第 2.1.2 節で定義したように，資源量が無限に豊富な場合のように，「環境が生物個体群の増殖にとって理想的な条件を満たす場合に実現される，その種が生来潜在的に持ちうる最大の単位個体群サイズあたりのサイズ増加率」を内的自然増殖率と呼ぶとすれば，本節

[*66] 既述のとおり，これは，第 2.1.3 節で述べた，logistic 方程式における「単位個体群サイズあたりの増殖率」$(1/N)dN/dt$ に対する個体群サイズ N 依存性から導かれる結論である．実は，第 2.1.3 節で示したように，logistic 方程式においては，個体群サイズの増加速度 dN/dt は，山型の個体群サイズ N 依存性をもっている（図 2.5，図 2.8，図 2.9 参照）．すなわち，個体群サイズが中庸のある値までは，個体群サイズが増加するにつれて，サイズ増加速度は上昇し，個体群サイズがそのサイズを超えると，個体群サイズの増加につれて，サイズ増加速度は減少する．しかし，相対的に小さな個体群サイズに対するサイズ増加速度のこの正（促進型）の密度依存性は，個体あたり増殖率については現れないので，Allee 型密度効果ではない．

2.1 連続世代型ダイナミクス

で述べている Allee 型密度効果をもつ個体群サイズ変動ダイナミクスにおいて，内的自然増殖率はどのように定義されるべきであろうか．

考えている個体群が Allee 型密度効果をもち，単位個体群サイズあたりのサイズ増加率がある中庸な個体群サイズの値において最大値をとるとしよう．このとき，上記の内的自然増殖率の定義における，その個体群をとりかこむ環境が個体にとって最も理想的なのは，どのような状況であるかが論点になる．

もしも，個体あたりに得られる資源量が最大であるような状況が最も理想的な環境であり，個体あたりの資源量は，単純に個体群サイズに反比例する，もしくは，負の相関をもつとするならば，個体群サイズができるだけ小さな状況がより理想的な環境であるから，今考えている Allee 型密度効果をもつ個体群については，個体群サイズができるだけ小さな状況で実現する個体あたりの増殖率は，その個体が実現しうる最大の個体あたり増殖率より小さい[*67]．

そもそも，生物個体群の増殖にとって理想的な環境条件というのは，個体あたりの資源量だけで量られるものではなく，個体の実現できる増殖率がより大きくなる環境条件が理想的なのであるとするならば，今考えている Allee 型密度効果をもつ個体群については，内的自然増殖率は，ある中庸な個体群サイズにおいて実現する最大の単位個体群サイズあたりの増殖率で与えられると考えるのが自然であろう[*68]．

数理モデリングへの導入

Allee 型密度効果を導入した個体群サイズ変動ダイナミクスを表す数理モデリングを考えてみよう．第 2.1.3 節で logistic 方程式を導く際に考えたのと同様に，単位個体群サイズあたりの増殖率を，時刻 t の個体群サイズ $N(t)$ に対して，

$$\frac{1}{N(t)}\frac{dN(t)}{dt} = r(N(t), t)$$

と表せば，この $r(N,t)$ について，たとえば，図 2.11 の (a) もしくは (b) のような N 依存性を持つ関数を設定すればよい．具体的なモデリングの例について以下で考えてみよう．

[*67] 後述のように，第 2.1.3 節で述べた，logistic 方程式を導く個体あたり増殖率に働く密度効果では，単位個体群サイズあたりの増殖率は，個体群サイズの増加に伴って単調に減少するので，個体群サイズができるだけ小さな状況ではより大きな個体あたり増殖率が得られ，結果として，個体群サイズ → 0 の極限で得られる単位個体群サイズあたりのサイズ増加率，すなわち，パラメータ r_0 がその個体群の持つ内的自然増殖率として定義できた．

[*68] だから，第 2.1.3 節における logistic 方程式では内的自然増殖率として定義できた r_0 も，たとえば，logistic 型増殖過程における密度効果の効き方に変更を加えて，個体群サイズ変動ダイナミクスに Allee 型密度効果を導入した場合には，本節の議論に基づけば，必ずしも，内的自然増殖率の意味を持たない．

■**個体群サイズの2次関数によるモデリング** 単位個体群サイズあたりの増殖率に対する負の密度効果と，正の密度効果[*69]が，互いに独立な要因によって生じる[*70]とすれば，今考えようとしている Allee 型密度効果は，これらの二つの正と負の密度効果が同時に働くことによって現れるものと考えることができるだろう．そこで，単位個体群サイズあたりの増殖率 $r(N,t)$ が，

$$r(N,t) = V(N,t)W(N,t) \tag{2.50}$$

という二つの関数 V と W の積で表され，それぞれ，条件

$$\frac{\partial V}{\partial N} \geq 0; \quad \frac{\partial W}{\partial N} \leq 0$$

を満たすものとしよう．つまり，関数 V は，単位個体群サイズあたりの増殖率に対する正の密度効果[*71]を表し，W は，負の密度効果を表す．上記の条件を満たす最も単純な個体群サイズ N の関数として，V と W をそれぞれ次のようにおく：

$$V(N,t) = r_V(t) + \beta_V(t)N \tag{2.51}$$
$$W(N,t) = r_W(t) - \beta_W(t)N \tag{2.52}$$

ただし，β_V および β_W は共に正値のみをとるものとする．すると，単位個体群サイズあたりの増殖率 $r(N,t)$ の N 依存性については，$r_V r_W > 0$ の場合，

$$\frac{r_W/\beta_W - r_V/\beta_V}{2} > 0 \tag{2.53}$$

ならば，図 2.12(a-1) が示すように，図 2.11(a) に対応した状況が実現し，単位個体群サイズあたりの増殖率に Allee 型密度効果が現れる．ただし，条件 (2.53) が満たされない場合には，$r(N,t)$ は，N の単調減少関数となり，Allee 型密度効果は現れない（図 2.12(a-2)）．また，$r_V r_W < 0$ の場合，$r_W > 0 > r_V$ ならば，図 2.11(b) に対応した状況（図 2.12(b)）が実現し，$r_W < 0 < r_V$ ならば，$r(N,t)$ は N の単調減少関数になるばかりか，任意の N に対して $r(N,t) < 0$ となる（図 2.12(c)）．

このモデリングにおいて，係数 $r_V, r_W, \beta_V, \beta_W$ が全て時間に依存しない定数であるならば，個体群サイズ変動ダイナミクスは，それらの値によって定まることになり，図 2.12 に示された増加率 r の N 依存性のいずれか 1 つに支配されたものとして現れる．これらの係数全てもしくはいずれかが時間変動する場合には，図 2.12 で示されている増加率の

[*69] 第 2.1.5 節で述べる有性生殖による個体群サイズ変動の数理モデルにおいて具体的に現れる．

[*70] たとえば，第 2.1.3 節で述べたように，logistic 方程式において導入された負の密度効果は，個体群サイズの増加に伴う環境の劣化によるものであるが，第 2.1.5 節で述べる有性生殖による個体群サイズ変動の数理モデルに現れる正の密度効果が，個体群サイズの増加による繁殖機会の増加によるものという解釈に基づけば，これら二つの密度効果は互いに独立な起因をもつものと考えることができる．

[*71] つまりは，Allee 型密度効果の起因となりうる密度依存性．

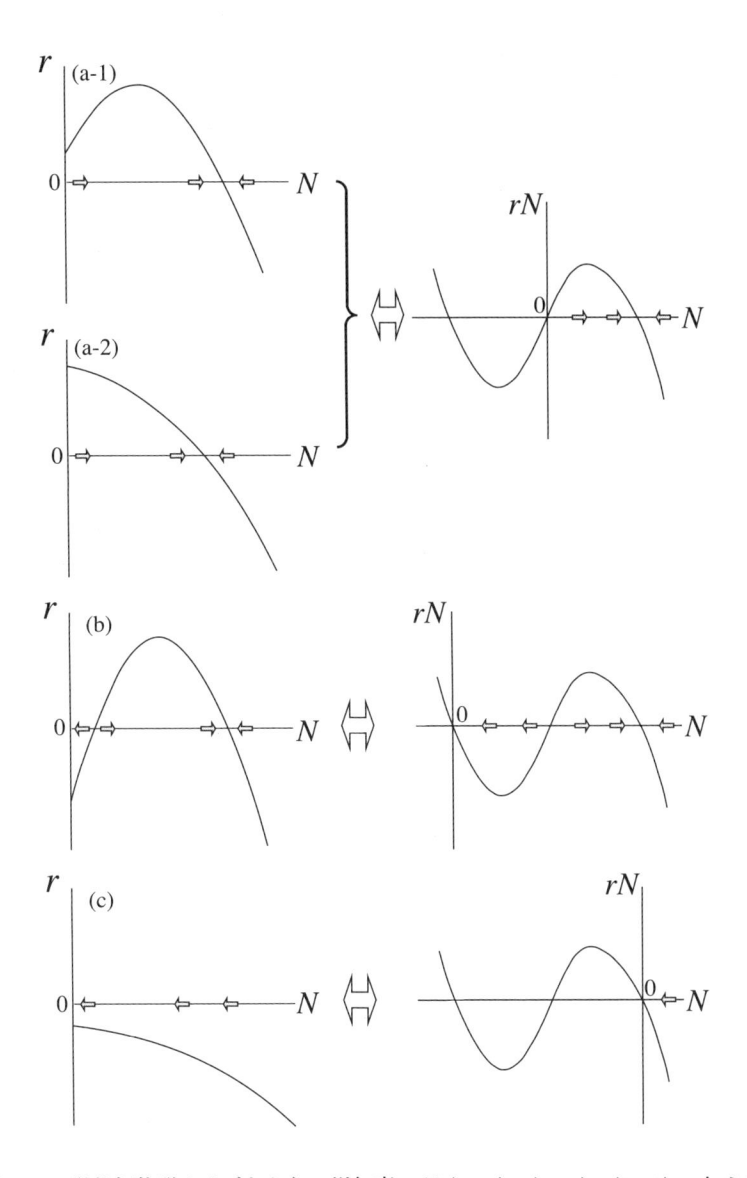

図 2.12 単位個体群サイズあたりの増加率 r が (2.50), (2.51), (2.52) で与えられる場合の単位個体群サイズあたりの増加率 r $(= [1/N]dN/dt)$ および個体群サイズの増加速度 rN $(= dN/dt)$ の個体群サイズ N への依存性。(a-1) $r_V r_W > 0$ かつ (2.53) が満たされる場合；(a-2) $r_V r_W > 0$ かつ (2.53) が満たされない場合；(b) $r_W > 0 > r_V$ なる場合；(c) $r_W < 0 < r_V$ なる場合。それぞれに対応する個体群サイズの増加速度 rN の個体群サイズ N への依存性のグラフが示してある。矢印は，個体群サイズ N (> 0) の変動の方向を示す。

N 依存性が時間と共に変動することになるので，個体群サイズ変動もその時間変動に依存した特徴的なものになるだろう．

なお，ここで述べた数理モデリングは，一般に，単位個体群サイズあたりの増加率 r が個体群サイズ N の 2 次関数で与えられ，その場合に，N の 2 次の項の係数が負であるという条件が満たされるという一般的な場合に含まれるものである．また，任意の時刻 t において $\beta_V \equiv 0$ が成り立つ場合として，第 2.1.3 節で述べた logistic 方程式 (2.34) を，特殊な場合として含んでいる[*72]．

■**Logistic 方程式からの改変によるモデリング**　次に，単位個体群サイズあたりの増加率 r が (2.50)，(2.51)，(2.52) で与えられる数理モデリング以外の Allee 型密度効果を導入する数理モデリングを考えてみよう．考えるべき数理モデリングは，結局，図 2.11 を満たすような単位個体群サイズあたりの増加率 r の関数形の選び方に依存する．Allee 型密度効果は，相対的に個体群サイズが小さな場合に個体群サイズ変動ダイナミクスに陽に影響を与える密度効果として考えられることが多い．そこで，ここでは，相対的に個体群サイズが大きな場合には，個体群サイズ変動ダイナミクスが logistic 方程式 (2.34) に相当する特性を持つが，十分に小さな個体群サイズにおいては，Allee 型密度効果が現れるような数理モデリングを，logistic 方程式 (2.34) の改変によって考える．前出の Allee 型密度効果をもつ個体群サイズ変動ダイナミクスにおいては，単位個体群サイズあたりの増加率 r に対して，山型の関数として最も単純な 2 次関数による放物線が仮定されたが，ここでは，単位個体群サイズあたりの増殖率 $r(N,t)$ として，次のような関数を考えてみよう：

$$r(N,t) = r_0(t) - \beta(t)N + \eta(t)N^\theta \tag{2.54}$$

β, η は，任意の時刻 t において全て正値であるとする[*73]．また，パラメータ θ は，$0 < \theta < 1$ なる定数であるとする．この r は，$r_0 > 0$ ならば図 2.11(a) のような個体群サイズ N への依存性，$r_0 < 0$ ならば図 2.11(b) のような個体群サイズ N への依存性を持ち，Allee 型密度依存性を示す．単位個体群サイズあたりの増加率（内的自然増殖率）の最大は，個体群サイズ $N = (\eta\theta/\beta)^{1/(1-\theta)}$ において実現する．

このモデリングでは，$0 < \theta < 1$ であるから，十分大きな個体群サイズ N に対する個体群サイズ変動ダイナミクスに関しては，ηN^θ の項に比べて βN の項がより主要な寄与をする．一方，十分小さな個体群サイズ N に対する個体群サイズ変動ダイナミクスに関しては，ηN^θ の項の方がより主要な寄与をする．つまり，このモデリングによる個体群サイズ変動ダイナミクスは，相対的に個体群サイズが大きな場合に，logistic 方程式 (2.34)

[*72] 任意の時刻 t において $\beta_W \equiv 0$ が成り立つ場合として，第 2.1.5 節で述べる有性生殖による個体群サイズ変動ダイナミクス (2.58) も特別な場合として含む．

[*73] もしも，任意の時刻 t において $\eta \equiv 0$ ならば，個体群サイズ変動ダイナミクスは，logistic 方程式 (2.34) に従うものである．

に相当する特性をもち，十分に小さな個体群サイズにおいては，Allee 型密度効果が現れる特性をもつ．

たとえば，前出のモデルのように，

$$r(N,t) = r_0(t) + \beta(t)N - \eta(t)N^2$$

という N の2次関数による数理モデリングを考えても Allee 型密度効果をもつ個体群サイズ変動ダイナミクスを得ることはできる．しかし，このモデリングでは，十分に大きな個体群サイズにおいては，ηN^2 の項がダイナミクスに対してより主要な寄与をすることになり，単位個体群サイズあたりの増加率 r は，logistic 方程式 (2.34) に相当する特性[*74]とは異なる N 依存性を持つことになる．

■Bradford–Philip モデル　ここでは，Bradford & Philip [35] によって**アソーシャル**（asocial）**型**と呼ばれた，Allee 型密度効果を考慮した個体群サイズ変動ダイナミクスのモデルを紹介する．彼らは，次のような個体群サイズの増加速度 dN/dt によるモデルを考えた：

$$\frac{dN}{dt} = \begin{cases} -N & \text{for } 0 \leq N < N_1 \\ \alpha(N - N_2) + \beta(1 - N_2) & \text{for } N_1 \leq N < N_2 \\ \beta(1 - N) & \text{for } N_2 \leq N \end{cases} \quad (2.55)$$

ここで，

$$\alpha = \frac{N_1 + \beta(1 - N_2)}{N_2 - N_1}$$

であり，パラメータ N_1, N_2 $(> N_1)$, β は，全て正の定数である[*75]．

第 2.1.4 節でその定義に関して述べたように，Allee 型密度効果は，単位個体群サイズあたりの増加率に関する個体群サイズの促進効果であるから，式 (2.55) だけでは Allee 型密度効果が導入されているとは即断できない．実際には，モデルの式 (2.55) から，単位個体群サイズあたりの増加率 $(1/N)dN/dt$ の個体群サイズ N 依存性を調べてみると，図 2.13 で示すような特性が得られるから，Bradford–Philip モデルでは，たしかに，個体群サイズ N が N_1 以上 N_2 以下の範囲において，Allee 型密度効果が存在する[*76]．

この Bradford–Philip モデルは，個体群サイズの増加速度 dN/dt を（1 階微分不連続な）折れ線による関数で与えたものである．しかし，それによる個体群サイズ変動ダイナ

[*74] 単位個体群サイズあたりの増加率は，logistic 方程式では，個体群サイズに線形の依存性を持つ．

[*75] ここでは，たとえば，単位個体群サイズあたりのサイズ増加率 $(1/N)dN/dt = r$ における陽なる時間 t への依存性は考えていない．つまり，単位個体群サイズあたりの増加率 r は，時間を陽には含まない，個体群サイズ N のみの関数 $r = r(N)$ であり，個体群サイズ変動ダイナミクスは自励的（autonomous）である．

[*76] 広義で考えれば，個体群サイズ N が N_2 以下において，Allee 型密度効果が存在するといえる．

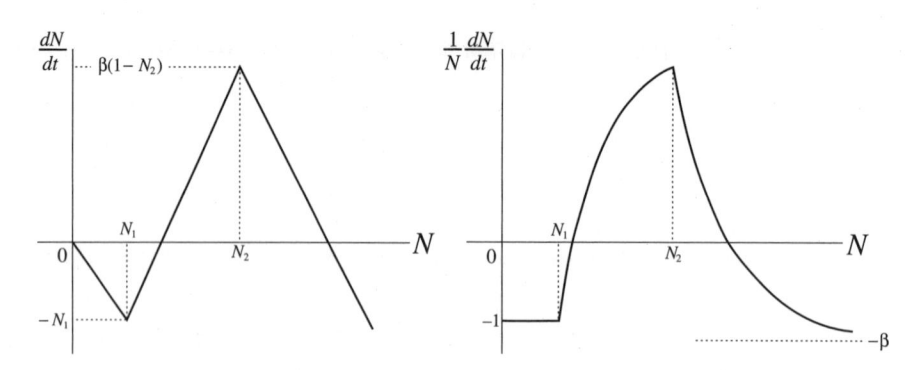

図 2.13 Bradford–Philip モデルにおける個体群サイズの増加速度 dN/dt と単位個体群サイズあたりの増加率 $(1/N)dN/dt$ の個体群サイズ N 依存性。個体群サイズ変動ダイナミクスが式 (2.55) で与えられる。$N_2 < 1$ の場合。単位個体群サイズあたりの増加率は，個体群サイズが大きくなるにつれて $-\beta$ に漸近する。

ミクスの特性は，前出の (2.50)，(2.51)，(2.52) で与えられる数理モデリングにおける図 2.12(b) の場合に相当していることが，図 2.13 と対比すると明白である[*77]。

　このような折れ線による関数を数理モデリングにおいて用いることは，基礎的な数理モデル研究においてはしばしば採用される「数理的便宜」の一つである。線分からなる折れ線であるということは，それぞれの線分の範囲においては，直線，つまり，線形の関係をもつということであるから，本質的に非線形現象として生物現象を捉えようとしている生物学研究者には評判がよくないことが多い。しかし，この Bradford–Philip モデルは，本質的には，図 2.12(b) の場合と同じ定性的結果を個体群サイズ変動ダイナミクスに関して導くものである。つまり，部分的な範囲で（区分的に，piecewise）線形の関係であっても，折れ線からなる全体がダイナミクスの構造として機能すると非線形効果として現れるのである。なめらかな関数を与えるのが適当なのか，それとも，Bradford–Philip モデルのように折れ線で与えるのが適当なのかは，数理モデリングによって研究しようとする問題個々によって異なってくるだろうが，数理モデル解析における解析のしやすさ，数理的な解析結果の考察のしやすさに依存して適宜選ばれうるものであり，ここで紹介したような折れ線関数よりもなめらかな関数を用いる方[*78]が当然適当であるという考え方は明らかに間違っている。重要なことは，生物学的な仮定との整合性がある限りにおいて，数理モデリングには自由度があり，その自由度内での選択の手法として数理的な合理性を用いることができるということである。

[*77] 図 2.13 は，$N_2 < 1$ の場合であることに注意。$N_2 > 1$ の場合には，個体群サイズの増加速度 dN/dt は，任意の正の個体群サイズ N に対して負となるので，個体群サイズは単調に減少し，個体群は絶滅に向かう。

[*78] 生物学研究者に受けのよい方。

2.1.5 有性繁殖

これまで取り上げてきた増殖過程の数理モデリングにおいては，個体群内の繁殖に関して構成個体の間に違いはないものとしていた．個体群サイズ変動が Malthus 型増殖過程によって説明できるような場合には，特に，単為（無性）生殖型の生物個体群の例が多い．しかし，有性生殖型の生物個体群（人も含む）のサイズ変動が Malthus 型や logistic 型の増殖過程によって説明できるような場合も少なからずある．これには case by case の理由があろうが，有性生殖という繁殖様式の特性が，個体群という個体の集団の内部における個体間ダイナミクスを通じて平均化された結果として，単一個体群ダイナミクスとして説明できたと考えることもできる．つまり，繁殖様式における有性生殖という特性は，単為生殖的な単一個体群ダイナミクスの取り扱いにおけるパラメータ（たとえば，内的自然増殖率や環境許容量，あるいは，密度効果係数）に平均化されて組み込まれてしまっていると考えられるのである．あるいは，考えている個体群サイズを雌個体のみで測る，という考え方もある．雌雄の性比が定常的に変わらないと仮定できる場合には，個体群サイズは一方の性に限った個体のみに着目してよいはずである．この場合には，繁殖様式における有性生殖という特性は，雌個体群における繁殖パラメータに反映されることになる．

さて，ここでは，有性生殖に関わる密度効果を陽に取り入れた個体群サイズ変動ダイナミクスについての基礎的な数理モデリングを考えてみる[*79]．オス：メス $= 1 - \omega : \omega$ と仮定し，この性比は一定であるとする．すなわち，考えている個体群に定常性比を仮定した上で，ω をメス比とする．したがって，個体群サイズが N の場合におけるオス部分個体群サイズ，メス部分個体群サイズは，それぞれ，$(1-\omega)N, \omega N$ で与えられる．繁殖は，オスとメスの交配によってのみ可能であると仮定すると，ここで問題にすべきは，オスとメス間の交配頻度である．

十分に短い時間 Δt における単位時間あたりの交配頻度は，オスとメスの個体群密度の積に（近似的に）比例すると仮定[*80]しよう．つまり，時刻 t から十分に短い時間 Δt における交配頻度 $p(N(t),t,\Delta t)$ は，

$$p(N(t),t,\Delta t) = c(1-\omega)N(t) \cdot \omega N(t) \cdot \Delta t + O(\{\Delta t\}^2) \tag{2.56}$$

で与えられると仮定する．c は正定数である．一回の交配で期待される個体群サイズの増分（期待産仔数に相当する）を η（正定数）とすると，時刻 t から十分に短い時間 Δt において期待される個体群サイズの増加は $\eta p(N(t),t,\Delta t)$ であると考えることができる．今，時刻 t から十分に短い時間 Δt における自然死亡（natural death）[*81]による個体群サイズ

[*79] 本節で述べる数理モデリングは，Volterra (1931)[357] によって考察されたものと同様である．山口 [365] や寺本 [338] でも考察が行われている．

[*80] Mass-action 仮定．後述の第 3.1 節を参照．

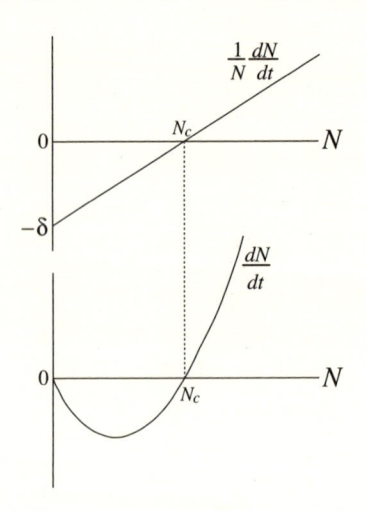

図 2.14 有性生殖型の個体群サイズ変動ダイナミクス (2.58) における単位個体群サイズあたりの増殖率 $(1/N)dN/dt$, および, 個体群サイズ変化速度 dN/dt の個体群サイズ N 依存性。$R \equiv c\eta\omega(1-\omega)$, $N_c = \delta/R$。

の減少分を $(\delta \Delta t) \cdot N(t) + O(\{\Delta t\}^2)$ で与えることにして, (自然死亡率[*81]) δ を時間や性によらない定数と仮定する。すると, これらの要素のみを考えた閉じた個体群のサイズ変動ダイナミクスは以下のように与えることができる:

$$N(t + \Delta t) - N(t) = \eta p(N(t), t, \Delta t) - (\delta \Delta t) \cdot N(t) + O(\{\Delta t\}^2) \quad (2.57)$$

これら (2.56) および (2.57) より, $\Delta t \to 0$ の極限をとって,

$$\begin{aligned}\frac{dN(t)}{dt} &= R\{N(t)\}^2 - \delta N(t) \\ &= RN(t)\{N(t) - N_c\}\end{aligned} \quad (2.58)$$

という常微分方程式による個体群サイズ変動ダイナミクスを得ることができる。$R \equiv c\eta\omega(1-\omega)$, $N_c = \delta/R$ とおいた。

図 2.14 で明らかなように, 式 (2.58) において, 個体群サイズ $N(t)$ が N_c を超えていると, 右辺が正なので, さらに個体群サイズは増加し, 結局, 個体群サイズは増大し続ける。一方, 個体群サイズが N_c を下回っていると, (2.58) の右辺は負なので, さらに個体群サイズは減少し, つまりは, 個体群サイズは単調に減少し続け, 個体群は絶滅に向かう。前者の場合には, 個体群サイズは単調に増加してゆくが, (2.58) の右辺より, その個体群サイズ増加の速度は, 個体群サイズの 2 乗のオーダーで大きくなる。

パラメータ $R \equiv c\eta\omega(1-\omega)$ であったから, 図 2.15 に示すように, パラメータ R は

[*81] 今の場合, 環境の不確定要素による死亡, 特定の病気や老化による死亡など, 個体群サイズに依存しない外因による死亡を意味する。

2.1 連続世代型ダイナミクス

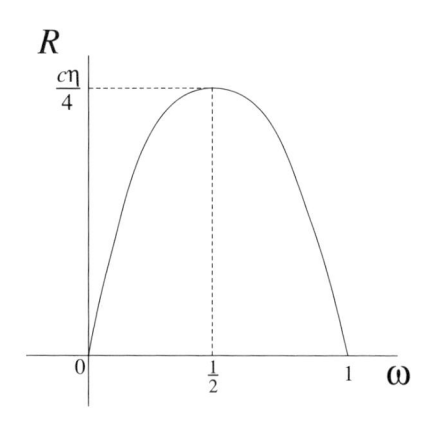

図 2.15 有性生殖型の個体群サイズ変動ダイナミクス (2.58) におけるパラメータ R とメス比 ω の関係。$R \equiv c\eta\omega(1-\omega)$。

メス比が 1/2 の時に最大値をとり，メス比が 1/2 よりずれると小さくなる。したがって，N_c はメス比が 1/2 の時に最小であり，メス比が 1/2 よりずれるとより大きくなる。上記の考察より，個体群サイズは，もしも N_c よりも小さくなることがあるとその後は単調にゼロに向かい，個体群の絶滅が起こる。だから，N_c がより小さい方が個体群は絶滅しにくいと考えることができる。つまり，今考えているダイナミクスは，メス比が 1/2 に近いほど個体群は絶滅しにくいという性質を有しているのである。このことは，個体群サイズの増加が交配の頻度に正の相関を持つことから理解できる。ここで考えてきた数理モデリングにおいては，ある個体群サイズ N が与えられたとき，十分に短い時間 Δt における単位時間あたりの交配頻度 $p(N(t), t, \Delta t)$ はメス比 ω の関数として，図 2.15 で与えられた $R = R(\omega)$ と定性的に同じ性質をもつ。$p(N(t), t, \Delta t)$ は，メス比が 1/2 のとき最大であり，メス比が 1/2 からずれるとより小さくなる。言いかえると，メス比が 1/2 に近いほど単位時間あたりの交配頻度は大きくなる。だから個体群は絶滅しにくいのである。

式 (2.58) は，logistic 型増殖過程を表す式 (2.36) とよく似ているが，個体群サイズ変動のダイナミクスの個体群サイズ自身への依存性（N による密度効果）が全く逆になっている[82]。微分方程式 (2.58) の解は，logistic 型増殖過程を表す式 (2.36) に対する解 (2.37) と同様に解くことができ[83]，

$$N(t) = \frac{N_c}{1 - \left\{1 - \frac{N_c}{N(0)}\right\} e^{\delta t}} \tag{2.59}$$

という解を形式的に導くことができる（$N_c = \delta/R$）。もちろん，この解からも上記と同様

---

[82] つまり，式 (2.58) と式 (2.36) の右辺を定性的に比較すると，個体群サイズ N がある特定の値より大きいときとより小さいときの符号が逆である。

[83] パラメータの符号が異なっているだけである。

の議論が導かれる．すなわち，初期個体群サイズ $N(0)$ が N_c より小さいと個体群は絶滅し，N_c より大きいと個体群サイズは無限に大きくなる．

特に，初期個体群サイズが $N(0) > N_c$ の場合には，解 (2.59) の分母からわかるように，時刻

$$t_c = \frac{1}{\delta} \ln \left[\frac{1}{1 - N_c/N(0)} \right] \tag{2.60}$$

について，

$$\lim_{t \uparrow t_c} N(t) = +\infty$$

である．つまり，$N(0) > N_c$ の場合の個体群サイズは，$t=0$ 以降，刻々と増大してゆき，有限時間 t_c で発散（爆発）する．

本節で述べた有性生殖による個体群サイズ変動の数理モデル (2.58) では，単位個体群サイズあたりの増殖率は，個体群サイズの増加に伴って単調に増加する（図 2.14 参照）．この単調増加は，第 2.1.4 節で述べた Allee 型密度効果によるものであると称することはできる[*84]が，個体群密度が上昇するにつれて個体あたりの増殖率が無限に増加するという密度依存性は，生物個体群のサイズ変動ダイナミクスに関する数理モデリングとしては，発展的に検討すべき点となる[*85]．

結局，第 2.1.3 節で述べた logistic 方程式と，本節で述べた有性生殖による個体群サイズ変動の数理モデルは，それぞれ，個体あたりの増殖率に対する負の密度効果のみ，あるいは，正の密度効果のみを導入した数理モデリングによって構成されたものであると解釈できる．

2.1.6 個体群内の構造

構造と状態変数

生物個体群内の構造としては，**社会的構造** (social structure)，**生理的構造** (physiological structure)，**生態的構造** (ecological structure) がある．個体群内の構造によって特徴づけられた個体群のことを **structured population** と呼ぶ．社会的構造は，個体群内の個体の **社会性行動** (social behaviour) に基づいたもので，**血縁選択** (kin selection)，**性選択** (sexual selection)，**進化的適応戦略** (evolutionary optimal strategy) といった観点から個体群内の個体間の関係を表す[*86]．一方，生理的構造は，個体の **生理的状態** (physiological state) による個体群の構造を表す．生理的構造を定める基準としては，性，

[*84] 本節で述べた有性生殖による個体群サイズ変動の数理モデリングの仮定からも明らかである．
[*85] この点についての発展的な検討の一つを後の第 4.2.7 節において考察する．
[*86] 入門的な参考書としては，たとえば，伊藤 [143] がある．

2.1 連続世代型ダイナミクス

年齢，体長や身体の一部の長さ，体重，色などが考えられる．このような基準要素による生理的構造は，上記の社会的構造にも密接に関わっていると考えられる．生態的構造とは，個体群内の個体間の相互作用によって形成される生態学的な構造であり，たとえば，個体が成す群れのような部分集団の集まりとして個体群が形成されているような場合である．そのような群れ形成は，社会性行動が要因であることもあれば，環境要因による場合もあるだろう．

本節では，特に，個体群内の生理的構造に関する数理モデリングについて述べる．ここで扱う生理的構造を定める基準となる要素としては，定量的なもの，すなわち，何らかの数値化が可能であるようなものを考えることにする．上で挙げた生理的構造を定める基準要素の例はいずれも定量的なものである．ある基準要素に関して，ある個体が値 x を持つ場合，この個体のもつ**状態変数** (state variable) は x である，と表現することにする．すなわち，個体群内の各個体は，それぞれのもつ状態変数の値によって差別化でき，それを個体群における生理的構造と呼ぶ．たとえば，基準要素として年齢を考えた場合，各個体が，それぞれの年齢（x が年齢）をもつが故に，その個体群内の年齢分布によって生理的構造が定義できる．

本節での議論では，各個体の状態変数 x は，時間の連続関数であると仮定する．つまり，時間の経過とともに，各個体の状態変数 x は，連続的に変化するものとする[*87]．

状態変数の分布関数

時刻 t における個体の状態変数 $x = x(t)$ の時間変化は，次の微分方程式に支配されているものとする：

$$\frac{dx(t)}{dt} = g(x,t) \tag{2.61}$$

ここで，関数 $g(x,t)$ は，状態変数 x と時間 t について十分になめらかな関数であるとし，状態 x の時間変化は，連続的に起こるものとする．

時刻 t において，状態を表す変数 x が「値 X 以下」である部分個体群のサイズを $U(X,t)$ とおく．$U(X,t)$ は，状態変数 x に関する時刻 t における個体群内の構造を表す分布関数である．$U(X,t)$ は，X と t に関して，十分に滑らかな連続関数であると仮定しよう[*88]．すると，時刻 t において，状態変数 x が $(X, X+\delta X]$ の範囲をもつ部分個体群[*89] のサイ

[*87] 常識的に，年齢は，連続的な状態変数であり，時間と同じ速度で増加するものであるが，生理年齢 (physiological age) や生態年齢 (ecological age) という概念があるように，個体の状態を段階づける数値を年齢として扱うような場合には，時間とは異なる速度で増加する，あるいは，必ずしも増加しない（減少すること，すなわち，若返りもあるような）「年齢」も考えうる．ただし，通例，年齢構造を考える場合には，断りなしに，年齢が時間と同じ速度で増加するものと考える．本節でも後に同様の取り扱いをする．

[*88] 定義より，$U(X,t)$ は，X に関して，単調かつ非減少な関数である．

[*89] 時刻 t において，状態変数 x が $(X, X+\delta X]$ の範囲のコホート (cohort)．

ズ $\delta U(X, \delta X, t)$ は,

$$\delta U(X, \delta X, t) = U(X + \delta X, t) - U(X, t)$$

で与えられる．この部分個体群が，微小時間 Δt の後，時刻 $t + \Delta t$ において，状態変数が $(\tilde{X}, \tilde{X} + \delta \tilde{X}]$ の範囲にある部分個体群に遷移したとする[*90]．この部分個体群のサイズ $\delta U(\tilde{X}, \delta \tilde{X}, t + \Delta t)$ は,

$$\delta U(\tilde{X}, \delta \tilde{X}, t + \Delta t) = U(\tilde{X} + \delta \tilde{X}, t + \Delta t) - U(\tilde{X}, t + \Delta t)$$

で与えられる．したがって，差

$$\delta Q(X, \delta X, t, \Delta t) = \delta U(\tilde{X}, \delta \tilde{X}, t + \Delta t) - \delta U(X, \delta X, t) \tag{2.62}$$

は，考えている部分個体群における，時刻 t から $t + \Delta t$ の間の個体群サイズの変化分を表す．この個体群サイズの変化の要因としては，着目している部分個体群をなす個体の死亡や個体群自体からの移出による減少と，着目している部分個体群外からの移入による増加を考えることができる．

状態変数幅 δX が十分に微小であり，かつ，時間幅 Δt もまた十分に微小であれば，遷移後の状態変数幅 $\delta \tilde{X}$ も十分に微小であると考えられる．そこで，関数 U に対して Taylor 展開（付録 A 参照）を用いれば,

$$U(X + \delta X, t) = U(X, t) + \frac{\partial U(X, t)}{\partial X} \delta X + \epsilon_{U_x}(X, t)[\{\delta X\}^2]$$

である[*91]から,

$$\delta U(X, \delta X, t) = \frac{\partial U(X, t)}{\partial X} \delta X + \epsilon_{U_x}(X, t)[\{\delta X\}^2] \tag{2.63}$$

$$\delta U(\tilde{X}, \delta \tilde{X}, t + \Delta t) = \left.\frac{\partial U(x, t + \Delta t)}{\partial x}\right|_{x=\tilde{X}} \delta \tilde{X} + \epsilon_{U_x}(\tilde{X}, t + \Delta t)[\{\delta \tilde{X}\}^2] \tag{2.64}$$

という，δX および $\delta \tilde{X}$ に関する級数展開の形に $\delta U(X, \delta X, t)$ と $\delta U(\tilde{X}, \delta \tilde{X}, t + \Delta t)$ を表すことができる．ここで，剰余関数項 $\epsilon_{U_x}(X, t)[\{\delta X\}^2]$ は，時刻 t における関数 $U(z, t)$ の z の点 $z = X$ の周りの z に関する Taylor 展開によって得られる $\{\delta X\}^2$ 以上の次数を持つ δX の多項式を表す[*92]．

[*90] 状態の時間遷移は，十分になめらかな場合のみを考えている．
[*91] U の (X, t) の周りでの Taylor 展開．
[*92] よって，任意に与えられた有限の X, t に対して,

$$\lim_{\delta X \to 0} \frac{\epsilon_{U_x}(X, t)[\{\delta X\}^2]}{\delta X} = 0$$

である．このような扱いについては，第 2.1.1 節の議論展開でも用いた．

2.1 連続世代型ダイナミクス

　一方，状態の時間変化は，決定論的な微分方程式 (2.61) に支配されているので，上記の議論の展開において，時刻 t における状態 X は，時刻 $t+\delta t$ における状態 $\tilde{X}$ に遷移し，時刻 t における状態 $X+\delta X$ は，時刻 $t+\delta t$ における状態 $\tilde{X}+\delta\tilde{X}$ に遷移しなければならない[*93]。したがって，微分方程式 (2.61) の解 $x(t)$ を用いて，$X=x(t)$ とすれば，$\tilde{X}=x(t+\Delta t)$ と書け，やはり，Taylor 展開を用いて，

$$\tilde{X}=x(t+\Delta t)=x(t)+\frac{dx(t)}{dt}\Delta t+R_x(x(t),t)[\{\Delta t\}^2]$$
$$=x(t)+g(x(t),t)\Delta t+R_x(x(t),t)[\{\Delta t\}^2]$$
$$=X+g(X,t)\Delta t+R_x(X,t)[\{\Delta t\}^2] \qquad (2.65)$$

という展開式を導くことができる。ここで，剰余関数項 $R_x(X,t)[\{\Delta t\}^2]$ は，前出の $\epsilon_{U_x}(X,t)[\{\delta X\}^2]$ の場合と同様，関数 $x(\tau)$ の点 $\tau=t$ の周りの Taylor 展開によって得られる $\{\Delta t\}^2$ 以上の次数を持つ Δt の多項式を表す。

　また，展開式 (2.65) と同様にして，

$$\tilde{X}+\delta\tilde{X}=X+\delta X+g(X+\delta X,t)\Delta t+R_x(X+\delta X,t)[\{\Delta t\}^2]$$

を導くことができる[*94]が，さらに，状態変数の値 X の周りに関する Taylor 展開によって，δX の多項式にまで計算を進めると，

$$\tilde{X}+\delta\tilde{X}=X+\delta X+g(X,t)\Delta t+\frac{\partial g(X,t)}{\partial X}\Delta t\delta X$$
$$+R_x(X,t)[\{\Delta t\}^2]$$
$$+R_{g_x}(X,t)[\{\delta X\}^2]\Delta t$$
$$+O(\delta X\{\Delta t\}^2) \qquad (2.66)$$

が得られる[*95]。ここで，剰余関数項 $R_{g_x}(X,t)[\{\delta X\}^2]$ も既出の剰余関数項と類似の意味を持ち，関数 $g(x,t)$ の x の点 $x=X$ の周りの Taylor 展開における $\{\delta X\}^2$ 以上の次数

[*93] さもなければ，決定論的な微分方程式 (2.61) における解の一意性に矛盾する。微分方程式 (2.61) についての関数 g は十分になめらかなもののみを考えているので，その解に基づく状態 x の時間変化も十分になめらかなものであると考えてよい。今，もしも，$x_1<x_2$ を満たすような，時刻 t におけるある状態 x_1 と x_2 が，それぞれ，時刻 $t+\Delta t$ において，$y_1>y_2$ を満たすような状態 y_1 と y_2 に遷移したとしよう。状態の時間変化は連続でなければならないから，時刻 $t+\Delta t$ において状態変数の大小関係が逆転するという上記の仮定より，$t<\tau<t+\Delta t$ なるある時刻 τ において，時刻 t に状態 x_1 と x_2 であったものが同一の状態 z に遷移しなければならない（←中間値の定理）。このとき，時刻 τ における状態値 z を初期値として，微分方程式 (2.61) を解いた解は唯一でなければならないが，ここの議論では，τ 以後の時刻 $t+\Delta t$ における状態変数が異なる二つの値 y_1,y_2 を与えているのは矛盾である。すなわち，このような時刻 τ が存在することは矛盾を導く。したがって，$x_1<x_2$ を満たすような，時刻 t におけるある状態 x_1 と x_2 は，それぞれ，時刻 $t+\Delta t$ において，$y_1<y_2$ を満たすような状態 y_1 と y_2 に遷移しなければならない。

[*94] 展開式 (2.65) における X を $X+\delta X$ に置き換えればよい。

[*95] ここで，剰余関数項 $R_x(X+\delta X,t)[\{\Delta t\}^2]$ も状態変数の値 X の周りについて Taylor 展開されていることに注意。

を持つ δX の多項式を表す．また，剰余関数項 $O(\{\Delta t\}^2 \delta X)$ は，δX と Δt の 2 変数多項式であり，各項が $\{\Delta t\}^p \{\delta X\}^q$ ($2 \leq p; 1 \leq q; p, q$ は自然数) で表される次数をもつ[*96]．

二つの展開式 (2.65) と (2.66) から，

$$\delta \tilde{X} = \delta X + \frac{\partial g(X,t)}{\partial X} \Delta t \delta X + R_{g_x}(X,t)[\{\delta X\}^2]\Delta t + O(\{\Delta t\}^2 \delta X) \quad (2.67)$$

であることがわかる．式 (2.65) と (2.67) を用いて，(2.64) にさらなる Taylor 展開を施し，ちょっと慎重に計算をすれば，$\delta U(\tilde{X}, \delta\tilde{X}, t + \Delta t)$ の δX と Δt による多項式展開を次のように得ることができる：

$$\begin{aligned}
\delta U(\tilde{X}, \delta\tilde{X}, t + \Delta t) &= \frac{\partial U(X,t)}{\partial X}\delta X + \frac{\partial U(X,t)}{\partial X}\frac{\partial g(X,t)}{\partial X}\Delta t \delta X \\
&\quad + \frac{\partial^2 U(X,t)}{\partial t \partial X}\Delta t \delta X + g(X,t)\frac{\partial^2 U(X,t)}{\partial X^2}\Delta t \delta X \\
&\quad + \epsilon_{U_x}(X,t)[\{\delta X\}^2] \\
&\quad + O(\delta X\{\Delta t\}^2) \\
&\quad + O(\{\delta X\}^2 \Delta t).
\end{aligned} \quad (2.68)$$

剰余項の意味は前出同様である．

したがって，(2.63) と (2.68) を用いれば，(2.62) より，

$$\begin{aligned}
&\delta Q(X, \delta X, t, \Delta t) \\
&= \frac{\partial U(X,t)}{\partial X}\frac{\partial g(X,t)}{\partial X}\Delta t \delta X + g(X,t)\frac{\partial^2 U(X,t)}{\partial X^2}\Delta t \delta X \\
&\quad + \frac{\partial^2 U(X,t)}{\partial t \partial X}\Delta t \delta X \\
&\quad + O(\delta X\{\Delta t\}^2) + O(\{\delta X\}^2 \Delta t) \\
&= \left[\frac{\partial}{\partial X}\left\{g(X,t)\frac{\partial U(X,t)}{\partial X}\right\} + \frac{\partial}{\partial t}\left\{\frac{\partial U(X,t)}{\partial X}\right\}\right]\Delta t \delta X \\
&\quad + O(\delta X\{\Delta t\}^2) + O(\{\delta X\}^2 \Delta t)
\end{aligned} \quad (2.69)$$

が得られる．

[*96] $2 \leq p$ だから，

$$\lim_{\Delta t \to 0} \frac{O(\{\Delta t\}^p \{\delta X\}^q)}{\Delta t} = 0$$

が満たされる．

2.1 連続世代型ダイナミクス

> **発展**
>
> 本節の議論において考えている個体群サイズの減少や増加が，考えている状態変数の範囲外の状態変数をもつ部分個体群への不連続な遷移，あるいは，範囲外の状態変数をもつ部分個体群からの不連続な遷移を含むとすれば，どのような数理モデリングの展開が可能であろうか．

さて，ここでの議論が，時刻 t における状態が $(X, X + \delta X]$ である部分個体群 $\delta U(X, \delta X, t)$ のサイズ変動に着目していることに立ち返ろう．時刻 t から時刻 $t + \Delta t$ の時間 Δt においてこの部分個体群のサイズ変動が起こる間に，その構成個体の状態は $(\tilde{X}, \tilde{X} + \delta \tilde{X}]$ の状態に遷移するが，今，この着目している部分個体群のサイズの時間変動を考える[*97]．状態変数 x に関するサイズ分布を表す関数 $U(X,t)$ は，今，X と t に関して，十分に滑らかな連続関数であると仮定しているから，時刻 t から時刻 $t + \Delta t$ の時間 Δt の間のこの部分個体群のサイズ変動分 $\delta Q(X, \delta X, t, \Delta t)$ は，$\delta X, \Delta t$ について連続な十分になめらかな関数であると考えることができる．そこで，任意に与えられた (X, t) に対して，$\delta Q(X, \delta X, t, \Delta t)$ の $(\delta X, \Delta t) = (0, 0)$ の周りの Taylor 展開を考えると，

$$\delta Q(X, \delta X, t, \Delta t)$$
$$= \delta Q(X, 0, t, 0)$$
$$+ \left.\frac{\partial \{\delta Q(X, \delta X, t, \Delta t)\}}{\partial \{\delta X\}}\right|_{(\delta X, \Delta t) = (0,0)} \cdot \delta X$$
$$+ \left.\frac{\partial \{\delta Q(X, \delta X, t, \Delta t)\}}{\partial \{\Delta t\}}\right|_{(\delta X, \Delta t) = (0,0)} \cdot \Delta t$$
$$+ \frac{1}{2} \left.\frac{\partial^2 \{\delta Q(X, \delta X, t, \Delta t)\}}{\partial \{\delta X\}^2}\right|_{(\delta X, \Delta t) = (0,0)} \cdot \{\delta X\}^2$$
$$+ \frac{1}{2} \left.\frac{\partial^2 \{\delta Q(X, \delta X, t, \Delta t)\}}{\partial \{\Delta t\}^2}\right|_{(\delta X, \Delta t) = (0,0)} \cdot \{\Delta t\}^2$$
$$+ \left.\frac{\partial^2 \{\delta Q(X, \delta X, t, \Delta t)\}}{\partial \{\Delta t\} \partial \{\delta X\}}\right|_{(\delta X, \Delta t) = (0,0)} \cdot \Delta t \delta X$$
$$+ R_{\delta Q_x}(X,t)[\{\delta X\}^2] + R_{\delta Q_t}(X,t)[\{\Delta t\}^2]$$
$$+ O(\delta X \{\Delta t\}^2, \{\delta X\}^2 \Delta t) \quad (2.70)$$

となる．この Taylor 展開 (2.70) における $R_{\delta Q_x}(X,t)[\{\delta X\}^2]$ は，Δt を含まない δX の 2 次以上の累乗の項からなる部分，$R_{\delta Q_t}(X,t)[\{\Delta t\}^2]$ は，δX を含まない Δt の 2

[*97] つまりは，特定の部分個体群（コホート (cohort)）のサイズ変化のみを追い続けることを考える．

次以上の累乗の項からなる部分を表し，$O(\delta X\{\Delta t\}^2, \{\delta X\}^2 \Delta t)$ は，δX と Δt の積で $\{\delta X\}^p\{\Delta t\}^q$ $(p \geq 1; q \geq 1; p+q \geq 3; p,q$ は自然数$)$ なる形の項からなる部分を表す．

ところで，(X,t) および δX に関わらず，

$$\delta Q(X, \delta X, t, 0) = 0 \tag{2.71}$$

でなければならない．(2.62) の定義からもわかるように，時間経過がゼロならば，考えている部分個体群のサイズの変化分もゼロだからである．さらに，(X,t) および Δt に関わらず，

$$\delta Q(X, 0, t, \Delta t) = 0 \tag{2.72}$$

でもなければならない．定義より，$\delta U(X, 0, t) = 0$ であり，さらに，(2.67) より，$\delta X = 0$ のとき，$\delta \tilde{X} = 0$ であるから，$\delta U(\tilde{X}, 0, t+\Delta t) = 0$ も成り立つからである．

したがって，条件 (2.71) より，Taylor 展開 (2.70) において，Δt を含まない項は，(X,t) や δX によらず，総和としてゼロにならなければならない．また，条件 (2.72) より，(2.70) において，δX を含まない項は，やはり，(X,t) や Δt によらず，総和としてゼロにならなければならない．結果として，

$$\begin{aligned}
\delta Q(X, \delta X, t, \Delta t) &= \left.\frac{\partial^2\{\delta Q(X, \delta X, t, \Delta t)\}}{\partial\{\Delta t\}\partial\{\delta X\}}\right|_{(\delta X, \Delta t)=(0,0)} \cdot \Delta t \delta X \\
&\quad + O(\delta X\{\Delta t\}^2, \{\delta X\}^2 \Delta t)
\end{aligned} \tag{2.73}$$

が得られる．つまり，$\delta Q(X, \delta X, t, \Delta t)$ は，δX と Δt の多項式展開としては，積 $\delta X \Delta t$ 以上の高い次数の δX と Δt の累乗からなる項[*98]のみの和で与えられる．

さて，$\delta Q(X, \delta X, t, \Delta t)$ が次のように与えられると考えよう：

$$\delta Q(X, \delta X, t, \Delta t) = -\left\{M(X, \delta X, t)\Delta t + O\left(\{\Delta t\}^2\right)\right\}\delta U(X, \delta X, t). \tag{2.74}$$

着目している部分個体群のサイズの時間変動が十分になめらかで連続であるとすると，図 2.16 に示すように，時間 Δt が小さければ小さいほど，$\delta Q(X, \delta X, t, \Delta t)$ を，時刻 t における個体群の状態（サイズ δU と状態変数 x の値）と時間 Δt だけで十分によい近似で与えることができる．上記 (2.74) の仮定は，時間 Δt が小さければ小さいほど，$\delta Q(X, \delta X, t, \Delta t)$ が，時刻 t における個体群の状態変数 x の値と幅 δX と時間 Δt だけで任意によい近似で与えられることを意味している．(2.74) より，時刻 t から時刻 $t+\Delta t$ の時間 Δt の間の個体群サイズの変動比 $\delta Q(X, \delta X, t, \Delta t)/\delta U(X, \delta X, t)$ が $-\{M(X, \delta X, t)\Delta t + O(\{\Delta t\}^2)\}$ で与えられているといってもよい[*99]．$-M(X, \delta X, t)$ は変動率に相当する．

[*98] 各項の係数は，一般的に，X と t の2変数関数である．
[*99] 変動比 $\delta Q(X, \delta X, t, \Delta t)/\delta U(X, \delta X, t)$ も時間 Δt のなめらかな連続関数であることを表している．

2.1 連続世代型ダイナミクス

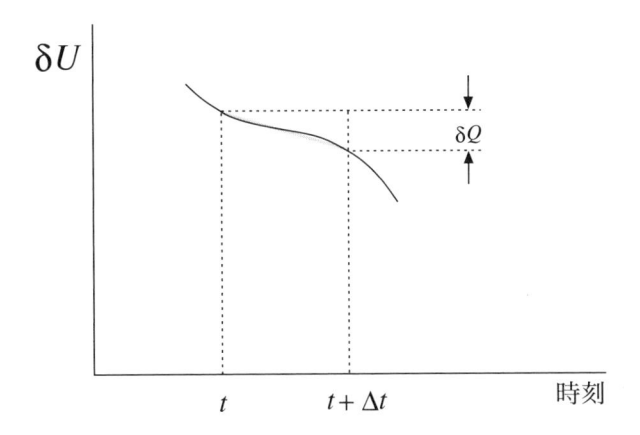

図 2.16 特定の部分個体群のサイズ δU の時間変化を表す概図．時刻 t から時刻 $t + \Delta t$ の時間 Δt における個体群サイズ変動分 δQ は，十分に時間 Δt が小さければ，時刻 t における個体群の状態（サイズ δU と状態変数 x の値）と時間 Δt だけで十分によい近似で与えることができる．

$\delta U(X, \delta X, t)$ の Taylor 展開 (2.63) より，式 (2.74) は，

$$\delta Q(X, \delta X, t, \Delta t) = -M(X, \delta X, t) \frac{\partial U(X, t)}{\partial X} \Delta t \delta X \\ -M(X, \delta X, t) \cdot \epsilon_{U_x}(X, t)[\{\delta X\}^2] \cdot \Delta t \\ + O\left(\delta X \{\Delta t\}^2\right) \tag{2.75}$$

となる．

関数 $-M(X, \delta X, t)$ も δX の関数として，十分になめらかであると仮定すれば，Taylor 展開によって，$-M(X, \delta X, t)$ を δX の多項式に展開し，式 (2.75) は，さらに次のように書ける：

$$\delta Q(X, \delta X, t, \Delta t) = -M(X, 0, t) \frac{\partial U(X, t)}{\partial X} \Delta t \delta X + O(\Delta t \{\delta X\}^2) \\ -M(X, \delta X, t) \cdot \epsilon_{U_x}(X, t)[\{\delta X\}^2] \cdot \Delta t \\ + O\left(\delta X \{\Delta t\}^2\right). \tag{2.76}$$

式 (2.73) と (2.76) の対比から，

$$\left. \frac{\partial^2 \{\delta Q(X, \delta X, t, \Delta t)\}}{\partial \{\Delta t\} \partial \{\delta X\}} \right|_{(\delta X, \Delta t) = (0, 0)} = -M(X, 0, t) \frac{\partial U(X, t)}{\partial X} \tag{2.77}$$

の対応があることがわかる．今，着目している部分個体群の時刻 t から $t + \Delta t$ の間の個体群サイズ変化分 $\delta Q(X, \delta X, t, \Delta t)$ は，δX, Δt に関して十分になめらかな関数であると考えているから，着目している部分個体群についての状態変数の幅 δX が異なれば，与えられた任意の時間 Δt の間の個体群サイズ変化分 $\delta Q(X, \delta X, t, \Delta t)$ も異なり，そ

の変化分は，時間 Δt が変われば，連続的に変わると考えられるので，一般に，上の式 (2.77) の左辺が（X と t によらず）恒等的にゼロとなるとは限らない[*100]。つまり，上式で現れた関数 $M(X,0,t)$ は，一般的に，(恒等的にゼロとは限らない) X と t の関数 $M(X,0,t) = \mu(X,t)$ であると考えることができる。これまでの数理モデリングの展開でわかるように，$\mu(X,t)\Delta t$ は，時刻 t において状態変数の値が $(X, X+\delta X]$ であるような部分個体群に関する，時刻 t から $t + \Delta t$ の間における個体群サイズ減少率[*101]に相当する意味をもつと考えてよい。

結果，式 (2.69) と (2.76) より，

$$-\mu(X,t)\frac{\partial U(X,t)}{\partial X}\Delta t \delta X + O(\Delta t\{\delta X\}^2)$$

$$-M(X,\delta X,t)\cdot \epsilon_{U_x}(X,t)[\{\delta X\}^2]\cdot \Delta t$$

$$+O\left(\delta X\{\Delta t\}^2\right)$$

$$= \left[\frac{\partial}{\partial X}\left\{g(X,t)\frac{\partial U(X,t)}{\partial X}\right\} + \frac{\partial}{\partial t}\left\{\frac{\partial U(X,t)}{\partial X}\right\}\right]\Delta t \delta X$$

$$+O(\delta X\{\Delta t\}^2) + O(\{\delta X\}^2\Delta t) \qquad (2.78)$$

という関係式を得ることができる。両辺を $\Delta t \delta X$ で割り，$\Delta t \to 0$ かつ $\delta X \to 0$ の極限をとれば，次のような $U(X,t)$ に関する偏微分方程式が導かれる：

$$-\mu(X,t)\frac{\partial U(X,t)}{\partial X} = \frac{\partial}{\partial X}\left\{g(X,t)\frac{\partial U(X,t)}{\partial X}\right\} + \frac{\partial}{\partial t}\left\{\frac{\partial U(X,t)}{\partial X}\right\}. \qquad (2.79)$$

この偏微分方程式は，個体群における状態変数 x に関する個体群内の構造の時間変化を記述するものとなっている。つまり，この偏微分方程式に従って，個体群内の状態変数の分布関数 $U(X,t)$ が時間変化する。

ここで，考えている個体群においてとりうる状態変数の最小値を $x_{\min}$ とすると，分布関数 $U(X,t)$ は，状態変数に関する密度分布関数 (density distribution function) $u(x,t)$ と次の関係をもつ[*102]（図 2.17 参照）：

$$U(X,t) = \int_{x_{\min}}^{X} u(z,t)dz. \qquad (2.80)$$

[*100] 数学的には，恒等的にゼロになる場合を排除することはできない。しかし，数理モデリングとしては，「恒等的にゼロになることはない」と考えるのが自然である。式 (2.77) の左辺が X と t によらず恒等的にゼロになるのは，δQ が δX もしくは Δt のいずれかによらないか，δX と Δt の 2 次以上の多項式で表現できる場合である（(2.73) 参照）。

[*101] ただし，負の減少率＝増加率として考える。

[*102] 「密度分布関数」という呼称の「密度」は，もちろん，個体群密度の指す個体の空間密度とは異なり，個体群内における状態変数の分布の密度を指している。

2.1 連続世代型ダイナミクス

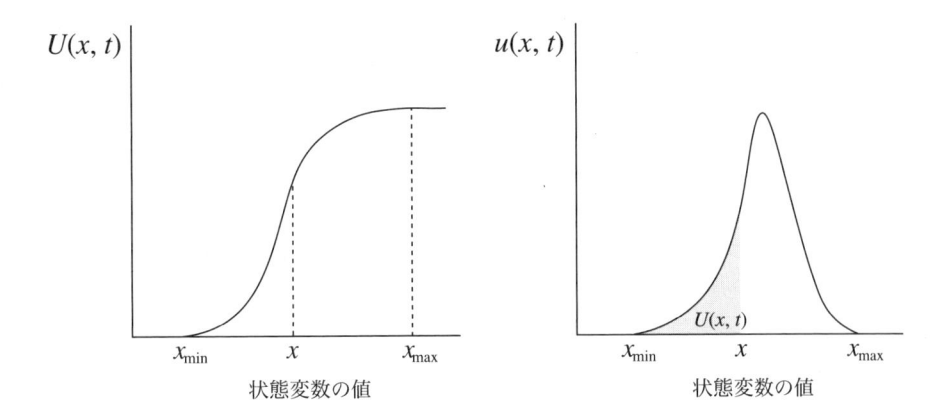

図 2.17 状態変数 x による時刻 t における個体群内の構造を表す分布関数 $U(x,t)$ と，対応する密度分布関数 $u(x,t)$ の関係の概念図．密度分布関数は，状態変数のとりうる最小値 $x_{\min}$ から最大値（または，上限値）$x_{\max}$ までの状態変数の値以外ではゼロとなる．分布関数 $U(x,t)$ は，密度分布関数の $x_{\min}$ から x までの積分値で与えられるので，x の単調増加関数であり，状態変数 x が $x_{\min}$ 以下の場合ゼロであり，状態変数 x が $x_{\max}$ 以上の場合，定数となる．

よって，

$$u(x,t) = \frac{\partial U(x,t)}{\partial x} \tag{2.81}$$

という関係式も成り立つ．

すると，(2.81) より，個体群における状態変数 x についての個体群内の構造の時間変動を記述する分布関数 $U(x,t)$ に関する偏微分方程式 (2.79) は，次のように，密度分布関数 $u(x,t)$ に関する方程式に書きかえることもできる[*103]：

$$-\mu(x,t)u(x,t) = \frac{\partial}{\partial x}\{g(x,t)u(x,t)\} + \frac{\partial}{\partial t}u(x,t). \tag{2.82}$$

ここで，是非，注意しておいてほしいことをつけ加えておこう：「$u(X,t)$ は，状態変数がちょうど X である部分個体群のサイズ（個体の数や密度）を表すものではない」ということである．式 (2.63) より，(2.81) を用いれば，

$$\delta U(X, \delta X, t) = u(X,t)\delta X + \epsilon_{U_x}(X,t)[\{\delta X\}^2]$$

が得られるので，十分に小さな状態変数幅 δX に対して，時刻 t において状態変数が X から $X+\delta X$ にある部分個体群のサイズ $\delta U(X, \delta X, t)$ は，近似的に，

$$\delta U(X, \delta X, t) \approx u(X,t)\delta X \tag{2.83}$$

[*103] 偏微分方程式 (2.82) の導出については，たとえば，Metz & Diekmann [224] に，より数学的な内容も含めて述べられている．

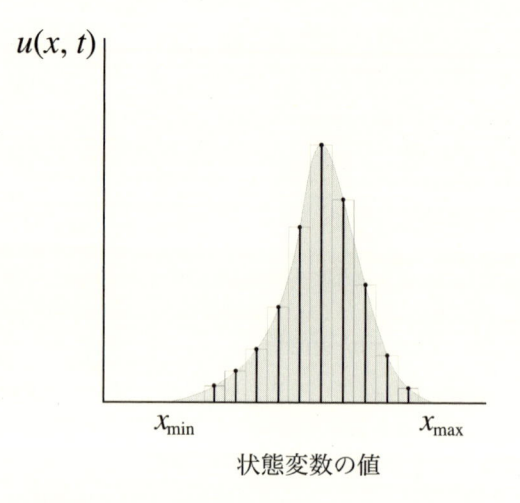

図2.18 x について連続な密度分布関数 $u(x,t)$ による，状態変数 x による時刻 t における個体群内の構造の数理的近似に関する概念図。考えている個体群内の個体がとりうる状態変数が離散的である場合に対する密度分布関数は，状態変数を連続の範囲にまで拡張して数理的に近似しているものと考えることができる。

すなわち，

$$\frac{\delta U(X, \delta X, t)}{\delta X} \approx u(X, t) \tag{2.84}$$

で与えられることがわかり，関数 $u(X,t)$ が，状態変数の単位幅あたりの部分個体群サイズに「相当する」意味を持つことがわかる。まず，これが密度分布関数の「密度」に対する直観的な理解の手だてではある。

しかし，$u(X,t)$ は，状態変数が X である部分個体群のサイズを表すものではない。上記の近似式 (2.83) による，より正しい理解は，$u(X,t)\delta X$ が，時刻 t における状態変数が X から $X+\delta X$ にある部分個体群のサイズを表している，というものであり，$u(X,t)$ 単独では意味をなさないのである。

状態変数がちょうど X である個体群のサイズは，実は，数学的には常にゼロである。これは，状態変数がちょうど X である個体群のサイズは，$\delta U(X, \delta X, t)$ の定義より，$\delta U(X, 0, t)$ で与えられると考えてよいが，やはり，それは，δU の定義によりゼロだからである。ただし，どんなに微小な値であっても，δX が正であれば，状態変数が X と $X+\delta X$ の間にある個体群のサイズは，$\delta U(X, \delta X, t)$ で与えられ，ゼロとは限らない。日常的な感覚からすると奇異に感じられるこの性質は，今考えている分布関数 $U(X,t)$ が十分になめらかな (X,t) の連続関数であるという数理的な仮定に起因するものである。関数 $U(X,t)$ は，その定義から，一般的に，任意の (X,t) において，ある有限の値をとる（図 2.17 参照）。よって，$\delta U(X, \delta X, t)$ も任意の (X,t) において，ある有限の値をとる。であるから，関数 $u(X,t)$ が，状態変数の単位幅あたりの部分個体群サイズに相当する意味を持つことを考えれば，$\delta X \to 0$ の極限においても（$u(X,t)$ は δX に依存しないから），u は，ある有限値をとるべきである。上記の近似式 (2.84) より，$\delta U(X, \delta X, t)/\delta X$ が $\delta X \to 0$ の極限において有限の値をとるためには，$\delta U(X, 0, t) = 0$ でなければならない。

2.1 連続世代型ダイナミクス

また，このことに対するより直観的な理解としては，分布関数 $U(X,t)$ が十分になめらかな (X,t) の連続関数であるということから，分布関数 $U(X,t)$ が正の傾きをとる範囲において，どのような（無限個の実数の！）値の状態変数の個体も存在していなければならず，したがって，ある特定の状態変数値をとる個体の数や密度は，有限な全体の数や密度からすれば，無限に小さくなければならないのである．図 2.18 に概念図を示した．

考えている個体群内の個体がとりうる状態変数が離散的である場合には，状態変数のある特定の値 X をとる個体群のサイズは，ゼロではない正の値をとりうる（図 2.18 の黒点）．そのような「離散的」に分布している状態変数による個体群構造を「連続的」な密度分布関数 $u(x,t)$ を用いて「数理的に」近似する[*104]と，状態変数の任意の値 X をとる個体群のサイズがゼロという数理的結果が現れる．このような近似における最初のステップは，個体群全体のサイズを一定に保って，離散的な分布を図 2.18 で示すような階段状の分布，すなわち，階段関数による分布に置き換えることである．もとの離散的分布における状態変数の値 X をもつ部分個体群のサイズを $n(X)$ とし，もとの離散的分布における状態変数の値 X に対する図 2.18 で示すような矩形（柱）の幅（＝数理的に拡張，近似された状態変数の幅）を δX，高さを $h(X)$ とおいて，$n(X) = h(X)\delta X$ が成り立つようにおく．この近似は，もとの離散的分布において状態変数 X をとる部分個体群を，状態変数が $X - \delta X/2$ から $X + \delta X/2$ の幅に「均等」に「連続的」に配置し直したと考えるとよい[*105]．すなわち，状態変数が $X - \delta X/2$ から $X + \delta X/2$ の幅内の任意の状態変数 x から $x + \delta x$ ($X - \delta X/2 < x < x + \delta x < X + \delta X/2$) にある部分個体群のサイズは，$n(X) \cdot \delta x/\delta X$ で与えられる．したがって，$\delta x \to 0$ の極限で得られるはずの，状態変数 x をちょうどとるような部分個体群のサイズはゼロである[*106]．階段関数ではなく，なめらかな連続関数によって近似した $u(x,t)$ の場合も同様の理解ができる．

個体群内の構造に関して，複数の基準要素（たとえば，年齢と体サイズ）が重要である場合には，複数の状態変数に関する分布関数を考えることになる．そのような場合についても，式 (2.82) は容易に拡張できる．今，一般に，n 個の状態変数 $\{x_i | i = 1, 2, \ldots, n\}$ を考えることにすれば，前述の単一の状態変数に関する場合と同様の理論により，状態変数の密度分布関数 $u(x_1, x_2, \ldots, x_n, t)$ の時間変動を表す次の $n+1$ 元偏微分方程式が導かれる[*107]：

$$-\mu(x_1, x_2, \ldots, x_n, t) u(x_1, x_2, \ldots, x_n, t)$$
$$= \sum_{j=1}^{n} \frac{\partial}{\partial x_j} \{g_j(x_1, x_2, \ldots, x_n, t) u(x_1, x_2, \ldots, x_n, t)\}$$

[*104] 連続体近似と呼ばれる考え方．

[*105] ひとつの塊だったものをどろどろに溶かしてある大きさの容器に流し込んだイメージである．容積は変わらないと考えておけばよい．

[*106] ある大きさの容器に流し込まれたものの一部分の重さは，その一部分の容積がゼロならばゼロである，というイメージ．

[*107] 密度分布関数 $u(x_1, x_2, \ldots, x_n, t)$ は，**同時密度分布関数**（joint density distribution function）と呼ばれる．近似式 (2.83) による前出の議論と同様に，密度分布関数 $u(x_1, x_2, \ldots, x_n, t)$ については，十分に微小な δX_j ($j = 1, 2, \ldots, n$) を考えれば，$u(X_1, X_2, \ldots, X_n, t)\delta X_1 \delta X_2 \cdots \delta X_n$ が，各 j について，状態変数 x_j が $X_j < x_j < X_j + \delta X_j$ を満たすような個体からなる部分個体群のサイズを表していると考えてよい．

$$+\frac{\partial}{\partial t}u(x_1,x_2,\ldots,x_n,t). \tag{2.85}$$

ここで，関数 μ は，個体群内の死亡過程や移出入過程を反映しており，関数 g_j は，状態変数 x_j の時間変動を表す関数である：

$$\frac{dx_j(t)}{dt}=g_j(x_1,x_2,\ldots,x_n,t)\ \ (j=1,2,\ldots,n).$$

また，このとき，密度分布関数 $u(x_1,x_2,\ldots,x_n,t)$ に対する分布関数 $U(X_1,X_2,\ldots,X_n,t)$ は，時刻 t において，各状態変数 x_j の値が X_j 以下であるような個体群サイズを表し，式 (2.80) に相当する

$$U(X_1,X_2,\ldots,X_n,t)$$
$$=\int_{x_{n,\min}}^{X_n}\cdots\int_{x_{2,\min}}^{X_2}\int_{x_{1,\min}}^{X_1}u(z_1,z_2,\ldots,z_n,t)dz_1dz_2\ldots dz_n$$

で与えられる[*108]。$x_{j,\min}$ は，状態変数 x_j 各々のとりうる最小値を表している。これより，式 (2.81) に相当する関係式として，

$$u(x_1,x_2,\ldots,x_n,t)=\frac{\partial^n}{\partial x_n\partial x_{n-1}\cdots\partial x_2\partial x_1}U(x_1,x_2,\ldots,x_n,t)$$

が導かれる。

さらに，

$$U_j(x_j,t)=U(x_{1,\max},x_{2,\max},\ldots,x_{j-1,\max},x_j,x_{j+1,\max},\ldots,x_{n,\max},t)$$
$$=\int_{x_{n,\min}}^{x_{n,\max}}\cdots\int_{x_{j+1,\min}}^{x_{j+1,\max}}\int_{x_{j,\min}}^{x_j}\int_{x_{j-1,\min}}^{x_{j-1,\max}}\cdots\int_{x_{1,\min}}^{x_{1,\max}}$$
$$u(z_1,z_2,\ldots,z_n,t)dz_1dz_2\ldots dz_n \tag{2.86}$$

で定義される分布関数 $U_j(x_j,t)$ は，状態変数 x_j にのみ着目した場合の個体群内構造を表しており，状態変数 x_j に関する**周辺分布関数** (marginal distribution function) と呼ばれるものである。ここで，$x_{j,\max}$ は状態変数 x_j のとりうる値の上限値を表している。また，周辺分布関数 $U_j(x_j,t)$ に対応する**周辺密度分布関数** (marginal density distribution function) $u_j(x_j,t)$ は，上式 (2.86) よりわかるように，

$$u_j(x_j,t)=\int_{x_{n,\min}}^{x_{n,\max}}\cdots\int_{x_{j+1,\min}}^{x_{j+1,\max}}\int_{x_{j-1,\min}}^{x_{j-1,\max}}\cdots\int_{x_{1,\min}}^{x_{1,\max}}$$
$$u(z_1,\ldots,z_{j-1},x_j,z_{j+1},\ldots,z_n,t)dz_1\ldots dz_{j-1}dz_{j+1}\ldots dz_n \tag{2.87}$$

[*108] 分布関数 $U(X_1,X_2,\ldots,X_n,t)$ は，**同時分布関数** (joint distribution function) と呼ばれる。

2.1 連続世代型ダイナミクス

で与えられ，式 (2.80) や (2.81) に相当する関係式

$$U_j(X_j,t) = \int_{x_{j,\min}}^{X_j} u_j(z,t)dz$$

$$u_j(x_j,t) = \frac{\partial U_j(x_j,t)}{\partial x_j}$$

を満たす。ただし，周辺密度分布関数 $u_j(x_j,t)$ は，一般に，偏微分方程式 (2.82) における $u(x,t)$ を $u_j(x_j,t)$, $g(x,t)$ を $g_j(x_1,\ldots,x_n,t)$, $\mu(x,t)$ を $\mu(x_1,\ldots,x_n,t)$ に置き換えただけの偏微分方程式で記述できるものではないことに注意しよう。これは，式 (2.87) より，偏微分方程式 (2.85) の両辺について，x_j 以外の状態変数の $x_{i,\min}$ から $x_{i,\max}$ までの積分をとる計算を遂行しようとすればわかるが，状態変数 x_j の時間変動が，一般に，他の状態変数にも依存していること，個体群内の死亡過程や移出入過程が他の状態変数にも依存していることから，状態変数 x_j に関する周辺分布が，他の状態変数の分布に依存した時間変動を伴うためである。

> **発展**
>
> 状態変数の値の時間変動に狭義の減少も起こりうる（体重やある種の体サイズのような）場合の数理モデリングは如何なるものが考えうるであろうか。

構造をもつ個体群の更新過程

前節で述べたような状態変数の分布に基づく個体群内構造が存在する場合，個体群を構成する個体の更新過程（recruitment, renewal process; 生産，死亡，移出入）もその状態変数分布に依存しており，また，状態変数分布は，その更新過程に依存して変化する。個体群内構造に関わる更新の過程としては，個体群外からの新規個体の移入と，個体群内における新規個体の生成，すなわち，個体群内の繁殖過程が考えられる。前者については，前節での議論における δQ に算入されており，式 (2.82) の項 $-\mu(x,t)u(x,t)$ で導入することができる。一方，後者については，繁殖過程によって生成される新規個体のもつ状態変数に依存して，個体群内の構造にどのように新規個体が加入してくるかが決まることに留意しなければならない。

今，繁殖過程によって生成される新規個体の状態変数は，その親の状態変数によらず，一律に，前出の状態変数の最小値 $x_{\min}$ をとるものとする[*109]。問題になるのは，個体群内に既存のどの状態変数を持つ個体（親）からどれだけ新規個体が産み出されるか，ということである。そこで，式 (2.74) による δQ に関する仮定と同様に，時刻 t における状態

[*109] 本節でも，特に，単一の状態変数 x に基づく個体群内構造の議論を述べる。

変数が X から $X + \delta X$ であるような部分個体群［＝サイズ $\delta U(X, \delta X, t)$］が時刻 t から $t + \Delta t$ の微小時間 Δt に産み出す（状態変数 $x_{\min}$ の）新規個体のサイズ（総数，総密度など）$\delta B(X, \delta X, t, \Delta t)$ を次のようにおく[*110]：

$$\begin{aligned}
\delta B(X, \delta X, t, \Delta t) &= \{\beta(X,t)\Delta t + O(\{\Delta t\}^2)\} \cdot \delta U(X, \delta X, t) \\
&= \beta(X,t)\Delta t \cdot \frac{\partial U(X,t)}{\partial X}\delta X \\
&\quad + \beta(X,t) \cdot \epsilon_{U_x}(X,t)[\{\delta X\}^2]\Delta t + O(\delta X\{\Delta t\}^2) \\
&= \beta(X,t)\Delta t \cdot u(X,t)\delta X \\
&\quad + \beta(X,t) \cdot \epsilon_{U_x}(X,t)[\{\delta X\}^2]\Delta t + O(\delta X\{\Delta t\}^2).
\end{aligned} \tag{2.88}$$

ここで，式 (2.63) を用いている．式 (2.88) からわかるように，$\beta(X,t)\Delta t$ は，時刻 t から $t + \Delta t$ の間の微小時間 Δt における増殖率に相当する[*111]．この式 (2.88) の仮定においては，増殖率は，親の状態変数と時刻のみに依存している[*112]．

時刻 t から $t + \Delta t$ の間の微小時間 Δt に，既存の個体群全体から産み出された新規個体のサイズは，式 (2.88) を用いて，親の状態変数 X についての全ての部分個体群に関しての総和をとればよい．この総和のとり方について考えるために，時刻 t において状態変数が X 以下の既存の個体群の部分個体群から，時刻 t から $t + \Delta t$ の微小時間 Δt において産み出された新規個体のサイズを $B(X, t, \Delta t)$ で表すことにする．すると，

$$\delta B(X, \delta X, t, \Delta t) = B(X + \delta X, t, \Delta t) - B(X, t, \Delta t)$$

である．ただし，$B(x_{\min}, t, \Delta t) = 0$ とする[*113]．関数 $B(X, t, \Delta t)$ も状態変数 X に関して十分になめらかであると仮定しよう．すると，微小な状態変数幅 δX に対して，関数 $B(X + \delta X, t, \Delta t)$ に Taylor 展開（付録 A 参照）を施せば，

$$B(X + \delta X, t, \Delta t) = B(X, t, \Delta t) + \frac{\partial B(X, t, \Delta t)}{\partial X}\delta X + \epsilon_{B_x}(X,t)[\{\delta X\}^2]$$

であるから，

$$\delta B(X, \delta X, t, \Delta t) = \frac{\partial B(X, t, \Delta t)}{\partial X}\delta X + \epsilon_{B_x}(X,t)[\{\delta X\}^2] \tag{2.89}$$

[*110] δB が X, δX, t, Δt に関して十分になめらかな関数であると仮定する．

[*111] だから，$\beta(X,t)$ は，単位時間あたりの増殖率の意味をもつ．ただし，実際には，時間が過ぎれば，考えている部分個体群を特徴づける状態変数 X の値が変化するので，より正確には，単位時間あたりの値（つまりは，ある単位）で表現した（時刻 t における）「瞬間」増殖率である．

[*112] 状態変数 x が年齢を表すものであれば，増殖率が親の年齢に依存しているということである．

[*113] 状態変数 $x_{\min}$ をもつ個体は繁殖過程に関わらないとする．実は，関わりがあったとしても，数理的には，以下の議論に差し支えないのであるが，新規加入したばかりの個体の繁殖は考えない方がわかりやすいであろう．また，状態変数が $x_{\min}$ 以下の個体はいないので，U の定義でわかるように，状態変数が $x_{\min}$ 以下の部分個体群のサイズは常にゼロでもある．

2.1 連続世代型ダイナミクス

と表される。ここで，剰余関数項 $\epsilon_{B_x}(X,t)[\{\delta X\}^2]$ は，関数 $B(x,t,\Delta t)$ の点 $x = X$ の周りの x に関する Taylor 展開によって得られる $\{\delta X\}^2$ 以上の次数を持つ δX の多項式を表す。

すると，(2.88) と (2.89) より，

$$\frac{\partial B(X,t,\Delta t)}{\partial X}\delta X + \epsilon_{B_x}(X,t)[\{\delta X\}^2]$$
$$= \beta(X,t)\Delta t \cdot u(X,t)\delta X + \beta(X,t)\cdot \epsilon_{U_x}(X,t)[\{\delta X\}^2]\Delta t$$
$$+ O(\delta X\{\Delta t\}^2) \quad (2.90)$$

であるから，この式 (2.90) の両辺を δX で割り，$\delta X \to 0$ の極限をとれば，

$$\frac{\partial B(X,t,\Delta t)}{\partial X} = \beta(X,t)\Delta t \cdot u(X,t) + O(\{\Delta t\}^2) \quad (2.91)$$

が得られる。X は $x_{\min}$ より大きな任意の状態変数であるから，式 (2.91) の両辺を $x_{\min}$ から x まで X について積分することによって，次のように $B(x,t,\Delta t)$ を求めることができる：

$$B(x,t,\Delta t) = \Delta t \int_{x_{\min}}^{x} \beta(z,t)u(z,t)dz \quad + O(\{\Delta t\}^2). \quad (2.92)$$

さて，ここで，考えている個体群においてとりうる状態変数の上限値を $x_{\max}$ とおこう。すると，時刻 t から $t + \Delta t$ の微小時間 Δt の間に産み出された新規個体の総サイズ $B_{\text{tot}}(t,\Delta t)$ は，$B(x_{\max},t,\Delta t)$ で与えられる：

$$B_{\text{tot}}(t,\Delta t) = B(x_{\max},t,\Delta t) = \Delta t \int_{x_{\min}}^{x_{\max}} \beta(z,t)u(z,t)dz \quad + O(\{\Delta t\}^2). \quad (2.93)$$

ところで，時刻 t において状態変数が $x_{\min}$ であった個体の微小時間 Δt 後の状態変数の値 $x_{\Delta t}$ は，式 (2.65) の結果を用いて，

$$x_{\Delta t} = x_{\min} + g(x_{\min},t)\Delta t + R_x(x_{\min},t)[\{\Delta t\}^2] \quad (2.94)$$

と表せる。したがって，時刻 t から $t + \Delta t$ の微小時間 Δt の間に産み出された新規個体は，時刻 $t + \Delta t$ において状態変数が $x_{\min}$ から $x_{\Delta t}$ にある部分個体群をなす。すなわち，

$$B_{\text{tot}}(t,\Delta t) = U(x_{\Delta t},t+\Delta t) - U(x_{\min},t+\Delta t)$$
$$= U(x_{\Delta t},t+\Delta t) \quad (2.95)$$

である[*114]。式 (2.94) を (2.95) に代入して，Taylor 展開を用いれば，結局，式 (2.95) は，次のように書ける：

$$B_{\text{tot}}(t,\Delta t) = U(x_{\min},t) + g(x_{\min},t)\left.\frac{\partial U(x,t)}{\partial x}\right|_{(x,t)=(x_{\min},t)}\Delta t$$

[*114] 定義より $U(x_{\min},t+\Delta t) = 0$ が任意の $t + \Delta t$ に対してなりたつ。

$$+ \left.\frac{\partial U(x,t)}{\partial t}\right|_{(x,t)=(x_{\min},t)} \Delta t + O[\{\Delta t\}^2]. \qquad (2.96)$$

ここで，$O[\{\Delta t\}^2]$ は，Δt の 2 次以上の多項式[115]を表す．定義から，$U(x_{\min},t) = 0$ が任意の t に対してなりたち，

$$\left.\frac{\partial U(x,t)}{\partial t}\right|_{(x,t)=(x_{\min},t)} = \frac{dU(x_{\min},t)}{dt} = 0$$

が任意の t についてなりたたなければならない[116]ことに注意すれば，式 (2.93) と (2.96) より，次の関係式が導かれる：

$$g(x_{\min},t) \left.\frac{\partial U(x,t)}{\partial x}\right|_{(x,t)=(x_{\min},t)} = \int_{x_{\min}}^{x_{\max}} \beta(z,t) u(z,t) dz + \frac{O[\{\Delta t\}^2]}{\Delta t}$$

すなわち，密度分布関数の定義より，

$$g(x_{\min},t) u(x_{\min},t) = \int_{x_{\min}}^{x_{\max}} \beta(z,t) u(z,t) dz + \frac{O[\{\Delta t\}^2]}{\Delta t}.$$

よって，$\Delta t \to 0$ の極限をとれば，

$$g(x_{\min},t) u(x_{\min},t) = \int_{x_{\min}}^{x_{\max}} \beta(z,t) u(z,t) dz \qquad (2.97)$$

という，個体群の**更新方程式**（renewal equation）にたどり着く．

n 個の基準要素に関する状態変数 $\{x_i | i = 1, 2, \ldots, n\}$ を考えた場合の個体群内構造についての更新過程も同様の理論で議論できる．今，繁殖過程によって生成される新規個体の状態変数は，その親の状態変数によらず，一律に，各々の状態変数の最小値 $x_{j,\min}$ $(j = 1, 2, \ldots, n)$ をとるものとすれば，式 (2.97) に相当する更新方程式として，

$$\sum_{j=1}^{n} g_j(x_{1,\min}, x_{2,\min}, \ldots, x_{n,\min}, t) u_j(x_{j,\min}, t)$$

$$= \int_{x_{n,\min}}^{x_{n,\max}} \cdots \int_{x_{1,\min}}^{x_{1,\max}} \beta(z_1, \ldots, z_n, t) u(z_1, \ldots, z_n, t) dz_1 \ldots dz_n \qquad (2.98)$$

が導かれる．ここで，$u_j(x_j,t)$ は，(2.87) で与えられた，状態変数 x_j に関する周辺密度分布関数であり，関数 $\beta(x_1, \ldots, x_n, t)$ は，時刻 t における親個体の状態変数に依存した瞬間増殖率を表す[117]．

偏微分方程式 (2.82) や (2.85) は，更新方程式 (2.97) や (2.98) を**境界条件**（boundary condition）として，初期条件（initial condition），すなわち，時刻 $t = 0$ における密度

---

[115] もちろん，一般に，係数は，$(x_{\min},t)$ の関数である．
[116] $U(x_{\min},t)$ が時刻 t によらない定数 ($= 0$) であるから．

2.1 連続世代型ダイナミクス

分布関数 $u(x,0)$ や $u(x_1,\ldots,x_n,0)$ が与えられれば，一意的な密度分布関数の解 $u(x,t)$, $u(x_1,\ldots,x_n,t)$ を定める[*118]。

> **発展**
>
> 本節の数理モデリングにおいて，$x_{\max}$ が時間変動（季節変動や，より一般的な環境変動）する場合への拡張はどのようになされうるであろうか．

連続型年齢構造：von Foerster 方程式

　状態変数として個体の年齢を考えた場合，個体群内の構造は，年齢分布によって表現される．個体群内の年齢分布によって構造を特徴づけられる個体群のことを **age-structured population**，あるいは，**age-classified population** と呼ぶ[*119]．年齢は，時間の経過と並行に増加するとしよう．すなわち，時刻 t_0 に誕生したある個体の時刻 t $(\geq t_0)$ における年齢 a は，$a = a(t) = t - t_0$ とおけるものとする．このとき，個体の状態変数の時間変化を表す式 (2.61) は，

$$\frac{da(t)}{dt} = 1$$

であるから，式 (2.61) における関数 g は，定数 = 1 となる．したがって，個体群内の年齢分布の時間変動を記述する偏微分方程式 (2.82) は，分布に関する密度分布関数 $u(a,t)$ に関して，

$$-\mu(a,t)u(a,t) = \frac{\partial}{\partial a}u(a,t) + \frac{\partial}{\partial t}u(a,t). \tag{2.99}$$

[*117] ただし，ここでは，簡単のために，各状態変数は，時間とともに狭義単調増加する場合を考えた：任意の時刻 t において $dx_j(t)/dt > 0$．この場合には，時刻 t から $t + \Delta t$ の微小時間 Δt において産み出された新規個体は，時刻 $t + \Delta t$ において，

$$U(x_{1,\min} + \Delta x_1, x_{2,\min} + \Delta x_2,\ldots, x_{j,\min} + \Delta x_j, \ldots, x_{n,\min} + \Delta x_n, t + \Delta t)$$

なる部分個体群をなすことを用いて，更新方程式 (2.98) を導くことができる．ただし，Δx_j は，時刻 t において $x_j(t) = x_{j,\min}$ である場合の，時刻 $t + \Delta t$ における状態変数 x_j の時間 Δt での増分を表す．
　状態変数の時間変動に減少もあり得る場合については，数学的により難しくなる．読者は，単一の状態変数のみを考えた場合と同じ過程で，たとえば，状態変数 x_j が時間によっては減少することもあるような場合についての更新方程式の導出についての考察を試みられると相当に勉強になると思う．

[*118] 更新方程式 (2.97) を境界条件とした偏微分方程式 (2.82) についての数学的理論については，たとえば，Metz & Diekmann [224] や Cushing [57] を参照されたい．偏微分方程式 (2.82) の解析については，特性曲線 (characteristic curve) の方法や Laplace 変換を用いた方法などがある．Haberman [97, 98] には，交通量の時間変化を表す数理モデルとしての議論が，その解析手法，解釈などとともに詳しく論じられており，このタイプの数理モデリング，数理モデル解析の勉強には格好の入門書の一つである．

[*119] 年齢など生理的な要素を基準とする状態変数によって構造を特徴づけられる個体群のことを **physiologically structured population** と呼ぶ．

となる. 式 (2.80) で与えられる分布関数 $U(a,t)$ は, 個体群内において年齢が a 以下である部分個体群のサイズを表す. また, 更新方程式 (2.97) は,

$$u(0,t) = \int_0^{a_{\max}} \beta(z,t)u(z,t)dz \qquad (2.100)$$

となる. ここで, 年齢の最小値は, 0 (誕生の瞬間) であり, 最大値は, 考えている生物の生理的・生態的特性によって定まる定数とし, $a_{\max}$ とおいた[*120].

連続型年齢分布の時間変動を表す偏微分方程式 (2.99) は, しばしば, **von Foerster 方程式**と呼ばれる. これは, 微生物個体群の増殖ダイナミクスを研究していた, 電子工学出身の Heinz von Foerster[*121]が 1959 年 [359] に発表した式であるが故である. 実は, それに先立ち, 1926 年に, インドで疫学の数理モデルの研究を行っていた英国陸軍の Anderson Gray McKendrick[*122]が, 疫病伝染過程の数理モデリングを発展させて, 同等な偏微分方程式を発表していた [222]. このことから, (2.99) は, **McKendrick–von Foerster 方程式**と呼ばれることもある.

この von Foerster 方程式 (2.99) は, 様々な数理モデリングに現れ, 研究されてきた. 特に, 分裂する細胞集団における年齢分布 (分裂直後の細胞の年齢をゼロとする) に関する数理モデルとして, 多くの研究 (たとえば, Metz & Diekmann [224] や山田・船越 [364] を参照) がある. 初期の研究としては, E. Trucco [346, 347] によるものが有名である.

Malthus 型絶滅過程による年齢分布

第 2.1.2 節で述べた Malthus 型絶滅過程を応用して, 個体群内の年齢分布構造を考えることも可能である[*123]. 移出入は無視できる (閉じた) 個体群を考えよう. 今, 時刻 t において年齢 a を持つ個体からなる部分個体群のサイズを $n(t,a)$ で表すことにすれば, 時刻 $t + \Delta t$ における, この部分個体群のサイズは, $n(t + \Delta t, a + \Delta t)$ で書き表せる. 時間 Δt が経過すれば, 年齢も同じだけ増加することに注意しよう. だから, 時刻 t においてサイズ $n(t,a)$ をもつ年齢 a をもつ個体からなる部分個体群は, 年齢が a' $(> a)$ のときに, サイズ $n(t + a' - a, a')$ をもつ. つまり, ある時刻にある特定の年齢をもつ個体からなる

[*120] 数理的な取り扱いとして, しばしば, $a_{\max} = +\infty$ とおかれる. 数理モデリングにおける数理的近似とも考えてよい. 数理生物学的考察においては, $a_{\max} = +\infty$ の場合は, 「十分大きな老齢」と解釈する. ただし, 数理生物学的な数理モデリングとしては,

$$\lim_{a \to +\infty} u(a,t) = 0$$

の仮定が満たされることが適切である. この仮定は, 永遠に生存し続ける個体がいないことを意味する. また, 上記のような解釈に沿えば, 各個体の寿命は, いつかは尽きる, という解釈になる.

[*121] Nov. 13, 1911-Oct. 2, 2002。Wien に生まれ, 米国 California 州 Pescadero で没。

[*122] Sept. 8, 1876 – May 30, 1943, born in Edinburgh。University of Glasgow で医学を学び, Indian Medical Service に就職し, 後に Punjab にある the Pasteur Institute at Kausali の長となる。

[*123] 本節の内容と同様の議論は, たとえば, Gurney & Nisbet [95] にある.

2.1 連続世代型ダイナミクス

部分個体群のそれ以降の任意の時刻におけるサイズは，年齢 a（もしくは，時刻 t）の関数として扱うことができる．そこで，今，便宜的に，時刻 t において年齢 a を持つ部分個体群のサイズを $N(a)$ と書き表しておく．すると，年齢が微小分 Δa だけ増加する間の，この部分個体群における死亡によるサイズ減少分 $\Delta N(a)$ は，

$$\begin{aligned}\Delta N(a) &= N(a) - N(a+\Delta a)\\ &= N(a) - \left\{N(a) + \frac{dN(a)}{da}\Delta a + O(\{\Delta a\}^2)\right\}\\ &= -\frac{dN(a)}{da}\Delta a - O(\{\Delta a\}^2)\end{aligned} \tag{2.101}$$

と表せる．ここで，$N(a)$ は，a に関する十分になめらかな関数であると仮定し，a の周りの Taylor 展開（付録 A 参照）を用いた．$O(\{\Delta a\}^2)$ は，その Taylor 展開における Δa の 2 次以上の次数を持つ剰余関数項を表す．

ここで，この微小時間 Δa における死亡個体群サイズ $\Delta N(a)$ に関して，次のような仮定をおく：

$$\Delta N(a) = \delta(a)\Delta a \cdot N(a) + O(\{\Delta t\}^2) \tag{2.102}$$

この仮定は，時刻 t において年齢が a である個体の微小時間 Δa の間の死亡率を $\delta(a)\Delta a$ とおいたことに相当する[*124]．いま考えている場合では，一般的に，死亡率は年齢に依存している．すると，(2.101) と (2.102) より，

$$-\frac{dN(a)}{da} = \delta(a) \cdot N(a) + \frac{O(\{\Delta a\}^2)}{\Delta a}$$

であるから，$\Delta a \to 0$ の極限で，

$$\frac{dN(a)}{da} = -\delta(a) \cdot N(a) \tag{2.103}$$

という，着目している部分個体群のサイズの年齢依存変動を表す微分方程式が得られる[*125]．この微分方程式 (2.103) は，容易に解けて，

$$N(a+b) = N(a)\mathrm{e}^{-\int_a^{a+b}\delta(z)dz} \tag{2.104}$$

[*124] (2.74) や (2.88) と同様の数理モデリングである．

[*125] 実は，数学的には，(2.103) の左辺の微分は，全微分 (total derivative) あるいは方向導関数 (directional derivative) と呼ばれるものにあたり，dN/da の代わりに DN/Da と表されるものである．式 (2.103) の $N(a)$ の全微分は，差分 $n(t+\Delta t, a+\Delta a) - n(t,a)$ の極限によって (2.101) で与えられていることに注意してほしい．本節の場合，全微分と偏微分の関係は，

$$\frac{D}{Da} = \frac{\partial}{\partial a} + \frac{\partial}{\partial t}$$

である．この全微分に基づく本節の内容と同様の議論は，山田・船越 [364] における細胞個体群内の年齢構造に関する数理モデリングにおいても展開されている．全微分についてのより数学的な基礎は，たとえば，W. ルディン [292, 293], 笠原 [160], 田坂 [336] などの解析学や微分積分学の教科書を参考にしてほしい．

という，年齢がaからbだけ増えたときの個体群サイズを与える式が得られる．

この微分方程式(2.103)は，第2.1.2節で述べたMalthus型絶滅過程において，死亡率が時刻tの関数で与えられる場合と同等である．したがって，第2.1.2節の議論とその結果より，年齢aの個体の余命Tの密度分布関数$f_a(T)$は，次のように与えられる：

$$f_a(T) = \delta(a+T)e^{-\int_a^{a+T}\delta(z)dz}. \tag{2.105}$$

そして，余命がT以下である個体の頻度分布関数$F_a(T)$，つまり，余命がT以下である確率は，

$$F_a(T) = 1 - e^{-\int_a^{a+T}\delta(z)dz} \tag{2.106}$$

で与えられる．したがって，余命がTを越える，つまり，年齢aの個体がさらにT年以上生き延びる確率$S_a(T)$は，

$$S_a(T) = 1 - F_a(T) = e^{-\int_a^{a+T}\delta(z)dz} \tag{2.107}$$

で与えられることになる．

Gurney & Nisbet [95]は，死亡率δの年齢依存性に関して，次のような仮定を考えた：

$$\delta(a) = \frac{p+1}{a_0}\left(\frac{a}{a_0}\right)^p. \tag{2.108}$$

ここで，a_0は，正定数[*126]．パラメータpは，この死亡率δの年齢依存の特性を表す．パラメータpが大きければ大きいほど，年齢が進むにつれての死亡率の上昇がより急激になる．

式(2.108)を(2.107)に代入して計算すれば，年齢aの個体がさらにT年以上生き延びる確率$S_a(T)$は，

$$S_a(b) = e^{(a/a_0)^{p+1}-(a/a_0+b/a_0)^{p+1}} \tag{2.109}$$

と求められる．特に，誕生した直後の個体（年齢=0）がT年以上生き延びる確率，すなわち，個体の寿命がT年以上である確率は，

$$S_0(T) = e^{-(T/a_0)^{p+1}} \tag{2.110}$$

で与えられる．式(2.109)や(2.110)で与えられる確率分布を**Weibull分布**と呼ぶ．

さて，ここまでは，ある時刻tにおいて年齢がaであるような部分個体群のサイズの年齢依存変動に着目した議論であった．今度は，年齢がaであるような部分個体群のサイズの時間推移を考えてみよう．つまり，時刻や構成個体によらず，年齢がaである部分個体

[*126] しばしば参照定数（reference parameter）と呼ばれる［ほとんどの場合］便宜上の正定数である．

2.1 連続世代型ダイナミクス

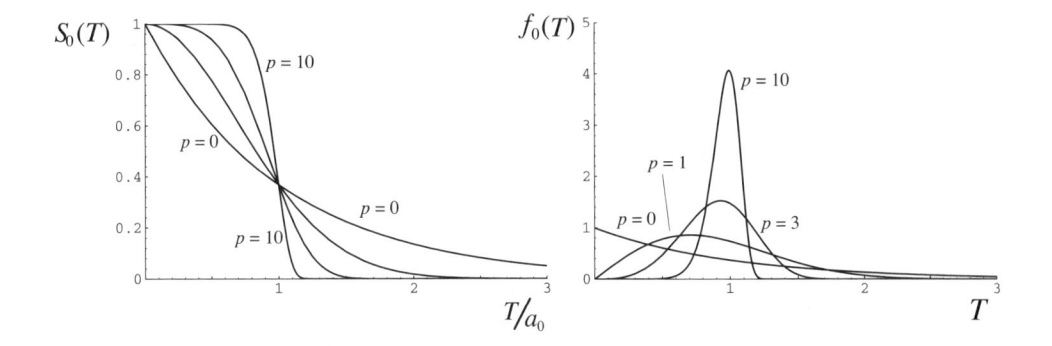

図 2.19 Weibull 分布 $S_0(T)$ および対応する寿命密度分布関数 $f_0(T)$。式 (2.110), (2.105) による。パラメータ $p = 0, 1, 3, 10$ に関するそれぞれのグラフ。寿命密度分布関数 $f_0(T)$ のグラフについては，$a_0 = 1$ の場合。特に，パラメータ p が大きい場合には，ほとんどの個体が年齢 a_0 までの寿命を持つが，寿命が a_0 を超える個体は，非常に少なくなることが顕示されている。

群のサイズに着目することにする。本節の始めで述べたように，時刻 t において年齢 a をもつ個体からなる部分個体群のサイズを $n(t,a)$ で表せば，微小時間 Δt 後の時刻 $t + \Delta t$ における，年齢 a をもつ個体からなる部分個体群のサイズは，$n(t + \Delta t, a)$ と表せる。

式 (2.104) より，

$$n(t + \Delta t, a) = n(t, a - \Delta a) e^{-\int_{a-\Delta a}^{a} \delta(z) dz} \tag{2.111}$$

であることがわかる。ただし，$\Delta a = \Delta t$ である。これは，時刻 $t + \Delta t$ において年齢 a である個体は，時刻 t においては，年齢 $a - \Delta t$ だったことによる。

式 (2.111) の右辺を (t, a) の周りに Taylor 展開する：

$$\begin{aligned}
n(t + \Delta t, a) &= \left\{ n(t,a) - \frac{\partial n(t,a)}{\partial a} \Delta a + O(\{\Delta a\}^2) \right\} e^{-\int_{a-\Delta a}^{a} \delta(z) dz} \\
&= \left\{ n(t,a) - \frac{\partial n(t,a)}{\partial a} \Delta a + O(\{\Delta a\}^2) \right\} e^{\int_{0}^{a-\Delta a} \delta(z) dz - \int_{0}^{a} \delta(z) dz} \\
&= \left\{ n(t,a) - \frac{\partial n(t,a)}{\partial a} \Delta a + O(\{\Delta a\}^2) \right\} e^{-\delta(a)\Delta a + O(\{\Delta a\}^2)} \\
&= \left\{ n(t,a) - \frac{\partial n(t,a)}{\partial a} \Delta a + O(\{\Delta a\}^2) \right\} \{ 1 - \delta(a) \Delta a + O(\{\Delta a\}^2) \} \\
&= n(t,a) - \frac{\partial n(t,a)}{\partial a} \Delta a - n(t,a) \delta(a) \Delta a + O(\{\Delta a\}^2). \tag{2.112}
\end{aligned}$$

ここで，$O(\{\Delta a\}^2)$ は，それぞれ対応する Δa の 2 次以上の次数をもつ剰余関数項を表

す[*127]。

したがって，式 (2.112) より，

$$\frac{n(t+\Delta t,a)-n(t,a)}{\Delta t} = \left\{-\frac{\partial n(t,a)}{\partial a} - \delta(a)n(t,a) + \frac{O(\{\Delta a\}^2)}{\Delta a}\right\}\frac{\Delta a}{\Delta t} \quad (2.113)$$

が導かれるから，$\Delta t \to 0$ の極限をとれば，

$$\frac{\partial n(t,a)}{\partial t} + \frac{\partial n(t,a)}{\partial a} = -\delta(a)n(t,a) \quad (2.114)$$

という，前節で述べた，式 (2.99) で示される von Foerster 方程式が再び導かれた[*128]。

　ここで注意しておくべきは，式 (2.114) の導出においては，Malthus 型絶滅過程でなければならないという拘束はない，ということである。つまり，たとえば，ある年齢 a について，$-\delta(a) > 0$ となり，ある年齢における部分個体群サイズの増加が存在しても同様の導出によって，式 (2.114) にたどり着けるのである。この $-\delta(a) > 0$ となる場合としては，特定の年齢域において，その年齢域を持った個体群外からの個体の（正味で正に計上される）移入があるという場合が考えられるであろう[*129]。

2.2　離散世代型ダイナミクス

　生物個体群ダイナミクスにおける観測データは，ほとんどの場合，離散的な時系列として得られる。この点から，差分方程式系による離散時間モデルが適用されるのが適当とも考えられるのであるが，歴史的に，多くの場合（特に，相互作用する複数種の生物個体群ダイナミクスに対して），微分方程式系による連続時間モデルが適用されてきた。しかも，そのモデル解析によって得られる知見が実際の個体群ダイナミクスの理解において成功を収めてきたと考えられている。離散的な時系列データに対する連続時間モデルの適用においては，データ値を与える時点間を数理的（近似的）に補完し，個体群ダイナミクスを時間連続的な過程としてながめている，という見方ができる。この見方は，個体群ダイナミクスにおける増殖過程のもつ時間スケール（たとえば，引き続く増殖過程間の最短時間）がデータ値を与える時点間隔よりも十分に小さい場合や，逆に，十分に大きい場合には，適切な場合があろうが，多くの昆虫や植物の場合のように，これらの二つの時間スケールが一致している場合，連続時間モデルの適用における，データ値の時点間の補完部分では，本来，増殖過程は起こっていない。よって，このような場合，連続時間モデルの適用

[*127] この計算で，複数現れる $O(\{\Delta a\}^2)$ は，同じ剰余関数項を指しているわけではなく，単に，Δa の 2 次以上の次数の Δa の多項式であるということを意味する。

[*128] ここで，$\Delta a = \Delta t$ であることを用いた。(2.103) の微分が全微分によるダイナミクスの表現であったのに対し，(2.114) は，偏微分によるダイナミクスの表現である。

[*129] つまり，開いた個体群を考えることになる。このような場合には，$-\delta(a) < 0$ の場合も，死亡過程によるもののみではなく，移出入過程も加算した上で，部分個体群のサイズが減少するという意味を表すことになる。このような数理モデリングの発展については，より一般的な文脈で記述済みである。

2.2 離散世代型ダイナミクス

における，データ値を与える時点間の補完部分は，単なる，数学的な補完（あるいは，近似）を与えるものとしてしか解釈できない．この点，差分方程式系による離散時間モデルの適用が自然であると考えられるのに，離散的な時系列データの表す生物個体群ダイナミクスへの連続時間モデルの適用が歴史的に成功を収めてきたのはなぜであろうか．時間離散的な過程の連続時間モデルによる近似が成功しているという見地に立てば，ある時間連続モデルによって与えられる時間連続な過程上の離散的な時点列における系の状態（個体群サイズ値）の与える数列を表現する離散時間モデルを，その連続時間モデルから導出できる可能性もありそうであるが，この観点に立つ数理モデリング，数理モデルの研究はほとんどない．

本節では，離散世代型ダイナミクスに対する離散時間モデルの数理モデリングの基礎と発展について述べる．

2.2.1 基礎理論

個体群における繁殖過程が時間的に離散な単位（季節，生育段階，年齢など）によって記述できる，もしくは，記述せざるを得ない場合[*130]には，しばしば，個体群サイズの時間変動は，連続時間ではなく，その離散的な時間の単位（第○回目の季節，第○世代の第△生育段階，第○齢など）によって記述される．ここでは，その離散的な時間の単位を『世代』と称することにして，離散世代の個体群サイズ変動ダイナミクスを記述する数理モデリングについて考える．

一般に，連続時間の過程の場合と同様に，一世代の間における個体群サイズの変化分については，

(一世代単位時間における個体群サイズ変化分) =
　　　+ (一世代単位時間における個体群内の自然繁殖分)
　　　− (一世代単位時間における個体群内の自然死亡分)
　　　+ (一世代単位時間における個体群への外部からの移入分)
　　　− (一世代単位時間における個体群から外部への移出分)

によって記述できると考える．今，第 k 世代の個体群サイズを N_k と表し[*131]，第 k 世代から第 $k+1$ 世代の間における上記の四つの要素による個体群サイズ変化分をそれぞれ関数 $\mathcal{B}_k, \mathcal{D}_k, \mathcal{I}_k, \mathcal{E}_k$ で表すことにすれば，式としての表現は次のように書ける：

$$N_{k+1} - N_k = \mathcal{B}_k - \mathcal{D}_k + \mathcal{I}_k - \mathcal{E}_k.$$

[*130] 実験上もしくはデータ測定上の手法に依存したり，時間連続的な測定の困難な事情による場合など．

[*131] 今，単位世代の長さを h とすれば，第 k 世代の個体群サイズと称しているのは，時刻 $t = kh$ における個体群サイズを指しているものと考えてよい．同様に，第 $k+1$ 世代の個体群サイズは，時刻 $t = (k+1)h$ におけるそれである．この時間ステップ長 h は，着目している生物個体群の動態がその特性として持っている時間長の場合もあれば，観測や測定の時間間隔の場合もある．

問題は，これらの関数がいかなる関数関係を k 世代以前の個体群サイズにもつかということである．より一般的には，上式の右辺をまとめて関数 Ψ で表し，

$$N_{k+1} - N_k = \Psi(N_k, N_{k-1}, N_{k-2}, \ldots, N_2, N_1, N_0, k) \tag{2.115}$$

と書ける．ここで，N_0 は初期状態として与えられる個体群サイズである．また，右辺の関数 Ψ には，最も一般的な場合として，世代数（時間）k を陽に組み入れた．環境の時間変動は，上記の関数 Ψ に世代数 k に依存する変動を導入することによって数理モデリングすることができる．また，確率的な要素をダイナミクスに組み入れる場合の数理モデリングとしては，上記の関数 Ψ に確率的な項や係数を導入する方法がある．その場合，それぞれの世代における個体群サイズが確率変数となる．

最も単純なのは，$\Psi = \Psi(N_k, k)$ なる場合，つまり，第 k 世代から第 $k+1$ 世代の間における個体群サイズ変化分が直前までの世代数 k と直前の（第 k 世代における）個体群サイズ N_k によって与えられる場合[*132]である．今，第 k 世代における個体群サイズ N_k の内，第 k 世代から第 $k+1$ 世代の間に生き残り，第 $k+1$ 世代目の構成個体群になりうる「割合」を $S_k(N_k)$ とする．$S_k(N_k)$ は，第 k 世代目に存在した個体の第 $k+1$ 世代までの生存率に相当し，一般的に第 k 世代における個体群サイズ N_k に依存するものとしている[*133]．$1 - S_k(N_k)$ が第 k 世代目に存在した個体の第 $k+1$ 世代までの間における死亡率ということになる．さらに，ここでも，閉じた個体群を考えることにして，任意の世代 k について，$\mathcal{I}_k - \mathcal{E}_k = 0$ という条件下で考える．すると，$1 - S_k(N_k)$ が第 k 世代目に存在した個体の第 $k+1$ 世代までの間における自然死亡率に相当しているので，

$$\mathcal{D}_k(N_k) = (1 - S_k(N_k)) N_k$$

だから，

$$N_{k+1} - N_k = \mathcal{B}_k(N_k) - (1 - S_k(N_k)) N_k$$

より，

$$N_{k+1} = \mathcal{B}_k(N_k) + S_k(N_k) N_k \tag{2.116}$$

[*132] 確率過程ならば，Markov 過程（たとえば，小倉 [257] を参照）ということになる．個体群サイズ変動ダイナミクスは，確率過程による増殖過程として数理モデリングすることも可能であり，様々な研究がなされている．実は，本書で主に取り扱う微分方程式や差分方程式による決定論的モデリングと確率過程による確率論的モデリングとの間には数理的に密接な関係がある．そのような数理的な連関に関心のある読者は，たとえば，Bartholomew [21], Bartlett [22, 23], Nisbet & Gurney [254], Gurney & Nisbet [95], 寺本 [337] などをのぞいてみられるとよい．

[*133] $S_k(0) = 0$ である必要はないが，

$$\lim_{N \to 0} S_k(N) N = 0$$

でなければならない．第 k 世代目の個体群サイズがゼロならば，第 $k+1$ 世代目まで生き残る個体群サイズ分もゼロになるからである．

2.2 離散世代型ダイナミクス

という個体群サイズ変動ダイナミクスを考えることになる．自然繁殖による増加分 $\mathcal{B}_k(N_k)$ が与えられれば解析を待つ数理モデルとなる．今，閉じた個体群を考えることにしたから，個体群サイズがゼロのときには，自然繁殖もゼロでなければならない．すなわち，$\mathcal{B}_k(0) = 0$ でなければならない．そこで，便宜上，

$$\mathcal{B}_k(N_k) = \mathcal{R}_k(N_k)N_k \tag{2.117}$$

と書くことにしよう[*134]．つまり，

$$N_{k+1} = S_k(N_k)N_k + \mathcal{R}_k(N_k)N_k \tag{2.118}$$

関数 $\mathcal{R}_k(N_k)$ は，第 k 世代から第 $k+1$ 世代の間における（第 k 世代目の）単位個体群サイズあたりの個体群サイズ増加率に相当し，その個体群サイズ増加率の個体群サイズへの依存性（個体群サイズ効果 → 密度効果；第 1.5 節を参照）を導入するものである．

この場合の，正味の（第 k 世代目の）単位個体群サイズあたりの個体群サイズ増加率は，

$$\frac{N_{k+1} - N_k}{N_k} = R_k(N_k) - \{1 - S_k(N_k)\}$$

で定義できる．

$S_k(N_k) = S(N_k)$，$\mathcal{R}_k(N_k) = \mathcal{R}(N_k)$ なる場合[*135]には，(2.118) は，

$$N_{k+1} = S(N_k)N_k + \mathcal{R}(N_k)N_k \tag{2.119}$$

というダイナミクスになるから，個体群サイズ変動ダイナミクスの平衡状態 $N = N^*$ は，

$$N^* = S(N^*)N^* + \mathcal{R}(N^*)N^* \tag{2.120}$$

を満たす．したがって，平衡個体群サイズ N^* は，$N^* = 0$，もしくは，

$$\mathcal{R}(N^*) = 1 - S(N^*) \tag{2.121}$$

の解 N^* によって与えられる[*136]．その局所安定性は，平衡状態 $N = N^*$ からの摂動

[*134] $\mathcal{R}_k(0) = 0$ である必要はないが，$\mathcal{B}_k(0) = 0$ であるという要求から，

$$\lim_{N \to 0} \mathcal{R}_k(N)N = 0$$

でなければならない．

[*135] 個体の次世代までの生存率と自然繁殖増加分は世代数 k には依存せず，N_k のみで決まる．すなわち，自励系（autonomous system）の仮定．

[*136] 式 (2.116) および (2.117) で与えられる一般の場合には，たとえば，関数列 $\{S_k(N)\}$ と $\{\mathcal{R}_k(N)\}$ が両方ともに

$$S_\infty(N) \equiv \lim_{k \to +\infty} S_k(N) < +\infty$$
$$\mathcal{R}_\infty(N) \equiv \lim_{k \to +\infty} \mathcal{R}_k(N) < +\infty$$

という有限な極限関数に一様収束するならば，平衡状態は，$N = 0$，もしくは，

$$\mathcal{R}_\infty(N) = 1 - S_\infty(N)$$

の非負の実数解 $N = N^*$ で与えられる．

$n_k = N_k - N^*$ の線形化ダイナミクス[*137]

$$n_{k+1} = S(N^*)n_k + \left.\frac{dS(N)}{dN}\right|_{N=N^*} N^* n_k$$
$$+ \mathcal{R}(N^*)n_k + \left.\frac{d\mathcal{R}(N)}{dN}\right|_{N=N^*} N^* n_k$$
$$= \left[\frac{d}{dN}\{NS(N) + NR(N)\}\right]_{N=N^*} n_k \tag{2.122}$$

によって考察できる．すなわち，平衡状態 $N = N^*$ は，

$$\left|\frac{d}{dN}[\{S(N) + R(N)\}N]\right|_{N=N^*} < 1 \tag{2.123}$$

が満たされれば局所的に漸近安定である[*138]。

2.2.2 増殖曲線

　第 k 世代目（親世代）の個体群サイズと第 $k+1$ 世代目（子世代）の個体群サイズの関係を表す曲線のことを，**増殖曲線**（reproduction curve）とか**再生産曲線**と呼ぶ．最も一般的には，第 k 世代目（親世代）の個体群サイズと第 $k+1$ 世代目（子世代）の個体群サイズの関係は，式 (2.115) が表すように，第 $k+1$ 世代以前の個体群サイズ変動の履歴が全て関わってくる．しかし，ここで述べる増殖曲線は，そのような二世代間以上の相互作用まで存在していたとしても，結果として現れる第 k 世代目（親世代）の個体群サイズと第 $k+1$ 世代目（子世代）の個体群サイズの関係を表すものも含むと考えよう．したがって，ある k 世代目の個体群サイズと次世代（第 $k+1$ 世代目）の個体群サイズの関係を表す曲線は，一般的に，

$$N_{k+1} = \Psi(N_k; N_{k-1}, N_{k-2}, \ldots, N_2, N_1, N_0, k)$$

[*137] 平衡状態 $N = N^*$ から局所的に（微小に）ずれた状態 $N_0 = N^* + n_0$ を初期値とした，平衡状態からのズレ $n_k = N_k - N^*$（＝摂動；perturbation）の変動のダイナミクス．ズレなので負の値も取りうる．$|n_0| \ll 1$ なる初期状態を考えるので，$O(\{n_k\}^2)$ のダイナミクス成分は無視して，n_k の一次（線形）以下のダイナミクス成分のみを考えて，平衡状態から離れてゆくか，平衡状態に吸引されるかを調べるのが線形化ダイナミクスによる局所安定性解析の内容である．そのような線形化解析については，たいていの非線形力学系を扱う専門的入門書には載っている．生物系の専門書においても，数理モデルの性質の記述上，必要とされるからであろうか，最近は，付録などでの概説を含め，局所安定性解析について述べられている箇所を含むものが多くなっているのは事実だろう．たとえば，伊藤他「動物生態学」[140]，嶋田他「動物生態学 新版」[315] にも要点がきちんと述べられている．数学的な入門としては，丹羽 [255]，Haberman [97, 96]，より進んだ入門書として，Hirsch & Smale [116, 117] や森田 [238] などを参照されたい．

[*138] 結局，平衡状態 $N = N^*$ の近傍における線形化ダイナミクスを表す差分方程式［漸化式］(2.122) は，等比数列を与えており，その公比が，不等式 (2.123) の左辺の絶対値の中の式によって与えられているので，$k \to +\infty$ に従って，$n_k \to 0$ が満たされる局所安定な場合とは，公比の絶対値が 1 より小の場合，すなわち，不等式 (2.123) が満たされる場合ということになる．

2.2 離散世代型ダイナミクス

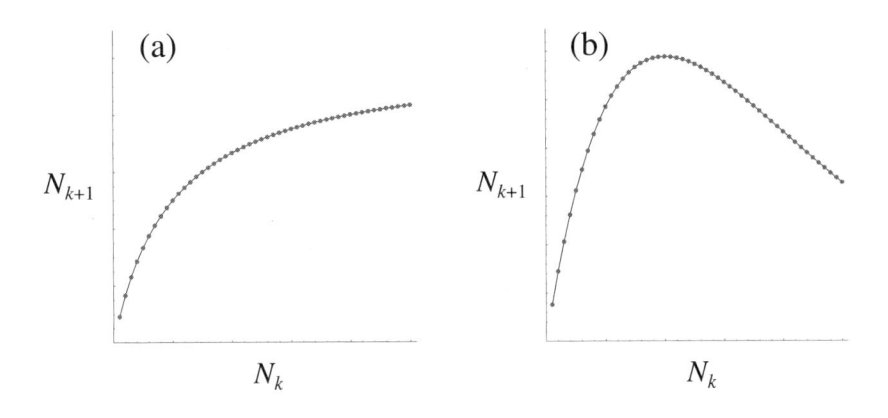

図 2.20 増殖曲線：(a) コンテスト型；(b) スクランブル型。

であり，第 k 世代目以前の個体群サイズ変動の履歴が異なれば異なるものである。

最も単純なのは，第 2.2.1 節の基礎理論でも述べた，第 k 世代から第 $k+1$ 世代の間における個体群サイズ変化分が世代数 k と第 k 世代における個体群サイズ N_k のみによって与えられる場合である。閉じた個体群に対して，一般に，式 (2.116) で個体群サイズ変動ダイナミクスが与えられる場合を考えよう。この場合，増殖曲線は，第 k 世代目で与えられた条件下[*139]で，第 k 世代目の個体群サイズがいかほどの場合に，第 $k+1$ 世代目の個体群サイズがいかほどに定まるかを表す。つまり，第 k 世代目の個体群の増殖過程における密度（個体群サイズ）依存性，つまり，密度効果の効き方の特性を表す。

図 2.20(a) が示すように，第 k 世代目の個体群サイズ N_k に対して，第 $k+1$ 世代目の個体群サイズ N_{k+1} がある飽和値に漸近する単調増加の増殖曲線である場合，個体群の増殖過程における密度（個体群サイズ）依存性は，**コンテスト（contest，勝ち残り）型**と呼ばれる。一方，図 2.20(b) が示すように，第 k 世代目の個体群サイズがある中庸なサイズの場合について，第 $k+1$ 世代目の個体群サイズが最大になるような個体群増殖過程における密度依存性は，**スクランブル（scramble，共倒れ）型**と呼ばれる[*140]。

コンテスト型の増殖曲線は，個体群の増殖が「椅子とりゲーム型」である場合に期待される。個体の存続・繁殖のためには，ある最低限の条件が必要であり，各生存個体が，必然的に，その条件を満たすように環境を利用している場合，与えられた個体群の生息環境において，その条件をみたすことのできる生存個体数には上限値 N_max がある。その上限値 N_max を超える分の個体は，その個体の存続・繁殖のための条件を満たすことができな

[*139] 式 (2.115) が表すように，個体群サイズ変動ダイナミクスが世代数 k に陽に依存する場合，第 $k+1$ 世代目の個体群サイズは，世代数 k によって定まる条件が加味された上で，第 k 世代目の個体群サイズによって定まる。

[*140] Nicholson [252] による用語。

い*141ので，個体群サイズは，生息環境の特性に依存して定まるその上限値 N_max までは大きくなれるが，それを超えた分は存続できない．このような場合，親世代個体群サイズ N_k が上限値 N_max 以下ならば，親世代個体群サイズ N_k が大きくなればなるほど子世代個体群サイズ N_{k+1} が大きくなりうるが，親世代個体群サイズ N_k が上限値 N_max 以上になったとしても，子世代個体群サイズ N_{k+1} は，上限値 N_max を超えることはできない．

一方，スクランブル型の増殖曲線は，たとえば，上記のコンテスト型についての記述における「個体の存続・繁殖のための最低限の条件を各生存個体が生息環境において必然的に利用する」という仮定が適用されない場合に現れると考えることができる．たとえば，個体の繁殖能力が，個体群密度に依存して変化する場合を考えてみよう．個体群密度が十分に低い場合には，各個体が最大の繁殖能力を実現するだけの資源を環境から得ることができるので，親世代個体群サイズ N_k の増加に対して，子世代個体群サイズ N_{k+1} は増加する傾向を示すだろう*142．しかし，個体群密度が高くなりすぎると，各個体が最大の繁殖能力を実現するほどの資源を環境から獲得することができなくなり，各個体の繁殖能力が低下し，個体あたりの平均産仔数が減少する*143．実現する個体群サイズは，各個体の繁殖の個体群全体の総和で与えられるので，個体群密度が高く，各個体の繁殖能力が低下しても，個体群サイズ自体はより大きくなりうる．しかし，あまりに個体群密度が高くなりすぎると，各個体の繁殖能力の低下が相当に大きくなり，その結果，実現する次世代の個体群サイズは小さくなるであろう．したがって，親世代個体群サイズがある中庸な値において，子世代個体群サイズは最大になり，親世代個体群サイズがその値より小さくても大きくても，子世代個体群サイズはそれよりは大きくならない，という増殖曲線が現れることになる．

このようなスクランブル型とコンテスト型の増殖曲線の質的な差異は，たとえば，第2.2.1節の基礎理論でも述べた，最も単純な場合，つまり，第 k 世代から第 $k+1$ 世代の間における個体群サイズ変化分が世代数 k と第 k 世代における個体群サイズ N_k によって与えられる閉じた個体群の場合には，個体群サイズ変動ダイナミクスを与える式 (2.116) における関数 $\mathcal{B}_k(N_k)$ や $\mathcal{S}_k(N_k)$ の設定の仕方に依存するものである．自然増殖過程を表す関数 $\mathcal{B}_k(N_k)$ と世代間存続確率を表す関数 $\mathcal{S}_k(N_k)$ は，本質的に異なる意味をもっており，一般的には独立に数理モデリングされ，独立に関数形が与えられる*144．だから，増殖曲線がコンテスト型になるかスクランブル型になるか，あるいは，他の型になるかは，これら二つの関数の設定の仕方によって「結果的に」決まるものであって，増殖曲線がコ

---

*141 個体の存続・繁殖に関して「全か無か」のルールを適用していると考えてよい．

*142 このことはコンテスト型の場合についても成り立つことではある．

*143 コンテスト型の場合は，このようなことはなく，生存繁殖個体は，必要な資源を環境から得られるものと得られないものに分けられていた．つまり，「全か無か」のデジタル的ルールに基づいていたのであるが，ここで述べているスクランブル型の場合には，アナログ的に獲得できる資源量が個体群密度上昇に伴って減少すると考えている．

*144 もちろん，これら2つの関数の間に何らかの因子を介した相関が存在する場合もある．

ンテスト型であるということから関数 $\mathcal{B}_k(N_k)$ や $S_k(N_k)$ の特性が定まるとは限らない。ただし，個体群サイズ変動を支配するダイナミクスの構造をブラックボックスとして，引き続く2世代間の個体群サイズの関係をプロットすれば，増殖曲線の特性を表すことはできるので，増殖曲線を出発点とした個体群サイズ変動ダイナミクスの数理モデリングも可能ではある。とりわけ，最も単純な個体群サイズ変動ダイナミクスを与える式 (2.116) において $S_k(N_k) \equiv 0$ の場合，すなわち，各個体が次世代までは存続できない場合[*145]，増殖曲線は，自然増殖過程を表す関数 $\mathcal{B}_k(N_k)$ にのみ依存しているから，増殖曲線は，正に，個体群サイズ変動における自然増殖過程を表しており，この場合，増殖曲線から出発するということは，個体群サイズ変動における自然増殖過程のダイナミクスから出発することである。

2.2.3　世代分離型増殖過程

閉じた個体群において，第 k 世代目の個体群における繁殖可能個体と，次世代，すなわち，第 $k+1$ 世代目の個体群における繁殖可能個体が時間的に共存することがない場合，繁殖過程に関して**世代が分離している** (non-overlapped in generation) といい，そのような個体群増殖過程を**世代分離型増殖過程**，**世代分離型個体群サイズ変動ダイナミクス** (population dynamics of non-overlapping generation) と呼ぶ。次世代を産むための繁殖過程に現世代の個体のみ参加できる場合である。現世代の個体群サイズによって次世代の個体群サイズが定まる場合であるが，より厳密には，現世代の個体は次世代の個体群には加入しない（できない）場合[*146] である点に注意してほしい。したがって，式 (2.116) で表される個体群サイズ変動は，この厳密な意味に基づけば，世代分離型増殖過程とは呼べない。前世代における個体群の $S_k(N_k)$ の割合が次世代の個体群に加入するからである。つまり，厳密な意味での世代分離型増殖過程は，式 (2.116) において，任意の N_k に対して $S_k(N_k) \equiv 0$ の場合，すなわち，個体群サイズ変動ダイナミクスが

$$N_{k+1} = \mathcal{B}_k(N_k)$$

で表される場合である。本節では，引き続いて，この世代分離型増殖過程に従う個体群サイズ変動ダイナミクスの数理モデリングについての基礎論を述べる。

今，たとえば，個体群サイズとして，一回繁殖型一年生植物個体群における結実個体数を考えてみよう。一回繁殖型の一年生であるとは，一年で成熟し，繁殖（結実）すると死亡するような植物個体の性質を指している。したがって，離散世代個体群サイズ変動ダイナミクス (2.118) で考える場合，$S_k(N_k) \equiv 0$ でなければならない。第 k 世代目の結実個体数 N_k について，個体あたりの結実数を σ_k とすると，個体群全体における結実総数は，

[*145] 第 2.2.3 節で述べる世代分離型増殖過程の場合。
[*146] 生物学的な定義に従う。

$\sigma_k N_k$ で与えられる[*147]．これは，結実直後の種子の総数に相当するだけなので，第 $k+1$ 世代目の結実個体数 N_{k+1} を定めるには，種子の内，どれだけが結実個体にまで成長するかを決めるダイナミクスが必要となる．すなわち，第 k 世代目の結実個体から産み出された種子の結実個体までの生存率[*148]を与えなければならない．

この生存率が世代数 k のみに依存する定数 η_k の場合[*149]には，総種子数 $\sigma_k N_k$ より，第 $k+1$ 世代目の結実個体数を $\eta_k \sigma_k N_k$ と定めることができる．よって，離散世代個体群サイズ変動ダイナミクス (2.118) は，この場合，

$$N_{k+1} = \eta_k \sigma_k N_k \tag{2.124}$$

となり，

$$N_k = \left[\prod_{i=0}^{k-1} \eta_i \sigma_i \right] \cdot N_0 \quad (k \geq 1)$$

という個体群サイズ変動過程が得られる．個体群サイズ変動は，世代時間に依存した結実個体あたりの結実数の変動，種子の結実個体までの生存率の変動に依存して定まる．もしも，結実数と結実個体までの生存率がいずれも世代時間に依存しない定数であるならば，$\sigma_k = \sigma$（定数），$\eta_k = \eta$（定数）より，

$$N_k = (\eta\sigma)^k \cdot N_0$$

という，個体群サイズの幾何級数的変動が導かれる．$\eta\sigma < 1$ の場合には個体群は絶滅する[*150]．

さて，ここまでは，単位結実個体あたりの結実数 σ_k や結実個体までの生存率 η_k については，世代数 k への依存性のみを考えていたが，より一般的には，これらは，密度効果も受けるものと考えられよう．たとえば，結実個体密度が高ければ高いほど，単位結実個体あたりの結実数は少なくなり，種子密度が高ければ高いほど，結実個体までの生存率，あるいは，発芽成功率，成熟成功率[*151]は，低下するという仮定を考えうる．種子密度が高

[*147] ここでは，一回繁殖型一年生植物個体群を想定した数理モデリングとして議論を述べてあるが，もちろん，他の植物個体群や動物（特に昆虫）個体群に関する同様の数理モデリングも可能である．

[*148] 種子の繁殖成功率 (successful reproduction rate) と称してもよかろう．一方，種子の繁殖成功度 (reproductive success) というものは，一般に，繁殖成功率に，結実できた場合の結実数を掛けた，個体あたり期待結実数によって与えられる．

[*149] 環境条件の時間（世代）変動があるような場合．

[*150] 結実数と結実個体までの生存率がいずれも世代時間に依存する，式 (2.124) に従う前出の一般形の場合には，

$$\lim_{k \to +\infty} \prod_{i=0}^{k-1} \eta_i \sigma_i = 0$$

となる場合に個体群は絶滅する．

[*151] 結実できるまで成熟できる率．

いと，種子の発芽・生育に必要な資源の競争は厳しいものになると考えられ，結実個体密度が高いと，結実に成功しても，結実に分配できるエネルギー（資源）量は少なくなるであろうから，結実数も低下すると考える仮定である．数理モデリングとしては，σ_k が N_k の関数，η_k が $\sigma_k N_k$ の関数として，それぞれ，減少関数を設定する．

この例では，η_k が $\sigma_k N_k$ の関数として，$\sigma_k N_k$ が大きくなると η_k は小さくなるという関数関係を仮定しているが，これは，N_k が大きくなると η_k が小さくなるという関係を常に要求するものではない．種子総数 $\sigma_k N_k$ は，単位個体あたりの結実数と結実個体数（ここでは密度）の積で与えられるから，結実個体数が大きくなると，単位個体あたりの結実数が減少するという関係から，積の増減を一概に定めることはできない．結実個体密度の上昇による結実数の減少の程度に強く依存するのである．たとえば，この結実数の減少が指数関数的，すなわち，$\sigma_k = \sigma_k(N_k) \propto \exp\{-\alpha_k N_k\}$ であるとすると，$\sigma_k N_k \propto N_k \exp\{-\alpha_k N_k\}$ であり，この場合，$\sigma_k N_k$ は，ある閾の結実個体密度までは単調増加関数であり，その閾の値を超えた結実個体密度に関しては単調減少関数になっている．一方，$\sigma_k \propto 1/(N_k + \alpha_k)$ のような有理関数の場合には，種子総数 $\sigma_k N_k$ は，任意の N_k について単調増加関数になる．$\sigma_k N_k$ が N_k の関数として単調減少になる場合，すなわち，結実個体密度 N_k が高くなると総結実数 $\sigma_k N_k$ が減少するような場合には，種子から結実個体までの生存率 η_k は種子の親である結実個体密度 N_k の関数としては増加関数である．逆に，結実個体密度が高くなると総結実数が増加する場合には，種子から結実個体までの生存率は種子の親である結実個体密度の関数として減少関数である．このように，結実個体密度と総結実数，結実個体密度と結実個体までの生存率におけるそれぞれの関数関係は，逆の傾向を有することになる．

発展

増殖曲線がスクランブル型やコンテスト型になる場合，それぞれについて，σ_k と η_k に関する数理モデリングとしてどのようなものを考えうるであろうか．

2.2.4 離散型 logistic 方程式

さて，第 2.2.3 節で述べた世代分離型の増殖過程において，今，種子から結実個体までの生存率 η_k と単位結実個体あたりの結実数 σ_k の積 $\eta_k \sigma_k$ が結実個体密度（サイズ）N_k の単調減少関数である場合を考えてみよう[*152]．この積 $\eta_k \sigma_k$ は，第 k 世代の結実個体あたりに次世代（第 $k+1$ 世代）に残すことのできる，繁殖に成功する子の数の期待値を意

[*152] このことは，必ずしも，η_k が N_k の単調減少関数であることを要求していない．

味する．単調減少性はいろいろなタイプが設定できるが，ここでは，まず，線形タイプ

$$\eta_k \sigma_k = \alpha_k - \rho_k N_k \tag{2.125}$$

を考えよう[*153]．この設定においては，パラメータ α_k や ρ_k が，η_k や σ_k に関わる何らかの特性を表していると設定しているわけではない．要するに，単位結実個体あたりに次世代に残すことのできる，繁殖に成功する子の数の期待値 $\eta_k \sigma_k$ が親の密度に線形に依存して減少することを仮定するものである．単位結実個体あたりに次世代に残すことのできる，繁殖に成功する子の数の期待値というのは，親の繁殖成功度（reproductive success），あるいは，より一般的に，適応度（fitness）と呼んでもよいし，単に，繁殖率（reproduction rate）と呼んでもよいだろう．パラメータ α_k は，第 k 世代目において可能な最大繁殖成功度（最大繁殖率）を表し，ρ_k は，第 k 世代目における繁殖成功度に対する密度効果の強さを表している．

実は，この数理モデリングにおいては，数理モデリングから要求される**数理的な**仮定が派生する．仮定 (2.125) を式 (2.124) に代入して得られる離散世代個体群サイズ変動ダイナミクスを表す式

$$N_{k+1} = (\alpha_k - \rho_k N_k) N_k \tag{2.126}$$

からすぐわかるように，第 k 世代目の個体群サイズ N_k が $\alpha_k - \rho_k N_k \geq 0$ という条件，すなわち，$N_k \leq \alpha_k/\rho_k$ という条件を満たさなければ，N_{k+1} は負になってしまい，個体群サイズの意味をなさない．このことは任意の k についていえることであるから，与えられた k に依存するパラメータの変動系列 $\{\alpha_k\}$ と $\{\rho_k\}$ $(k = 0, 1, 2, ...)$ に対して，ダイナミクス (2.126) が $N_k \leq \alpha_k/\rho_k$ という条件を常に満たすような特性を持たなければならない．さもなければ，ある世代 k において N_k が負になり，式 (2.126) からわかるように，その後の任意の世代において，N_i $(\forall i > k)$ は負になってしまう[*154]．

各世代 k において，式 (2.126) の右辺は，N_k についての最大値 $\alpha_k^2/4\rho_k$ を持つ．つまり，式 (2.126) による第 $k+1$ 世代目の個体群サイズの可能な最大値が $\alpha_k^2/4\rho_k$ である．ある正の値をもつ N_{k+1} によって第 $k+2$ 世代目の個体群サイズが負になるとすると，この最大値を使って，$N_{k+1} = \alpha_k^2/4\rho_k$ をダイナミクス (2.126) に用いて計算した N_{k+2} も負になる．逆に，この最大値を使って計算された N_{k+2} が負にならなければ，この最大値以下のどのような正の値をもつ N_{k+1} によっても N_{k+2} は負にならない．この条件は，

$$\left(\frac{4\alpha_{k+1}}{\alpha_k^2} - \frac{\rho_{k+1}}{\rho_k} \right) \frac{\alpha_k^4}{16\rho_k} \geq 0$$

[*153] 1970 年代前半に，この数理モデリング（$\alpha_k = \alpha$；$\rho_k = \rho$）による数理モデルを数理的に研究したのは，Robert May (January 8, 1936 –, born in Australia) [215, 216] であることはあまりにも有名であるが，それ以前の 1953 年に，豆類につくマメゾウムシであるアズキゾウムシ *Callosobruchus chinensis* の個体数密度変動のデータの解析において，その変動様式を理解するためにこの数理モデリングを考えたのは，Fujita & Utida [80] であった．

[*154] 記号 $\forall$ は，「任意の」あるいは「全ての」の意．

2.2 離散世代型ダイナミクス

と書き表される．すなわち，N_1 を非負とするような任意の初期値 N_0 に対して，任意の世代 k における個体群サイズ N_k が非負であるためには，任意の k $(k = 0, 1, 2, ...)$ に対して，

$$\frac{4\alpha_{k+1}}{\alpha_k^2} \geq \frac{\rho_{k+1}}{\rho_k} \tag{2.127}$$

という条件を満たすようなパラメータの変動系列 $\{\alpha_k\}$, $\{\rho_k\}$ でなければならない．初期値 N_0 については，N_1 を非負にするような初期値のみを考えればよいから，

$$N_0 \leq \frac{\alpha_0}{\rho_0} \tag{2.128}$$

という条件が必要である．すなわち，ダイナミクス (2.126) による離散世代生物個体群サイズ変動の数理モデリングでは，パラメータの世代依存変動，および，初期個体群サイズについてのある拘束条件の下で考察されるべき数理モデルが構成されたことになる．

この議論は，離散世代個体群サイズ変動ダイナミクス (2.126) が数理モデルとして合理的であるための拘束条件 (confinement condition) が数理モデリングの一部として重要なものであることを示してはいるが，そのような拘束条件の存在は，必ずしも数理モデルの適用限界を示すものではない．離散世代個体群サイズ変動ダイナミクス (2.126) において，パラメータ α_k, ρ_k が共に世代数 k によらない定数 α, ρ の場合，すなわち，各世代において可能な最大繁殖成功度，および，繁殖成功度に対する密度効果の強さが世代によらない定数である場合を考えてみよう．この場合[*155] には，個体群サイズ変動ダイナミクスは，

$$N_{k+1} = (\alpha - \rho N_k) N_k \tag{2.129}$$

で与えられ，上記の数理モデリングにおける拘束条件 (2.127) と (2.128) より，数理モデル (2.129) に対するパラメータへの拘束条件は以下のようになる:

$$\rho N_0 \leq \alpha \leq 4. \tag{2.130}$$

ここで，式 (2.129) で与えられる個体群サイズ変動ダイナミクスを次のような変数変換の下に考えることにしよう:

$$x_k = \frac{\rho N_k}{\alpha} \quad (k = 0, 1, 2, \ldots) \tag{2.131}$$

この変数変換後の個体群サイズに対応する変数 x_k の変動のダイナミクスは，

$$x_{k+1} = \alpha (1 - x_k) x_k \tag{2.132}$$

[*155] May [215, 216] によって数理的に考察され，後に，Morisita [237] や Maynard Smith [219] が数理生物学的に議論した数理モデルである．

で与えられ，そのダイナミクスは定性的に N_k のダイナミクスと同等なものである[*156]。このとき，拘束条件 (2.130) は，次のように変換される：$x_0 \leq 1$ かつ $\alpha \leq 4$。式 (2.129) あるいは式 (2.132) は，**離散型 logistic 方程式** (discrete logistic equation) と呼ばれることがある。

離散型と連続型の logistic 方程式の関係

式 (2.129)，あるいは，(2.132) は，確かに，常微分方程式による慣用的な連続型 logistic 型増殖過程 [*157] の連続時間ダイナミクスを与える式 (2.36) と式の形が似ている。また，より一般的な離散世代ダイナミクス (2.126) は，一般 logistic 方程式 (2.34) と類似しているとみることもできる。ここでは，この類似性をもう少し数理的な観点から考えてみよう。

■離散型から連続型へ　今，離散世代における引き続く世代間の時間の長さを h とすると，第 k 世代は，時刻 kh に対応すると考えられる。すると，$N_k = N(kh)$ と表現すれば，式 (2.126) は，

$$N((k+1)h) = \{\alpha(kh) - \rho(kh)N(kh)\} N(kh) \tag{2.133}$$

と表される。さて，時刻 $t = kh$ を固定して考えることにすると，さらに，この式は，

$$N(t+h) = \{\alpha_h(t) - \rho_h(t)N(t)\} N(t) \tag{2.134}$$

となる。ただし，α と ρ に関する世代間隔 h への依存性は残ることに注意しよう。これらのパラメータは，この世代間隔 h における生物個体群における繁殖ダイナミクスの詳細を反映して，h のある関数であると考えられる。実際，式 (2.134) において，t を固定したまま，つまり，t を h とは独立に与えられたある時刻として，$h \to 0$ とした極限を考えてみよう[*158]。左辺は，$N(t)$ に収束するから，右辺について，$h \to 0$ のとき，

$$\begin{cases} \alpha_h(t) & \to 1 \\ \rho_h(t) & \to 0 \end{cases} \tag{2.135}$$

でなければならないことがわかる。これは，離散世代ダイナミクスにおける世代間隔は，ダイナミクスの特性を規定するパラメータの値に影響を及ぼす重要な要素の一つであることを示している。世代間隔が短ければ短いほどその時間におけるダイナミクスによる個体群サイズの変化が小さいと期待できるからである。

[*156] すなわち，x_k のダイナミクスの特性は，変換 (2.131) を介して，N_k のダイナミクスの特性として解釈し直すことができる。

[*157] ここでは，離散型 logistic 方程式との対比のために，式 (2.36) の常微分方程式による連続時間 logistic 型増殖過程を連続型 logistic 増殖過程と呼ぶことにする。

[*158] 第 k 世代目の時刻を固定して，第 $k+1$ 世代目の時刻を第 k 世代目の時刻に限りなく近づけることに相当する。

2.2 離散世代型ダイナミクス

さて，式 (2.134) より，

$$\frac{N(t+h) - N(t)}{h} = \left\{ \frac{\alpha_h(t) - 1}{h} - \frac{\rho_h(t)}{h} N(t) \right\} N(t)$$

という関係式が得られるので，$h \to 0$ の極限を考えると，条件 (2.135) の下，さらに，次の条件が満たされるとすれば，離散型 logistic 方程式は，この世代間隔ゼロの極限 ($h \to 0$) において，式 (2.34) で与えられる常微分方程式による logistic 方程式に収束する：

$$\begin{cases} \dfrac{\alpha_h(t) - 1}{h} & \to r_0(t) \\ \dfrac{\rho_h(t)}{h} & \to \beta(t). \end{cases} \quad (2.136)$$

■連続型から離散型へ　一方，式 (2.34) で与えられる常微分方程式による logistic 方程式は，いわゆる単純差分（オイラー (Euler) の折れ線）近似[*159]によって次のような近似式を導く：

$$\frac{N(t+\Delta t) - N(t)}{\Delta t} \approx \{ r_0(t) - \beta(t) N(t) \} N(t).$$

この式を変型して整理すると，

$$N(t + \Delta t) \approx \{ 1 + r_0(t) \Delta t - \beta(t) \Delta t N(t) \} N(t) \quad (2.137)$$

となるので，

$$\alpha(t) = 1 + r_0(t) \Delta t$$
$$\rho(t) = \beta(t) \Delta t$$

と置き換え，Δt の時間間隔での離散時間の個体群サイズ変動ダイナミクスを考えることにすれば，離散型 logistic 方程式 (2.126) が得られることになる．この場合の世代間隔は Δt で与えられている[*160]と考えればよい．

単純差分近似 (2.137) は，もちろん，Δt が十分に小さい時に有効である．差分による近似は，$\Delta t \to 0$ の極限において厳密なもの，すなわち，式 (2.34) で与えられる常微分方程式による logistic 方程式の真の解を与えるものである．Δt がゼロでない限り，当然，式 (2.34) に対する真の解である logistic 型増殖曲線と，式 (2.137) で再帰的に与えられる N の値の系列の間には誤差が生じる．したがって，間隔 Δt で式 (2.137) を繰り返して用いることによって得られる N の値の系列は，誤差の蓄積により徐々に式 (2.34) に対する真の解である logistic 型増殖曲線との間の差を広げてゆくことが予想される．

[*159] 微分の定義式を用いた微分の差分化による近似．オイラー・コーシー (Euler–Cauchy) 法とも呼ばれる．微分の数値計算のための最も単純な近似法の一つ．数値解析や数値計算法の基礎的な教科書には必ず載っている．たとえば，John [150, 151] や Kreyszig [178, 179] を参照．

[*160] つまり，たとえば，$N(k\Delta t)$ ($k = 0, 1, 2, \ldots$) を N_k と書きかえればよいだけである．

実は，式 (2.137) の任意の回数の繰り返しにおいて，その誤差がある有限な範囲に収まるためには，時間幅 Δt が適当に小さくなければならないことがわかっている．つまり，式 (2.34) に対する真の解である logistic 型増殖曲線に対する単純差分近似 (2.137) が有効であるためには時間幅 Δt が大きすぎてはならないのである．このことからも，(2.126) で与えられる離散型 logistic 方程式による個体群サイズ変動は，その時間幅に当たる世代間隔に関して特別な拘束条件を持たないので，常微分方程式による logistic 方程式 (2.34) の解曲線と離散型 logistic 方程式 (2.126) による個体群サイズの変動系列は異なる特性を示す可能性が示唆される．実際，α や ρ が時間に依存しない定数パラメータである場合，つまり，式 (2.132) で与えられる離散世代個体群サイズ変動ダイナミクスの場合ですら，次に述べるように，連続型 logistic 型増殖過程とは対照的に，多様な様相を見せうるのである．

離散型 logistic 方程式による個体群変動

離散型 logistic 方程式 (2.132) は，1970 年代前半に，Robert May[*161] [215, 216] によって数理的に解析され，現在では数理的概念として通用となっているカオス（chaos）研究の格好の題材となるその特性が故に多くの研究者を惹きつけることになったものである．本節では，離散型 logistic 方程式 (2.132) の示す個体群サイズ変動の多様なダイナミクスについて要論を述べる[*162]．

パラメータ α の範囲が $0 \leq \alpha \leq 4$ の場合，初期値 x_0 が $0 \leq x_0 \leq 1$ ならば，任意の世代 k に対して，$0 \leq x_k \leq 1$ が成り立つことは，ダイナミクスを支配する式 (2.132) から容易に証明できる．$0 \leq \alpha \leq 4$ の場合，式 (2.132) による x_k の関数としての x_{k+1} のグラフ[*163] は，図 2.21 に示したようなものである．$0 \leq \alpha \leq 4$ の場合には，極大値 $\alpha/4 \leq 1$ である．したがって，$0 \leq x_k \leq 1$ に対しては，$0 \leq x_{k+1} \leq 1$ であることが帰納的に示される．

$\alpha > 4$ の場合については，$0 < x_0 < 1$ であっても，ほとんどの場合に，ある k に対して，x_k が負となり，その後，$k \to \infty$ に対して，単調に $x_k \to -\infty$ となる．生物個体群ダイナミクスに対する数理モデルとしては，個体群サイズを表す x_k は正であるべきだか

[*161] January 8, 1936 –, born in Australia．

[*162] 離散型 logistic 方程式 (2.132) に関して本節で述べるダイナミクス特性の詳細な数理的内容とその数理的解析については，離散力学系を取り上げる専門書の多くに記載がある．たとえば，山口 [368, 366] が入門として，さらにもうすこし進んだ入門として森田 [238] が参考書になろう．また，長島・馬場 [249] や下条 [316] ではもう少し詳しく述べられている．離散力学系の数理的な理論への入門書としては，これらに加えて，Devaney [62, 63] や香田 [172]，小室 [174] がある．また，Collet & Eckmann [53, 54] は，より進んだ専門書として有名なものの一つである．

[*163] 式 (2.132) による x_k から x_{k+1} への写像を表す．もちろん，式 (2.129) で与えられる個体群サイズ変動ダイナミクスにおける N_k から N_{k+1} への写像も定性的には同一である．第 k 世代目（親世代）の個体群サイズと第 $k+1$ 世代目（子世代）の個体群サイズの関係を表す（スクランブル型 の）増殖曲線（再生産曲線，reproduction curve；第 2.2.2 節参照）となっている．

2.2 離散世代型ダイナミクス

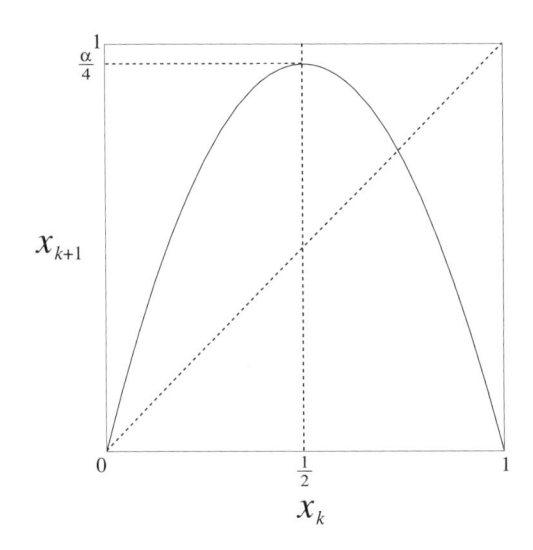

図 2.21 logistic 写像。スクランブル型増殖曲線 (reproduction curve) を表す。

ら，$\alpha > 4$ は，数理モデリングとして不適切である．すなわち，個体群サイズ変動ダイナミクスに関する数理モデルとして，$\alpha \leq 4$ は，数理モデリングで要求される，パラメータ α への拘束条件である．

■$0 < \alpha \leq 1$ の場合： 任意の初期値 x_0 $(0 \leq x_0 \leq 1)$ に対して，$k \to \infty$ のとき，$x_k \to 0$ である．すなわち，個体群は絶滅に向かう．このとき，個体群は単調に減少してゆく．

■$1 < \alpha \leq 2$ の場合： 任意の初期値 x_0 $(0 \leq x_0 \leq 1)$ に対して，$k \to \infty$ のとき，$x_k \to 1 - 1/\alpha$ である．すなわち，個体群はパラメータ α の値によって唯一定まる定常サイズに向かって漸近する．ただし，十分に世代を経た後は，単調に（減少するか増加するかは初期値によるが）この定常サイズ[*164]に漸近する（図 2.22 参照）．

■$2 < \alpha \leq 3$ の場合： この場合も，任意の初期値 x_0 $(0 \leq x_0 \leq 1)$ に対して，$k \to \infty$ のとき，$x_k \to 1 - 1/\alpha$ である．すなわち，個体群はパラメータ α の値によって唯一定まる定常サイズに向かって漸近する．ただし，この場合には，個体群サイズは，減衰振動しながらこの定常サイズに漸近する（図 2.23 参照）．

■$3 < \alpha \leq 1 + \sqrt{6}$ の場合： 任意の初期値 x_0 $(0 \leq x_0 \leq 1)$ に対して，$k \to \infty$ のとき，x_k の世代変動は，パラメータ α の値によって唯一定まる 2 周期の振動に漸近する．すなわち，図 2.24 に示すように，x_k の値の遷移が $ABABAB\cdots$ という特定の二つの値 A と

[*164] このような定常値は，式 (2.132) によって記述される離散力学系の**固定点**，**不動点** (fixed point)，あるいは，**平衡点** (equilibrium point)，**定常点** (stationary point) と呼ばれるものである．

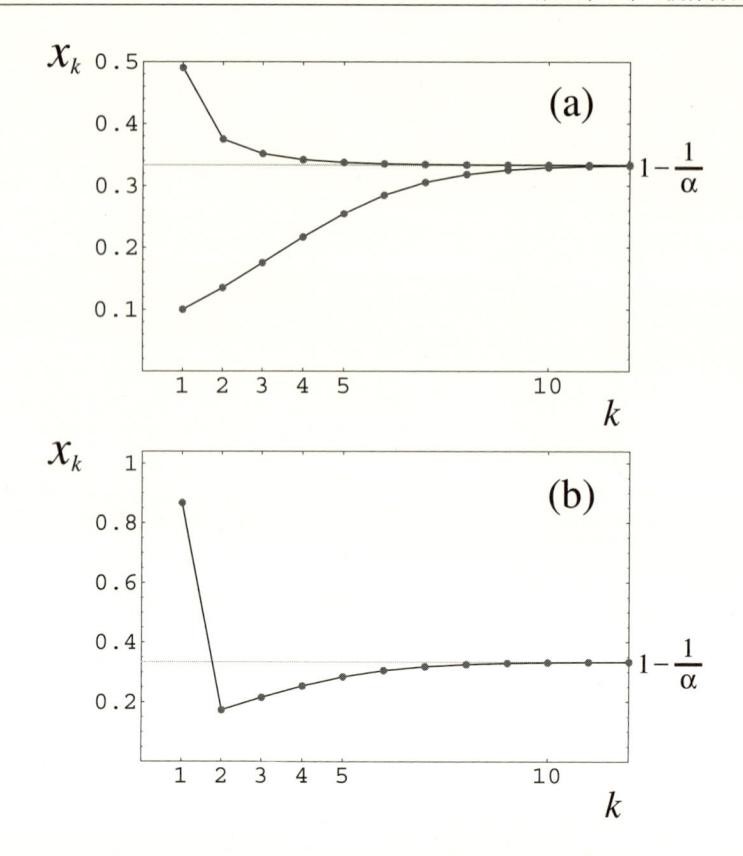

図 2.22 離散型 logistic 方程式 (2.132) による個体群サイズ変動。$\alpha = 1.5$ の場合の数値計算。(a) 初期値 x_0 が 0.1 と 0.49 の場合。$x_0 \in (0, 1/\alpha)$ ならば，単調に定常値に漸近する；(b) 初期値 x_0 が 0.867 の場合。$x_0 \in (1/\alpha, 1)$ ならば，x_1 で $1 - 1/\alpha$ 未満の正値に減少した後，単調増加で定常値に漸近する。(b) の場合は，logistic 方程式 (2.34) による logistic 型増殖曲線では決して起こりえない。

B の交互繰り返しになるような定常状態[*165] に漸近する。

■$\alpha > 1 + \sqrt{6}$ の場合： パラメータ α のこの範囲において，式 (2.132) による離散力学系はその秘めた特性を顕にする。

まず，ある値 c_4 が存在して，$1 + \sqrt{6} < \alpha \leq c_4$ を満たすパラメータ α については，任意の初期値 x_0 $(0 \leq x_0 \leq 1)$ に対して，$k \to \infty$ のとき，x_k の世代変動は，パラメータ α の値によって唯一定まる 4 周期の振動に漸近する。すなわち，図 2.25 に示すように，x_k

---

[*165] このような 2 周期は，式 (2.132) によって記述される離散力学系から構成される，隔世代間のダイナミクス，すなわち，$F(x) = \alpha(1-x)x$ として，$x_{k+2} = F \circ F(x_k) = F(F(x_k))$ によって表される離散力学系の不動点（平衡点，定常点）である。実際，一つおき（偶数世代もしくは奇数世代）の個体群サイズのみの遷移を考えると，$k \to \infty$ のとき，値は，A もしくは B のいずれか一方の唯一の値に漸近することになる。

2.2 離散世代型ダイナミクス

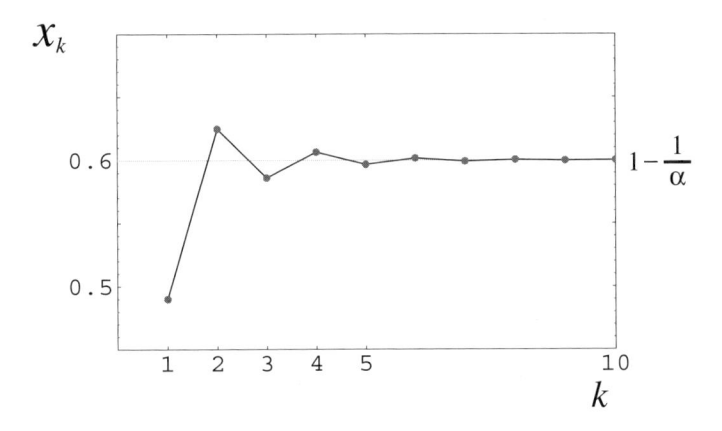

図 2.23 離散型 logistic 方程式 (2.132) による個体群サイズ変動。$\alpha = 2.5$ の場合の数値計算。減衰振動しながら定常値に漸近する。

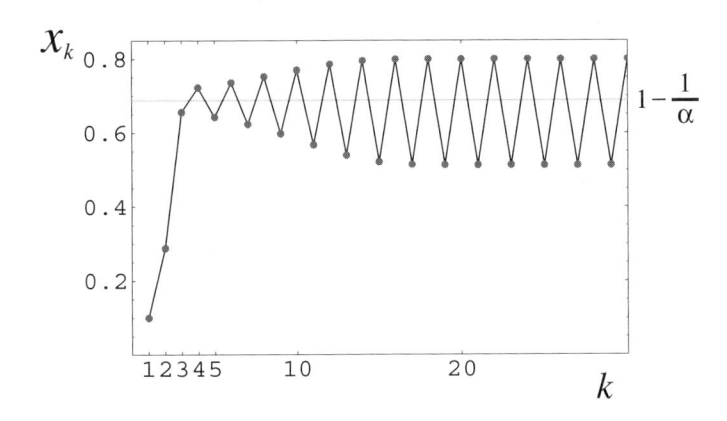

図 2.24 離散型 logistic 方程式 (2.132) による個体群サイズ変動。$\alpha = 3.2$ の場合の数値計算。十分な世代を経た後，2 周期状態に漸近する。

の値の遷移が $ABCDABCDABCD\cdots$ という特定の四つの値の繰り返し変動になるような定常状態に漸近する。さらに，ある値 c_8 が存在して，$c_4 < \alpha \leq c_8$ を満たすパラメータ α については，任意の初期値 x_0 $(0 \leq x_0 \leq 1)$ に対して，$k \to \infty$ のとき，8 周期の振動に漸近する。

実は，ある無限数列 $\{c_{2^n} \mid 3 \leq c_{2^n} < c_\infty < 4,\ c_{2^n} < c_{2^{n+1}};\ n = 1, 2, 3, \ldots\}$ が存在し，$c_{2^n} < \alpha \leq c_{2^{n+1}}$ を満たすパラメータ α については，x_k の世代変動は，任意の初期値 x_0 $(0 \leq x_0 \leq 1)$ に対して，$k \to \infty$ のとき，パラメータ α の値によって唯一定まる 2^n 周期の振動に漸近する[*166]。2^n 周期振動の定常状態を与えるパラメータ α の範囲の大

[*166] $c_2 = 3$, $c_4 = 1 + \sqrt{6}$ である。

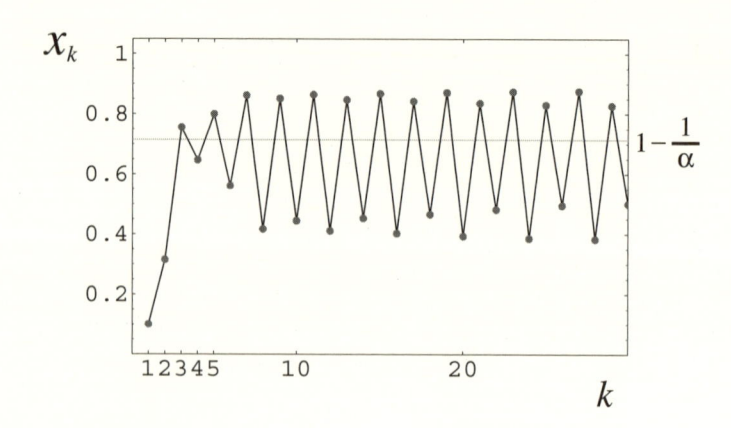

図 2.25　離散型 logistic 方程式 (2.132) による個体群サイズ変動。$\alpha = 3.5$ の場合の数値計算。十分な世代を経た後，4周期状態に漸近する。

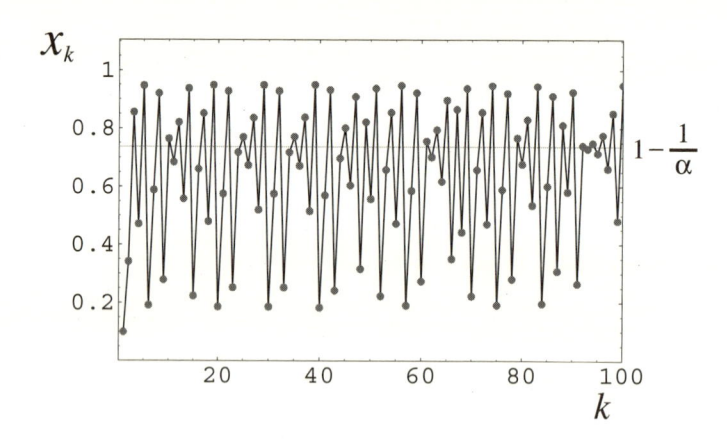

図 2.26　離散型 logistic 方程式 (2.132) による個体群サイズ変動。$\alpha = 3.8$ の場合の数値計算。

きさは，n の増加と共に単調に減少してゆく。c_{2^n} の $n \to \infty$ での収束（上界）値 c_∞ は，ほぼ 3.57 である[167]。

　$\alpha > c_\infty$ の場合，$k \to \infty$ における x_k の世代変動は，初期値 x_0 に依存して異なる。そして，パラメータ α のこの範囲においては，2^n 周期以外の周期振動に漸近する世代変動を生み出すパラメータ α の値も存在している。たとえば，3周期や他の奇数周期をもつ定常状態も現れうる。このような周期的定常状態に「任意の初期値 x_0 から」漸近するようなパラメータ α の範囲は，$c_\infty < \alpha < 4$ の範囲に不連続に（飛び飛びに）存在している。それらの不連続なパラメータ範囲に挟まれた範囲の α の値（または，特に，$\alpha = 4$）に対

---

[167] 周期が倍々になってゆくこのような平衡状態のパラメータ依存様式は，**周期倍化現象**（period-doubling）と呼ばれる，平衡状態（平衡解）の**熊手型分岐**（pitchfork bifurcation）の一種である。

しては，x_k の世代変動は，定常的な変動パターンを示さず，どの世代の個体群サイズ x_k も異なる値をとる[*168] ような，**カオス変動**（chaotic variation）を示す（図 2.26 参照）。

式 (2.132) によって記述される離散力学系のこのような特性を表現する一つの数理的手法として，解の**分岐図**（bifurcation diagram）というものがある（図 2.27 参照）。今考えている場合には，定常状態（十分に世代を重ねた後；世代 $\to \infty$）における個体群のサイズ変動（x_∞）がとりうる値がパラメータ α と初期値 x_0 に依存して定まるので，パラメータ α に対して，$k \to \infty$ における（可能な）x_∞ の値をプロットすることで解の分岐図を得ることができる[*169]。たとえば，2 周期定常状態を実現するパラメータ α の範囲では，分岐図では 2 点がプロットされる。4 周期定常状態では 4 点，3 周期定常状態では 3 点といった具合である。カオス変動状態については，（数学的には）無限個の点がプロットされることになる[*170]。図 2.27 は，パラメータ α がより大きくなるにつれて，熊手型分岐（pitchfork bifurcation）による解の周期倍化現象（period-doubling）を経て，カオス変動に至るダイナミクス特性を示すものである。

2.2.5　Verhulst モデル

これまでの記述でわかるように，式 (2.129)，あるいは，式 (2.132) で示される離散型 logistic 方程式による個体群サイズ変動は，パラメータ α に依存して多彩な様相を示しうる。それは，常微分方程式 (2.36) によるダイナミクスが導く連続型 logistic 増殖過程 (2.37) の示す，初期値によらない，環境許容量（$= r_0/b$）への漸近収束という単一な様相とは対照的である。離散型 logistic 方程式は，ある条件が満たされれば，連続型 logistic 方程式と近似的に同様の振る舞いを示す。しかし，そのような条件が満たされない場合，振る舞いは非常に異なっているのであるから，むしろ，離散型 logistic 方程式と連続型 logistic 方程式は異なるダイナミクスを表すものと考えるのも間違いではない。

離散世代の基礎理論の第 2.2.1 節でも述べたように，時間的に連続な個体群変動が起こっている場合であっても，個体群サイズを時間的に離散に測定する[*171] ことによって，結果的に，時間離散的な個体群サイズ変動の系列を得るのが生物現象の観測における実際

[*168] 一階差分方程式による決定論的（あるいは，確率的要素を含まない）離散力学系によるダイナミクスを考えているので，もしも，ある世代の個体群サイズと同じサイズが後のある世代で実現すれば，その後の個体群サイズ変動の履歴は，前者の世代以降のものと同一でなければならない。すなわち，そのような場合は，周期的定常状態である。

[*169] 図 2.27 に示した数値計算による分岐図は，初期値 $x_0 = 0.9$ を用いた有限回の計算によって得られたものである。したがって，特に，$\alpha > c_\infty$ を満たすパラメータ α の範囲に対する x_∞ については，計算によって得られていない値も存在しうる。実は，$\alpha > c_\infty$ なるパラメータ α についての式 (2.132) は，α がその値よりも小さい場合に現れうる全ての周期解をもっている。ただし，それらは，与えられた α の値について安定なものとして現れるもの以外，全て不安定である。

[*170] 特に，$\alpha = 4$ に対するカオス変動状態においては，x_∞ は，$(0, 1)$ の範囲の点を「ほとんど」くまなく取り得る。

[*171] ストロボ写真の様に。

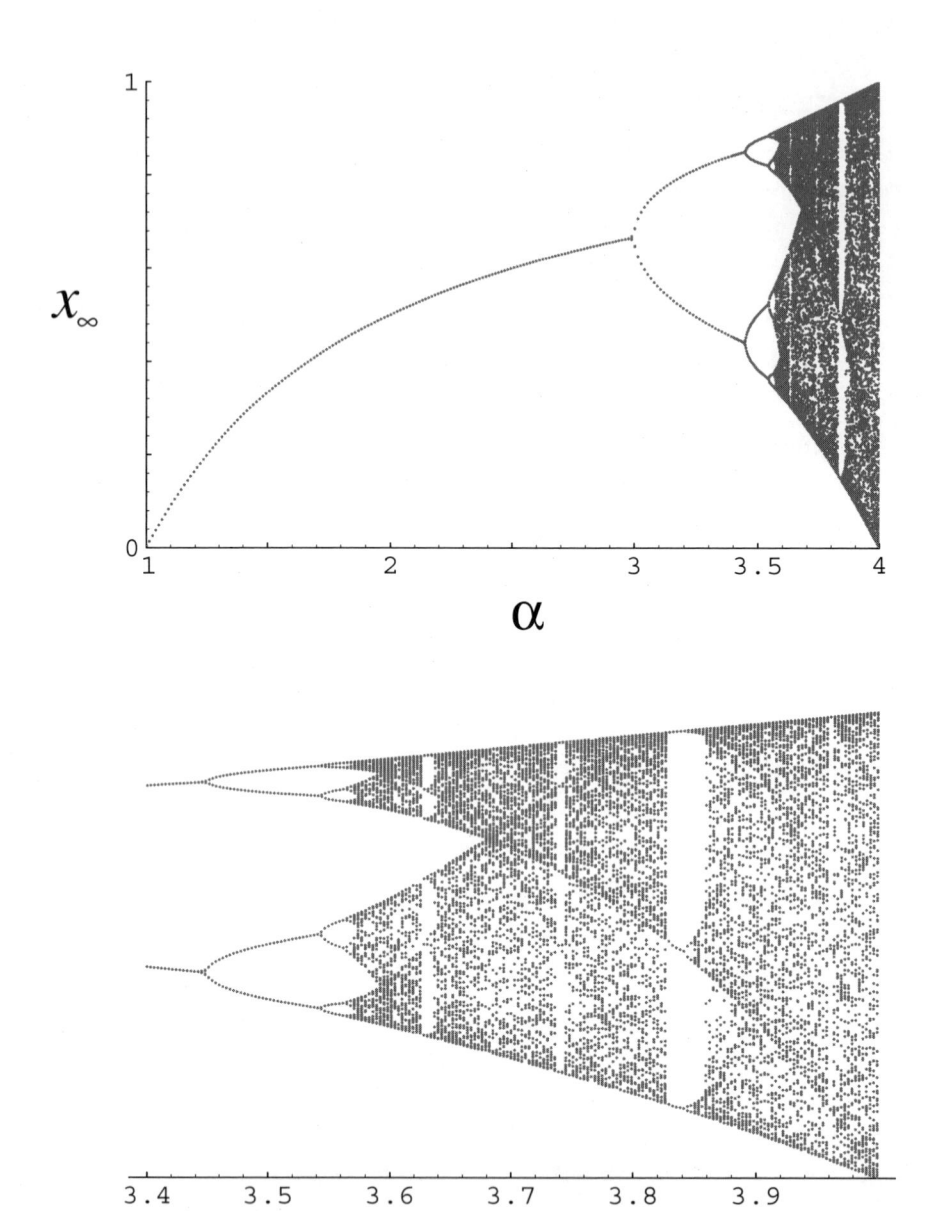

図 2.27 離散型 logistic 方程式 (2.132) による個体群サイズの $k \to \infty$ でとりうる値 x_∞。$1 \leq \alpha \leq 4$ の場合の数値計算。[解の分岐図。周期倍化現象（period-doubling）を伴う熊手型分岐（pitchfork bifurcation）を示す］

2.2 離散世代型ダイナミクス

である。この観点から，連続型 logistic 増殖過程からはどのような離散型個体群サイズ変動ダイナミクスが導かれるのかを考えてみよう。

今，連続型 logistic 増殖過程 (2.37) を時間間隔 h で見る。式 (2.37) より，時刻 $t=kh$ における個体群サイズ $N_k = N(kh)$ は，

$$N_k = \frac{r_0}{\beta - \left\{\beta - \frac{r_0}{N(0)}\right\}e^{-r_0 kh}} \qquad (2.138)$$

で与えられ，時刻 $t=(k+1)h$ における個体群サイズ $N_{k+1} = N((k+1)h)$ は，

$$N_{k+1} = \frac{r_0}{\beta - \left\{\beta - \frac{r_0}{N(0)}\right\}e^{-r_0 (k+1)h}} \qquad (2.139)$$

で与えられるから，これら二つの式 (2.138) と (2.139) から $e^{-r_0 kh}$ を消去すると，結果として，N_{k+1} と N_k の間の次のような差分方程式を得ることができる[*172]：

$$N_{k+1} = \frac{1}{1+\phi_{r_0}(h)\beta N_k} \cdot e^{r_0 h} N_k. \qquad (2.140)$$

ここで，

$$\phi_{r_0}(h) = \frac{e^{r_0 h} - 1}{r_0} \qquad (2.141)$$

である。この差分方程式 (2.140) による個体群サイズ変動の数理モデルは，しばしば，**Verhulst モデル**と呼ばれる。Verhulst は人口変動に関してこの数理モデルを適用したが，水産学においても同様の数理モデルが適用されることがあり，Beverton & Holt [31] による水産学応用の研究にちなんで **Beverton–Holt モデル**と呼ばれることも少なくない。この差分方程式モデル (2.140) による個体群サイズ変動は，誤差ゼロで「正確に」対応する連続型 logistic 増殖過程に一致することは導出から明らかである。また，この式が，離散型 logistic 方程式 (2.129) と異なっていることも一目瞭然である。差分方程式 (2.140) は，$h \to 0$ の極限で，logistic 方程式 (2.36) に一致する。

このことは，離散型 logistic 方程式 (2.129) と差分方程式モデル (2.140) のそれぞれについての N_k から N_{k+1} への写像[*173]（＝増殖曲線）を比較することによっても明らかである。離散型 logistic 方程式 (2.132) に対する図 2.21 で示される，logistic 写像に比較して，式 (2.140) に対する写像は図 2.28 のようになる。式 (2.140) に対する写像を表す図 2.28 の曲線は，上に凸であり，単調増加関数として，$(\beta/r_0)/(1-e^{-r_0 h})$ に漸近する[*174]。

[*172] Fujita & Utida [80] は，正に，本節のような導出によって個体群サイズ変動ダイナミクス (2.140) を導出した。

[*173] つまりは，式 (2.129) と (2.140) における右辺の N_k についての関数。

[*174] 図 2.21 で示される離散型 logistic 方程式による個体群サイズ変動ダイナミクスに関する増殖曲線がスクランブル型だったのに対し，Verhulst モデルによる増殖曲線は，コンテスト型である！これらの違いは，個体群サイズ変動ダイナミクスの構造特性の重要な違いである（第 2.2.2 節参照）。このことからも，常微分方程式 (2.36) による連続型 logistic 増殖過程と離散型 logistic 方程式による個体群サイズ変動ダイナミクスは，本質的に異なるものと考えなければならないことがわかる。

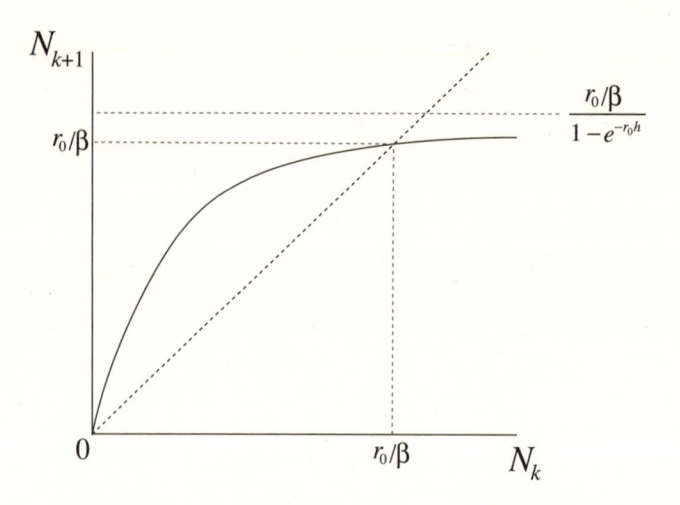

図 2.28 Verhulst 写像。コンテスト型増殖曲線を表す。

したがって，どのような正の初期値（第 0 世代）についても，差分方程式 (2.140) による個体群サイズ変動は，第 1 世代以降は，$(\beta/r_0)/(1-e^{-r_0 h})$ 以下の値をとるものとなり，世代を経るにつれ環境許容量 r_0/β に漸近する。差分方程式 (2.140) による個体群サイズ変動についての数理モデリングにおいては，離散型 logistic 方程式 (2.132) についての数理モデリングにおける拘束条件（confinement condition）(2.130) のような条件は存在しない[*175]。

パラメータ h が十分に小さければ，差分方程式 (2.140) は，近似的に離散型 logistic 方程式になる。十分に小さな x に対する近似式[*176]

$$\frac{1}{1+x} \approx 1-x$$

を，十分に小さな h に対する差分方程式 (2.140) に適用すると，

$$N_{k+1} \approx e^{r_0 h}\left(1-\frac{e^{r_0 h}-1}{\beta/r_0}N_k\right)N_k \tag{2.142}$$

という近似式になるからである。近似式 (2.142) と離散型 logistic 方程式 (2.129) を対比させてみると，パラメータの間に次のような対応関係を考えることができる：

$$e^{r_0 h} \approx 1 + r_0 h \Leftrightarrow \alpha$$

$$\frac{e^{r_0 h}(e^{r_0 h}-1)}{\beta/r_0} \approx \frac{r_0^2 h}{\beta} \Leftrightarrow \rho.$$

[*175] これは，差分方程式 (2.140) による離散世代個体群サイズ変動ダイナミクスが連続型 logistic 増殖過程に等価なものであり，後者に拘束条件が存在しないことからも素直に理解できる。

[*176] たとえば，Taylor 展開（付録 A）を用いれば導くことができる。

2.2 離散世代型ダイナミクス

式 (2.142) が $h \ll 1$ の場合における差分方程式 (2.140) の近似であることに注意すると，上記の対応から，離散型 logistic 方程式 (2.129) において，パラメータ α が 1 より大きく，かつ，十分に 1 に近い値であり，パラメータ ρ が十分に小さな値である場合に限り，その個体群サイズ変動ダイナミクスが Verhulst モデルのそれに近似的に等しいということがわかる．確かに，第 2.2.4 節で既述のように，パラメータ α が $1 < \alpha \leq 2$ の場合に，離散型 logistic 方程式 (2.129) は，連続型 logistic 増殖過程と等質な個体群サイズ変動を表す．

M.P. Hassell [105] は，(2.140) を含む次の差分方程式による離散世代個体群サイズ変動ダイナミクスを考察している：

$$N_{k+1} = \frac{N_k}{a + bN_k}. \qquad (2.143)$$

より一般的に，この差分方程式による個体群サイズ変動の数理モデルを Verhulst モデルあるいは Beverton–Holt モデルと呼ぶのが慣例のようである．この差分方程式に対応する N_k から N_{k+1} への写像は，$a < 1$ の場合には，定性的に，図 2.28 で示される Verhulst 写像と同等である．しかし，$a \geq 1$ の場合には，任意の初期値に対して，$k \to \infty$ について $N_k \to 0$ であり，個体群は絶滅に向かう．$a \geq 1$ の場合には，N_k から N_{k+1} への写像は，$N_{k+1} = N_k$ なる傾き $45°$ の直線とは第一象限では交わらないで，常に直線 $N_{k+1} = N_k$ の下方に位置することからこのことがわかる[*177]．

数理モデリングの観点から注目しておくべきは，Verhulst モデル (2.140) あるいは (2.143) における密度効果の入り方である．logistic 方程式 (2.36) における密度効果と，Verhulst モデル (2.140) における密度効果には，正確な対応がある．したがって，logistic 方程式 (2.36) における密度効果に対応する，離散世代型モデルにおける密度効果は，Verhulst モデル (2.140) や (2.143) が表すような，有理関数型の密度効果として数理モデリングできることがわかる[*178]．

Verhulst モデル (2.143) は，世代分離型増殖過程[*179] に従う個体群において，非繁殖期間の死亡率に密度効果を導入した数理モデリングによって導出することもできる．より一

[*177] cobweb（蜘蛛の巣）法と呼ばれる定性的な解析手法によって簡単にわかる．cobweb 法については，たとえば，Martelli [209, 210] や Kaplan & Glass [159] を参照されたい．

[*178] このことが，第 4.1.5 節で述べる P.H. Leslie による離散世代型競争系の Leslie–Gower モデルの数理モデリングに結びついた．さらに，著者自身の研究 [304] により，より一般的な常微分方程式

$$\frac{dN(t)}{dt} = \{r_0 - D(N(t))\} N(t),$$

に対する差分方程式

$$N(t+h) = \frac{1}{1 + \phi_{r_0}(h)D(N(t))} \cdot N(t)e^{r_0 h} \qquad (\text{ここで，} \phi_{r_0}(h) \text{ は，} (2.141) \text{ と同じ})$$

は，関数 $D(N)$ がある一般的な条件を満たすならば，任意の時間ステップ長 h について，前者の常微分方程式の力学的性質に対応する力学的性質を保持すること（"dynamical consistencey"（力学的対等性）；第 4.1.5 節参照）がわかっている．

[*179] 第 2.2.3 節参照．

般の場合も含んだ，後述の第 2.2.7 節末尾の議論による離散世代型モデル (2.158) を参照されたい．

2.2.6 Ricker モデル

第 2.2.4 節で述べたように，式 (2.129) あるいは式 (2.132) で示される離散型 logistic 方程式による個体群サイズ変動は，常微分方程式 (2.36) による連続型 logistic 増殖過程 (2.37) の示す，初期値によらない，環境許容量への漸近という単一な様相とは対照的な多彩な様相を示す．ただし，第 2.2.4 節で述べたように，式 (2.129) や式 (2.132) で表される離散型増殖過程は，連続型の個体群サイズ変動ダイナミクスを表現する常微分方程式 (2.36) から数学的に導かれうるので，数理的な対応性を持っていることは確かである．また，第 2.2.5 節で述べた式 (2.140) によって与えられる Verhulst モデルは，連続型 logistic 増殖過程 (2.37) の等間隔な離散時刻における個体群サイズ変動を忠実に再現するものとして，やはり，数学的に導かれたものであった．

ここでは，常微分方程式 (2.36) から式 (2.129) や式 (2.132) を導いたのと同様の数学的手順によって導かれる，logistic 型増殖過程を示すもう一つ別の離散世代増殖過程について述べる．

そもそも，常微分方程式 (2.36) による連続型 logistic 増殖過程 (2.37) は，第 2.1.3 節で述べたように，閉じた個体群について，式 (2.30) と (2.31) で与えられる単位個体群サイズあたりの増殖率に式 (2.33) で与えられる密度効果を導入して導かれたものであった．実は，個体群サイズ変動ダイナミクス

$$\frac{1}{N(t)}\frac{dN(t)}{dt} = r(N(t), t)$$

は，次のように書きかえることができる：

$$\frac{d\log N(t)}{dt} = r(N(t), t). \tag{2.144}$$

ここで，第 2.2.4 節で用いた単純差分近似を式 (2.144) に対してそのまま適用すると，

$$\frac{\log N(t+\Delta t) - \log N(t)}{\Delta t} \approx r(N(t), t)$$

となるので，この式を整理すれば，

$$\log N(t+\Delta t) \approx \log N(t) + r(N(t), t)\Delta t \tag{2.145}$$

すなわち，

$$N(t+\Delta t) \approx N(t) \cdot e^{r(N(t),t)\Delta t}$$

が得られる．

2.2 離散世代型ダイナミクス

単位個体群サイズあたりの密度依存型増殖率 (2.33) を代入すれば,

$$N(t+\Delta t) \approx N(t) \cdot \mathrm{e}^{[r_0(t)-\beta(t)N(t)]\Delta t}$$

となる．したがって，第 2.2.4 節と同様に，$N(k\Delta t)$ $(k=0,1,2,\ldots)$ を N_k と書きかえ，$r_0(k\Delta t)\Delta t$ と $\beta(k\Delta t)\Delta t$ を，それぞれ，$\tilde{\alpha}_k, \tilde{\rho}_k$ と書きかえれば，次のような離散世代増殖過程を表すダイナミクスの式を考えることができる：

$$N_{k+1} = N_k \cdot \mathrm{e}^{\tilde{\alpha}_k - \tilde{\rho}_k N_k}. \tag{2.146}$$

この式による個体群サイズ変動ダイナミクスは**指数関数型離散 logistic 増殖過程** (discrete exponential logistic growth) とでも呼べるだろう．

式 (2.146) による離散世代増殖過程においては，式 (2.129) や式 (2.132) による離散型 logistic 方程式に従う増殖過程の数理モデリングに関する (2.127) と (2.128)，あるいは，(2.130) のような拘束条件はない．任意の非負の初期値 N_0 に対して，式 (2.146) による個体群サイズ変動ダイナミクスは，任意の世代 k で，有限な正の N_k を与える．

式 (2.146) によって与えられるダイナミクスは，一般的な離散世代分離型増殖過程を与える (2.124) における $\eta_k \sigma_k$，すなわち，（第 2.2.3 節における）種子から結実個体までの生存率 η_k と単位結実個体あたりの結実数 σ_k の積が，密度効果を受け，結実個体密度（サイズ）N_k の単調減少関数である場合として，式 (2.125) の仮定の代わりに，

$$\eta_k \sigma_k = \mathrm{e}^{\tilde{\alpha}_k - \tilde{\rho}_k N_k}$$

と仮定することによって導かれたものに対応する[*180]．これは，単位結実個体あたりに次世代に残すことのできる，繁殖に成功する子の数の期待値が，親の密度に依存して指数関数的に減少することを表している．ただし，第 2.2.3 節の場合と異なり，この密度依存性は，任意の親密度に対して設定することのできる数理モデリングとなっている．

式 (2.146) による個体群サイズの世代変動ダイナミクスは，1954 年に William Edwin Ricker [*181] [285] によって発表された，漁業資源管理における成熟魚類の貯蔵量に関する問題に適用され，現在，しばしば，**Ricker モデル**と呼ばれる[*182]．N_k が第 k 年目の考え

[*180] あるいは，より一般的に，第 2.2.1 節における式 (2.118) において，$S_k = 0$ とし，

$$\mathcal{R}_k(N_k) = \mathrm{e}^{\tilde{\alpha}_k - \tilde{\rho}_k N_k}$$

とおいた数理モデリングと考えることもできる．

[*181] Aug. 11, 1908 – Sept. 8, 2001, born in Waterdown, Ontario, and died in Nanaimo, British Columbia, Canada.

[*182] 実は，1950 年に Patrick Alfred Pierce Moran (July 14, 1917 – Sept. 23, 1988, born in Kings Cross, Sydney, Australia, and died in Canberra, Australian Capital Territory, Australia.) [233] によっても考察されたモデルであり，**Ricker–Moran モデル**と呼ばれることもある．また，離散型個体群サイズ変動ダイナミクス (2.146) は，1963 年に MacFadyen [206] によっても考察されているが，数理的な性質については，1976 年の R.M. May と G.F. Oster による研究 [218] が有名である．

ている魚類の成熟個体群の（統計算出された）サイズである．稚魚は，1年で成熟するものとし，成魚は，一生（一年）に一回のみ繁殖を行うものとする．式 (2.146) に対応させて述べるならば，第 k 年目において，成熟個体の単位個体群サイズあたりに個体群サイズ $e^{\tilde{\alpha}_k}$ に相当する稚魚を生み出し，その稚魚が次の第 $k+1$ 年目の成魚に成長できる確率（生存率）を $e^{-\tilde{\rho}_k N_k}$ とする．稚魚の生存・成熟確率がその親の個体群サイズの単調減少関数で与えられているのは，成熟個体による卵食が考慮され，パラメータ $\tilde{\rho}_k$ が第 k 年目における成魚による卵食傾向の強さを表していると意味づけできる．ただし，Ricker モデル (2.146) が成熟個体による卵や未成熟個体の共食い（cannibalism）を意味として内含する数理モデルであると解釈することが必然ではないことを注意したい[183]．密度効果を導入する因子 $e^{\tilde{\alpha}_k - \tilde{\rho}_k N_k}$ は，共食いがなくとも，成熟個体間の何らかの相互作用の結果として定まる成熟個体あたりの繁殖率として解釈できうるからである．もちろん，N_k がどのような成長段階にある個体群を意味するか[184]ということにも依存して，数理モデリングにおける密度効果を導入する因子 $e^{\tilde{\alpha}_k - \tilde{\rho}_k N_k}$ の意味は異なりうる．

ここで，陽に共食いを導入した数理モデリングによって Ricker モデルが導出されることをみよう．N_k が第 k 回目（あるいは，第 k 年目）の繁殖期直前における成熟（すなわち，繁殖に参加できる）個体の密度を表すとする．そして，第 k 回目の繁殖期直後の未成熟な個体[185]の密度を J_k とする．この未成熟な個体は，次の繁殖期までに生き残ることができるならば，次の繁殖期では成熟個体になると仮定する．ただし，未成熟個体は，次の繁殖期の直前に成熟するものとする．今，繁殖期の間の非繁殖期間の長さを T とし，第 k 回目の繁殖期直後から時間が t 経過した（非繁殖期間内の）時点における未成熟個体密度と成熟個体密度を $J(t), N(t)$ と表す．この非繁殖期間における $J(t)$ が従う個体群ダイナミクスを次のように与える[186]：

$$\frac{dJ}{dt} = -\delta_\mathrm{J}(t) J - \kappa(t) N J. \tag{2.147}$$

$\delta_\mathrm{J}(t)$ および $\kappa(t)$ はいずれも時間 t の正値関数であり，未成熟個体の自然死亡率，および，成熟個体による共食い率を表す．非繁殖期間内の成熟個体密度の変化は，第 2.1.2 節で述べた Malthus 型絶滅過程 に従うとする．すなわち，

$$N(t) = N'_k \exp\left[-\int_0^t \delta_\mathrm{A}(\tau) d\tau\right] \tag{2.148}$$

とおく．$\delta_\mathrm{A}(t)$ は時間 t の正値関数であり，成熟個体の自然死亡率を表す．また，N'_k は，第 k 回目の繁殖期直後における成熟個体密度である．式 (2.148) を (2.147) に代入すれば，微分方

---

[183] つまり，「Ricker モデルとは共食いを導入している数理モデル」という考え方は正しくない．もちろん，共食いを導入した離散世代ダイナミクスが Ricker モデルによって表されるというのも正しくない．共食いが個体群サイズ変動ダイナミクスにどのような影響を及ぼすかは，その詳細に依存する．

[184] 1年のうち，どの時点での個体群サイズを意味するか，という観点でもよい．

[185] すなわち，第 k 回目の繁殖期で生まれた個体．

[186] $J(t)$ が従う個体群ダイナミクスを支配する微分方程式モデル (2.147) に与えられている未成熟個体と成熟個体の相互作用は，後述の mass-action 仮定の適用によるものと考えることができる．第 3.1 節参照．すなわち，共食いがあったとしても，その共食いに関する未成熟個体と成熟個体の相互作用を (2.147) に与えられている mass-action 仮定以外で数理モデリングすると以降の議論で得られる結果は当然ながら異なってくることに注意．

2.2 離散世代型ダイナミクス

程式 (2.147) は容易に解けて，次の解が得られる：

$$J(t) = J_k \exp\left[-\int_0^t \delta_J(\tau)d\tau - \int_0^t \kappa(\tau)N(\tau)d\tau\right]$$

$$= J_k \exp\left[-\int_0^t \delta_J(\tau)d\tau - N_k' \int_0^t \kappa(\tau)e^{-\int_0^\tau \delta_A(\nu)d\nu}d\tau\right].$$

よって，第 $k+1$ 回目の繁殖期直前における未成熟個体密度 $J(T)$ は，

$$J(T) = J_k e^{-\hat{\delta}_J - \hat{\kappa}N_k'} \tag{2.149}$$

と得られる．ここで，

$$\hat{\delta}_J = \int_0^T \delta_J(\tau)d\tau; \quad \hat{\kappa} = \int_0^T \kappa(\tau)e^{-\int_0^\tau \delta_A(\nu)d\nu}d\tau$$

とおいた．

今，繁殖期間を通じての成熟個体の（平均，期待）生存率を σ_A として，$N_k' = \sigma_A N_k$ と表す．また，繁殖期直前の成熟個体あたりの繁殖率を $\bar{r}_k$ とおき[*187]，$J_k = \bar{r}_k N_k$ とする．$N_{k+1} = N(T) + J(T)$ であるから，(2.148) と (2.149) より，

$$N_{k+1} = \sigma_A N_k e^{-\hat{\delta}_A} + \bar{r}_k N_k e^{-\hat{\delta}_J - \hat{\kappa}\sigma_A N_k}$$

$$= N_k \cdot \left(\sigma_A e^{-\hat{\delta}_A} + e^{\ln \bar{r}_k - \hat{\delta}_J - \hat{\kappa}\sigma_A N_k}\right) \tag{2.150}$$

が得られる．ここで，

$$\hat{\delta}_A = \int_0^T \delta_A(\tau)d\tau$$

である．考えている生物個体が世代分離型増殖過程[*188] に従うならば，$\sigma_A = 0$ であるから，式 (2.150) で与えられるダイナミクスは，Ricker モデル (2.146) である．

さて，ここで，式 (2.146) による指数関数型 logistic 増殖過程も，式 (2.129) や式 (2.132) による離散型 logistic 方程式と同様に，連続型 logistic 方程式 (2.36) から導かれたものであるから，その間の関係を考えてみることは意味があるだろう．式 (2.146) において，$\tilde{\rho}_k N_k$ が十分に小さい場合を考えてみよう．十分に小さな絶対値をもつ x に対する指数関数についての Taylor 展開から得られる近似式 $e^{-x} \approx 1 - x$ を式 (2.146) の右辺に用いると，

$$N_{k+1} \approx e^{\tilde{\alpha}_k}(1 - \tilde{\rho}_k N_k)N_k \tag{2.151}$$

が得られる．あるいは，$|\tilde{\alpha}_k - \tilde{\rho}_k N_k|$ が十分に小さい場合には，

$$N_{k+1} \approx (1 + \tilde{\alpha}_k - \tilde{\rho}_k N_k)N_k \tag{2.152}$$

[*187] 繁殖期間内における成熟個体間の相互作用による密度効果は考えていないことに注意．もしも，それを導入するのであれば，$\bar{r}_k$ は N_k の関数とならなければならない．

[*188] 第 2.2.3 節参照．

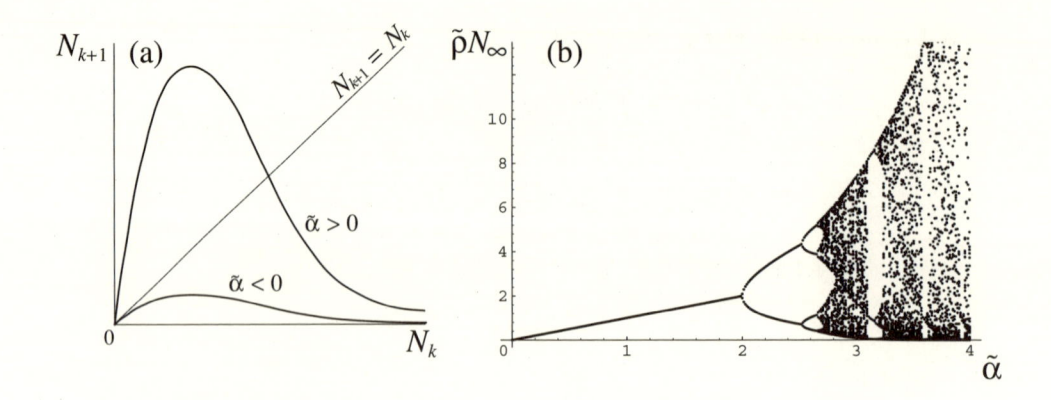

図 2.29 (a) 指数関数型 logistic 写像；(b) 指数関数型離散 logistic 増殖過程 (2.146) による個体群サイズ変動ダイナミクスにおける $k \to \infty$ においてとりうる値 N_∞ に関する数値計算［解の分岐図。熊手型分岐を示す］。写像は，スクランブル型増殖曲線を表している。$\tilde{\alpha}_k = \tilde{\alpha}, \tilde{\rho}_k = \tilde{\rho}$ の場合。$\tilde{\alpha} < 0$ の場合には，写像から明らかなように，$N_\infty = 0$ である。$\tilde{\alpha}$ は，4 以上の任意の値もとりうる。

が得られる。これらの (2.151)，(2.152) のいずれも離散型 logistic 方程式 (2.126) と数学的に同等である。つまり，個体群サイズが十分に小さい場合，あるいは，$N_k \approx \tilde{\alpha}_k/\tilde{\rho}_k$ の場合のダイナミクスは，式 (2.129) や式 (2.132) による離散型 logistic 増殖過程と式 (2.146) による指数関数型 logistic 増殖過程において，ほぼ同じ特性を有すると考えられる。

パラメータ $\tilde{\alpha}_k$ と $\tilde{\rho}_k$ がいずれも世代（時間）によらない場合，すなわち，$\tilde{\alpha}_k = \tilde{\alpha}$，$\tilde{\rho}_k = \tilde{\rho}$ の場合には，$N_k \approx \tilde{\alpha}/\tilde{\rho}$ の場合は，個体群サイズが十分に平衡値に近い場合の近似であると解釈できる。実際，$\tilde{\alpha}_k = \tilde{\alpha}, \tilde{\rho}_k = \tilde{\rho}$ の場合のダイナミクス (2.146) の平衡状態は，$N_{k+1} = N_k = N^*$ とおくことによって，$N^* = \tilde{\alpha}/\tilde{\rho}$ が平衡値として得られるから，$N_k \approx \tilde{\alpha}/\tilde{\rho}$ の場合とは，$N_k \approx N^*$ の場合を意味している。

このような指数関数型 logistic 増殖過程 (2.146) と離散型 logistic 増殖過程の間の近縁性は，指数関数型 logistic 増殖過程 (2.146) の特性を調べるとより顕になる。$\tilde{\alpha}_k = \tilde{\alpha}$，$\tilde{\rho}_k = \tilde{\rho}$ の場合について，図 2.29(a) が示すように，指数関数型 logistic 増殖過程 (2.146) についての N_k から N_{k+1} への写像は，離散型 logistic 増殖過程 (2.132) についての logistic 写像（図 2.21）と同様に単峰型（一山型）[*189]である。ただし，任意の正の初期値 N_0 に対して，指数関数型 logistic 増殖過程 (2.146) についての写像は正の値のみとる。また，式 (2.146) による個体群サイズ変動における $k \to \infty$ に対する解の分岐図（図 2.29(b)）は，離散型 logistic 増殖過程 (2.132) に対する図 2.27 が示す分岐と同様に，パラメータ $\tilde{\alpha}$ がより大きくなるにつれて，熊手型分岐による解の周期倍化現象を経て，カオス変動に至るダイナミクス特性を示す。

[*189] 同様に，スクランブル型の増殖曲線スクランブル型である。

2.2.7 拡張 Verhulst モデル

第 2.2.5 節で述べたように，M.P. Hassell [105] は，(2.140) を含んだ式 (2.143) による離散世代個体群サイズ変動ダイナミクスを考察したが，さらに，**拡張 Verhulst モデル**とも呼べる次のようなダイナミクスも考察した：

$$N_{k+1} = \frac{N_k}{[a + bN_k]^\theta}. \tag{2.153}$$

a, b, θ は，全て正の定数パラメータである。パラメータ θ は，単位個体群サイズあたり増殖率の個体群サイズ（密度）への感受性の強さを表しており，大きければ大きいほど単位個体群サイズあたり増殖率の個体群サイズへの感受性が強く，個体群サイズが増加した場合の増殖率減少が急激になる[*190]。

この差分方程式 (2.153) に対応する N_k から N_{k+1} への写像は，$\theta \leq 1$ の場合には，定性的に，Verhulst 写像と同類のコンテスト型の増殖曲線 である。$\theta \leq 1$ の条件の下で，$a < 1$ の場合には，任意の正の初期値に対して，$k \to \infty$ について N_k は有限な正の平衡値 $N^* = (1-a)/b$ に漸近収束する。しかし，$a \geq 1$ の場合には，$k \to \infty$ について $N_k \to 0$ であり，個体群は絶滅に向かう。

一方，$\theta > 1$ の場合には，差分方程式 (2.153) に対応する N_k から N_{k+1} への写像は，第 2.2.6 節で述べた，指数関数型離散 logistic 増殖過程のダイナミクス (2.146) についての図 2.29(a) で示されたような指数関数型 logistic 写像に同類の特性を持っている。すなわち，写像を表すグラフは，上に凸の単峰型であり，$N_k \to \infty$ に対してゼロに漸近するような曲線となり，スクランブル型の増殖曲線 を示す[*191]。この場合においても，$\theta > 1$ かつ $a \geq 1$ ならば，$k \to \infty$ について $N_k \to 0$ であり，個体群は絶滅に向かう。$\theta > 1$ かつ $a < 1$ の場合は，$k \to \infty$ で実現する N_k の平衡状態は，パラメータ θ と a の値に依存した次のような特性を示す（図 2.30 参照）[*192]：

(1) $\theta \leq 2$ かつ $a < 1$ の場合，平衡点 $N^* = (1-a)/b$ が大域的に安定[*193]である（図 2.30(a)）。

(2) $\theta > 2$ かつ $(\theta - 2)/\theta < a < 1$ の場合，平衡点 $N^* = (1-a)/b$ が大域的に安定である（図 2.30(b-d)）。

[*190] パラメータ θ は，Haldane [100] の k 値と呼ばれる生態学的指標との関連で実験や観測によるデータから評価することができる。詳細は，たとえば，伊藤・山村・嶋田 [140] を参照されたい。

[*191] このように，パラメータ θ は，個体群ダイナミクスをコンテスト型の増殖曲線を特性としてもつものからスクランブル型の増殖曲線を特性としてもつものまで連続的に変化させることができる。このことが，数理モデリングにおける θ の導入の重要な意義である。

[*192] 平衡点 N^* の安定性解析によって定性的に理解できるものもあるが，本節では，解析の詳細はスキップして，結果のみを述べる。平衡点の安定性解析に関心のある読者は，たとえば，山口 [368, 366] が入門として，さらにもうすこし進んだ入門として森田 [238] が参考書になろう。

[*193] 任意の正の初期値 N_0 に対して，$k \to \infty$ のとき $N_k \to N^*$ が成り立つ。

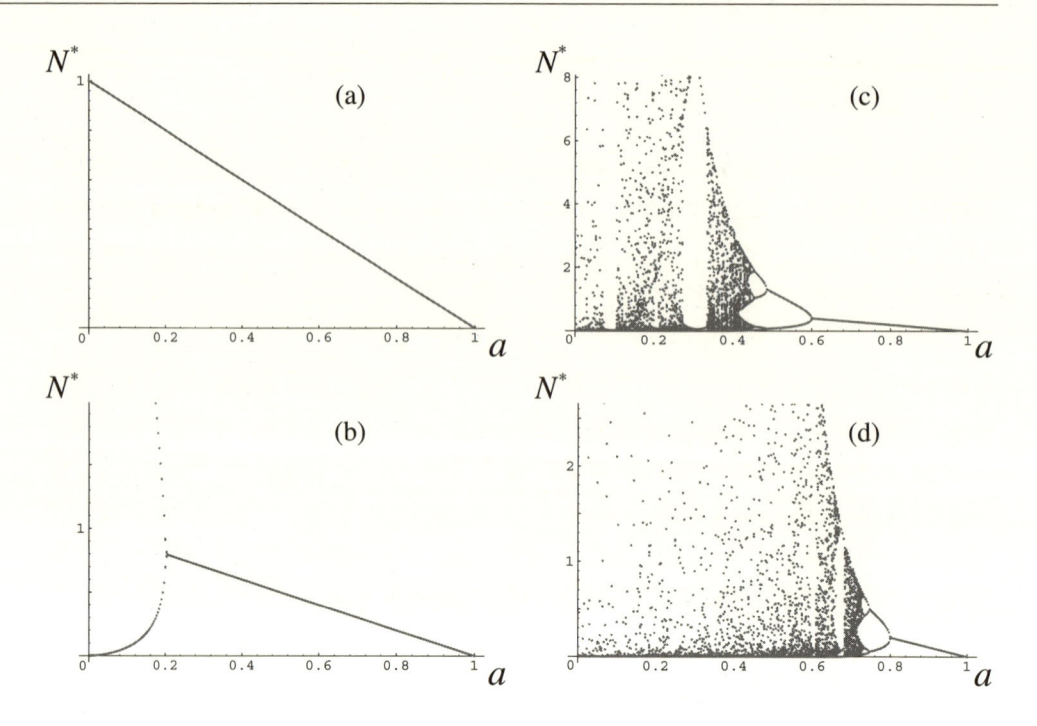

図 2.30　拡張 Verhulst モデル (2.153) による個体群サイズの $k \to \infty$ でとりうる値 N^*。$b = 1$, $0 < a < 1$ の場合の数値計算。(a) $\theta = 1.8$; (b) $\theta = 2.5$; (c) $\theta = 5.0$; (d) $\theta = 10.0$。$a \geq 1$ の場合には，$N^* = 0$ である。$\theta \leq 2$ かつ $0 < a < 1$ の場合，$N^* = (1-a)/b$ である。$\theta > 2$ かつ $0 < a < 1$ の場合，平衡解 N^* は，周期倍加現象を伴う熊手型分岐を示す。$\theta\,(>2)$ が十分に大きく，a が十分に小さい場合，平衡状態 N^* は，カオス変動になる。後述の式 (2.154) による図 2.31 と比較してみられたい。

(3) $\theta > 2$ かつ $a < (\theta-2)/\theta$ の場合，$k \to \infty$ における平衡状態は，パラメータ a の値の減少に伴い周期倍化現象を起こし，平衡解の熊手型分岐を示す（図 2.30(b-d)）。

(4) $\theta\,(>2)$ が十分に大きく，a が十分に小さい場合，$k \to \infty$ における平衡状態は，カオス変動である（図 2.30(c, d)）。

式 (2.153) による拡張 Verhulst モデルと対照して，次のような拡張モデル[194] も考えることができる (Maynard Smith & Slatkin [220], Bellows [26])：

$$N_{k+1} = \frac{N_k}{a + \{bN_k\}^\theta}. \tag{2.154}$$

ここでも，式 (2.153) による数理モデリング同様，a, b, θ は，全て正の定数パラメータであり，パラメータ θ は，単位個体群サイズあたり増殖率の密度依存性の強さを表している。

---

[194] 式 (2.154) による離散世代個体群サイズ変動ダイナミクスも拡張 Verhulst モデルと呼べるものの一つである。

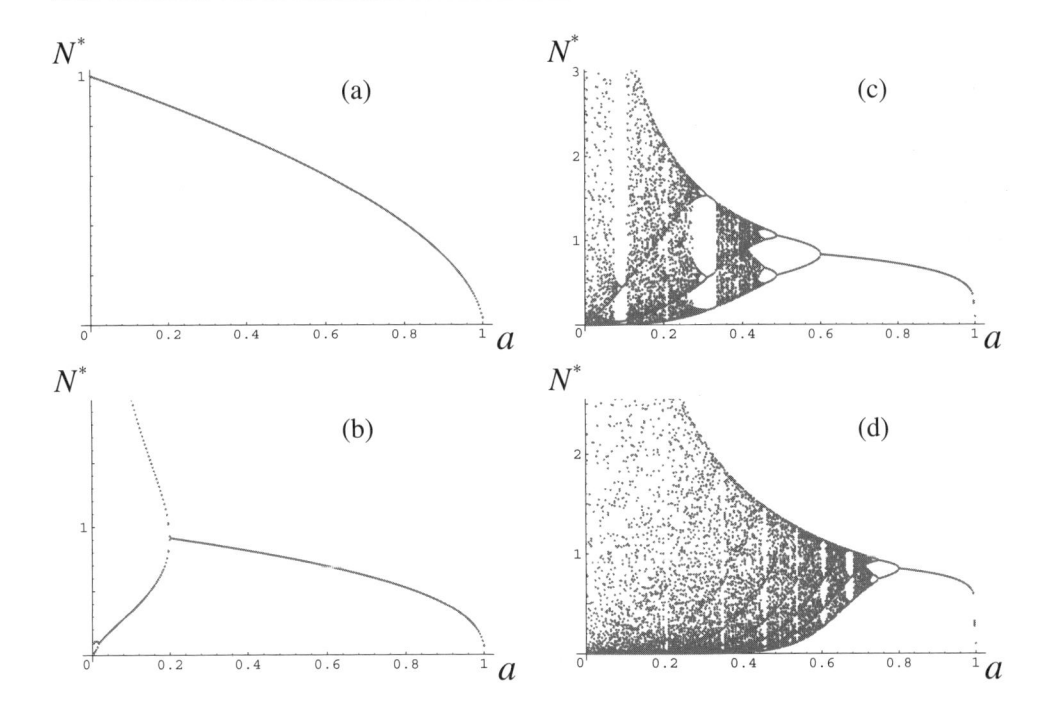

2.2 離散世代型ダイナミクス
101

図 2.31　拡張 Verhulst モデル (2.154) による個体群サイズの $k \to \infty$ でとりうる値 N^*。$b = 1$, $0 < a < 1$ の場合の数値計算。(a) $\theta = 1.8$; (b) $\theta = 2.5$; (c) $\theta = 5.0$; (d) $\theta = 10.0$. $a \geq 1$ の場合には，$N^* = 0$ である。$\theta \leq 2$ かつ $0 < a < 1$ の場合，$N^* = [(1-a)/b]^{1/\theta}$ である。$\theta > 2$ かつ $0 < a < 1$ の場合，平衡解 N^* は，周期倍化現象を伴う熊手型分岐を示す。$\theta \, (> 2)$ が十分に大きく，a が十分に小さい場合，平衡解 N^* は，カオスになる。(2.153) による図 2.30 と比較してみられたい。

式 (2.153) と式 (2.154) の間の違いは明らかであるが，実は，両者は，定性的には非常に類似した特性を持っている。実際，安定性解析により，式 (2.154) による離散世代個体群サイズ変動ダイナミクスが以下のような特性をもつことが明らかになっている（図 2.31 参照）：

(1) $a \geq 1$ の場合，平衡点 $N^* = 0$ が大域的に安定であり，個体群は絶滅に向かう。
(2) $\theta \leq 2$ かつ $a < 1$ の場合，平衡点 $N^* = [(1-a)/b]^{1/\theta}$ が大域的に安定である（図 2.31(a)）。
(3) $\theta > 2$ かつ $(\theta - 2)/\theta < a < 1$ の場合，平衡点 $N^* = (1-a)/b$ が大域的に安定である（図 2.31(b-d)）。
(4) $\theta > 2$ かつ $a < (\theta - 2)/\theta$ の場合，$k \to \infty$ における平衡状態は，パラメータ a の値の減少に伴い周期倍化現象を起こし，平衡解の熊手型分岐を示す（図 2.31(b-d)）。
(5) $\theta \, (> 2)$ が十分に大きく，a が十分に小さい場合，$k \to \infty$ における平衡状態は，

カオス変動である（図 2.31(c. d)）。

式 (2.153) と式 (2.154) による二つの拡張 Verhulst モデルのもつ定性的類似性は，平衡状態の分岐構造を表す図 2.30 と図 2.31 の比較からも明らかである。

さて，これらの拡張 Verhulst モデルと対比して，第 2.1.3 節で述べた拡張 logistic 方程式から導かれる離散世代型モデルを考えてみる。単位個体群サイズあたりの増殖率 r が式 (2.46) で与えられる拡張 logistic 方程式 (2.47) のパラメータがすべて正定数の場合の解 (2.49) を用いて，前出の Verhulst モデル (2.140) を導出するのと同様の手順を適用すれば，与えられた時間ステップ長 h に対して，次の差分方程式が得られる：

$$\{N(t+h)\}^\alpha = \frac{1}{1+\phi_{\alpha r_0}(h)\alpha\beta\{N(t)\}^\alpha} \cdot e^{\alpha r_0 h}\{N(t)\}^\alpha \tag{2.155}$$

ここで，

$$\phi_{\alpha r_0}(h) = \frac{e^{\alpha r_0 h} - 1}{\alpha r_0}$$

である。よって，次の離散世代型モデルが導かれる：

$$N_{k+1} = \frac{1}{[1+\phi_{\alpha r_0}(h)\alpha\beta N_k^\alpha]^{1/\alpha}} \cdot e^{r_0 h} N_k \tag{2.156}$$

この離散世代型モデルは，前出の拡張 Verhulst モデル (2.153), (2.154) のいずれとも異なる。別の見方をすれば，前出の拡張 Verhulst モデル (2.153), (2.154) のいずれも第 2.1.3 節で述べた拡張 logistic 方程式 (2.47) に対応する離散世代型モデルとは考えられない。

図 2.32 が示すように，この離散世代型モデルでも，第 2.1.3 節の拡張 logistic 方程式 (2.47) について述べたのと同様に，パラメータ α が大きくなればなるほど，サイズの小さな個体群に対するサイズ成長が急になり，飽和値，すなわち，環境許容量に近い個体群サイズにより少ない世代で至る。パラメータ α がより小さな個体群においては，コンテスト性がより小さな個体群サイズにおいて顕著に表れるといってもよいだろう。

ここで，死亡率に密度効果を導入した数理モデリングによって，(2.156) に対応する離散世代型モデルが導出できる考え方について述べる。N_k が第 k 回目（あるいは，第 k 年目）の繁殖期直前における成熟（すなわち，繁殖に参加できる）個体の密度を表すとする。そして，第 k 回目の繁殖期直後の未成熟な個体[195]の密度を J_k とする。この未成熟な個体は，次の繁殖期までに生き残ることができるならば，次の繁殖期では成熟個体になると仮定する。今，考えている生物個体が世代分離型増殖過程[196]に従うとする。よって，繁殖後，成熟個体はすべて死滅する（もしくは繁殖不可能になる）ものとする。繁殖期の間の非繁殖期間の長さを T とし，第 k 回目の繁殖期直後から時間が t 経過した（非繁殖期間内の）時点における未成熟個体密度を $J(t)$ と表わし，この非繁殖期間における個体群ダイナミクスを次のように与える：

$$\frac{dJ}{dt} = -\delta_J(J)J.$$

---

[195] すなわち，第 k 回目の繁殖期で生まれた個体。
[196] 第 2.2.3 節参照。

2.2 離散世代型ダイナミクス

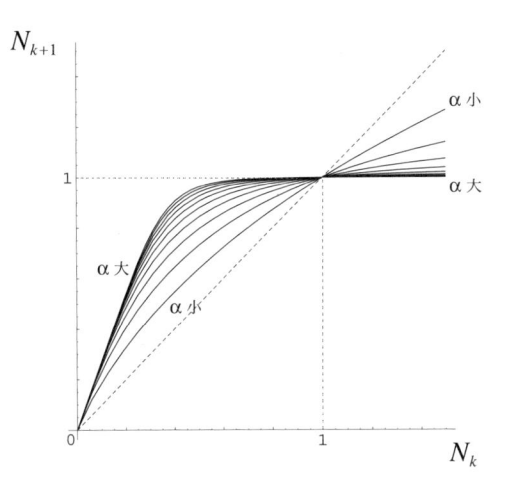

図 2.32 拡張 Verhulst モデル (2.156) に対応する写像。$h = 0.2$; $r_0 = 5.0$; $\beta = 5.0$; $\alpha - 0.5\sim5.0$。コンテスト型増殖曲線を表す。

$\delta_\mathrm{J}(J)$ は未成熟個体密度 J の正値関数であり，未成熟個体の密度効果を伴う死亡率を表す。

ここで，$\delta_\mathrm{J}(J) = \hat{\delta}_\mathrm{J} J^\theta$（$\hat{\delta}_\mathrm{J}, \theta$ は正定数）の場合を考える。微分方程式 (2.157) は容易に解けて，次の解が得られる:

$$J(t) = \frac{J_k}{\left(1 + \theta\hat{\delta}_\mathrm{J} t \cdot J_k^\theta\right)^{1/\theta}}.$$

よって，第 $k+1$ 回目の繁殖期直前における未成熟個体密度 $J(T)$ は，

$$J(T) = \frac{J_k}{\left(1 + \theta\hat{\delta}_\mathrm{J} T \cdot J_k^\theta\right)^{1/\theta}} \tag{2.157}$$

と得られる。今，繁殖期直前の成熟個体あたりの繁殖率を $\bar{r}_k$ とおき[*197]，$J_k = \bar{r}_k N_k$ とする。$N_{k+1} = J(T)$ であるから，(2.157) より，

$$\begin{aligned}N_{k+1} &= \frac{1}{\left(1 + \theta\hat{\delta}_\mathrm{J} T \bar{r}_k^\theta \cdot N_k^\theta\right)^{1/\theta}} \cdot \bar{r}_k N_k \\ &= \frac{N_k}{\left(1/\bar{r}_k^\theta + \theta\hat{\delta}_\mathrm{J} T \cdot N_k^\theta\right)^{1/\theta}}\end{aligned} \tag{2.158}$$

が得られる。この式 (2.158) は，正に，離散世代型モデル (2.156) に対応している。また，$\theta = 1$ の場合には，Verhulst モデル (2.143) であることにも注意したい。

[*197] 繁殖期間内における成熟個体間の相互作用による密度効果は考えていないことに注意。もしも，それを導入するのであれば，$\bar{r}_k$ は N_k の関数とならなければならない。

2.2.8 離散世代ダイナミクスと個体群内の構造

構造と状態変数と離散世代

離散世代ダイナミクスに個体群内の構造を導入する場合の個体群内の構造や状態変数の概念は，第 2.1.6 節で連続世代型ダイナミクスに関して述べたものと共通である．離散世代ダイナミクスにおいては，状態変数の変化も離散世代ダイナミクスに従う．もちろん，状態変数の分布が離散的である必然性はなく，状態変数としてどのような基準要素としてどのようなものを取り上げるかに依存して，状態変数の分布は連続型でありうる．つまり，状態変数の世代変化は離散的であっても，状態変数のとりうる値は連続な値域をなしているという設定も可能である．たとえば，状態変数として，体長や体重を基準とするような場合である．しかし，状態変数として年齢を取り上げる場合には，世代間の時間が一定値ならば，年齢の世代変化も一定値であり，年齢のとりうる値は，離散的となる[*198]．

状態変数の世代変化

今，第 k 世代におけるある個体の状態変数を x_k と表し，第 $k+1$ 世代目におけるこの個体の状態変数 x_{k+1} が，次の差分方程式によって与えられるものとしよう：

$$x_{k+1} = \Phi(x_k, k, F_k) \tag{2.159}$$

Φ が第 k 世代における状態変数と第 $k+1$ 世代での状態変数との間の関数関係を与える．F_k は，第 k 世代における状態変数の分布を指す．状態変数のとりうる値が連続的であり，状態変数の分布が連続型である場合には，分布関数 $F_k(X)$ は，第 k 世代において，状態変数の値が X 以下である個体の頻度[*199]を意味する関数として，X の連続関数である．状態変数のとりうる値が離散的であり，状態変数の分布が離散型である場合[*200]には，分布関数 $F_k(X)$ は，第 k 世代において，状態変数の値が X 以下の状態変数値をとる個体の各頻度の総和によって与えられる．一般的な状態変数の変動ダイナミクス (2.159) においては，各個体の状態変数の世代変化は，各世代における個体群内の状態変数の分布にも依存する．すなわち，ある個体の状態変数の変化が，一般的に，全ての他個体のもつ状態変数の値に依存することを意味している．

特に，状態変数のとりうる値が離散的な有限個であり，状態変数の分布が離散的である

[*198] 0 歳，1 歳，2 歳... というように．
[*199] 個体の状態変数の値が X 以下である確率．
[*200] 状態変数の値が，可算個の定まった値の集合のなかの要素しかとりえない場合．状態変数が年齢の場合には，それは非負の整数の集合である．このような状態変数の離散的分布によって構造を特徴づけられる個体群を，しばしば，**stage-structured population**（段階構造をもつ個体群），あるいは，**stage-classified population**（段階によって分類された個体群）と呼ぶ．

場合，式 (2.159) に基づいて，個体群内の状態変数分布の世代変動ダイナミクスが，行列を用いて表現できる．今，状態変数のとりうる値として，m 個の異なる値があるとする．そして，$n_{i,k}$ を，第 k 世代において，状態変数が小さい方から i 番目の値をとっている個体からなる部分個体群のサイズを表すとしよう．すると，第 k 世代における状態変数の分布は，次の m 次元ベクトル $\mathbf{n}_k$ によって表される：

$$\mathbf{n}_k \equiv \begin{pmatrix} n_{1,k} \\ n_{2,k} \\ \vdots \\ n_{m,k} \end{pmatrix}$$

このとき，式 (2.159) に基づく，個体群内の状態変数分布の世代変動ダイナミクスは，

$$\mathbf{n}_{k+1} = \mathbf{A}_k(\mathbf{n}_k) \cdot \mathbf{n}_k \tag{2.160}$$

という数理的表現で表すことができる．ここで，$\mathbf{A}_k(\mathbf{n}_k)$ は，$m \times m$ 行列であり，各成分は，世代数 k と状態変数分布 $\mathbf{n}_k$ に依存している[*201]．しばしば，この行列 $\mathbf{A}_k(\mathbf{n}_k)$ を，考えている個体群ダイナミクスにおける構造の世代変化を表す**推移行列**[*202]（transition matrix）と呼ぶ．

開いた個体群

考えている個体群が開いた個体群であり，個体群への移出入がある場合には，個体群内の各部分個体群についてどのような移出入があるかが，個体群内の状態変数分布の変動に影響する．

[*201] より一般的には，各成分が，世代数 k と，第 k 世代以前の状態変数分布 $\mathbf{n}_k, \mathbf{n}_{k-1}, \mathbf{n}_{k-2}, \ldots$ に依存している：

$$\mathbf{A}_k = \mathbf{A}_k(\mathbf{n}_k, \mathbf{n}_{k-1}, \mathbf{n}_{k-2}, \ldots).$$

このような行列を用いた数理的表現をもつ数理モデルを **matrix（行列）model** と呼ぶことがあるが，それは，決して，ダイナミクスを表す数式表現が線形性をもつことを意味するものではない．生物個体群のサイズ変動ダイナミクスに関する行列モデルについては，Caswell [45] に詳しい議論がある．また，個体群における年齢分布構造に対する行列モデルについては，Pielou [277, 278] や Charlesworth [49] でも議論されている．植物個体群のサイズ変動ダイナミクスについての行列モデルの適用については，たとえば，Silvertown [318, 319] に基礎的な議論がある．堀・大原・種生物学会編による文献 [129] は，行列モデルの入門的総説，フィールド研究の解説の編まれた質の高い入門専門書である．

[*202] 本書では，推移行列という用語を用いているが，遷移行列と呼ぶことも，射影行列（projection matrix）と呼ぶこともある．ただし，最近は，確率過程における「推移行列」と（数学的に）区別するために，transition matrix ではなく，projection matrix を用いる方が適当であるという意見がある．それは，projection matrix を，生残確率や状態維持確率，状態遷移確率を表す 1 以下の非負な成分から成る「推移行列（transition matrix）」と再生産率（増殖率，繁殖率）や移入率を表す正の成分から成る「再生産行列（reproduction matrix）」に分解して議論あるいは分析に供することがあるからでもある．なお，projection matrix に対する「射影」行列という和訳用語は未だ一般的にはなっていない．

まず，第 k 世代から第 $k+1$ 世代の間の「移出入過程は，個体群内の成長・繁殖・死滅過程の後に起こる」という仮定の下で，移出入を数理モデリングに導入してみよう．推移行列 $\mathbf{A}_k(\mathbf{n}_k)$ が移出入以外の個体群内での状態変数による各部分個体群のサイズ変動のダイナミクス[*203]を与えているとする．移出入過程については，仮定により，成長・繁殖・死滅過程を経た直後の個体群 $\mathbf{A}_k\mathbf{n}_k$ において生起している過程であるから，第 $k+1$ 世代目の状態変数分布への移出入過程の寄与は，状態変数分布 $\tilde{\mathbf{n}}_k \equiv \mathbf{A}_k\mathbf{n}_k$ に依存する次のような m 次元ベクトル $\mathbf{Q}_k(\tilde{\mathbf{n}}_k)$ で数理モデルに導入することができる：

$$\mathbf{Q}_k(\tilde{\mathbf{n}}_k) \equiv \begin{pmatrix} q_{1,k} \\ q_{2,k} \\ \vdots \\ q_{m,k} \end{pmatrix}$$

ここで，ベクトル $\mathbf{Q}_k(\tilde{\mathbf{n}}_k)$ の第 j 成分 $q_{j,k}$ は，j 番目の部分個体群について，第 k 世代から第 $k+1$ 世代の間において，移出した個体群サイズ減少分と，同じ状態変数の値をもつ外部から移入してきた個体による個体群サイズ増加分の間の差し引きで決まる正味のサイズ変動分を表す．一般に，各成分は，状態変数分布 $\tilde{\mathbf{n}}_k$ に依存すると考えられ，$q_{j,k} = q_{j,k}(\tilde{\mathbf{n}}_k)$ $(j=1,2,\ldots,m)$ である．したがって，この移出入ベクトル $\mathbf{Q}_k(\tilde{\mathbf{n}}_k)$ を導入すれば，考えている開いた個体群の状態変数分布の世代変動ダイナミクスを，

$$\mathbf{n}_{k+1} = \tilde{\mathbf{n}}_k + \mathbf{Q}_k(\tilde{\mathbf{n}}_k) \tag{2.161}$$

と表すことができる．

移出過程と移入過程を分離して考えるならば，さらにもう少し数理モデリングの議論を進めることも可能である．j 番目の部分個体群からの移「出」は，この部分個体群が空（カラ），つまり，部分個体群のサイズ $n_{j,k}$ がゼロならば起こり得ない．よって，第 k 世代から第 $k+1$ 世代の間における移出過程による j 番目の部分個体群のサイズ減少分については，j 番目の部分個体群における第 k 世代から第 $k+1$ 世代の間における移出率 $p_{j,k}$ を導入することによって数理モデリングできる．一般に，この移出率 $p_{j,k}$ も，成長・繁殖・死滅過程を経た個体群内の状態変数分布 $\tilde{\mathbf{n}}_k$ に依存すると考えられ，状態変数分布 $\tilde{\mathbf{n}}_k$ の関数 $p_{j,k}(\tilde{\mathbf{n}}_k)$ で与えられる．移出率の意味より，m 次元ベクトル $\tilde{\mathbf{n}}_k$ の第 j 成分を $\tilde{n}_{j,k}$ と表せば，結局，第 $k+1$ 世代目の個体群内の j 番目の部分個体群 $n_{j,k+1}$ に対する，移出過程によるサイズ減少分は，

$$p_{j,k} \cdot \tilde{n}_{j,k}$$

で表される．このとき，任意の $\mathbf{A}_k, \mathbf{n}_k$ に対して，移出率を表す $p_{j,k}$ は，

$$0 \leq p_{j,k} \leq 1$$

[*203] 成長による状態変数の変動，および，繁殖過程と死滅過程によるサイズ変動ダイナミクス．

2.2 離散世代型ダイナミクス

でなければならない.一方,j番目の部分個体群への移「入」過程によるサイズ増加分については,$c_{j,k}(\tilde{\mathbf{n}}_k)\,(\geq 0)$という,状態変数分布に依存するある関数で導入することにすれば[*204],結局,上記の移出入ベクトル$\mathbf{Q}_k(\tilde{\mathbf{n}}_k)$を

$$\begin{aligned}\mathbf{Q}_k(\tilde{\mathbf{n}}_k) &= \mathbf{c}_k(\tilde{\mathbf{n}}_k) - \mathbf{p}_k(\tilde{\mathbf{n}}_k)\\ &= \mathbf{c}_k(\tilde{\mathbf{n}}_k) - \mathbf{P}_k(\tilde{\mathbf{n}}_k)\cdot\tilde{\mathbf{n}}_k\end{aligned} \quad (2.162)$$

と表すことができる.ここで,$\mathbf{c}_k(\tilde{\mathbf{n}}_k)$,$\mathbf{p}_k(\tilde{\mathbf{n}}_k)$は,それぞれ,次のような$m$次元ベクトル

$$\mathbf{c}_k(\tilde{\mathbf{n}}_k) \equiv \begin{pmatrix} c_{1,k} \\ c_{2,k} \\ \vdots \\ c_{m,k} \end{pmatrix} ; \quad \mathbf{p}_k(\tilde{\mathbf{n}}_k) \equiv \begin{pmatrix} p_{1,k}\cdot\tilde{n}_{1,k} \\ p_{2,k}\cdot\tilde{n}_{2,k} \\ \vdots \\ p_{m,k}\cdot\tilde{n}_{m,k} \end{pmatrix}$$

であり,$\mathbf{P}_k(\tilde{\mathbf{n}}_k)$は,次の$m\times m$行列を表す:

$$\mathbf{P}_k(\tilde{\mathbf{n}}_k) \equiv \begin{pmatrix} p_{1,k} & 0 & 0 & \cdots & \cdots & \cdots & 0 \\ 0 & p_{2,k} & 0 & 0 & \cdots & & 0 \\ \vdots & \ddots & \ddots & \ddots & & & \vdots \\ 0 & \cdots & 0 & p_{j,k} & 0 & \cdots & 0 \\ \vdots & & & \ddots & \ddots & \ddots & \vdots \\ 0 & \cdots & \cdots & \cdots & 0 & p_{m-1,k} & 0 \\ 0 & \cdots & \cdots & \cdots & 0 & 0 & p_{m,k} \end{pmatrix}.$$

つまり,行列$\mathbf{P}_k(\tilde{\mathbf{n}}_k)$は,$j=1,2,\ldots,m$の各々について,主対角要素の第$j$番目の成分,つまり,第$j$行$j$列成分が$p_{j,k}(\tilde{\mathbf{n}}_k)$であり,主対角要素以外の成分が全て0であるような対角行列である.

式(2.161)は,(2.162)より,

$$\begin{aligned}\mathbf{n}_{k+1} &= \tilde{\mathbf{n}}_k + \mathbf{c}_k - \mathbf{P}_k\tilde{\mathbf{n}}_k\\ &= \mathbf{A}_k\mathbf{n}_k + \mathbf{c}_k - \mathbf{P}_k\mathbf{A}_k\mathbf{n}_k\\ &= [\mathbf{A}_k - \mathbf{P}_k\mathbf{A}_k]\cdot\mathbf{n}_k + \mathbf{c}_k\\ &= [\mathbf{I} - \mathbf{P}_k]\mathbf{A}_k\mathbf{n}_k + \mathbf{c}_k\end{aligned} \quad (2.163)$$

と書き直せる.行列$\mathbf{I}$は,主対角成分がすべて1,それ以外の成分が0である,$m\times m$単位行列である.

$m\times m$行列$\mathbf{I}-\mathbf{P}_k$は,第j行j列($j=1,2,\ldots,m$)の主対角成分が$1-p_{j,k}$で与えられ,それ以外の成分がゼロであるような対角行列である.$1-p_{j,k}$は,第k世代における成長・繁殖・死滅過程を経た個体群内のj番目の部分個体群において,第$k+1$世代ま

[*204] 移入する個体による個体群サイズ増加分については,移入過程に関するより具体的な設定を行わない限り,非負であるという仮定以外,値に関する制限はない.

で移出せずに残留する個体の割合（残留確率）を意味するので，行列 $\mathbf{I} - \mathbf{P}_k$ は，個体群からの個体の移出後の残留個体からなる状態変数分布を導く推移行列である。

一方，第 k 世代から第 $k+1$ 世代の間の移出入過程が，個体群内の成長・繁殖・死滅過程「以前」に起こるという仮定のもとで移出入を数理モデリングに導入する場合，個体群の状態変数分布の世代変動ダイナミクスに対する数理モデルは，(2.161) と本質的に異なってくる。ここでも，推移行列 $\mathbf{A}_k$ が移出入以外の個体群内での状態変数による各部分個体群のサイズ変動のダイナミクスを与えているとする。すると，第 k 世代目における成長・繁殖・死滅過程については，第 k 世代目の移出入過程の「後に」生起するという仮定によって，移出入過程を経た直後の個体群 $\hat{\mathbf{n}}_k$ に対する推移行列 $\mathbf{A}$ による成長・繁殖・死滅過程によって第 $k+1$ 世代の初期個体群 $\mathbf{n}_{k+1}$ が得られる。この移出入過程を経た直後の個体群 $\hat{\mathbf{n}}_k$ は，上記の議論中の表記を対応する意味で用いれば，次のように表すことができる：

$$\hat{\mathbf{n}}_k = \mathbf{n}_k + \mathbf{Q}_k(\mathbf{n}_k).$$

そして，第 $k+1$ 世代目の状態変数分布 $\mathbf{n}_{k+1}$ へのダイナミクスは，

$$\begin{aligned}\mathbf{n}_{k+1} &= \mathbf{A}_k(\hat{\mathbf{n}}_k)\hat{\mathbf{n}}_k \\ &= \mathbf{A}_k(\hat{\mathbf{n}}_k)\left[\mathbf{n}_k + \mathbf{Q}_k(\mathbf{n}_k)\right] \\ &= \mathbf{A}_k(\hat{\mathbf{n}}_k)\mathbf{n}_k + \mathbf{A}_k(\hat{\mathbf{n}}_k)\mathbf{Q}_k(\mathbf{n}_k)\end{aligned} \quad (2.164)$$

となり，式 (2.161) と比較すると違いは明白である[205]。

ここでも前出の議論と同様に，移出入ベクトル $\mathbf{Q}_k$ を移入と移出の過程に分解すると，同様にして，

$$\begin{aligned}\mathbf{Q}_k(\mathbf{n}_k) &= \mathbf{c}_k(\mathbf{n}_k) - \mathbf{p}_k(\mathbf{n}_k) \\ &= \mathbf{c}_k(\mathbf{n}_k) - \mathbf{P}_k(\mathbf{n}_k) \cdot \mathbf{n}_k\end{aligned} \quad (2.165)$$

と書き表すことができる。したがって，式 (2.164) と (2.165) より，

$$\begin{aligned}\mathbf{n}_{k+1} &= \mathbf{A}_k(\hat{\mathbf{n}}_k)\mathbf{n}_k + \mathbf{A}_k(\hat{\mathbf{n}}_k)\left[\mathbf{c}_k(\mathbf{n}_k) - \mathbf{P}_k(\mathbf{n}_k)\mathbf{n}_k\right] \\ &= \mathbf{A}_k(\hat{\mathbf{n}}_k)\left[\mathbf{I} - \mathbf{P}_k(\mathbf{n}_k)\right]\mathbf{n}_k + \mathbf{A}_k(\hat{\mathbf{n}}_k)\mathbf{c}_k(\mathbf{n}_k)\end{aligned} \quad (2.166)$$

が状態変数分布 $\mathbf{n}_k$ の世代変動ダイナミクスを与えることになる。

ここで，$m \times m$ 行列 $\mathbf{I} - \mathbf{P}_k$ は，上記の場合と同様に，第 j 行 j 列 $(j = 1, 2, \ldots, m)$ の主対角成分が $1 - p_{j,k}(\mathbf{n}_k)$ で与えられ，それ以外の成分がゼロであるような対角行列であり，個体群からの個体の移出後の残留個体からなる状態変数分布を導く。今考えている

---

[205] 表式としての違いもあるが，推移行列等の関数としての変数の違いにも注意。推移行列 $\mathbf{A}_k$ は，式 (2.161) では，$\mathbf{n}_k$ の関数であったが，ここでは，$\hat{\mathbf{n}}_k$ の関数である。また，移出入ベクトル $\mathbf{Q}_k$ についても，式 (2.161) では，$\tilde{\mathbf{n}}_k$ の関数であったが，ここでは，$\mathbf{n}_k$ の関数である。

2.2 離散世代型ダイナミクス

場合，この残留個体において成長・繁殖・死滅過程が生起するので，式(2.163)と(2.166)とでは，成長・繁殖・死滅行列 $\mathbf{A}_k$ と残留行列 $\mathbf{I} - \mathbf{P}_k$ の積の順番が異なっている。

このように，離散世代型ダイナミクスの数理モデリングにおいては，引き続く世代の間にどのような生物学的過程がどのような順番で起こるかに関する仮定の違いに依存して，構築される数理モデルが異なるものになりうる。

> **発展**
>
> 開いた個体群の状態変数分布の世代変動について，成長・繁殖・死滅過程と移出入過程が同時に進行するような仮定では，どのような数理モデリングが展開できるであろうか。

安定状態変数分布

さて，再び閉じた個体群の場合にもどろう。個体群内の状態変数分布の世代変動ダイナミクスが(2.160)で与えられる場合には，形式的に，第 k 世代における状態変数分布は，次のように得られる：

$$\mathbf{n}_k = \left[\prod_{j=0}^{k-1} \boldsymbol{\Theta}_j\right] \cdot \mathbf{n}_0$$

ただし，ここで，便宜上，$m \times m$ 行列

$$\boldsymbol{\Theta}_0 \equiv \mathbf{A}_0(\mathbf{n}_0);$$
$$\boldsymbol{\Theta}_j = \mathbf{A}_j(\boldsymbol{\Theta}_{j-1}\mathbf{n}_0) \quad (j = 1, 2, \ldots)$$

を定義した。特に，任意の世代 k について，行列 $\mathbf{A}_k(\mathbf{n}_k)$ が世代数 k のみに依存し，$\mathbf{n}_k$ には依存しない行列 $\mathbf{A}_k$ の場合，

$$\mathbf{n}_k = \left[\prod_{j=0}^{k-1} \mathbf{A}_j\right] \cdot \mathbf{n}_0$$

であり，さらに，行列 $\mathbf{A}_k(\mathbf{n}_k)$ が世代数 k にも $\mathbf{n}_k$ にも依存しない（定数成分からなる）定数行列 $\mathbf{A}$ である場合には，

$$\mathbf{n}_k = \mathbf{A}^k \cdot \mathbf{n}_0$$

である。

定数推移行列の場合，ある状態変数分布 $\mathbf{n}^*$ がある定数 λ について次の方程式を満たす場合，この $\mathbf{n}^*$ を**安定状態変数分布**（stable state distribution）と呼ぶ[*206]：

$$\lambda \mathbf{n}^* = \mathbf{A} \cdot \mathbf{n}^* \tag{2.167}$$

この安定状態変数分布に従う世代変動ダイナミクスでは，各状態変数値をもつ部分個体群のサイズは，世代経過に伴って，状態変数値によらない定数倍で変化（単調減少もしくは単調増加）する。一方，状態変数の頻度分布は，次のベクトル $\mathbf{f}_k$ で与えられる：

$$\mathbf{f}_k = \frac{1}{\sum_{i=1}^m n_{i,k}} \cdot \mathbf{n}_k.$$

したがって，安定状態変数分布 $\mathbf{n}^*$ に対する状態変数頻度分布 $\mathbf{f}^*$ については，式 (2.167) より，

$$\mathbf{f}^* = \mathbf{A} \cdot \mathbf{f}^* \tag{2.168}$$

が満たされなければならないことがわかる。だから，安定状態変数分布に基づく状態変数の頻度分布は，世代によらず一定である。

離散型年齢構造：Leslie matrix モデル

個体群内の構造を特徴づける状態変数として，年齢を採用する場合[*207]，特に，世代数だけ年齢が加算される場合，つまり，世代数で年齢を換算する場合には，推移行列 $\mathbf{A}_k(\mathbf{n}_k)$ は，一般的に次のような数理的構造をもつ（図 2.33 参照）：

$$\mathbf{A}_k(\mathbf{n}_k) \equiv \begin{pmatrix} b_1 & b_2 & b_3 & b_4 & b_5 & \cdots & b_m \\ a_1 & 0 & 0 & 0 & 0 & \cdots & 0 \\ 0 & a_2 & 0 & 0 & 0 & \cdots & 0 \\ \vdots & \ddots & \ddots & \ddots & \vdots & & \vdots \\ 0 & \cdots & 0 & a_j & 0 & \cdots & 0 \\ \vdots & & \vdots & \ddots & \ddots & \ddots & \vdots \\ 0 & 0 & 0 & \cdots & 0 & a_{m-1} & 0 \end{pmatrix} \tag{2.169}$$

つまり，第 1 行の成分と第 j 行第 $j-1$ 列 $(j=2,3,\ldots,m)$ の成分以外は，ゼロとなっているような行列である。ここで，一般的に，

$$b_i = b_i(k, \mathbf{n}_k) \quad (i = 1, 2, \ldots, m);$$
$$a_j = a_j(k, \mathbf{n}_k) \quad (j = 1, 2, \ldots, m-1),$$

[*206] ベクトル $\mathbf{n}^*$ は，行列 A の（右）**固有ベクトル**（eigenvector），定数 λ は，この固有ベクトル $\mathbf{n}^*$ に対する**固有値**（eigenvalue）と呼ばれるものである。このようなベクトルや行列に関する数学的基礎知識は，大学における線形代数の基礎的内容であるから，大学教養レベルの線形代数の教科書などを参照されたい。たとえば，白岩 [317] は，そのような教科書の一つである。行列モデルにおける推移行列に関する固有値，固有ベクトルを用いて，行列モデルの**感受性分析**（sensitivity analysis）が可能である。これは，推移行列の成分の変化が個体群サイズの世代変動の特性に及ぼす影響の強さを分析する解析である。たとえば，Caswell [45] や Silvertown [318, 319] を参照されたい。

[*207] 第 2.1.6 節でも述べた，age-structured（または，age-classified）population を考える場合。

2.2 離散世代型ダイナミクス

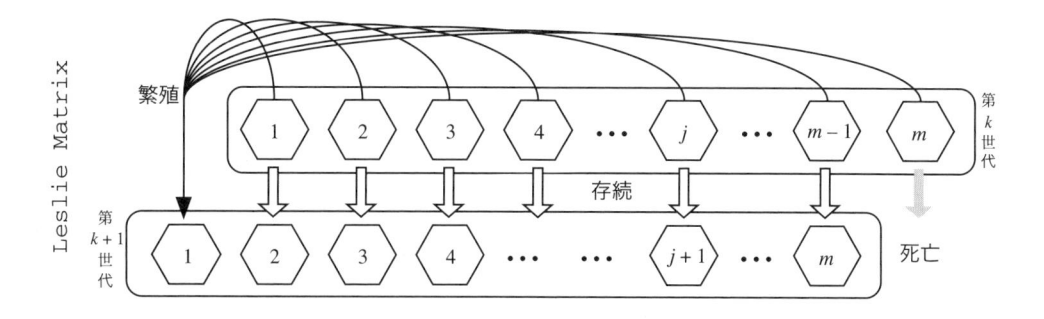

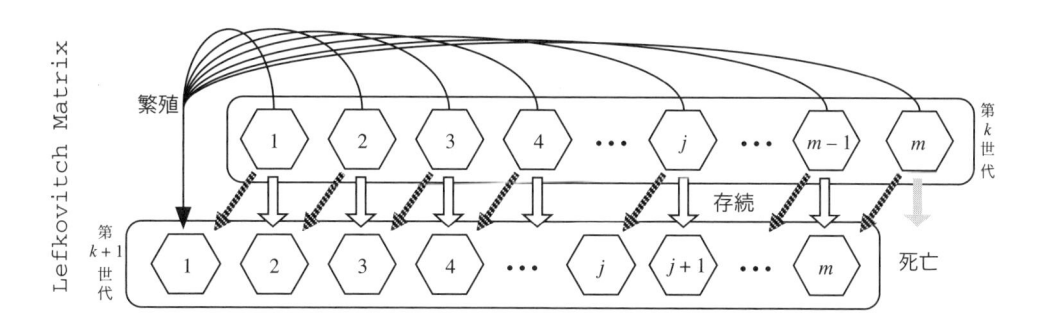

図 2.33 推移行列モデルによる年齢構造の遷移。Leslie matrix モデルと Lefkovitch matrix モデルの場合。

つまり，各成分は，世代数 k と，第 k 世代における状態変数分布 $\mathbf{n}_k$ の関数として与えられる[*208]。式 (2.169) で与えられる推移行列を **Leslie matrix（レスリー行列）** と呼んでいる。これは，式 (2.169) で与えられる推移行列を用いた個体群構造のダイナミクスに関する数理的研究を行った Patrick Holt Leslie による 1945 年，1948 年の研究 [189, 190] にちなんだ呼び方である[*209]。

Leslie matrix の場合は，状態変数は，（いわゆる）年齢であるから，個体の状態変数の世代変動を表す式 (2.159) は，次のようになる[*210]：

$$x_{k+1} = x_k + 1.$$

つまり，1 世代の経過で年齢が 1 増加するということである。状態変数分布 $\mathbf{n}_k$ の各成分 $n_{l,k}$ は，第 k 世代において，年齢 l をもつ部分個体群のサイズを表す。

閉じた個体群を考える場合，第 $j+1$ 行第 j 列 $(j = 1, 2, \ldots, m-1)$ の成分 $a_j(k, \mathbf{n}_k)$

[*208] ここでは，関数表現 $b_i(k, \mathbf{n}_k)$ は，$b_i(k, n_{1,k}, n_{2,k}, \ldots, n_{m,k})$ と同じ意味を表すものとして用いている。関数 a_j についても同様である。

[*209] ただし，同時代に，Bernardelli [28] や Lewis [194] らによっても行列モデルは（それぞれ独立に）研究されていた。

[*210] これは，個体が存続するとした場合の状態変数の変動を考えている。

が表すのは，第 k 世代において年齢が j である部分個体群のうち，第 $k+1$ 世代にまで生き残り，年齢が $j+1$ になる部分個体群の割合を表す．したがって，任意の $k, \mathbf{n}_k$ について，

$$0 \leq a_j(k, \mathbf{n}_k) \leq 1 \quad (j = 1, 2, \ldots, m-1)$$

でなければならない[*211]．

さて，一方，第 1 行成分 $b_i(k, \mathbf{n}_k)$ $(i = 1, 2, \ldots, m)$ は，各年齢部分個体群からの繁殖による個体群更新を表している．第 1 行第 i 成分 $b_i(k, \mathbf{n}_k)$ が表すのは，第 k 世代において，年齢が i である部分個体群の単位個体群サイズあたりの増殖率[*212]である．だから，第 1 行の成分については，非負である以外の条件は，増殖率に関するより詳細な仮定によるものであり，今述べている一般的な記述においては特に与えられない．たとえば，繁殖が可能となるのはある齢 J より後の個体のみであるという仮定をさらに課した場合には，Leslie matrix (2.169) において，$b_1 = b_2 = \cdots = b_J = 0$ である．

さて，年齢構造を考えた推移行列モデルについては，前出の安定状態変数分布は，特に，**安定年齢分布** (stable age distribution) と呼ばれる．定数成分からなる Leslie matrix モデルについての安定年齢分布 $\mathbf{n}^*$ は，形式的に書き下すことができる[*213]．式 (2.167) を変形すると，

$$(\mathbf{A} - \lambda \mathbf{I}) \mathbf{n}^* = \mathbf{0}$$

となる．ここで，行列 $\mathbf{I}$ は，$m \times m$ 単位行列であり，$\mathbf{0}$ は，m 次元の（縦）ゼロベクトルである．安定年齢分布に対する定数 λ は，λ についての行列式

$$|\mathbf{A} - \lambda \mathbf{I}| = 0$$

の実根として求められる[*214]．Leslie matrix $\mathbf{A}$ についての上記の行列式は容易に展開できて，

$$\lambda^m - b_1 \lambda^{m-1} - a_1 b_2 \lambda^{m-2} - a_1 a_2 b_3 \lambda^{m-3} - \cdots$$

$$\cdots - \left\{ \prod_{j=1}^{m-2} a_j \right\} b_{m-1} \lambda - \left\{ \prod_{j=1}^{m-1} a_j \right\} b_m = 0$$

[*211] 開いた個体群として，個体群外からの移入もあるとすれば，第 $k+1$ 世代において年齢が $j+1$ である部分個体群は，第 k 世代において年齢が j である部分個体群のうち考えている個体群内にとどまり，かつ，第 $k+1$ 世代まで生き残った部分個体群と，第 $k+1$ 世代において考えている個体群外から移入してきた年齢 $j+1$ の個体群との和によって与えられるので，この条件は必ずしも適用できない．

[*212] 産仔数や発芽種子数など．

[*213] たとえば，伊藤・山村・嶋田「動物生態学」[140] p.78-83 にも同様の解説が掲載されている．

[*214] やはり，線形代数の基礎知識による．もしも，この行列式が実根を持たなければ，式 (2.167) を成り立たせる有限ベクトル $\mathbf{n}^*$ としてはゼロベクトルしかない．

2.2 離散世代型ダイナミクス

という λ の m 次多項式[215]が得られる.この方程式は唯一の正の実根 λ_+ を持つことがわかっている[216].この正の実根 λ_+ を用いて,安定年齢分布 $\mathbf{n}^*$ は,形式的に,次のように表現できる:

$$\mathbf{n}^* \equiv \begin{pmatrix} n_1^* \\ n_2^* \\ \vdots \\ n_j^* \\ \vdots \\ n_{m-1}^* \\ n_m^* \end{pmatrix} = n_m^* \cdot \begin{pmatrix} \lambda_+^{m-1}/(a_1 a_2 \cdots a_{m-1}) \\ \lambda_+^{m-2}/(a_2 a_3 \cdots a_{m-1}) \\ \vdots \\ \lambda_+^{m-j}/(a_j a_{j+1} \cdots a_{m-1}) \\ \vdots \\ \lambda_+/a_{m-1} \\ 1 \end{pmatrix}.$$

離散型段階構造:Lefkovitch matrix モデル

状態変数として採用する個体群の離散世代ダイナミクスに関する基準要素として,年齢に1対1には対応しないが,世代経過に伴って単調非減少な変化をもつ要素を考える場合がある.たとえば,植物においては,生育段階(growth stage)としての,種子,未成熟個体,成熟個体などといった段階分類(stage classification)を採用する場合がある.このような分類による各部分集団は,ある年齢幅に対応すると考えることができる場合もある.つまり,前節で述べた Leslie matrix モデルにおける年齢構造を粗くグループ分けして捉えるような対応である.しかし,このような場合,年齢構造とは1対1には対応しないので,1世代の経過で必ずしも1段階の状態変数の変化があるとは限らない.1世代経過しても,同じ段階にとどまる個体もあり得る(図 2.33 参照).

このような場合の基本的な推移行列モデルは,**Lefkovitch matrix(レフコビッチ行列)**としばしば呼ばれる[217]次のような推移行列で与えられる:

$$\mathbf{A}_k(\mathbf{n}_k) \equiv \begin{pmatrix} b_1 & b_2 & b_3 & b_4 & b_5 & b_6 & \cdots & b_m \\ a_1 & c_2 & 0 & 0 & 0 & 0 & \cdots & 0 \\ 0 & a_2 & c_3 & 0 & 0 & 0 & \cdots & 0 \\ \vdots & \ddots & \ddots & \ddots & \ddots & & & \vdots \\ 0 & \cdots & 0 & a_j & c_{j+1} & 0 & \cdots & 0 \\ \vdots & & \vdots & 0 & \ddots & \ddots & \ddots & \vdots \\ \vdots & & \vdots & \vdots & & \ddots & \ddots & 0 \\ 0 & \cdots & 0 & 0 & \cdots & 0 & a_{m-1} & c_m \end{pmatrix} \quad (2.170)$$

---

[215] 行列 $\mathbf{A}$ に関する**固有方程式**とか**特性方程式**(characteristic equation)と呼ばれる.

[216] たとえば,Pielou [277, 278] を参照されたい.この λ_+ は,固有方程式の主要根(principal root)と呼ばれるものである.

[217] 誰が最初に Lefkovitch matrix と呼んだのかは定かではないが,L.P. Lefkovitch によるこのような推移行列に関する研究 [187, 188] にちなんだ呼び方である.

Leslie matrix モデルの場合と同様に，各成分は，一般的に，世代数 k と，第 k 世代における状態変数分布 $\mathbf{n}_k$ の関数として与えられる。

閉じた個体群の場合，第 j 行第 j 列の主対角成分 c_j $(j = 2, 3, \ldots, m)$ が表すのは，第 k 世代において段階 j の状態変数をもっていた個体が第 $k+1$ 世代まで生き残り，かつ，第 $k+1$ 世代においてもそのまま段階 j の状態変数をとるような部分個体群の割合を表す。したがって，任意の k, $\mathbf{n}_k$ について，

$$0 \leq c_j = c_j(k, \mathbf{n}_k) \leq 1 \quad (j = 2, 3, \ldots, m)$$

でなければならない。さらに，閉じた個体群の場合には，前節で述べた第 $j+1$ 行第 j 列 $(j = 1, 2, \ldots, m-1)$ の成分 a_j の意味より，任意の k, $\mathbf{n}_k$ について，

$$0 \leq a_j + c_j \leq 1 \quad (j = 2, 3, \ldots, m)$$

が満たされる必要がある。$1 - a_j - c_j$ は，第 k 世代において段階 j の状態変数をもつ個体から成る部分個体群について，第 $k+1$ 世代までの間で死滅した割合を意味する。

複数の状態変数による個体群内構造

第 2.1.6 節で連続世代型ダイナミクスに関しても述べたような，複数の基準要素（たとえば，年齢と体サイズ）に関する状態変数によって個体の状態を分類する場合においても，推移行列モデルの構成は可能である。たとえば，二つの基準要素に関する二つの状態変数によって個体の状態を分類する場合には，前出の状態変数分布 $\mathbf{n}_k$ の各成分 $n_{i,k}$ $(i = 1, 2, \ldots, m)$ を，一方の状態変数 x_k が段階 i にある部分個体群サイズとすれば，他方の状態変数 y_k による状態変数分布は，この各成分 $n_{i,k}$ $(i = 1, 2, \ldots, m)$ を l 次元ベクトル

$$\mathbf{n}_{i,k} \equiv \begin{pmatrix} n_{i,1,k} \\ n_{i,2,k} \\ \vdots \\ n_{i,l,k} \end{pmatrix}$$

で置き換えればよい。すなわち，前出の状態変数分布 $\mathbf{n}_k$ を，

$$\mathbf{n}_k \equiv \begin{pmatrix} \mathbf{n}_{1,k} \\ \mathbf{n}_{2,k} \\ \vdots \\ \mathbf{n}_{m,k} \end{pmatrix}$$

という，各成分が l 次元ベクトルであるような m 次元ベクトルで表すことになる。ベクトル $\mathbf{n}_{i,k}$ の成分 $n_{i,j,k}$ が意味するのは，第 k 世代目において，状態変数 x_k が段階 i にあり，状態変数 y_k が段階 j にあるような部分個体群のサイズである。したがって，第 k 世

2.2 離散世代型ダイナミクス

代目において，状態変数 y_k が段階 j にある部分個体群のサイズは，$\sum_{i=1}^{m} n_{i,j,k}$ で与えられる。

この場合，対応して，$m \times m$ 推移行列 $\mathbf{A}_k(\mathbf{n}_k)$ の各成分は，$l \times l$ 行列となる。行列を成分とした行列である。閉じた個体群の場合，推移行列 $\mathbf{A}_k(\mathbf{n}_k)$ の第 i 行第 j 列の成分 ($l \times l$ 行列) は，第 k 世代目において，状態変数 x_k が段階 j にある部分個体群のうち，第 $k+1$ 世代目において，状態変数 x_{k+1} が段階 i である部分個体群に加わるものを与える行列である。この行列は，状態変数 y_k についての推移行列であり，第 k 世代目で状態変数 x_k が段階 j にある部分個体群の状態変数 y_k に関する構造から，第 $k+1$ 世代目の状態変数 x_{k+1} なる部分個体群の状態変数 y_{k+1} に関する構造への遷移を与えるものである。

2つの状態変数による個体群内構造の数理モデリングとして現れる上記のような行列を **Goodman matrix** と呼ぶことがある [320]。これは，おそらく，年齢と体サイズという二つの基準要素に基づいた個体群内構造のダイナミクスに関する，L.A. Goodman による一連の研究 [88, 89, 90, 91] にちなんでのことであろう。

連続型状態変数分布

状態変数分布が連続型である場合，すなわち，状態変数の値が連続的な値域をもつ場合には，個体群内の構造の世代変動は，連続世代型ダイナミクスに関して，第 2.1.6 節で述べたような状態変数分布の世代変動として表現される。つまり，第 2.1.6 節と同様に，第 k 世代において，状態を表す変数 x_k が値 X 以下である部分個体群のサイズを $U_k(X)$ とおいて，この $U_k(X)$ の世代変動を数理モデリングすることが必要である。

離散世代型ダイナミクスにおいて連続型状態変数分布を考えるための一つの数理モデリングとして，連続世代型ダイナミクスに関して，第 2.1.6 節で展開された数理モデリングを応用する方針を述べよう。今，考えている離散世代型ダイナミクスにおける各世代の長さ（世代間の時間）を h_G（世代によらない定数）とし，この期間に，個体群内では，個体群サイズおよび状態変数が時間とともに連続的に変化しているとする。つまり，$k = 0, 1, 2, \ldots$ で表している「各世代の初めにおける個体群の構造の変動」を考える個体群サイズ変動ダイナミクスには現れない，「世代の間」における状態変数，および，個体群サイズの変動は，時間経過に伴って連続的に変化していると仮定するのである。言いかえれば，第 k 世代の個体群内のダイナミクスにおける状態変数，および，個体群サイズの変動は，連続世代型ダイナミクスに基づいており，その「結果」として，新たに生起する第 $k+1$ 世代の個体群の誕生直後の構造が定まるという仮定である。よって，長さ h_G を持つ第 k 世代における状態変数分布の時間変動は，第 2.1.6 節で展開された数理モデリングによって導かれた数理モデル (2.79) に従うとする。すなわち，第 k 世代が始まった時刻を 0 とし，その時点での状態変数分布関数を $U_k(x)[0]$ で表し，時刻 t ($\leq h_G$) におけ

る状態変数分布関数 $U_k(x)[t]$ は,

$$-\mu_k(x,t)\frac{\partial U_k(x)[t]}{\partial x} = \frac{\partial}{\partial x}\left\{g_k(x,t)\frac{\partial U_k(x)[t]}{\partial x}\right\} + \frac{\partial}{\partial t}\left\{\frac{\partial U_k(x)[t]}{\partial x}\right\}. \quad (2.171)$$

という偏微分方程式に従って変動すると仮定しよう．μ_k は，第 2.1.6 節で展開された数理モデリングに関して述べたように，第 k 世代における個体群サイズの減少率に相当し，g_k は，微分方程式

$$\frac{dx}{dt} = g_k(x,t) \quad (0 \leq t \leq h_G)$$

で表される状態変数 x の連続的な時間変動を支配する関数である．第 k 世代における個体群の更新過程については，第 2.1.6 節で示した更新方程式 (2.97) より,

$$g_k(x_{\min},t)\left.\frac{\partial U_k(x)[t]}{\partial x}\right|_{x=x_{\min}} = \int_{x_{\min}}^{x_{\max}}\beta_k(z,t)\frac{\partial U_k(z)[t]}{\partial z}dz \quad (2.172)$$

で与えることになる．β_k は，第 2.1.6 節の更新過程に関する数理モデリングに関して述べたように，第 k 世代における増殖率に相当する．$x_{\min}$ と $x_{\max}$ は，それぞれ，考えている状態変数のとりうる下限値と上限値である．

これらの式 (2.171) と (2.172) によって支配されたダイナミクスに従って，第 k 世代における個体群内の構造が変動する．式 (2.171) と (2.172) より，第 k 世代における個体群の初期構造 $U_k(x)[0]$ から最終構造 $U_k(x)[h_G]$ が定まるから，$U_{k+1}(x)[0] = U_k(x)[h_G]$ とおけば，離散世代型の個体群の構造変動を得ることができる．原理的には，式 (2.171) と (2.172) の与えるダイナミクスを介して，$U_k(x)[0]$ から $U_{k+1}(x)[0]$ を定めることができるのである．このような数理モデリングの考え方は，第 2.2.4 節や第 2.2.5 節の logistic 型増殖過程に関する議論において展開したような，連続な時間経過に伴う連続的な変動から特定の時刻 $\{t_0, t_1, t_2, \ldots\}$ の系列における値のみをピックアップして構成される，値の時系列 $\{x_0, x_1, x_2, \ldots\}$ の変動ダイナミクスを考えるという観点に立ったものである．

もちろん，状態変数の分布が連続型であったとしても，状態変数の世代間変動を (2.159) の形で具体的な関数 Φ によって数理モデリングできる．重要な点は，連続的に分布する状態変数と，個体群サイズの減少過程や更新過程の間の関係を数理モデリングしなければ，個体群内の構造の世代変動の数理モデルは構成できないという点である．

> **発展**
>
> 連続型の状態変数分布に対する，式 (2.159) について生物学的な仮定に基づいた具体的な関数 Φ としてどのようなものが考えられるであろうか．また，式 (2.159) が与えられた場合に，個体群サイズの減少過程や更新過程はどのように数理モデリングに導入できるであろうか．

Leslie matrix から von Foerster 方程式へ

離散型年齢分布構造のダイナミクスを表す Leslie matrix(2.169) と，第 2.1.6 節で述べた連続型年齢分布構造のダイナミクスを表す von Foerster 方程式 (2.99) との関係について考えてみよう[218]．前出の Leslie matrix モデルに関する記載では，第 k 世代での年齢が x_k ならば，第 $k+1$ 世代での年齢は $x_k + 1$ となることを仮定した．本節では，第 k 世代での年齢が x_k ならば，第 $k+1$ 世代での年齢を $x_k + h_G$ とおく．つまり，年齢を（経過時間に基づいた）連続実変数にまで拡張し，世代間の時間を h_G とする[219]．そして，第 k 世代は，時刻 $k \cdot h_G$ に対応すると考え，状態変数分布 $\mathbf{n}_k$ における第 l 番目の成分 $n_{l,k}$ を，時刻 $k \cdot h_G$ において年齢 $(l-1) \cdot h_G$ 以上 $l \cdot h_G$ 未満であるような個体からなる部分個体群のサイズに対応すると考える．すると，Leslie matrix (2.169) より，

$$n_{j+1,k+1} = a_j(k, \mathbf{n}_k) n_{j,k} \quad (j = 1, 2, \ldots, m-1) \tag{2.173}$$

であるから，時刻 $t\ (= k \cdot h_G)$ において年齢が $\alpha - h_G$ 以上 $\alpha\ (= j \cdot h_G)$ 未満である部分個体群のサイズ $v(t, \alpha)$ は，単位世代時間 $(= h_G)$ 後の時刻 $t + h_G$ には，年齢 α 以上 $\alpha + h_G$ 未満をもつ部分個体群サイズとして，次の式によって与えられるサイズ $v(t + h_G, \alpha + h_G)$ に遷移することになる：

$$v(t + h_G, \alpha + h_G) = a_{h_G}(t, \alpha, \mathbf{v}(t)) v(t, \alpha). \tag{2.174}$$

ここで，$\mathbf{v}(t)$ は，$\mathbf{n}_k$ に同等な m 次元ベクトルであり，a_{h_G} は単位世代時間内の生存率を与え，$0 \le a_{h_G} \le 1$ である．

今，単位世代時間 h_G の選び方によって，この生存率 a_{h_G} の大きさは変わる．一般的に，h_G が大きくなれば，生存率 a_{h_G} は減少すると考えられる．そして，単位世代時間がゼロ，すなわち，世代が進まなければ，死亡率はゼロでなければならない[220]ので，

$$\lim_{h_G \to 0} a_{h_G}(t, \alpha, \mathbf{v}(t)) = 1 \tag{2.175}$$

が任意の $t, \alpha, \mathbf{v}(t)$ について成り立つ．

さて，第 2.1.6 節で述べた年齢分布関数 $U(\alpha, t)$ を考えよう．$U(\alpha, t)$ は，時刻 t において，年齢が α 未満の個体からなる部分個体群を表すものとする．上記の定義より，

$$v(t, \alpha) = U(\alpha, t) - U(\alpha - h_G, t) \tag{2.176}$$

---

[218] この節の内容については，Cushing [57] に同様の議論が掲載されている．
[219] 本節では，論理を簡明にするために，世代間の時間を世代値 k に依存しない定数 h_G としているが，h_G が世代毎に変動する場合でも同様の議論が可能である．
[220] ある時刻において生存している個体が同時刻に死亡することはない．

である．よって，式 (2.174), (2.176) より，

$$\frac{v(t+h_G, \alpha+h_G) - v(t,\alpha)}{h_G}$$

$$= \frac{\{U(\alpha+h_G, t+h_G) - U(\alpha, t+h_G)\} - \{U(\alpha,t) - U(\alpha-h_G, t)\}}{h_G}$$

$$= \left\{\frac{U(\alpha+h_G, t+h_G) - U(\alpha, t+h_G)}{h_G} - \frac{U(\alpha+h_G, t) - U(\alpha, t)}{h_G}\right\}$$

$$+ \left\{\frac{U(\alpha+h_G, t) - U(\alpha, t)}{h_G} - \frac{U((\alpha-h_G)+h_G, t) - U(\alpha-h_G, t)}{h_G}\right\}$$

(2.177)

が得られる．一方，条件 (2.175) を加味して，仮定として，

$$\lim_{h_G \to 0} \frac{1 - a_{h_G}(t, \alpha, \mathbf{v}(t))}{h_G} = \mu(t, \alpha, U(\alpha, t))$$

なる関数 μ が存在するとする[*221]．そうすると，式 (2.177) の両辺について $h_G \to 0$ の極限をとることによって，式 (2.174) を用いて，次の偏微分方程式を得ることができる[*222]：

$$\frac{\partial}{\partial t}\left\{\frac{\partial U(\alpha,t)}{\partial \alpha}\right\} + \frac{\partial^2 U(\alpha,t)}{\partial \alpha^2} = -\mu(t, \alpha, U(\alpha, t))\frac{\partial U(\alpha,t)}{\partial \alpha}. \tag{2.178}$$

これは，まさに，第 2.1.6 節の von Foerster 方程式 (2.99) と同一のダイナミクスを表す[*223]．

式 (2.174) と (2.176) から，Taylor 展開（付録 A 参照）を用いて von Foerster 方程式 (2.178) を導出することもできる．その場合には，次のような (α, t) の周りにおける U の Taylor 展開を用いる：

$$U(\alpha+h_G, t+h_G) = U(\alpha,t) + \frac{\partial U(\alpha,t)}{\partial \alpha} \cdot h_G + \frac{\partial U(\alpha,t)}{\partial t} \cdot h_G$$
$$+ \frac{1}{2}\frac{\partial^2 U(\alpha,t)}{\partial \alpha^2} \cdot h_G^2 + \frac{1}{2}\frac{\partial^2 U(\alpha,t)}{\partial t^2} \cdot h_G^2$$
$$+ \frac{\partial^2 U(\alpha,t)}{\partial t \partial \alpha} \cdot h_G^2 + O(h_G^3);$$

$$U(\alpha, t+h_G) = U(\alpha,t) + \frac{\partial U(\alpha,t)}{\partial t} \cdot h_G + \frac{1}{2}\frac{\partial^2 U(\alpha,t)}{\partial t^2} \cdot h_G^2 + O(h_G^3);$$

[*221] a_{h_G} の $\mathbf{v}(t)$ 依存性は，極限において，$U(\alpha, t)$ への依存性として表現されていることに注意．
[*222] 微分の定義を用いている．
[*223] もちろん，式 (2.81) によって定義される状態変数密度分布関数 $u(\alpha, t)$ を用いれば，von Foerster 方程式 (2.99) に同等となる．

2.2 離散世代型ダイナミクス

$$U(\alpha - h_G, t) = U(\alpha, t) - \frac{\partial U(\alpha, t)}{\partial \alpha} \cdot h_G + \frac{1}{2} \frac{\partial^2 U(\alpha, t)}{\partial \alpha^2} \cdot h_G^2 + O(h_G^3).$$

具体的な導出の計算は読者にお任せする[*224]。

ところで，Leslie matrix モデルにおける，単位世代時間 h_G のゼロの極限をとるという本節の議論で注意しておかなければならないことがある．Leslie matrix モデルにおいては，個体群の年齢構造として年齢の最大値は m で与えられていた．したがって，単位世代時間 h_G を与えた上記の議論では，全個体群を m/h_G 個の部分個体群に分けることになっていたことに注意しよう[*225]．したがって，$h_G \to 0$ の極限操作に伴って，連続型年齢分布における最大年齢 $\alpha_{\max}$ と最小年齢 0 との間における離散型年齢分布構造を構成する部分個体群の数は無限大に向かって増加しているのである．もちろん，この極限操作にともなって，各部分個体群に対応する連続型年齢の幅（$= h_G$）は小さくなってゆくので，各部分個体群のサイズも小さくなる．

[*224] これらの展開式を代入し，式 (2.174) の両辺を h_G^2 で割ってから $h_G \to 0$ の極限をとればよい．

[*225] m/h_G が自然数ではなく，小数になる場合には，適当な実数 q をとってきて，$(m+q)/h_G$ もしくは $(m-q)/h_G$ が自然数になるようにする．この場合の実数 q の適当さとは，Leslie matrix モデルで設定されていたように，最大の年齢をもつ部分個体群は，次の世代では絶滅する（図 2.33 参照）ような部分個体群数を与える自然数であるという意味である．一般に，$(m+q)/h_G$ を自然数とするような最小の非負の実数 q を選べばよいが，個体群内のダイナミクスによっては，m/h_G が小数になる場合に，m/h_G を超えない最小の自然数によって与えられる年齢の部分個体群が，前記の Leslie matrix モデルにおける最大年齢部分個体群の性質をもつこともあり得る．

第 3 章

相互作用の数理モデリング

3.1 Mass-action 型相互作用

本節では，化学反応速度論の基礎モデリングとしての mass-action 仮定について述べるが，これは，生物個体群における個体間・個体群間相互作用の最も基礎的な数理モデリングへと応用される概念を含んでいる。

3.1.1 Mass-action 仮定

化学反応速度論において，閉じた一定容積の系では，化学反応速度は，単に反応物あるいは生成物のいずれかの濃度の時間変化の速度として定義されている。たとえば，次の一般的な化学反応を考えよう：

$$\alpha A + \beta B \to \gamma C \tag{3.1}$$

この化学反応におけるそれぞれの物質の濃度の変化速度は，$-d[A]/dt$, $-d[B]/dt$, または，$d[C]/dt$ で表すことができる。$[A]$, $[B]$, $[C]$ は，それぞれの物質の濃度を表す。反応速度がそれを記述するのに用いた成分に無関係であるようにするために，上記の化学反応における反応速度 $\mathcal{V}$ は，次のように定義される：

$$\mathcal{V} = -\frac{1}{\alpha}\frac{d[A]}{dt} = -\frac{1}{\beta}\frac{d[B]}{dt} = \frac{1}{\gamma}\frac{d[C]}{dt}. \tag{3.2}$$

一般に，反応速度は，反応混合物中に存在する j 種の全ての化学物質の濃度の関数として表すことができる：$\mathcal{V} = \mathcal{V}(c_1, c_2, \ldots, c_j)$（ここで，$c_k$ $(k=1,2,\ldots,j)$ は，第 k 種の化学物質の濃度）。$\mathcal{V}$ の関数形は，**速度則**（rate law）として，与えられた化学反応に関する**速度式**（rate equation）を与える。多くの場合[*1]，（少なくとも近似的に）速度式は濃

[*1] 実際には，ベキ型の式 (3.3) では表すことのできない反応速度式で特徴づけられる化学反応の例は少なくない。実際の速度式は，与えられた化学反応各々について定めなければならないものであって，ベキ型の式 (3.3) があらゆる化学反応に対して適用できるわけではない。

度のベキ積に比例する形で表される：

$$\mathcal{V} = \mathcal{V}(c_1, c_2, \ldots, c_j) = \kappa \cdot c_1^{n_1} c_2^{n_2} c_3^{n_3} \cdots c_j^{n_j}. \tag{3.3}$$

この化学反応速度式は，しばしば，**動的な質量作用の法則**（law of kinetic mass action）と呼ばれる．指数の和 $\sum_{k=1}^{j} n_k$ は，考えている反応に関する**反応次数**（reaction order, kinetic order）を定義し，上記の速度式に現れる係数 κ は，**速度定数**（rate constant）と呼ばれる．また，指数 n_k は，第 k 種の化学物質に関する反応次数[*2]と呼ばれる[*3]．

現在，化学反応速度論において，**質量作用の法則**（law of mass action）と呼ばれているものは，化学反応が平衡状態にあるときに，

$$c_1^{n_1} c_2^{n_2} c_3^{n_3} \cdots c_j^{n_j} = 一定$$

となることをいう．この法則は，熱力学の議論によって導出されるものである．

一方，個体群ダイナミクスに関する数理生物学においては，j 種類の生物個体群の間の相互作用に依存した個体群サイズ（密度）変動の速度について，式 (3.3) によるような，個体群サイズのベキ積を用いた数理モデリングが基礎的なものの一つである．そのような数理モデリングにおいては，しばしば慣用的に，個体間もしくは個体群間の相互作用について，**質量作用の仮定**，あるいは，**mass-action 仮定**を用いたと称する．ただし，数理生物学における数理モデリングに関しての mass-action 仮定が，個体群サイズ変動が平衡状態にあるということを仮定しているわけではないことに注意しよう．それは，前出の動的な mass-action の法則に当たるものであると考えてよい．だから，数理生物学における数理モデリングに適用される場合のいわゆる「mass-action 仮定」は，現在の化学反応速度論における（より正確な意味での）「mass-action（質量作用）の法則」とは，その定義を異にするものであると考えておくのが厳密には正しいと思われる．

この点を念頭においた上で，本書では，j 種類の生物個体群の間の相互作用に依存した個体群サイズの変化速度を式 (3.3) によって数理モデリングすることを「mass-action 仮定を用いる」と称することにする．

3.1.2 Lotka–Volterra 型相互作用

個体群間の相互作用

本書においては，最も一般的な **Lotka–Volterra 型相互作用** とは，数理モデリングにおいて mass-action 仮定を用いているものを指す．特に，慣用的には，式 (3.3) において，全ての反応次数が 1 である反応式で数理モデリングされるものを Lotka–Volterra 型相互

[*2] 反応次数は必ずしも整数ではない．

[*3] 本節で述べる化学反応速度論の概念については，多くの専門的入門書に載っている．たとえば，Amdur & Hammes [10, 11] や慶伊 [163] を参照されたい．

3.1 Mass-action 型相互作用

作用と呼ぶことにする．すなわち，個体群間相互作用[*4]による個体群サイズ変化速度がその個体群間相互作用に関わる生物種個体群のサイズの積に比例するという数理モデリングである．したがって，そのような相互作用においては，個体群サイズ変化速度が各生物種個体群のサイズに比例することになる．つまり，ある個体群のサイズが倍になれば，その個体群の関わる相互作用による個体群サイズ変化速度も倍になるというわけである．さらに，慣用的には，Lotka–Volterra 型の個体群間相互作用とは，2 種個体群間における相互作用のみに対しての呼称であり，たとえば，式 (3.3) に基づいて，3 種の生物個体群のサイズの積を用いた 3 種間相互作用による，内 1 種の個体群サイズ変化速度の数理モデリングは，mass-action 型とは呼ばれても，Lotka–Volterra 型とは概して呼ばれない．

この呼称は，アメリカの科学者 Alfred James Lotka [198, 199][*5]による 1925 年の，生物的防除に関わる寄生者–宿主関係の数理モデリング，イタリアの科学者 Vito Isacar Volterra [356][*6]による 1926 年の，アドリア海における捕食性魚類個体群と被食魚類個体群の関係の数理モデリングにおいて用いられた mass-action 仮定による個体群相互作用の導入にちなむものである[*7]．

本書では，指し示す意味を明確にする意義も考えて，**Lotka–Volterra 型個体群間相互作用**とは，個体群サイズ変動に寄与する個体群間相互作用として，2 種個体群間による相互作用を考えたものであり，それは，2 種の個体群の間の相互作用による個体群サイズ変化速度への寄与が 2 種の個体群サイズの積に比例するという mass-action 仮定に基づくものであるとしよう．一方，式 (3.3) に基づく，3 種以上の個体群間相互作用をも導入する場合や，相互作用が，個体群サイズの一般的なベキ乗の積で与えられる寄与を個体群サイズ変動に導入する場合を，我々は，**一般化された Lotka–Volterra 型個体群間相互作用**の導入と呼ぶことができるだろう．

さて，この Lotka–Volterra 型相互作用による個体群サイズ変化速度のモデリングについては，しばしば，次のような解釈が適用される：

> 今，ある個体を考える．この個体が他の個体に遭遇する頻度を考えてみよう．この遭遇頻度は，考えている個体を含む領域の個体密度が高くなればなるほど大きくなると考えられる．今，全ての個体は常にランダムに空間に配置（ランダムに空間を移動）していると考え，空間的な個体群密度分布は常に一様である（完全な混合が常に実現している）と仮定すると，ある個体が他の個体に遭遇する確率は，密度に比例すると考えることができる．このことは，密度が倍に

[*4] ここでは，あえて一般化して，「個体群間」相互作用と表現しているが，慣例では，「種間」相互作用 (inter-specific interaction) と表現することが多い．本書では，「異なる個体群」は，必ずしも「異なる種」を意味する必要はないという一般的な立場をとるべく，このような表現を用いた．

[*5] 1880–1949，米国．付録 B 参照．

[*6] 1860–1940，イタリア．付録 C 参照．

[*7] 慣用的には，第 4.2.3 節で述べる Lotka–Volterra 型餌–捕食者系モデルや第 4.1.2 節で述べる Lotka–Volterra 型競争系モデルの呼称として有名なのであるが，最も肝要な点は，この節で述べているような，個体群間の相互作用の数理モデリングの様式であるので，本書では，"Lotka–Volterra 型" という呼称を，とりわけ，相互作用に関する呼称として用いることにした．

なれば，ある個体を中心としたある特定の半径内に存在すると期待される他個体の数が倍になることから自然な考え方である．さらに，個体間の遭遇（相互作用）は瞬時にして起こり，その生起から終了までにかかる時間はゼロ（時間がかからないもの）とする．すると，ある個体が単位時間に遭遇すると期待される他個体数（＝遭遇頻度）は，密度に比例することが導かれることになる[*8]．個体群密度が刻々と時間変化する場合には，この遭遇頻度は，ある時刻における遭遇（相互作用）速度（瞬間遭遇頻度）を定義する．

実は，この解釈に基づく限り，3個体以上による相互作用を導入するのはナンセンスであることが自然に導かれる．遭遇あるいは相互作用が瞬時に起こるという仮定から，3個体以上による相互作用が実現するためには，3個体が<u>同時に</u>遭遇する必要がある．しかし，これは，2個体が遭遇する確率の2乗以上のオーダーであると（一般的には）考えられる[*9]．したがって，3個体以上による遭遇は，2個体の遭遇に比べれば無視できると考えるのである．

もちろん，生物個体群の個体間相互作用においては，2個体が遭遇している場合には，3個体目がその相互作用には加わらないという仮定の下で考えているとしてもよい．しかし，化学反応速度論からくる mass-action 仮定に基づいた数理モデリングという見地からは，上記のように，3個体以上による相互作用は無視していると考えるほうが合理的であろう[*10]．

―――― 発展 ――――
3個体間相互作用が重要であるような数理モデリングとしては，どのような想定が可能だろうか．

実際の生物個体群では，個々の個体間相互作用には時間がかかるはずであるし，個体の空間配置がランダムで一様であるとも考えがたい．それでも，Lotka–Volterra 型の数理モデリングに基づく数理モデルの解析結果が実際の生物現象の考察にとって有益な考察を提供できてきたというのは，たとえば，詳細な個体間相互作用が，時間的空間的にランダムでもなく，瞬時でないとしても，それらの非ランダムさや非同時性[*11]が時間的空間的

[*8] 個体群密度が時間的に一定であるとすれば，この解釈における仮定に基づけば，この遭遇過程が Poisson 過程に従うと考えることができて，ある個体が単位時間あたりに遭遇する他個体数は，Poisson 分布に従う．この Poisson 分布における平均値（実は分散とも等しい）が，考えている個体群密度に比例している場合を Lotka–Volterra 型のモデリングであると考えることができる．

[*9] 個体 A が個体 B に遭遇する確率を p とすると，個体を区別しない場合，個体 B が個体 C に遭遇する確率も p で与えられるから，個体 A が個体 B に遭遇したが，同時に個体 B が個体 C に遭遇するとすれば，その確率は p^2 ということになる．

[*10] ただし，本質的に3個体の遭遇が個体群サイズ変動に関して重要な役割を担う場合には，この限りでないことは当然である．

[*11] 相互作用に時間がかかるとすれば，相互作用に関わっている個体は，新しい相互作用には関わることができない個体として，その時間帯には，新しい相互作用を導く（のに有効な）自由な個体からなる有効個体群からは除外されるべきである．

3.1 Mass-action 型相互作用

にランダムに起こっているという仮定[*12]が適用できるならば，十分に長い時間スケールでの個体群サイズ変動の特性は，mass-action 仮定による Lotka–Volterra 型数理モデリングによって導入される相互作用による考察によって導かれるものと同等であったからだと考えられる。

これは，いわゆる「平均場近似（mean-field approximation）」的な扱いが有効である場合で，いわば，考えている個体群内の非ランダムさや非同時性が，平均として互いに打ち消しあうような状況が個体群内で成立している場合である。個体群が十分に大きい，あるいは，個体群密度が十分に高い場合には，このような考え方がより有効に成り立ちうるであろう。もちろん，個体群が相当小さかったり，個体群密度が相当低かったりするような場合には，非ランダムさや非同時性による平均場近似からのズレは，一般的には，相当に大きくなると思われる。

個体群内の相互作用

上記のような解釈に基づいて Lotka–Volterra 型相互作用を取り上げるとすると，**Lotka–Volterra 型個体群内相互作用**[*13]を考えることもできることがわかる。上記の解釈においては，個体とその個体の存在する領域内の個体群密度が問題なのであって，個体と相互作用する他個体を他種個体群の個体と考えるなら個体群間相互作用を導くが，個体と相互作用する他個体として，同じ個体群の個体を考え，個体群密度が十分に大きく，考えている 1 個体を除いた他個体による，1 個体をとりまく個体群密度を個体群全体におけるそれと等しいとみなせるような場合[*14]なら，個体群内相互作用を導く。すなわち，mass-action 仮定に基づく Lotka–Volterra 型個体群内相互作用の個体群サイズ（密度）変化速度への寄与は，その個体群のサイズ（密度）の 2 乗に比例する。また，**一般化されたLotka–Volterra 型個体群間相互作用**は，個体群内の相互作用による個体群サイズ変化速度への寄与を mass-action 仮定によって個体群サイズ（密度）の（一般的な実数）ベキ乗で与えるものとして考えることができる。

3.1.3 Mass-action 仮定と logistic 方程式

第 2.1.3 節で述べた logistic 型増殖過程の数理モデリングで現れる logistic 方程式は，mass-action 仮定に基づいて構成することもできる。

[*12] この仮定が成り立たない場合とは，たとえば，ある場所ある時刻で起こっている相互作用が同じ時刻の他の場所や他の時刻の相互作用に何らかの関係をもっているような場合である。

[*13] 慣例的には，「種内（intra-specific）」相互作用と呼ばれるものである。

[*14] 領域の面積を S，個体数を N とすれば，個体数密度は，N/S で与えられる。内 1 個体を除いた他個体による個体数密度は，$(N-1)/S$ であるが，近似的にこれら 2 つの密度が等しいとして数理モデリングを行うためには，N が十分に大きくなければならない。

Lotka–Volterra 型相互作用による logistic 方程式

■個体群内における個体間相互作用によるモデリング　今，個体群における単位個体群サイズあたりの正味の増殖率が定数 r であるとする．したがって，密度効果がなければ，個体群サイズは，Malthus 係数 r の Malthus 型増殖成長を示す．そこで，mass-action 仮定による Lotka–Volterra 型の個体群内の個体間相互作用によって，個体群サイズの減少過程が存在しているとしよう．前節で述べたように，Lotka–Volterra 型個体群内相互作用では，その個体群サイズ変化速度への寄与は，個体群サイズの 2 乗に比例する．よって，考えている個体群サイズ N の成長は，Malthus 型増殖によって増大する過程と，Lotka–Volterra 型個体群内相互作用によって減少する過程によって次のようなダイナミクスに従うことになる：

$$\frac{dN}{dt} = rN - \gamma N^2 \tag{3.4}$$

ここで，γ は，個体群内相互作用の個体群サイズ成長への寄与の強さを表す正のパラメータである．この個体群サイズ成長ダイナミクスは，第 2.1.3 節の式 (2.36) が与える logistic 方程式と数学的に同一である．

　ここで是非注意しておかなければならないことは，第 2.1.3 節で述べた logistic 方程式による logistic 型増殖の数理モデリングにおいては，単位個体群サイズあたりの増殖率に対する密度効果を導入していたのに対し，本節の数理モデリングでは，個体群内における個体間相互作用の結果による個体群サイズ自体の減少が導入されている点である．すなわち，式 (3.4) 右辺における N^2 の項は，基本的に増殖過程とは無縁である．

　つまり，たとえば，Malthus 係数 r の時間変動 $r = r(t)$ の導入は，単位個体群サイズあたりの内的自然増殖率の時間変動を意味しており，それは，環境変動による個体への生理的影響を反映したものであると解釈もできるが，パラメータ γ の時間変動 $\gamma = \gamma(t)$ の導入は，個体群内相互作用の個体群サイズ成長への影響の強さが時間変動するわけであるから，環境変動が個体群内の個体間の相互作用に影響を及ぼすと考えることになる．たとえば，季節的な個体のもつ攻撃性の変動だとか，行動範囲や運動性の変動を反映したものと解釈ができよう．このような γ の時間変動は，個体の繁殖率とは独立に解釈されるべきものである．

　だから，形式的に得られる単位個体群サイズあたりの増殖率 $(1/N)dN/dt$ は，式 (3.4) については，個体群内における個体間相互作用の結果による個体群サイズの減少率を（負の）繁殖率として「換算」し直した，平均としての換算増殖率であり，増殖過程とは異なった要素が換算されていることに注意してほしい．第 2.1.3 節での数理モデリングにおいては，単位個体群サイズあたりの増殖率から始めて，それが密度効果によって低下するという観点から logistic 方程式が導出されており，それは，単位個体群サイズあたりの増

3.1 Mass-action 型相互作用

殖率が個体群密度からの何らかの影響を受けているということから，たとえば，個体群密度が何らかの過程を介して，個体の繁殖に関わる生理に影響を及ぼしていると解釈ができるものであったが，本節における数理モデリングについては，そのような解釈は不適当であろう．

■**個体群と資源の間の相互作用によるモデリング** 個体群とその繁殖のために消費される資源の間の相互作用に Lotka–Volterra 型相互作用を設定した基礎的な数理モデリングによって logistic 方程式が導かれうることを述べよう．今，サイズ N の個体群が消費する資源（餌量，養分量，繁殖に必須な場所など）の現存量を R としたとき，その消費速度が個体群サイズと現存量の積 NR に比例するものであるという Lotka–Volterra 型相互作用の仮定を用いる．個体群サイズの増加速度（個体群の繁殖速度）も積 NR に比例するものとして，個体群サイズと資源量のダイナミクスを次のような常微分方程式系で表すことにする：

$$\begin{cases} \dfrac{dN(t)}{dt} = \gamma R(t) N(t) \\ \dfrac{dR(t)}{dt} = -\rho N(t) R(t). \end{cases} \tag{3.5}$$

正のパラメータ γ, ρ は，それぞれ，単位量の資源摂取による個体あたり増殖率，個体あたりの資源消費速度係数にあたる．

ここでは，最も単純なダイナミクスを考えている．まず，個体群は資源を消費することによってサイズを成長させるが，個体の死亡や移出による個体群サイズの減少過程はないものとしている（無視している）．次に，資源は，個体群による消費によって減少する一方であり，更新過程はないものとしている．したがって，資源が枯渇してゆくにしたがって，個体群サイズの成長は鈍るというダイナミクスの特性が存在する．系 (3.5) に対応すると考えられる現実の系として，シャーレや試験管の中で培養される細菌やバクテリアの個体群サイズ変動ダイナミクスが想定される．初期に与えられた培養器の中の栄養分には追加がない場合を考えればよい．

この系 (3.5) より，次のような微分方程式が導かれる：

$$\frac{dR/dt}{dN/dt} = \frac{dR}{dN} = -\frac{\rho RN}{\gamma NR}$$
$$= -\frac{\rho}{\gamma} \ (= \text{const.}).$$

この微分方程式より，dR/dN は，時刻に依存しない定数であり，N について積分することによって，任意の時刻 t において，

$$R(t) = -\frac{\rho}{\gamma} N(t) + C \tag{3.6}$$

が成り立つことがわかる．C は，未定な積分定数であるが，式 (3.6) より，$t = 0$ における N と R の値，すなわち，初期条件 $N(0), R(0)$ を用いて，

$$C = R(0) + \frac{\rho}{\gamma}N(0) \tag{3.7}$$

と書ける[*15]。

式 (3.6) と (3.7) を系 (3.5) の dN/dt の式に代入することによって，次の一元常微分方程式が得られる：

$$\frac{dN(t)}{dt} = \{\gamma R(0) + \rho N(0) - \rho N(t)\} N(t). \tag{3.8}$$

上記の議論から，この式 (3.8) によって表される個体群サイズ N の時間変動と系 (3.5) におけるそれは同等のものであることは明白である．すなわち，式 (3.8) によって表される個体群サイズ N の時間変動ダイナミクスは，そのバックグラウンドにおける資源の消費・枯渇が反映された結果として現れたものであると考えることができる．式 (3.8) は，明らかに，第 2.1.3 節で示した式 (2.36) による慣用的な logistic 方程式に対応している．だから，系 (3.5) における個体群サイズ変動ダイナミクスは logistic 型増殖過程を示すことがわかる．個体群サイズは単調に増大し，ある平衡値，環境許容量に漸近する．先に例として挙げた培養器の中での細菌やバクテリアの増殖過程を想定すれば，このことは，そのような状況にある細菌やバクテリアの個体群密度変化は，logistic 型であることを示唆している．

logistic 型増殖過程 (3.8) についての環境許容量は，$N(0) + (\gamma/\rho)R(0)$ で与えられる．つまり，環境許容量は，初期条件 $N(0), R(0)$ に依存して定まるものであり，初期条件が異なれば，環境許容量の値も異なるのである．この点は，第 2.1.3 節で述べた慣用的な logistic 方程式の場合とは異なっている．式 (2.36) による logistic 型増殖過程における環境許容量は，初期値 $N(0)$ には依存せず，任意の初期値 $N(0)$ からの増殖が定まった環境許容量 r_0/β に漸近する．これは，式 (2.36) による logistic 型増殖過程の数理モデリングにおいては，パラメータ r_0 や β が生物個体群の生得的特性として，あるいは，生息環境条件による個体群成長の特性として与えられていたからである．しかし，式 (3.8) による logistic 型増殖過程は，あくまでも，系 (3.5) から「派生的に」導かれたものであり，環境許容量は，系 (3.5) における資源の枯渇によって定まることを考えれば，logistic 方程式 (3.8) に対する環境許容量が初期条件 $N(0), R(0)$ に依存して定まることは自然な結果とも考えられる．

[*15] すなわち，$R(t) + \frac{\rho}{\gamma}N(t)$ は，任意の時刻 t において定数であり，系 (3.5) における**保存量** (conservative quantity) を与える式である．この定数値は，初期条件 $N(0), R(0)$ が与えられれば一意に定まり，

$$R(t) + \frac{\rho}{\gamma}N(t) = R(0) + \frac{\rho}{\gamma}N(0)$$

は，(N, R)-相平面における解軌道 $(N(t), R(t))$ の式でもある．

3.1 Mass-action 型相互作用

今，系 (3.5) においては，個体群サイズ N は，単調に増大するのみである．なぜならば，dN/dt が常に正だからである．そこで，個体群サイズの初期値 $N(0)$ からの時刻 t における成長分 $G(t) = N(t) - N(0)$ の微分方程式で考えてみよう．もちろん，$G(t)$ の初期値は，0 でなければならない．式 (3.8) より，

$$\frac{dG(t)}{dt} = \{\gamma R(0) - \rho G(t)\}\{N(0) + G(t)\} \qquad (3.9)$$

が $G(t)$ の時間変動ダイナミクスを与える式である．やはり logistic 方程式的になっており，$G(t)$ が $(\gamma/\rho)R(0)$ に漸近することがわかる．このことから，個体群サイズが初期値からどれだけ成長できるかが，初期の資源量 $R(0)$ によって一意に与えられていることがわかる[*16]．だから，初期資源量 $R(0)$ が同じであれば，環境許容量が，初期値 $N(0)$ に対して線形な正の相関を持っており，初期個体群サイズが大きければ大きいほど最終的に実現する個体群サイズも大きいのであるが，初期個体群サイズが大きくても，初期資源量が少なければ，最終的に実現する個体群サイズは，初期個体群サイズが小さく，初期資源量が多い場合のそれよりも小さくなることが起こり得る．

さて，ここで，上記の logistic 方程式 (3.8) の導出の考え方を系 (3.5) と多少異なる次の系について応用してみることにしよう．

$$\begin{cases} \dfrac{dN(t)}{dt} = \gamma R(t) N(t) \\ \dfrac{dR(t)}{dt} = -\rho N(t) R(t) + \epsilon R(t) \end{cases} \qquad (3.10)$$

追加されたパラメータ ϵ は正の定数である．この系においては，系 (3.5) と異なり，資源量の更新過程が存在する．ただし，その更新過程は Malthus 的である．つまり，資源の消費者である個体群がいない（$N \equiv 0$）場合，資源量は Malthus 係数 ϵ で指数関数的に増大するものとする．この系 (3.10) については，

$$\frac{dN}{dR} = \frac{\gamma N}{\epsilon - \rho N}$$

が得られ，やはり，これを解けば，

$$\frac{1}{\gamma}\{\epsilon \ln N(t) - \rho N(t)\} - R(t) = \frac{1}{\gamma}\{\epsilon \ln N(0) - \rho N(0)\} - R(0) \ (= \text{const.}) \quad (3.11)$$

という，時刻 t によらない関係式（保存量）が得られる．この関係式を用いて，前記の式 (3.8) の場合と同様に，次のような個体群サイズ変動ダイナミクスを表す式を導くことができる：

$$\frac{dN(t)}{dt} = \left[\gamma R(0) + \epsilon \ln \frac{N(t)}{N(0)} - \rho\{N(t) - N(0)\}\right] N(t) \qquad (3.12)$$

[*16] 環境許容量が $N(0) + (\gamma/\rho)R(0)$ であることからもわかることである．

この式は，明らかに慣用的な logistic 方程式（たとえば，式 (2.36)）とは異なる[*17]。しかし，系 (3.10) においても，個体群サイズは増大するのみ[*18] であることを考慮し，任意の時刻 $t\,(>0)$ について $N(t) > N(0)$ でなければならないことを考えれば，式 (3.12) も単調増加する個体群サイズ N の時間変動を表しており，また，同式の解析から，本節の最初に述べた系 (3.5) の場合と同様に，個体群サイズは，定数パラメータ値と初期状態 $N(0)$，$R(0)$ によって唯一定まる飽和値に向かって漸近収束してゆくことがわかる。したがって，式 (3.12) は，慣用的な logistic 方程式とは異なるが，第 2.1.3 節で述べた広義の logistic 型増殖過程を表していると考えることができる。

ここで述べたような式 (3.8) や (3.12) の導出については，式 (3.6) や式 (3.11) で与えられたような保存量を与える特定の関係式が得られることが要点であった。ただし，特定の保存量を与えるような関係式が得られたとしても，本節で述べたような導出によって二元常微分方程式系から一元常微分方程式系を陽に導出できるとは限らない。本節で述べた二つの例においては，そのような特定の関係式から $N = N(R)$ という，個体群サイズ N を資源量 R の関数として表す関係式を導くことができたので，式 (3.8) や (3.12) で与えられるような，個体群サイズ N に関して閉じた一元常微分方程式に帰結できたのである。したがって，系の保存量を与えるような関係式が与えられても，一般には，式 (3.8) や (3.12) で与えられるような一元常微分方程式に陽に書き下すことは難しいだろう。

一般化 Lotka–Volterra 型相互作用による拡張

個体群内の個体間相互作用の個体群サイズ（あるいは密度）変化速度への寄与を，個体群のサイズ（密度）の一般的なベキ乗で与えるという，一般化された Lotka–Volterra 型個体群内相互作用の導入によって，第 2.1.3 節でも議論した拡張 logistic 方程式（extended logistic equation）を構成することができる。

個体群内相互作用を個体群サイズ（密度）N の一般的なベキ指数 $\theta\,(>0)$ の累乗で与えるのが一般的な mass-action 仮定に基づく一般化された Lotka–Volterra 型相互作用であったから，前節と同様に，個体群の内的増殖過程は，Malthus 係数 r（定数）の Malthus 型増殖成長であるとすれば，考えている個体群サイズ N の成長は，次のようなダイナミクスに従う：

$$\frac{dN}{dt} = rN - \gamma N^\theta. \tag{3.13}$$

ここで，γ は，前節同様，個体群内相互作用の個体群サイズ成長への寄与の強さを表す正のパラメータである。

[*17] 当然ながら，$\epsilon = 0$ の場合は，前出の系 (3.5) に関する結果と同じであり，logistic 方程式になる。

[*18] 系 (3.10) より，任意の正の初期状態 $N(0) > 0$, $R(0) > 0$ について，任意の時刻 $t\,(>0)$ において，$dN(t)/dt > 0$ であるから，任意の時刻 $t\,(>0)$，時間 $\Delta t\,(>0)$ において，$N(t + \Delta t) > N(t)$ でなければならない。

3.1 Mass-action 型相互作用

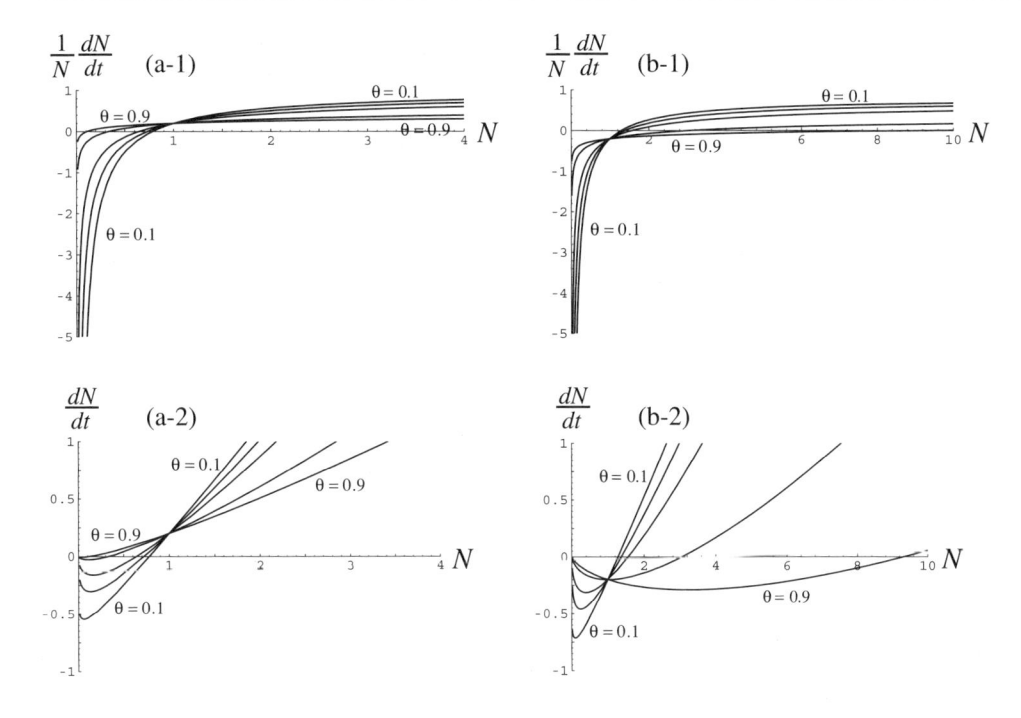

図 3.1 拡張 logistic 方程式 (3.13) における単位個体群サイズあたりの増殖率 $(1/N)dN/dt$, および, 個体群サイズ変化速度 dN/dt の個体群サイズ N 依存性。$\theta < 1$ の場合。(a-1, 2) $r = 1$; $\gamma = 0.8$; $r/\gamma = 1.25 > 1$; (b-1, 2) $r = 0.8$; $\gamma = 1$; $r/\gamma = 0.8 < 1$。$\theta = 0.1$, $\theta = 0.3$, $\theta = 0.5$, $\theta = 0.8$, $\theta = 0.9$ について数値計算を行った図を示す。

この式 (3.13) は,第 2.1.3 節の式 (2.47) によって与えられた拡張 logistic 方程式に相当するが,式 (2.47) の右辺における個体群サイズ成長速度についての密度効果の項が N の $\alpha + 1 \, (> 1)$ 乗で与えられているのに対し,ここで構成した式 (3.13) では,対応する密度効果の項の N のベキ指数 θ は,任意の正値を取りうる。つまり,式 (3.13) は,第 2.1.3 節の式 (2.47) を含む,より広い拡張 logistic 方程式である。

拡張 logistic 方程式 (3.13) も,第 2.1.3 節の式 (2.47) と全く同様に直接解くことができ,解は,(2.48) もしくは (2.49) において,α を $\theta - 1$ で置き換えたもので与えられる。

パラメータ θ が 1 以上の場合は,第 2.1.3 節の拡張 logistic 方程式 (2.47) に関する議論と同一になるので,ここでは,特に,パラメータ $\theta \leq 1$ の場合の数理モデリングについて,議論を加えておくことにしよう。実は,$\theta \leq 1$ の場合は,$\theta > 1$ の場合とは大きく異なる個体群サイズ成長が現れる。

まず,$\theta = 1$ の場合,式 (3.13) は,Malthus 係数が $r - \gamma$ で与えられる Malthus 型増殖過程を表す。だから,任意の正の初期値 $N(0)$ に対して,$r > \gamma$ ならば,個体群サイズは指数関数的に無限に増大し,$r < \gamma$ ならば,個体群サイズは単調にゼロに向かって減少

する。

　さて，$\theta < 1$ の場合，図 3.1 で示したように，拡張 logistic 方程式 (3.13) における単位個体群サイズあたりの増殖率 $(1/N)dN/dt$，および，個体群サイズ変化速度 dN/dt は，1 より小さい任意の正なる θ に対して，ともに，個体群サイズ N の増大にともなって負値から正値へと変化する。このことは，$dN/dt = 0$ となる平衡状態，$N = N^* = [r/\gamma]^{1/(\theta-1)}$，が不安定であることを示している。すなわち，$N(0) < N^*$ なる初期値からの個体群サイズ成長では，図 3.1 で示されるように，$dN/dt < 0$ であるから，個体群サイズは単調にゼロに向かって減少するが，$N(0) > N^*$ なる初期値からの個体群サイズ成長では，$dN/dt > 0$ であるから，個体群サイズは単調に増大する。式 (3.13) の右辺は，$\theta < 1$ のとき，十分に大きな N に対しては，第一項 rN が第二項 γN^θ に比べて相当に大きくなるので，前記の後者，$N(0) > N^*$ なる初期値からの個体群サイズの増大は，十分に時間が経過すると Malthus 的，すなわち，指数関数的[*19]になる。したがって，$\theta < 1$ の場合，拡張 logistic 方程式 (3.13) が導く個体群サイズ成長は，第 2.1.3 節で述べた広い意味の定義での logistic 型増殖過程ではない。これはどのように解釈できるであろうか。

　このことを考えるには，$\theta > 1$ の場合との比較をしてみればよい。$\theta > 1$ の場合の拡張 logistic 方程式 (3.13) は，パラメータ θ に依存する特徴を有するとはいえ，第 2.1.3 節で述べた広い意味の定義での logistic 型増殖過程を実現する。式 (2.34) によって定義される標準 logistic 方程式 (standard logistic equation) は，$\theta = 2$ の場合に相当するが，$\theta < 2$ であっても，$\theta > 1$ である限りにおいて，logistic 型増殖過程の実現性という特徴は維持されている。第 2.1.3 節で述べた，飽和値に向かって個体群サイズが漸近増大するような個体群成長，という広い意味の定義での logistic 型増殖過程を実現するためには，個体群サイズ（あるいは密度）が増大したときに，個体群サイズ成長を**調節** (regulate) する密度効果が個体群サイズ成長を抑制する働きを持たなければならない。Mass-action 仮定による拡張 logistic 方程式 (3.13) では，第二項 γN^θ によってその密度効果が導入されているのであるが，$\theta < 1$ では，個体群サイズ成長を調節できるだけの密度効果が得られないために，個体群サイズ（密度）が増大した結果，式 (3.13) の第一項によって与えられる，個体群内の繁殖過程（Malthus 型増殖過程）が密度効果に勝り，個体群サイズは際限なく増大することになると考えられる。また，$\theta < 1$ の場合，十分に小さな初期個体群サイズからは，個体群が絶滅する（個体群サイズがゼロに向かって単調減少する）というのは，小さな個体群サイズで実現する繁殖過程に密度効果が勝るために起こる結果であると考えることができる。つまり，$\theta < 1$ の場合には，小さな個体群サイズにおいては，密度効果が強すぎ，大きな個体群サイズにおいては，密度効果が弱すぎるために，広い意味の定義での logistic 型増殖過程が実現できなかったのである。一方，$\theta > 1$ では，個体群サイズ調節に効果的に働きうるだけの強さの特性をもつ密度効果が与えられていたというわけで

[*19] $N(t) \approx e^{rt}$。

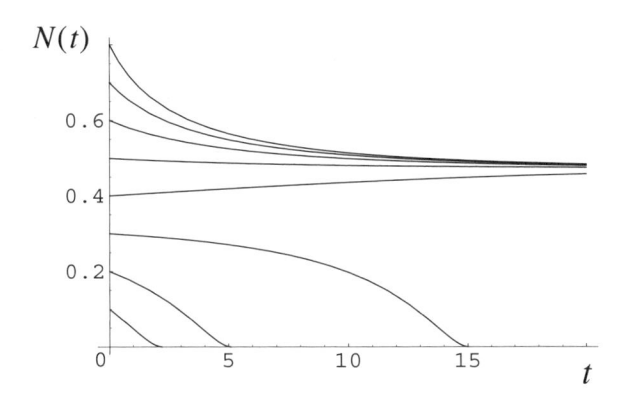

3.1 Mass-action 型相互作用   133

図 3.2 拡張 logistic 方程式 (3.14) による個体群サイズ変動の例。$r_0 = 1.2$；$\beta = 1.0$；$\alpha = 1.0$；$\gamma = 0.5$；$\theta = 0.5$ 。異なる初期値からの個体群サイズの変動のグラフを示した。

ある．

また，$\theta = 1$ の場合には，密度効果は，個体群サイズへの線形の依存性をもつので，Malthus 型増殖過程による繁殖の強さとの加算的な比較になり，これら二つの要素の強さの大小関係は，結果として，個体群サイズによらなくなり，繁殖の強さを表すパラメータ r と密度効果の強さを表すパラメータ γ だけの大小関係で，常に繁殖過程が勝っているか，あるいは，常に密度効果が勝っているかのいずれかのみが実現しうるのである．

もちろん，このような拡張 logistic 方程式 (3.13) の特性は，個体群増殖に内在する Malthus 型増殖過程の仮定によるところも大きい．上記で現れた個体群サイズの発散性こそはその仮定に依存して現れたものである．拡張 logistic 方程式 (3.13) は，mass-action 仮定によって個体群内相互作用を個体群サイズ成長過程に導入したものであったが，第 2.1.3 節の拡張 logistic 方程式 (2.47) は，個体群内の単位個体群サイズあたりの増殖率に対する密度効果をより一般的な形で導入して導かれたものである．これら二つの拡張 logistic 方程式は，それぞれが異なる要因を個体群サイズ成長過程に導入されて導かれたものであると考えることができる．したがって，これら二つの要因が互いに独立であると考えるならば，これら二つを共に導入した次のような拡張 logistic 方程式を考えることができるはずである：

$$\frac{dN(t)}{dt} = \{r_0(t) - \beta(t)[N(t)]^\alpha\} N(t) - \gamma(t)[N(t)]^\theta \quad (3.14)$$

詳細な証明は読者に任せることにして，r_0, β, γ が定数の場合について，この数理モデリングによる拡張 logistic 方程式 (3.14) の特性のみを述べておくことにする．この拡張 logistic 方程式 (3.14) では個体群サイズの発散は起こらない．やはり，$\theta \geq 1$ の場合には，第 2.1.3 節で述べた広い意味の定義での logistic 型増殖過程が実現する．しかし，$\theta < 1$

の場合には，様相が異なってくる（図 3.2 参照）．まず，内的増加率 r_0 がある閾値[20]未満では，任意の初期値から個体群の絶滅[21]に向かう．r_0 がその閾値を超えている場合には，初期値 $N(0)$ に対して，ある閾値[22]が存在して，初期値がその閾値未満ならば，個体群は，単調にそのサイズを減少させ，絶滅に向かう．初期値がその閾値を超えていれば，個体群サイズは，初期値によらないある平衡値[23]に漸近収束する（図 3.2 参照）．

発展

r_0, β, γ が時間的（e.g. 季節的）に変動する場合には，個体群サイズ変動ダイナミクスはどのような特性を持ちうるだろうか．

3.2 Michaelis–Menten 型相互作用

3.2.1 Michaelis–Menten 型反応速度式

Michaelis–Menten（ミカエリス–メンテン）による酵素反応の理論[24] において，**Michaelis–Menten 型反応速度式**（Michaelis–Menten reaction velocity equation），あるいは，**Michaelis–Menten 式**（Michaelis–Menten equation）と呼ばれている反応速度式がある[25]．酵素は高性能の触媒として，相対的にかなりの低濃度でも十分に高速な反応を実現する高分子であり，その役割は，反応原系（基質，substrate）とコンプレックス（complex；錯体，複合体）を生成することである．ほとんど全ての生物学的反応は，酵素によって，その反応が昂進される．典型的な酵素の濃度は，近似的に 10^{-8} から 10^{-10} M の範囲にあり，一方，基質の濃度は，通常，10^{-6} より大きい．そのような状況では，酵素による，反応中間コンプレックスは，基質よりはるかに小さな濃度で存在すると考えられる．そこで，それらの濃度は，（短い誘導期間の後に）定常状態にあると考える

---

[20] パラメータ $\beta, \alpha, \gamma, \theta$ によって定まる．

[21] つまり，個体群サイズが単調にゼロに漸近する．

[22] パラメータ $r_0, \beta, \alpha, \gamma, \theta$ によって定まる．

[23] パラメータ $r_0, \beta, \alpha, \gamma, \theta$ によって定まる．

[24] Victor Henri (June 6, 1872 – June 21, 1940; born in Marseille, and died in La Rochelle, France) による 1901–03 年の生化学反応の数理モデルの研究 [110, 111, 112, 113] を基に，生理学者 Archibald Vivian Hill CH CBE FRS (September 26, 1886 – June 3, 1977; born in Bristol, UK, and died in Cambridge, UK；1922 年ノーベル生理学・医学賞受賞) による初期の研究を参考にしながら，生化学者 Leonor Michaelis (January 16, 1875 – October 8, 1947；born in Berlin, Germany, and died in New York City) と医学者 Maud Leonora Menten (March 20, 1879 – July 26, 1960；born and died in Ontario, Canada) が 1913 年に論文 [225] に著した理論．後に，Briggs & Haldane [38] によって現在の理論形に整理された．化学反応速度論の教科書にはたいてい掲載されている．たとえば，Amdur & Hammes [10] や慶伊 [163]，Brown & Rothery [41]，北原・吉川 [170] などを参照されたい．

[25] より詳しい取り扱いについては，化学反応速度論の専門書を参照されたい．

3.2 Michaelis–Menten 型相互作用

ことが，近似的に有効である．多くの酵素反応が，そのような定常状態を仮定して研究されており，定常状態速度論的研究 (steady-state kinetic studies) と呼ばれる．

酵素を E，基質を S，中間コンプレックスを X，生成物を P と書けば，最も簡単な酵素反応系は，以下のように表される：

$$\mathrm{E} + \mathrm{S} \underset{k_{-1}}{\overset{k_1}{\rightleftharpoons}} \mathrm{X} \underset{k_{-2}}{\overset{k_2}{\rightleftharpoons}} \mathrm{E} + \mathrm{P} \tag{3.15}$$

この酵素反応系を Michaelis–Menten 機構 (Michaelis–Menten structure) と呼ぶことがある．

よりスケールの大きな生物学的過程においても，しばしば，反応系 (3.15) のような構造を考えることは可能である．たとえば，ある生体組織の細胞に，ある外来物質（ホルモン，抗原，抗体など）が作用し，生体反応を介して，その組織から別の応答物質（ホルモン，抗体，提示抗原タンパクなど）が産生されるような過程を考えるならば，E は，考えている生体組織における，外来物質の受容細胞であるが外来物質と反応していないもの，S は，生体組織における外来物質，X は，外来物質を受容して活性を得，生体反応を行っている細胞，P は，生体反応を介して細胞によって産生された応答物質，というような対応を想定できよう．この場合，k_1 は，外来物質と受容細胞の反応係数であり，外来物質と受容細胞の結合は，係数 k_{-1} によって特徴づけられる乖離確率を有する．そして，外来物質と結合した受容細胞は，応答物質を係数 k_2 で特徴づけられる生産性で産生し，応答物質産生後には，その活性を失い，外来物質と結合する前の状態に速やかにもどる．係数 k_{-2} については，受容細胞と受容細胞によって産生された応答物質が，再度，結合・反応するという過程が生体反応としては考えにくいので，$k_{-2}=0$ と考えた方がよかろう．

さて，酵素反応系 (3.15) については，化学反応速度論に従って，物質 A の濃度を [A] という形で表現して，それぞれの物質の濃度変化を以下のような非線形微分方程式系で表すことができると仮定[*26]する：

$$\frac{d[\mathrm{E}]}{dt} = -k_1[\mathrm{E}][\mathrm{S}] - k_{-2}[\mathrm{E}][\mathrm{P}] + (k_{-1}+k_2)[\mathrm{X}] \tag{3.16}$$

$$\frac{d[\mathrm{X}]}{dt} = k_1[\mathrm{E}][\mathrm{S}] + k_{-2}[\mathrm{E}][\mathrm{P}] - (k_{-1}+k_2)[\mathrm{X}] \tag{3.17}$$

$$\frac{d[\mathrm{S}]}{dt} = -k_1[\mathrm{E}][\mathrm{S}] + k_{-1}[\mathrm{X}] \tag{3.18}$$

$$\frac{d[\mathrm{P}]}{dt} = k_2[\mathrm{X}] - k_{-2}[\mathrm{E}][\mathrm{P}] \tag{3.19}$$

ここで，(3.15) が孤立した（系外からの物質の移入，系内からの物質の移出がない）酵素反応系ならば，反応開始直前の E と S の初濃度をそれぞれ $[\mathrm{E}]_0, [\mathrm{S}]_0$ と表せば，それらの

[*26] 第 3.1 節で述べた化学反応速度論における動的な mass-action 仮定による．

保存則より，

$$[E]_0 = [E] + [X] \tag{3.20}$$
$$[S]_0 = [S] + [P] + [X] \tag{3.21}$$

が任意の時刻において満たされなければならない．これらの初濃度 $[E]_0$, $[S]_0$ は定数として与えられているものとすると，(3.20) と (3.21) より，$d[E]/dt = -d[X]/dt$，および，$-d[S]/dt = d[P]/dt + d[X]/dt$ が導かれる．

上記のように，酵素はかなりの低濃度であり，したがって，中間コンプレックス濃度も低濃度であるとして，基質や生成物の濃度 $[S]$, $[P]$ に比べて，$[X]$ が無視できるほどの大きさであるとする．すると，保存則 (3.21) において，

$$[S]_0 \approx [S] + [P] \tag{3.22}$$

という近似を導入することができる．さらに，基質濃度の変化に比べて中間コンプレックスの濃度変化は無視できる[*27] として，$d[X]/dt \approx 0$，したがって，$d[E]/dt \approx 0$ とする．保存則 (3.20) および $d[X]/dt \approx 0$ を式 (3.17) に適用して導かれる式とから，$[E]$ と $[X]$ を $[S]$ と $[P]$ で表すと，式 (3.18) から，基質 S の反応速度 $\mathcal{V}$ が，基質 S と生成物 P の濃度の関数として，以下のように求められる：

$$\mathcal{V} = -\frac{d[S]}{dt}\left(\approx \frac{d[P]}{dt}\right) \approx \frac{(V_m/K_m)[S] - (V_P/K_P)[P]}{1 + [S]/K_m + [P]/K_P}. \tag{3.23}$$

ただし，

$$V_m = k_2[E]_0$$
$$V_P = k_{-1}[E]_0$$
$$K_m = \frac{k_{-1} + k_2}{k_1}$$
$$K_P = \frac{k_{-1} + k_2}{k_{-2}}.$$

この式 (3.23) を（一般的な）**Michaelis–Menten 型反応速度式**，あるいは，**Michaelis–Menten 式**と呼び，K_m を Michaelis 定数と呼んでいる．Michaelis–Menten 型反応速度式は，酵素介在反応の（近似的）反応速度を与える．パラメータ K_m や K_P は，中間コンプレックスの濃度変化に対する準定常状態近似によって現れる，中間コンプレックス濃度の定常性に関わるものである．

反応系 (3.15) を，本節の初めで述べたような生体組織における生体反応過程と想定する場合として，$k_{-2} = 0$ と仮定すると，Michaelis–Menten 式 (3.23) は次のような（近似

[*27] 準定常状態近似（quasi-steady state approximation；QSSA）．Briggs–Haldane 近似，定常状態近似（stationary state approximation）と呼ばれることもある．

3.2 Michaelis–Menten 型相互作用

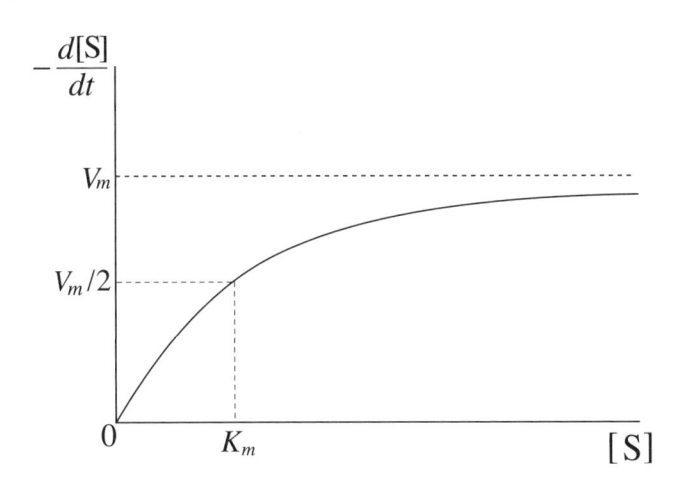

図 3.3 Michaelis–Menten 機構における基質反応速度 (3.24)。

的) 反応速度を与えるものとなる：

$$\mathcal{V} = -\frac{d[S]}{dt}\left(\approx \frac{d[P]}{dt}\right) \approx \frac{V_m}{1 + K_m/[S]}. \tag{3.24}$$

この式 (3.24) では，応答物質濃度 [P] への依存性はなく，Michaelis–Menten 式 (3.23) において，$K_P \to +\infty$ とした式に対応している．この式 (3.24) も Michaelis–Menten 型反応速度式，あるいは，Michaelis–Menten 式と呼ばれる[*28]．この結果 (3.24) における基質反応速度の基質濃度依存性は，図 3.3 のようになることが導かれる．このような反応速度式は，触媒能に飽和が起こり得るような触媒反応に対して有効であることが図からもわかる[*29]．

Michaelis–Menten 型反応速度式 (3.23) において，反応開始直後の反応速度を考える．生成物の初濃度はゼロであることより，反応開始直後には，[P] = 0 とすれば，式 (3.23) より，反応の初速度 $\mathcal{V}_0$ が，以下のように求められる：

$$\mathcal{V}_0 \approx \frac{k_2[E]_0[S]}{[S] + (k_{-1} + k_2)/k_1} = \frac{V_m}{1 + K_m/[S]} \tag{3.25}$$

この式の形は，形式上，式 (3.24) と同じであるが，式 (3.24) が $k_{-2} = 0$ の場合の反応速度の（近似的）時間履歴を与えているのに対して，式 (3.25) は，式 (3.23) で与えられるような反応速度の（近似的）時間履歴における初速度を表す．

[*28] 後の第 4.2.7 節で述べる Holling の円盤方程式（Holling's disc equation）に従う餌密度の時間変動 (4.98) と Michaelis–Menten 型反応速度式 (3.24) の相同性については，読者に是非考えてもらいたい，数理モデリングの発展の手がかりのひとつである．

[*29] より一般的な Michaelis–Menten 式 (3.23) も同様の特性をもっている．

式 (3.25) の逆数をとることによって，

$$\mathcal{V}_0^{-1} \approx \frac{1}{V_m} + \frac{K_m}{V_m}\left([S]^{-1}\right) \quad (3.26)$$

が得られる．この式より，この Michaelis–Menten の理論が（近似的であれ）成立する場合については，$[S]^{-1}$ に対する $\mathcal{V}_0^{-1}$ をプロットした場合，正の切片をもつ直線となることがわかる．そのような場合には，式 (3.26) から，その直線の勾配と切片により，V_m と K_m を評価することができる．この取り扱いは，実験結果をしばしば上手く説明できるものであった．その提案者の名を冠して，式 (3.26) は，Lineweaver–Burk 式と呼ばれることがある．

3.2.2 　より一般的な Michaelis–Menten 型反応速度式

前節と同様の取り扱いで，次のように，中間コンプレックスが 2 段階にわたるような場合でも，式 (3.23) や式 (3.24)，または，式 (3.25) や式 (3.26) が有効であることを示すことができる：

$$E + S \underset{k_{-1}}{\overset{k_1}{\rightleftharpoons}} X_1 \underset{k_{-2}}{\overset{k_2}{\rightleftharpoons}} X_2 \underset{k_{-3}}{\overset{k_3}{\rightleftharpoons}} E + P \quad (3.27)$$

それぞれの物質の濃度変化を表す微分方程式系は次のようになる：

$$\frac{d[E]}{dt} = -k_1[E][S] - k_{-3}[E][P] + k_3[X_2] + k_{-1}[X_1] \quad (3.28)$$

$$\frac{d[X_1]}{dt} = k_1[E][S] + k_{-2}[X_2] - (k_{-1} + k_2)[X_1] \quad (3.29)$$

$$\frac{d[X_2]}{dt} = k_2[X_1] + k_{-3}[E][P] - (k_{-2} + k_3)[X_2] \quad (3.30)$$

$$\frac{d[S]}{dt} = -k_1[E][S] + k_{-1}[X_1] \quad (3.31)$$

$$\frac{d[P]}{dt} = k_3[X_2] - k_{-3}[E][P] \quad (3.32)$$

また，この場合の保存則は，

$$[E]_0 = [E] + [X_1] + [X_2] \quad (3.33)$$

$$[S]_0 = [S] + [P] + [X_1] + [X_2] \quad (3.34)$$

となる．

この場合についても，基質濃度の変化に比べて中間コンプレックスの濃度変化は無視できるという準定常状態近似を 2 種類の中間コンプレックスに同時に仮定することにより，$d[X_1]/dt \approx 0$ かつ $d[X_1]/dt \approx 0$ という近似を適用し，上記の保存則を用いれば，反応速

度式 (3.23) や (3.24)*30，あるいは，初期反応速度 $\mathcal{V}_0$ に関する式 (3.25)，式 (3.26) における K_m, K_P, V_m, V_P を次のように定義し直すだけで対応する結果を導くことができる：

$$K_m = \frac{k_2 k_3 + k_{-1} k_3 + k_{-1} k_{-2}}{k_1 (k_{-2} + k_2 + k_3)}$$

$$K_P = \frac{k_2 k_3 + k_{-1} k_3 + k_{-1} k_{-2}}{k_{-3} (k_{-2} + k_{-1} + k_2)}$$

$$V_m = \frac{k_2 k_3}{k_{-2} + k_2 + k_3} [\text{E}]_0$$

$$V_P = \frac{k_{-2} k_{-1}}{k_{-2} + k_{-1} + k_2} [\text{E}]_0.$$

このような取り扱いは，さらに中間コンプレックスの数が多くても同様である*31。つまり，パラメータの定義が変わるだけであり，Michaelis–Menten 型反応速度式の形は，酵素反応系における中間コンプレックスの数には無関係なのである。このことが意味するところは，$[\text{S}]^{-1}$ に対する $\mathcal{V}_0^{-1}$ のプロットによって V_m と K_m が評価できても，反応が (3.15) なのか (3.27) なのかは区別できない，ということである。すなわち，定常状態速度研究では，中間コンプレックスの（段階）数を決めることはできない。

3.2.3 反応阻害物質を導入した速度式

酵素と結合し，酵素の有効濃度を減少させる物質（阻害物質，inhibitor）I を考えた場合，すなわち，

$$\text{E} + \text{I} \underset{k_-}{\overset{k_+}{\rightleftharpoons}} \text{EI} \tag{3.35}$$

という反応が，反応 (3.15) や (3.27) と同時に進行している場合を考えてみよう。この場合の阻害物質と酵素の間の反応速度が，やはり，第 3.1 節で述べた化学反応速度論における動的な mass-action 仮定を用いて，

$$\frac{d[\text{I}]}{dt} = -k_+ [\text{E}][\text{I}] + k_- [\text{EI}] \tag{3.36}$$

$$\frac{d[\text{EI}]}{dt} = k_+ [\text{E}][\text{I}] - k_- [\text{EI}] \tag{3.37}$$

で表される場合を考える。ここで，反応 (3.15) や (3.27) における中間コンプレックスの濃度に対する準定常状態近似に加えて，上記の阻害物質と酵素の間の反応 (3.35) についても，準定常状態近似を適用することにする。すなわち，$d[\text{I}]/dt \approx 0$ という近似を用いる

---
*30 $k_{-3} = 0$ の場合。
*31 関心のある読者は，多段階中間コンプレックスが存在する場合についての考察を試みられるとよい。

と，平衡定数 $K_I = k_+/k_-$ を用いて，阻害物質 I が存在する場合の反応速度 $\mathcal{V}$ は，次のように得られる：

$$\mathcal{V} = -\frac{d[\text{S}]}{dt} \approx \frac{(V_m/K_m)[\text{S}] - (V_P/K_P)[\text{P}]}{1 + K_I[\text{I}] + [\text{S}]/K_m + [\text{P}]/K_P}. \tag{3.38}$$

また，反応初速度 $\mathcal{V}_0$ は，

$$\mathcal{V}_0 \approx \frac{V_m}{1 + (K_m/[\text{S}])(1 + K_I[\text{I}])} \tag{3.39}$$

となる．

3.2.4 個体群ダイナミクスへの応用

前節までに述べた準定常状態近似のアイデアを用いて生物個体群ダイナミクスの数理モデリングが可能である．たとえば，De Boer & Perelson [60] や Huisman & De Boer [133]，Borghans *et al.* [34] などによって議論されている[*32]．ここでは，その基本的な数理モデリングの考え方を紹介する．次のような 2 種個体群の相互作用過程を考える：

$$\text{N}_1 + \text{N}_2 \underset{\gamma_-}{\overset{\gamma_+}{\rightleftharpoons}} \text{C} \xrightarrow{\sigma} \text{N}_2(1 + \kappa) \tag{3.40}$$

ここで，N_i $(i = 1, 2)$ は考えている 2 種個体群において種間相互作用状態にない（フリーな）個体を表しており，C は種間相互作用状態にある個体ペアを表している．この場合，種間相互作用は，それぞれの個体群の単位個体群サイズ間（異種個体間）において作用するものと仮定し，相互作用に入る頻度を与える係数として γ_+，相互作用状態が無為に解消する[*33]頻度を与える係数を γ_- で表している．相互作用が変化を生む場合には，結果として，相互作用状態にあった種 1 の個体は死滅し，種 2 の個体から増殖が生じる．σ が相互作用が変化を生む確率に相当する係数，κ が増殖率に相当するパラメータである．(3.40) で与えられている相互作用過程は，種 2 が種 1 を捕食したり，種 2 が種 1 に捕食寄生したりする種間関係と見なすことのできる場合である．より一般的には，種 2 が種 1 を搾取することによって個体群サイズを増加させる過程である．

上記の反応式 (3.40) は，単に，仮定している相互作用過程を表現したものに過ぎない．そこで，これまでと同様にして，(ただし，生物個体群の自然増殖，自然死亡の過程を併せて仮定の上で) この反応式に対する反応速度式を書き下すと以下のようになる[*34]：

$$\frac{dN_1(t)}{dt} = g(N_1, t) - \gamma_+ N_2(t)N_1(t) + \gamma_- C(t); \tag{3.41}$$

[*32] 準定常状態近似による数理モデリングについては近年においても研究が進みつつあり，今後，数理生物学への応用が期待できる．たとえば，文献 [276, 298, 299, 300, 349] などを参照されたい．

[*33] 相互作用の結果が無為である場合．相互作用状態にあった各個体は再びフリーな状態に戻る．

[*34] [ ] の代わりに斜体記号で各密度を表現している．

3.2 Michaelis–Menten 型相互作用

$$\frac{dC(t)}{dt} = \gamma_+ N_2(t)N_1(t) - m_C(C,t) - \gamma_- C(t) - \sigma C(t); \quad (3.42)$$

$$\frac{dN_2(t)}{dt} = \sigma(1+\kappa)C(t) - m_2(N_2,t) - \gamma_+ N_1(t)N_2(t) \quad (3.43)$$

関数 $g(N_1,t)$ は，種間相互作用に依存しない，時刻 t における種1の個体群の増殖過程（死亡を含む）による個体群サイズ変動への寄与を与える．関数 $m_2(N_2,t)$ は，時刻 t における種2の個体群の（瞬間）自然死亡速度，$m_C(C,t)$ は，時刻 t における相互作用状態下の個体ペアの（瞬間）死亡速度を与える．

さて，Michaelis–Menten 型反応速度式導出の場合と同様に，相互作用状態下の個体ペアの密度 C の時間変動が個体群サイズ N_1, N_2 の時間変動に比べて無視できるとする準定常状態を適用する．相互作用状態下の個体ペアの密度 C の時間変動速度が個体群サイズ N_1, N_2 の時間変動速度に比べて極めて大きく，個体群サイズ N_1, N_2 の時間変動の時間スケールでは，相互作用状態下の個体ペアの密度 C が十分速やかに（準）定常状態に各時刻で至っていると仮定することと同等である．すなわち，今，任意の時刻 t において，$dC/dt \approx 0$ の仮定により，関係式 (3.42) より，

$$\gamma_+ N_2(t)N_1(t) - m_C(C,t) - \gamma_- C(t) - \sigma C(t) \approx 0$$

を各時刻 t について適用する．この関係式より C を N_1, N_2 の関数として一意的に表現することができれば，(3.41) と (3.43) に代入することで閉じた系を得ることができる．最も単純な，$m_C(C,t) = \delta_C C$，$m_2(N_2,t) = \delta_2 N_2$ の場合（δ_C と δ_2 は正定数）について，さらに考えてみよう．また，種2の総個体群密度 $\overline{N}_2(t) = N_2(t) + C(t)$ を導入する．この場合，準定常状態近似は次の関係式を導く：

$$C(t) \approx \frac{N_1(t)}{k_h + N_1(t)} \overline{N}_2(t) \quad (3.44)$$

ここで，

$$k_h = \frac{\gamma_- + \delta_C + \sigma}{\gamma_+}$$

である．準定常状態近似による関係式 (3.44) を用いれば，(3.41–3.43) より，個体群密度 N_1 と $\overline{N}_2$ の時間変動ダイナミクスが次のように表される[35]：

$$\frac{dN_1(t)}{dt} = g(N_1,t) - (\delta_C + \sigma)\frac{N_1(t)}{k_h + N_1(t)}\overline{N}_2(t); \quad (3.45)$$

$$\frac{d\overline{N}_2(t)}{dt} = -\delta_2 \overline{N}_2 + K(\delta_C + \sigma)\frac{N_1(t)}{k_h + N_1(t)}\overline{N}_2(t) \quad (3.46)$$

---

[35] この場合，種2の総個体群密度 $\overline{N}_2(t)$ に対して，N_1 は種1の「繁殖可能な」個体群密度として記述されている．

ここで,
$$K = \frac{\sigma\kappa + \delta_2 - (\gamma_- + \delta_C)}{\delta_C + \sigma}$$
である．(3.45) と (3.46) の個体群相互作用項における分数関数形は，しばしば，**Michaelis–Menten** 型相互作用とも呼ばれるものである[*36]．$K \leq 0$，すなわち，$\sigma\kappa + \delta_2 \leq \gamma_- + \delta_C$ ならば，明らかに，種2の個体群は絶滅に向かう（i.e. $t \to \infty$ のとき $N_2(t) \to 0$）．相互作用中の死亡率が高い場合や，相互作用が強くなく，相互作用が無為に解消しやすい場合には，種2が存続できないと解釈できる．

注意しておくべきは，(3.45) と (3.46) から成る系の特性が，必ずしも，(3.41–3.43) から成る系の特性と同等になるとは限らないことである．これら二つの系の特性が対応するのは，準定常状態近似の適用が適当な場合である．すなわち，相互作用状態下の個体ペア密度の時間変動速度が個体群サイズ N_1, N_2 の時間変動速度に比べて十分に大きな場合に限りこれらの二つの系の特性が同等になるのであるから，元になった (3.41–3.43) から成る系に対して，(3.45) と (3.46) から成る系を同一視することは数理的に問題があることに注意しておきたい．

さて，さらに，2種個体群の相互作用過程 (3.40) をより一般的にした，次のような $\nu + l$ 種の個体群の間での相互作用過程を考えておこう（$i = 1, 2, \ldots, \nu; j = 1, 2, \ldots, l$）：

$$H_i + P_j \underset{\gamma_{ij}^-}{\overset{\gamma_{ij}^+}{\rightleftharpoons}} C_{ij} \overset{\sigma_{ij}}{\to} P_j(1 + \kappa_{ij}) \tag{3.47}$$

そして，2種個体群の相互作用過程 (3.40) の場合と同様にして，この反応式に対する次の反応速度式を考える[*37]：

$$\frac{dH_i(t)}{dt} = g_i(H_i, t) - \sum_{j=1}^{l} \gamma_{ij}^+ H_i(t) P_j(t) + \sum_{j=1}^{l} \gamma_{ij}^- C_{ij}(t); \tag{3.48}$$

$$\frac{dC_{ij}(t)}{dt} = \gamma_{ij}^+ H_i(t) P_j(t) - D_{ij} C_{ij}(t) - \gamma_{ij}^- C_{ij}(t) - \sigma_{ij} C_{ij}(t); \tag{3.49}$$

$$\frac{dP_j(t)}{dt} = \sum_{i=1}^{\nu} \sigma_{ij}(1 + \kappa_{ij}) C_{ij}(t) - \delta_j P_j(t) - \sum_{i=1}^{\nu} \gamma_{ij}^+ H_i(t) P_j(t) \tag{3.50}$$

準定常状態近似を適用し，任意の時刻 t において，$dC_{ij}/dt \approx 0$ が任意の i, j の組み合わせについて成り立つとすれば，(3.49) より，任意の i, j の組み合わせについて，

$$H_i(t) P_j(t) - k_{ij} C_{ij}(t) \approx 0 \tag{3.51}$$

[*36] また，後述の第 4.2.7 節で述べる Holling 型捕食過程における捕食者の機能的応答として Holling's Type II response（第 4.2.1 節参照；p.188）を与える Holling の円盤方程式 (4.102)（第 4.2.7 節；p.229）による種間相互作用項とも考えることができる．

[*37] 再び，[ ] の代わりに斜体記号で各密度を表現している．

3.2 Michaelis–Menten 型相互作用

が各時刻 t について適用できる．ここで，

$$k_{ij} = \frac{\gamma_{ij}^{-} + D_{ij} + \sigma_{ij}}{\gamma_{ij}^{+}}$$

である．今，種 P_j の総個体群密度

$$\overline{P}_j(t) = P_j(t) + \sum_{i=1}^{\nu} C_{ij}(t) \tag{3.52}$$

を導入すると，(3.51) より，関係式

$$C_{ij}(t) \approx \frac{H_i(t)/k_{ij}}{1 + \sum_{i=1}^{\nu} H_i(t)/k_{ij}} \overline{P}_j(t) \tag{3.53}$$

が得られる．これらの関係式 (3.51–3.53) を (3.48–3.50) に用いれば，個体群密度 $H_i, \overline{P}_j$ ($i=1,2,\ldots,\nu; j=1,2,\ldots,l$) の時間変動ダイナミクスが次のように得られる：

$$\frac{dH_i(t)}{dt} = g_i(H_i, t) - \sum_{j=1}^{l}(D_{ij} + \sigma_{ij})\frac{H_i(t)/k_{ij}}{1 + \sum_{n=1}^{\nu} H_n(t)/k_{nj}} \overline{P}_j(t); \tag{3.54}$$

$$\frac{d\overline{P}_j(t)}{dt} = -\delta_j \overline{P}_j(t) + \sum_{i=1}^{\nu} K_{ji}(D_{ij} + \sigma_{ij})\frac{H_i(t)/k_{ij}}{1 + \sum_{n=1}^{\nu} H_n(t)/k_{nj}} \overline{P}_j(t) \tag{3.55}$$

ここで，

$$K_{ji} = \frac{\sigma_{ij}\kappa_{ij} + \delta_j - (\gamma_{ij}^{-} + D_{ij})}{D_{ij} + \sigma_{ij}}$$

である[*38]．(3.54) と (3.55) に現れる相互作用項は，前出の (3.45) と (3.46) で与えられる 2 種個体群間相互作用項における Michaelis–Menten 型相互作用のより一般的な形式の一つである[*39]．

> **発展**
>
> 数理生物学の数理モデルとして，前節の反応阻害物質を導入した速度式はどのように応用しうるか．さらなる準定常状態近似を応用した数理モデリングの発展性はいかなるものだろうか．

[*38] (3.54) と (3.55) から成る系は，2 栄養段階の (複数の捕食者種と複数の餌種から成る) 食物 (連鎖) 網の数理モデルになっている．

[*39] また，後述の第 4.2.7 節で述べる，複数の捕食者種と複数の餌種の間の Holling 型捕食過程における Holling の円盤方程式による相互作用ダイナミクス (4.113) と (4.114) ［p.234］との数理的な対応も明らかである．

3.3 個体群内相互作用から離散世代増殖過程へ

3.3.1 Poisson 分布に従う相互作用頻度：Royama の理論

本節では，個体群内の個体間相互作用を考慮に入れた議論によって，第 2.2.6 節で述べた指数関数型 logistic 離散世代増殖過程 (2.146) を導く。ここで述べる導出は，Tomoo Royama（蝋山朋雄）(1992) [291] による議論に基づいている。

今，限られた資源を利用するある個体群を考える。資源が限られているので，個体それぞれは，必要とする資源の獲得のために他個体と資源を奪い合うことになるだろう。第 k 世代において，i 個体で資源を奪い合っている場合に期待される個体あたりの増殖率を $r_k(i)$ と書く。また，第 k 世代において，ある資源を奪い合っている個体数が i である確率，もしくは，同じ資源を奪い合っている集団が個体数 i をもつ確率，あるいは，任意の1個体が同じ資源を奪い合っている i 個体から成る集団内の個体である確率を $P_k(i)$ と書く。$r_k(1)$ は，第 k 世代において資源の奪い合いがない場合に期待される個体あたりの増殖率を表し，$P_k(1)$ が資源を独り占めしている個体の個体群中の頻度を表す。すると，第 k 世代の個体群全体における個体あたり（期待）平均増殖率 $\langle r \rangle_k$ を次のように表すことができる：

$$\langle r \rangle_k = \sum_{i=1}^{+\infty} r_k(i) P_k(i). \tag{3.56}$$

この平均増殖率 (3.56) の数理モデリングにおいては，考えている生息域での資源の奪い合いについて，個体間に差が導入されていると解釈できることに注意しよう。つまり，個体数 i で奪い合っている資源と個体数 j ($\neq i$) で奪い合っている資源が存在するためにそれぞれの資源を奪い合っている個体の間に差が生じるという解釈である。あるいは，利用可能な資源について（確率的に）質的な差がありえる場合を考えていると解釈することもできる。考えている個体群が利用できる資源の質に応じて資源に関する奪い合いに強弱が生じ，それが奪い合いに参加する個体数 i に反映されているという見方である。

個体あたりの平均増殖率 $\langle r \rangle_k$ は，離散世代の場合，$\langle r \rangle_k = N_{k+1}/N_k$ と定義できるので，式 (3.56) から，次の一般的な個体群サイズ変動ダイナミクスが得られる：

$$N_{k+1} = N_k \cdot \sum_{i=1}^{+\infty} r_k(i) P_k(i). \tag{3.57}$$

密度がより高い個体群では，資源の奪い合いはより激しくなるはずである。したがって，確率 $P_k(i)$ は，一般に，世代数 k にのみ依存するのではなく，第 k 世代における個体群サイズ（密度）N_k にも依存すると考えられるので，式 (3.57) によるダイナミクスは，必ずしも簡単ではない。

3.3 個体群内相互作用から離散世代増殖過程へ

さて，第 k 世代における分布 $\{P_k(i)|i=1,2,\ldots\}$ が個体群サイズ（密度）に依存する平均値をもつ Poisson 分布に従うもの[*40]としよう．すなわち，

$$P_k(i) = \frac{\gamma_k^{i-1}\mathrm{e}^{-\gamma_k}}{(i-1)!} \qquad (i=1,2,\ldots) \tag{3.58}$$

とする[*41]．ここで，$\gamma_k = \gamma_k(N_k)$ は，一般に，世代 k と個体群サイズ N_k に依存する正値関数とする．この Poisson 分布 $\{P_k(i)\}$ に基づけば，第 k 世代において資源の奪い合いをしている個体数の（期待）平均値 $\langle n \rangle_k$ は次のように求められる[*42]：

$$\langle n \rangle_k = \sum_{j=1}^{+\infty} j \cdot P_k(j) = \gamma_k + 1.$$

関数 $\gamma_k(N_k)$ が個体群サイズ N_k について単調増加の場合，個体群サイズ（密度）がより大きければ，（上記の平均値 $\langle n \rangle_k$ も上昇し）資源の奪い合いがより激しくなる．

今，第 k 世代において i 個体で資源を奪い合う場合に期待される個体あたりの増殖率 $r_k(i)$ について，

$$r_k(i) = r_k(1)\mu_k^{i-1} \tag{3.59}$$

と仮定しよう．パラメータ μ_k は，第 k 世代における資源の奪い合いによる増殖率の低下の強さを表しており，$0 < \mu_k \leq 1$ である．μ_k が小さければ小さいほど，資源をめぐる争いが個体あたりの増殖率に及ぼす影響が強い．

Poisson 分布 (3.58) と増殖率分布 (3.59) を (3.56) に代入すると，個体群全体における第 k 世代の個体あたり（期待）平均増殖率 $\langle r \rangle_k$ は，次のように得られる[*43]：

$$\langle r \rangle_k = r_k(1) \cdot \mathrm{e}^{-(1-\mu_k)\gamma_k} = \mathrm{e}^{\ln r_k(1) - (1-\mu_k)\gamma_k}. \tag{3.60}$$

結果として，式 (3.57) より，

$$N_{k+1} = N_k \cdot \mathrm{e}^{\ln r_k(1) - (1-\mu_k)\gamma_k} \tag{3.61}$$

という個体群サイズ変動ダイナミクスが得られた．

[*40] Royama [291] は，空間に個体がランダムに分布し，資源をめぐる争いは，個体の周りの一定面積内の他個体と生じるという設定で考えた．個体の空間分布を Poisson 分布と仮定すると，個体の周りの一定面積内の他個体数も Poisson 分布に従う．このような個体間相互作用の Poisson 分布を適用した扱いは，Skellam [322, 323]，Morisita [235]，Pielou [279] においても応用されている．

[*41] 慣用通り $0! = 1$ とする．

[*42] 次の関係式を用いる：
$$\sum_{i=0}^{+\infty} \frac{x^i}{i!} = \mathrm{e}^x.$$

[*43] $\ln x = \log_e x$.

関数 $\gamma_k(N_k)$ が個体群サイズ N_k の比例関数，すなわち，$\gamma_k(N_k) = s_k N_k$ の場合，式 (3.61) は，明らかに，第 2.2.6 節で述べた指数関数型離散 logistic 増殖過程の式 (2.146) に相当するものである．正のパラメータ s_k は，第 k 世代における資源をめぐる争いの強さを表していると解釈できる．$s_k = 0$ のとき，第 k 世代における資源をめぐる争いはなく，個々の個体が独立して資源を利用していることになる[*44]．式 (2.146) と (3.61) の間の対応と，本節の数理モデリングを考慮すると，式 (2.146) におけるパラメータ $\tilde{\alpha}_k$ は，第 k 世代における個体あたりの最大増殖率（内的自然増加率）の対数値を意味し，$\tilde{\rho}_k$ は，個体群内の資源をめぐる争いの激しさ，および，その増殖率への効果の強さを表すパラメータであると考えることができる．したがって，第 2.2.6 節で述べた，連続型 logistic 方程式 (2.36) から指数関数型離散 logistic 増殖過程の式 (2.146) を導く手順を逆に[*45]辿ってみれば，本節の議論は，個体群内の個体間の資源をめぐる争いから連続型 logistic 方程式を導く論理として考えることもできる[*46]．

3.3.2　Skellam モデル

今，個体あたりの増殖率が資源を奪い合っている個体数に反比例する単純な場合を考える．すなわち，第 k 世代において i 個体で資源を奪い合う場合に期待される個体あたりの増殖率 $r_k(i)$ について，

$$r_k(i) = \frac{r_k(1)}{i} \tag{3.62}$$

と仮定しよう．奪い合っている資源の分け前が等分であり，増殖率が入手できる資源量に比例する場合を考えることになる．Poisson 分布 (3.58) と仮定 (3.62) を (3.56) に代入すると，この場合の個体群全体における第 k 世代の個体あたり（期待）平均増殖率 $\langle r \rangle_k$ を次のように得ることができる：

$$\langle r \rangle_k = \frac{r_k(1)}{\gamma_k} \left(1 - e^{-\gamma_k}\right). \tag{3.63}$$

したがって，式 (3.57) より，個体群サイズ変動ダイナミクス

$$N_{k+1} = \frac{r_k(1)}{\gamma_k} N_k \left(1 - e^{-\gamma_k}\right) \tag{3.64}$$

[*44] $s_k = 0$ のとき，式 (3.58) で与えられる Poisson 分布は，$P_k(1) = 1$, $P_k(i) = 0$ $(i = 2, 3, \ldots)$ となる．
[*45] 1 世代間隔を Δt として，$N_k = N(k \Delta t)$ と置き換えてから，
  1. $\log N(t + \Delta t) - \log N(t)$ をつくる．（ただし，任意に定めた自然数 j に対して，$t = j \Delta t$ とおく）
  2. $\Delta t \to 0$ ならば，$\log N(t + \Delta t) - \log N(t) \to 0$ であることに注意して，単位世代間隔 Δt あたりのパラメータ値 $\tilde{\alpha}$ や $\tilde{\rho}$ を $r_0(t) \Delta t$, $\beta(t) \Delta t$ と書きかえる．
  3. $\Delta t \to 0$ の極限をとり，式 (2.144) を導く．

[*46] 第 3.1 節で述べた mass-action 型の個体群内相互作用の考え方，第 4.1 節で述べる種間競争の考え方と，本節で述べた個体間の資源をめぐる争いによる増殖率への影響の考え方の間には，共通性があるが，数理モデリングとしては異なるダイナミクスを扱っており，本書ではそれぞれを独立に扱っている．

3.3 個体群内相互作用から離散世代増殖過程へ　　　　　　　　　　　　　　　　　　**147**

が得られる.

関数 $\gamma_k = \gamma_k(N_k)$ が個体群サイズ N_k の比例関数, すなわち, $\gamma_k(N_k) = s_k N_k$ の場合, (3.64) は,

$$N_{k+1} = \frac{r_k(1)}{s_k}\left(1 - e^{-s_k N_k}\right) \tag{3.65}$$

となる. John Gordon Skellam [*47] (1951) [322] は, Royama [291] と同様の考え方によって, この離散世代個体群サイズ変動ダイナミクス (3.65) を導出しており, **Skellam モデル** と呼ばれることがある. 最も単純な $r_k(1) = r(1)$ かつ $s_k = s$ の場合には, Skellam モデル (3.65) は logistic 増殖過程 と同質の振る舞いをもつ個体群サイズ変動ダイナミクスを与える[*48]. $r(1) \leq 1$ の場合には個体群は単調に絶滅に向かうが, $r(1) > 1$ ならば, 個体群は単調にある正値 [環境許容量 (carrying capacity)] に漸近する.

3.3.3 幾何分布に従う相互作用頻度

第 3.3.1 節で述べた Royama [291] の理論を応用して, 別のタイプの個体群内相互作用から導かれる離散型増殖過程を考えてみよう. Royama [291] の理論では, 第 k 世代において, i 個体で資源を奪い合っている集団のメンバーである個体の頻度 $P_k(i)$ が Poisson 分布に従う仮定がもうけられていた. この仮定は, Royama [291] が仮定したように, Poisson 分布に従うランダムさをもつ個体の空間分布によって個体群内の個体間相互作用が定まるとするならば, 適当と考えられるが, 考えている個体群内の個体の空間分布が個体群の何らかの特性に従うある特定の規則性をもっていたり, 資源利用に関する行動様式にある規則性が存在する場合には不適当であろう.

そこで, ここでは, 頻度分布 $\{P_k(i)|i=1,2,\ldots\}$ が次の幾何分布 (geometric distribution) である場合を考えてみよう:

$$P_k(i) = (1-z_k)z_k^{i-1} \quad (0 < z_k < 1). \tag{3.66}$$

[*47] 1914 – Summer, 1979. Born in Staffordshire, UK.

[*48] Skellam (1951) [322] では, $s_k = s$ (正定数) かつ $r_k(1)/s_k = 1$ の場合の数理モデルを導出し, その数理モデルによる離散型増殖過程を連続型増殖過程の logistic 増殖過程 との比較で考察している. 特に, sN_k が十分に小さい場合の近似として, (3.65) から,

$$N_{k+1} = 1 - \frac{1 - \frac{1}{2}sN_k}{1 + \frac{1}{2}sN_k}$$

を導き, その解

$$N_k = \frac{N^*}{1-(1-N^*/N_0)s^{-k}}$$

($N^* = 2(1-1/s)$) を示すことで logistic 増殖過程との類似性を議論した. 近似によって得られた上記の離散型増殖過程が, 第 2.2.5 節で述べた Verhulst モデル, Beverton–Holt モデル, (2.140) あるいは (2.143) と数学的に同等であることは明らかである.

分布の特性を決めるパラメータ z_k が個体群サイズ N_k の関数 $z_k = z_k(N_k)$ とすれば，考えている個体群のサイズ変動ダイナミクスに関わる密度効果の特性を数理モデリングに導入できる．第 k 世代において同じ資源の奪い合いをしている個体数の（期待）平均値 $\langle n \rangle_k$ は，この場合，

$$\langle n \rangle_k = \frac{1}{1 - z_k}$$

となる．パラメータ z_k がより1に近いほど平均値 $\langle n \rangle_k$ が大きくなる．この平均値 $\langle n \rangle_k$ を用いれば，頻度分布関数 $P_k(i)$ (3.66) を次のように表すこともできる：

$$P_k(i) = \frac{1}{\langle n \rangle_k} \left(\frac{\langle n \rangle_k - 1}{\langle n \rangle_k} \right)^{i-1}.$$

第 k 世代において i 個体で資源を奪い合う場合に期待される個体あたりの増殖率 $r_k(i)$ について，前節の幾何分布関数 (3.59) を仮定するならば，前節と同様の手順で個体群サイズ変動ダイナミクス (3.57) の具体的な形を導くことができる：

$$N_{k+1} = r_k(1) N_k \cdot \frac{1 - z_k}{1 - \mu_k z_k} \tag{3.67}$$

そこで，

$$z_k = z_k(N_k) = \frac{v_k N_k}{w_k + N_k} \tag{3.68}$$

の場合を考えてみよう．頻度分布 $\{P_k(i) | i = 1, 2, \ldots\}$ が任意の個体群サイズ N_k に対して意味をもたなければならないから，パラメータ z_k は，任意の個体群サイズ N_k に対して1より小さな正値をとらなければならない．よって，(3.68) におけるパラメータ v_k および w_k について，$0 < v_k \leq 1$ および $0 < w_k$ とおく．この (3.68) で与えられる z_k と N_k の間の関数関係は，個体群サイズ N_k が大きくなるにつれて，z_k が単調に $v_k (\leq 1)$ に漸近することを表す．よって，個体群サイズ N_k がより大きいほど平均値 $\langle n \rangle_k$ が大きい．このとき，(3.67) より，次の個体群変動ダイナミクスが導かれる：

$$N_{k+1} = r_k(1) N_k \cdot \frac{w_k + (1 - v_k) N_k}{w_k + (1 - \mu_k v_k) N_k}. \tag{3.69}$$

簡単な場合として，$r_k(1) = r(1), w_k = w, v_k = v, \mu_k = \mu$ が満たされる場合，すなわち，個体群サイズ変動ダイナミクス (3.69) における全てのパラメータが世代によらない定数である場合を考えると，任意の正の初期値 N_0 に対して，次のようなことがわかる：

- $r(1) \leq 1$ の場合，$k \to +\infty$ のとき，$N_k \to 0$，すなわち，個体群は絶滅に向かう．
- $v = 1$ もしくは $1 < r(1) < (1 - \mu v)/(1 - v)$ の場合，$k \to +\infty$ のとき，個体群サイズは次の平衡値に収束する：

$$N_k \to N^* = \frac{w}{1 - v} \cdot \frac{r(1) - 1}{\frac{1 - \mu v}{1 - v} - r(1)} > 0$$

3.3 個体群内相互作用から離散世代増殖過程へ

- $v<1$ かつ $(1-\mu v)/(1-v) \leq r(1)$ の場合，$k \to +\infty$ のとき，$N_k \to +\infty$，すなわち，個体群サイズは単調に増加し続け無限大のサイズに向かう。

特に，$v=1$ の場合，個体群サイズ変動ダイナミクス (3.69) は，明らかに，第 2.2.5 節で述べた Verhulst モデル (2.140)，M.P. Hassell [105] によって考察された数理モデル (2.143) である。

上記の特性を，個体群内相互作用が Poisson 分布で与えられる第 3.3.1 節の場合に導かれた指数関数型離散 logistic 増殖過程による個体群サイズ変動ダイナミクス (3.61) の特性と比較してみると，違いは明らかである。第 2.2.6 節で述べたように，指数関数型離散 logistic 増殖過程 (2.146) では，$k \to +\infty$ における定常状態は，パラメータ $\tilde{\alpha}$ がより大きくなるにつれて，熊手型分岐による周期倍化現象を経てカオス変動に至るが，任意の $\tilde{\alpha}$ の有限値に対して，（周期変動，カオス変動などによらず）定常状態における個体群サイズのとりうる値はある有限値域に限られている。ところが，本節で導いた個体群サイズ変動ダイナミクス (3.69) では，$v<1$，かつ，パラメータ $r(1)$ が十分に大きな値の場合，個体群サイズは $k \to +\infty$ において無限大に発散する。すなわち，そのような場合，個体群サイズは特定の有限値域内に留まることはなく増大する。環境条件の変化によってある生物個体群が爆発的に大きなサイズに移行する大発生に対する数理モデルとして応用できるかもしれない。

ところで，第 3.3.2 節で Skellam モデル (3.65) を導いた際に用いた，個体あたりの増殖率が資源を奪い合っている個体数に反比例する場合の $r_k(i)$ (3.62) を，$\{P_k(i)|i=1,2,\ldots\}$ が幾何分布 (3.66) である場合に適用するとどのような数理モデルが導出できるであろうか。この場合，第 k 世代の個体群全体における個体あたり（期待）平均増殖率 $\langle r \rangle_k$ は，(3.56) より，次のように計算できる：

$$\begin{aligned}
\langle r \rangle_k &= \sum_{i=1}^{+\infty} \frac{r_k(1)}{i}(1-z_k)z_k^{i-1} = r_k(1)\frac{1-z_k}{z_k}\sum_{i=1}^{+\infty}\frac{1}{i}z_k^i \\
&= r_k(1)\frac{1-z_k}{z_k}\sum_{i=1}^{+\infty}\int_0^{z_k} x^{i-1}dx = r_k(1)\frac{1-z_k}{z_k}\int_0^{z_k}\sum_{i=1}^{+\infty} x^{i-1}dx \\
&= r_k(1)\frac{1-z_k}{z_k}\int_0^{z_k}\frac{1}{1-x}dx \\
&= r_k(1)\frac{1-z_k}{z_k}\ln\frac{1}{1-z_k}.
\end{aligned} \tag{3.70}$$

この個体あたり（期待）平均増殖率 $\langle r \rangle_k$ を (3.57) に適用し，パラメータ z_k の個体群サイズ N_k への依存性が与えられれば，この場合の個体群ダイナミクスを得ることができる。その個体群ダイナミクスの特性を簡単には見積もり難そうである。実際，図 3.4 に示した具体例からわかるように，パラメータ z_k の個体群サイズ N_k への依存性によって，増殖

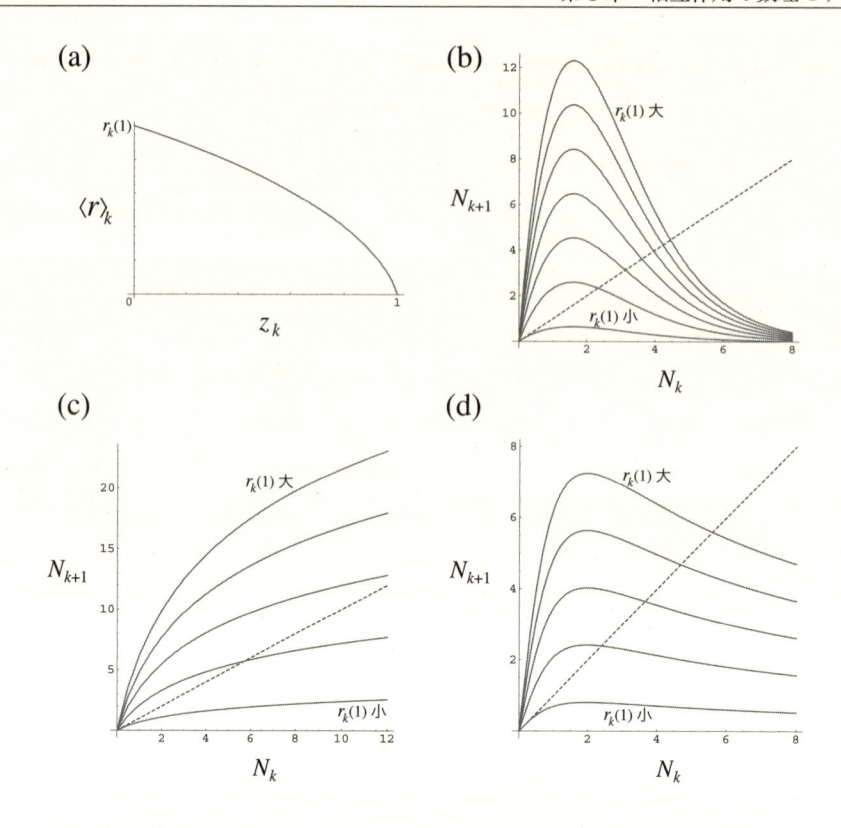

図 3.4 　相互作用頻度が幾何分布 (3.66) に従う場合の離散世代型個体群ダイナミクスモデル。(a) 個体あたり (期待) 平均増殖率 $\langle r \rangle_k$ (3.70)；(b) $z_k = 1 - \exp[-N_k]$ の場合の増殖曲線；(c) $z_k = N_k/(1+N_k)$ の場合の増殖曲線；(d) $z_k = N_k^2/(1+N_k^2)$ の場合の増殖曲線。(b) と (d) の場合，スクランブル型，(c) の場合，コンテスト型。

曲線はスクランブル型 にもコンテスト型 にもなり得る[*49]。

　本節で述べた数理モデリングによる個体群サイズ変動ダイナミクスは，明らかに，導入される個体群内相互作用の特性に大きく左右される。本節では，これ以上踏み込んだ議論には進まないが，個体群内相互作用の個体あたりの増殖率 $\{r_k(i)\}$ への影響の特性が (3.59) と異なれば，式 (3.57) から導かれる個体群サイズ変動ダイナミクスも大きく異なる特性をもち得るだろう。この意味で，Royama [291] の理論による数理モデリングの考え方は応用性が高く，それは未知の数理モデルを導出する可能性をもつといえる。

[*49] 図 3.4 に示した離散世代個体群ダイナミクスモデルの例も既存のものとは言えず，また，その数学的な性質について既に調べられたものでもない。関心のある読者には数理モデルとしての可能性や数学的性質についての検討をしてみていただきたい。

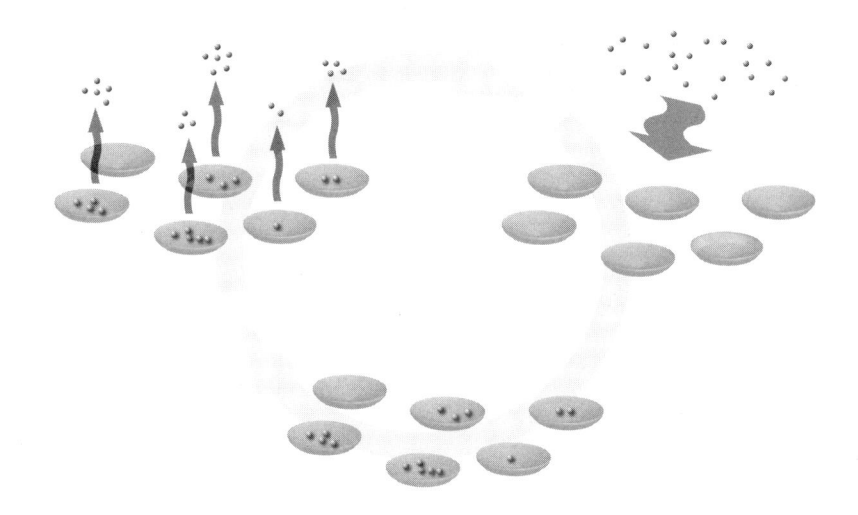

図 3.5 Site-based モデルの概念図。詳細は本文参照。

発展

本節で考察した，資源の奪い合いの頻度が幾何分布 (3.66) で導入される数理モデリングにおける幾何分布に関して，どのような生物学的な意味づけが可能であろうか。

発展

資源の奪い合いの頻度が Poisson 分布，幾何分布以外の分布に従うどのような生物学的な数理モデリングが可能であろうか。また，その場合，どのような数理モデルが構成されるであろうか。

3.3.4 Site-based モデル

本節では，Sumpter & Broomhead (2001) [331]，Johansson & Sumpter (2003) [149]，Brännström & Sumpter (2005) [36] らが Royama [291] の理論による数理モデリングの考え方を応用・拡張した **site-based モデル** と呼ぶ数理モデリングを考察する。

ある生物個体群にとっての生息好適地の空間分布が分断的で，パッチ状に分布している場合を考える。生物個体群は生息好適パッチ（= "site"）を利用してのみ繁殖できるものとする。第 k 世代において，考えているパッチ状生息域において，i 個体が存在するパッチの頻度を $p_k(i)$ と表すことにする[*50]。頻度 $p_k(i)$ は，一般的に，全生息域に存在するパッチの数や k 世代目の総個体群サイズ N_k に依存して定まる。各パッチにおける個体あたり（期待）平均増殖率は，パッチに共存する個体数に依存して定まるものとし，第 k 世

代において，i 個体が存在するパッチにおける個体あたり（期待）平均増殖率を $r_k(i)$ と表す。よって，第 k 世代において，i 個体が存在するパッチあたり（期待）平均増殖率 $\phi_k(i)$ は $\phi_k(i) = r_k(i) \cdot i$ として与えられる[*51]。

今考えている全生息域におけるパッチ総数を K_s とすると，第 k 世代において，i 個体が存在するパッチ数の期待値 $\langle i \rangle_k$ は，$\langle i \rangle_k = K_s \cdot p_k(i)$ で与えられる。そして，各パッチにおける増殖のみが次世代の個体群サイズを決めると仮定して，第 $k+1$ 世代の個体群サイズを次のように与える：

$$N_{k+1} = \sum_{i=0}^{+\infty} \phi_k(i) \langle i \rangle_k = K_s \sum_{i=1}^{+\infty} i \cdot r_k(i) p_k(i). \quad (3.71)$$

この式 (3.71) による離散世代個体群サイズ変動ダイナミクスが **site-based モデル** と呼ばれる（図 3.5 参照）。第 3.3.1 節における Royama [291] の理論による次世代の個体群サイズを定める式 (3.57) と比較すれば明らかなように，site-based モデルでは，個体群サイズの変動は，本質的に，各パッチにおいて共存する個体数に依存する。個体あたりの（期待）平均増殖率は，共存する個体数が異なるパッチ毎に異なる。site-based モデルでは，次世代の個体群サイズを定めるために，個体群全体における個体あたり（期待）平均増殖率ではなく，パッチ状生息域におけるパッチあたり（期待）平均増殖率[*52]を考えている点が特徴的である。

概念図 3.5 からわかるように，site-based モデルでは，パッチに定住する直前の繁殖個体は同等であり，どのようなパッチに定住するか（同じパッチで共存する他個体がどのくらいいるか）に依存して各個体の増殖率が定まるのであるから，第 3.3.1 節における Royama [291] の理論における同じ資源を奪い合っている個体数が，この site-based モデルにおける同じパッチにおいて共存する個体数に対応するものと考えることができる。実際，式 (3.57) と (3.71) の比較により，対応式

$$N_k P_k(i) = i \cdot K_s \cdot p_k(i) = i \cdot \langle i \rangle_k$$

が得られるが，それぞれのモデリングにおける定義から，左辺は，第 k 世代において，同じ資源を奪い合っている i 個体からなる集団内にいる個体数の期待値，右辺は，第 k 世代において，i 個体の共存するパッチに定住する個体数の期待値である。このように，

[*50] この節で用いる表記は，第 3.3.1–3.3.3 節で用いた表記と意味が対応するものについては同じものを使っているが，数理モデリングが異なるので，若干のニュアンスの違いがあることを念頭においてほしい。また，文献 [36, 149, 331] で用いられる表記とも必ずしも一致しない。これらの文献で提案・定義されている数理モデリングをより拡張できるように表記を改めたつもりである。特に，Brännström & Sumpter (2005) [36] における表記とは似て異なる表記もあるので注意されたい。

[*51] 文献 [36, 149] では，$\phi_k(i)$ のみを定義し，それを "相互作用関数"（interaction function）と呼んだ。（ただし，世代数 k への依存性はない場合のみを扱った）

[*52] 式 (3.71) における $\sum_{i=0}^{+\infty} i \cdot r_k(i) p_k(i)$。

3.3 個体群内相互作用から離散世代増殖過程へ

site-based モデルは，Royama [291] の理論による数理モデリングの拡張のひとつになっている．

さて，K_s 個の生息好適パッチが各個体にとって同等であり，各個体によるパッチ選択が他個体に依存せず，ランダムである場合には，N 個体のうち，あるパッチに i 個体が定住する確率 $p_s(i)$ は次のように与えられる[*53]：

$$p_s(i) = \binom{N-i+K_s-2}{K_s-2} \bigg/ \binom{N+K_s-1}{K_s-1}$$

$$= \frac{(N-i+K_s-2)!(K_s-1)!N!}{(N-i)!(K_s-2)!(N+K_s-1)!}$$

$$= (K_s-1)\prod_{j=0}^{i-1}(N-j) \bigg/ \prod_{j=1}^{i+1}(N+K_s-j)$$

$$= \left(1-\frac{1}{K_s}\right)\prod_{j=0}^{i-1}\left(\frac{N}{K_s}-\frac{j}{K_s}\right) \bigg/ \prod_{j=1}^{i+1}\left(\frac{N}{K_s}+1-\frac{j}{K_s}\right) \qquad (i=1,2,\ldots,N).$$

総個体数 N およびパッチ総数 K_s が十分に大きな場合には，次の幾何分布（geometric distribution）で近似される：

$$p_s(i) \approx \frac{1}{\langle n \rangle + 1}\left(\frac{\langle n \rangle}{\langle n \rangle + 1}\right)^i \qquad (i=0,1,2,\ldots)$$

ここで，$\langle n \rangle = N/K_s$ はパッチで共存する個体数の（期待）平均値である．

そこで，第 k 世代において，考えているパッチ状生息域において，i 個体が存在するパッチの頻度 $p_k(i)$ が次の幾何分布に従う場合を考えてみよう：

$$p_k(i) = \frac{1}{\langle n \rangle_k + 1}\left(\frac{\langle n \rangle_k}{\langle n \rangle_k + 1}\right)^i \qquad (i=0,1,2,\ldots) \qquad (3.72)$$

ここで，$\langle n \rangle_k = N_k/K_s$ は，第 k 世代におけるパッチで共存する個体数の平均値を表す．

まず，第 k 世代において，i 個体が存在するパッチにおける個体あたり（期待）平均増殖率 $r_k(i)$ が第 3.3.1 節で用いた幾何分布関数 (3.59) で与えられる場合については，(3.71) より，次の離散世代個体群サイズ変動ダイナミクスが導かれる：

$$N_{k+1} = K_s \sum_{i=1}^{+\infty} i \cdot r_k(i) p_k(i)$$

$$= K_s \sum_{i=1}^{+\infty} i \cdot r_k(1)\mu_k^{i-1} \cdot \frac{1}{\langle n \rangle_k + 1}\left(\frac{\langle n \rangle_k}{\langle n \rangle_k + 1}\right)^i$$

[*53] N 個の玉を K_s 個の箱に分け入れる（箱が空の場合も許す）場合の数を考えればよい．たとえば，寺本 [337] 第 6 章参照．

$$= \frac{K_s r_k(1)/\mu_k}{\langle n \rangle_k + 1} \sum_{i=1}^{+\infty} i \cdot \left(\mu_k \frac{\langle n \rangle_k}{\langle n \rangle_k + 1} \right)^i$$

$$= K_s r_k(1) \cdot \frac{\langle n \rangle_k}{\{1 + (1 - \mu_k)\langle n \rangle_k\}^2}$$

$$= r_k(1) \cdot \frac{N_k}{\{1 + (1 - \mu_k)N_k/K_s\}^2}. \tag{3.73}$$

この個体群サイズ変動ダイナミクスは,第 2.2.7 節で述べた拡張 Verhulst モデル (2.153) において $\theta = 2$ の場合であり,スクランブル型の増殖曲線を示す.

一方,第 3.3.2 節で Skellam モデル (3.65) を導いた際に用いた,個体あたりの増殖率が資源を奪い合っている個体数に反比例する場合の $r_k(i)$ (3.62) を適用すれば,(3.71) と (3.72) より,次の離散世代個体群サイズ変動ダイナミクスが導かれる:

$$N_{k+1} = K_s \sum_{i=1}^{+\infty} r_k(1) \cdot \frac{1}{\langle n \rangle_k + 1} \left(\frac{\langle n \rangle_k}{\langle n \rangle_k + 1} \right)^i$$

$$= \frac{K_s r_k(1)}{\langle n \rangle_k + 1} \sum_{i=1}^{+\infty} \left(\frac{\langle n \rangle_k}{\langle n \rangle_k + 1} \right)^i$$

$$= K_s r_k(1) \cdot \frac{\langle n \rangle_k}{\langle n \rangle_k + 1}$$

$$= r_k(1) \cdot \frac{N_k}{1 + N_k/K_s}. \tag{3.74}$$

この離散世代個体群サイズ変動ダイナミクスは,第 2.2.5 節で述べた Verhulst モデル (2.140),M.P. Hassell [105] によって考察された数理モデル (2.143) である[*54].コンテスト型増殖曲線を示す.

特別なスクランブル型の増殖の場合として,パッチに 1 個体のみ[*55] が定住した場合に限り繁殖が可能であり,2 個体以上が定住しているパッチでは繁殖が不可能な場合を考えてみよう[*56].i 個体が存在するパッチにおける個体あたり(期待)平均増殖率 $r_k(i)$ についての次の数理モデリングを適用する:

$$r_k(i) = \begin{cases} r_k(1) & \text{if } i = 1; \\ 0 & \text{otherwise}. \end{cases} \tag{3.75}$$

[*54] $p_k(i)$ が Poisson 分布に従う場合には,第 3.3.2 節で述べた Skellam モデル (3.65) が導かれる.文献 [36, 149] 参照.

[*55] 必ずしも,通常の用語としての「1 個体」とは限らないことに注意.より一般的には,「単位個体群サイズ」と考えてよい.個体群サイズ(あるいは密度)の計量単位に依存する.

[*56] 文献 [36, 149] では,$p_k(i)$ が Poisson 分布に従う場合について,i 個体が存在するパッチあたり(期待)平均増殖率 $\phi_k(i) = r_k(i) \cdot i$ に対して,

$$\phi_k(i) = \begin{cases} b & \text{if } i = 1; \\ 0 & \text{otherwise} \end{cases}$$

を適用して議論している.

3.3 個体群内相互作用から離散世代増殖過程へ

この場合，(3.71) より，

$$N_{k+1} = K_s r_k(1) p_k(1)$$

であり，$p_k(i)$ が幾何分布 (3.72) に従う場合には，

$$N_{k+1} = r_k(1) \cdot \frac{N_k}{(1 + N_k/K_s)^2} \tag{3.76}$$

が導かれる．この離散世代個体群サイズ変動ダイナミクスは，前出の i 個体が存在するパッチにおける個体あたり（期待）平均増殖率 $r_k(i)$ が幾何分布 (3.59) で与えられる場合についての離散世代個体群サイズ変動ダイナミクス (3.73) と同様に，第 2.2.7 節で述べた，$\theta = 2$ の場合の拡張 Verhulst モデル (2.153) である[*57]．

概念図 3.5 から一目瞭然なように，site-based モデルは，フジツボや珊瑚のように浮遊性の幼生期を経て固着性の成熟（繁殖）期をもつ動物や，分散性の高い種子を生産する一年生の植物の個体群サイズ変動ダイナミクスに対する数理モデリングとして応用できるだろう[*58]．本節で考察したように，結果として導出される数理モデルの構造は，基本的に，個体あたり（期待）平均増殖率 $r_k(i)$ を定める密度効果の特性，および，生息好適パッチへの定着頻度 $p_k(i)$ の幼生密度への依存性によって決定される．言いかえれば，個体あたり（期待）平均増殖率 $r_k(i)$ と生息好適パッチへの定着頻度 $p_k(i)$ の与え方によって様々な数理モデルが導出されうる．

N_k を第 k 世代の固着（成熟）個体群サイズとし，第 $k+1$ 世代の固着生活に入る直前の幼生密度を S_{k+1} とすれば，一般に，第 k 世代の成熟個体群の繁殖と第 $k+1$ 世代の幼生期における生存率によって定まる関数 $\mathcal{F}_k$ を用いて，$S_{k+1} = \mathcal{F}_k(N_k)$ と表すことができる．そして，幼生個体群の定着に関する密度効果（競争，定着成功率など）によって定まる関数 $\mathcal{Q}_{k+1}$ を用いて，$N_{k+1} = \mathcal{Q}_{k+1}(S_{k+1})$ と表すことができる．本節で述べた site-based モデルにおいては，関数 $\mathcal{Q}_{k+1}$ が定着分布関数 $\{p_{k+1}(i)\}$ によって定まり，関数 $\mathcal{F}_k$ が定着分布関数 $\{p_k(i)\}$ と増殖関数 $\{r_k(i)\}$ によって定まると考えることができる．

また，逆の見方をすれば，生息好適パッチにおいて共存する第 k 世代の成熟個体数の分布関数 $\{p_k(i)\}$ は，第 k 世代の固着生活に入る直前の幼生密度 S_k に依存して定まるべきであるから，第 k 世代における幼生個体群の定着に関する密度効果（競争，定着成功率など）によって定まる関数 $\tilde{\mathcal{Q}}_{i,k}$ を用いて，$p_k(i) = \tilde{\mathcal{Q}}_{i,k}(S_k)$ と表されるはずである．増殖関数 $\{r_k(i)\}$ は，第 k 世代についての個体あたり（期待）平均増殖率であり，個体の繁殖成功度（reproductive success）に対する密度効果を表したものと考えられるので，種固有の繁殖特性として与えられたものと考えてよい．すると，site-based モデルの式 (3.71)

[*57] $p_k(i)$ が Poisson 分布に従う場合には，Ricker モデルが導かれる．文献 [36, 149] 参照．
[*58] 無論，それらの場合に限るわけではない．読者には，発想豊かに他の応用性を考えてみていただきたい．

より，個体群サイズ変動ダイナミクスは次のように与えられる[*59]：

$$S_{k+1} = \mathcal{F}_k(N_k)$$
$$= K_s \sum_{i=1}^{S_k} i \cdot r_k(i) \tilde{\mathcal{Q}}_{i,k}(S_k) = K_s \sum_{i=1}^{+\infty} i \cdot r_k(i) \tilde{\mathcal{Q}}_{i,k}(\mathcal{F}_{k-1}(N_{k-1})). \quad (3.77)$$

関数 $\tilde{\mathcal{Q}}_{i,k}$ が与えられれば，浮遊性幼生密度 S_k の世代変動ダイナミクスが定義できる。さらに，関数 $\mathcal{F}_k$ が与えられれば，固着性（成熟）個体群 N_k のサイズ変動ダイナミクスが定義できることがわかる。

第3.3節で考察した数理モデリングでは，考えている個体群の空間分布が，いわば，統計的に導入されているといえる。すなわち，空間分布の統計特性に依存した個体群内の個体間相互作用から個体群サイズ変動ダイナミクスモデルを構成する考え方である。より具体的に個体群の空間分布自体を導入した数理モデル[*60] に比して，このような数理モデリングによって構成される数理モデルは**セミ空間モデル**（semi-spatial model）[*61] と呼ぶこともできるだろう。本書で述べたように，この数理モデリングにはさらなる開拓の余地があり，新しい数理モデリングへの発展，新しい数理モデルの開発への応用が期待できる。

発展

第3.3節で考察した数理モデリングを，連続世代型ダイナミクスの数理モデリングに発展させるとすれば，どのような議論が可能であろうか。

[*59] 有限確定値 S_k に対して，数理モデル (3.77) における i についての総和が無限大までとられていることに不合理性を感じられる読者があるかもしれない。それはまちがった感覚ではけっしてない。ただし，総和を S_k までとするのはまちがっている。S_k はあくまでも実数であり，整数とは限らない。本文中で明記したように，S_k は幼生「密度」であって，幼生の個体数ではないからである。無限大までの総和は，幼生の個体群サイズが十分に大きいと仮定しての近似として考えてもよいし，数理モデリングによっては，適当な有限値より大きな i については，$\tilde{\mathcal{Q}}_{i,k} = 0$ とおくこともありえる。
[*60] たとえば，反応拡散方程式モデル，格子空間モデル，セルオートマトンモデルなど。
[*61] Filipe et al. (2004) [72] による用語。

第4章

複数種個体群ダイナミクス

4.1 競争系

4.1.1 搾取型と干渉型

今，"共通"の資源によって増殖が規定されている2種の生物集団を考えよう．この場合，『一方の種による資源利用が，別の種の資源利用効率に影響を与える』ことになる．すなわち，これら2種は資源をめぐる**競争**関係にある．このような競争関係をしばしば**搾取型競争**（exploitative competition）[*1]関係と呼んでいる．この2種の競争関係は，あくまでも，『一方の種の資源利用が同じ資源を利用する他方の種の資源利用効率に影響を及ぼす』という形で現れるものとして定義されており，本質的に，2種間に直接の関係があるわけではないことに注意しよう．この意味から，この搾取型競争関係は，広い意味の**間接効果**（indirect effect）の一種であり，**間接的競争**（indirect competition）の典型である．

一方，**直接的競争**（direct competition）は，一方の種が直接的に他方の種に影響を及ぼす場合に現れ，しばしば，**干渉型競争**（interference competition）と呼ばれる種間関係（inter-specific relationship）である[*2]．たとえば，一方の種の個体が他方の種の個体と（資源の奪い合いなどの理由で）直接に闘争すること自体がその繁殖率に影響を及ぼすような場合である．資源が非常に豊富な環境では，前記の搾取型競争の効果は弱いと考えられるが，この干渉型競争は，そのような資源豊富な環境であっても，何らかの理由で激しい闘争関係を持つ2種個体群間では顕に影響力を持ちうる．

さて，一方の個体群から産み出される老廃物や何らかの化学物質[*3]が他方の個体群のサイズ成長速度に影響を与えるような場合，明らかに種間の直接的な干渉とは考えにくい．なぜならば，一方の個体群から産み出された「もの」が他方の個体群に影響を及ぼしてい

[*1] 資源利用型競争，資源消費型競争など異なる表現もある．
[*2] このような競争の類別は，たとえば，Miller [230] によって初期の議論が行われた．
[*3] たとえば，アレロパシー物質やフェロモン物質など．

るのであって，前者の個体群自体が後者に「直接」影響を及ぼしているのではないからである．また，このような種間関係は，もちろん，搾取型 (exploitative) でもない．搾取型競争は，『一方の個体群による利得[*4]の存在が他方の個体群の利得を低下させるといった個体群間の関係』を意味していると考えられるが，ここで述べている種間関係では，相手の利得を下げるのではなく，相手の利得とは独立な（あるいは，少なくとも直接的には無関係な）損害を与えるという影響が考えられているからである[*5]．

そこで，より合理的に，**干渉型競争**とは，『一方の種が他方の種に損害を与えるような影響を及ぼすが，それは，影響を及ぼされた種の利得とは直接関係のない影響であって，影響を及ぼされた個体群の正味のサイズ成長率が利得による正の寄与と損害による負の寄与によって定まる場合の種間関係』を指すものとしよう．この定義によれば，上記の，一方の個体群から産み出される老廃物や何らかの化学物質が他方の種の個体群サイズ成長速度に負の影響を与えるような場合は，干渉型競争である（図 4.1(b-2) 参照）．また，一方の種の個体が他方の種の個体と闘争する場合（図 4.1(b-1)）についても，闘争が損害による負の寄与として個体群サイズ成長率を低下させる影響をもつものとして考えれば，干渉型競争である．

この干渉型競争に対して，**搾取型競争**は次のように定義すればよいだろう：搾取型競争とは，『一方の種が他方の種の利得を減少させるような影響を及ぼし，その結果，利得によって定まる個体群サイズ成長率を低下させるという種間関係』を指す（図 4.1(a) を参照）．

ただし，これらの干渉型競争，搾取型競争の定義によってもいずれかに明確に分類できないような競争関係もありうることに注意しよう．2種個体群間の関係においてそれぞれの個体群が受ける作用が同質とは限らないからである．たとえば，ある個体群から他方への作用は直接的であるが，後者から前者への作用は間接的であるような場合（たとえば，図 4.1(c-1), (c-3) で示される関係）もあり得るだろうし，干渉的作用と搾取的作用による複合的な2種個体群間の関係（たとえば，図 4.1(c-1), (c-2) で示される関係）もあり得るからである．

また，たとえば，一方の種の個体が他方の種の個体と闘争する場合において，闘争に費やされる時間が採餌のために費やされる時間を消費するものであるとすれば，闘争にかかった時間が長ければ長いほど採餌に費やした総時間が短くなるわけであるから，闘争は，利得，すなわち，獲得エネルギー総量を減少させることになる．つまり，このような考え方においては，時間が資源なのである．資源の奪い合いとは，この場合には，時間のつぶし合いのようなものであると考えられる．資源の奪い合いと解釈される以上，このような種間関係は，搾取型競争であると言えよう．しかし，実際の種間相互作用は，干渉型

[*4] ここで利得と称しているものは，たとえば，採餌によって獲得される繁殖のためのエネルギーを指す．

[*5] もちろん，「正味の」利得というものを定義するとすれば，それは，利得から損害による分を差し引いたものとなる．

4.1 競争系

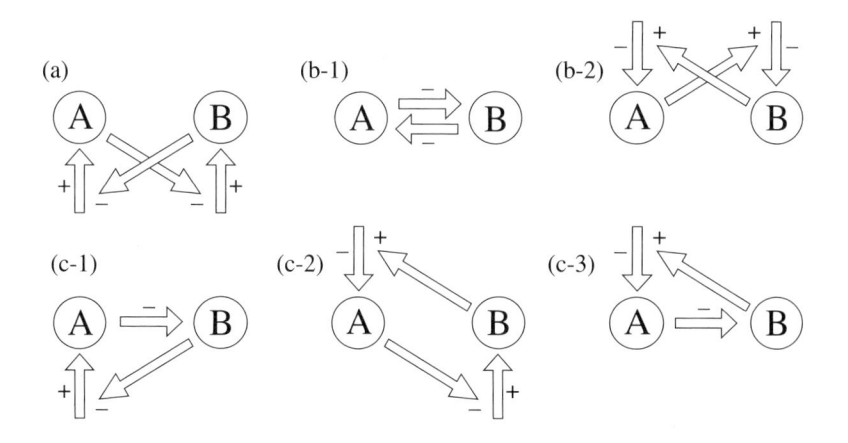

図 4.1 2種の個体群の間の競争関係の概念図。(a)（間接的）搾取型競争関係：それぞれの個体群が他方の利得を減少させるような作用をもつ。(b-1) 直接的干渉型競争関係：それぞれの個体群が直接的に他方に損害を与える作用をもつ。(b-2) 間接的干渉型競争関係：それぞれの個体群が他方にとっての損害を増大させるような作用をもつ。(c-1) 個体群 A は個体群 B に対して直接的な干渉作用を及ぼすが，個体群 B は個体群 A の利得を減少させるような間接的な（搾取的）作用を及ぼす。(c-2) 個体群 A は個体群 B の利得を減少させるような間接的な（搾取的）作用を及ぼすが，個体群 B は個体群 A の損害を増大させるような間接的な干渉作用を及ぼす。(c-3) 個体群 A は個体群 B に対して直接的な干渉作用を及ぼすが，個体群 B は個体群 A の損害を増大させるような間接的な干渉作用を及ぼす。ここで，(c-1) および (c-2) で示される2種個体群間の関係は，競争関係であるが，搾取型でも干渉型でもなく，複合型の例である。(c-3) で示される2種個体群間の関係は，直接的な作用と間接的な作用が複合された干渉型競争関係の一例である。詳細は本文参照。

であるとも考えられる。

最も一般的に，個体群間の競争関係とは，『相互の相手に対する効果が個体群サイズ成長について負である』，すなわち，『相手の存在によって個体群サイズ成長率が低下するような関係』である（図 4.1 参照）。しかし，それが，搾取型であるのか，干渉型であるのか，については，その競争関係をどのように捉えるかに依存する場合もあり，また，複合的な個体群間関係も成り立ちうるので，それぞれの競争関係がこれら2つのいずれかに一意的に分類されうるとは限らないと考えておくべきであろう。

他種個体群サイズからの影響は，第 2.1.3 節で述べた密度効果として理解することもできる。すなわち，この場合の密度効果とは，他種個体群の密度の効果により，個体群サイズ（密度）成長に対する負の影響が生ずるというものである。

> **発展**
>
> 図 4.1(c-1, 2, 3) のような競争関係の複合性を陽に導入できる数理モデリングとは如何なるものだろうか。

4.1.2　Lotka–Volterra 型競争系

個体あたり増殖率への競争の効果

個体群 m 種を考えよう．時刻 t におけるそれぞれの種の個体群サイズ（または，密度）$N_1(t), N_2(t), \ldots N_m(t)$ が，次のような増殖ダイナミクスに従うものとしよう：

$$\frac{1}{N_i(t)} \frac{dN_i(t)}{dt} = r_i \quad (i = 1, 2, \ldots, m). \tag{4.1}$$

ここで，単位個体あたり増殖率 r_i は，原則として，利用する資源の質と量によって規定されるものである．この数理モデリングは，最も一般的で普遍的な形式をとっており，この形式から，個々の問題に特有な単位個体あたり増殖率 r_i を考えることにより，様々な問題特異的な増殖ダイナミクスを考えることができる（第 2.1 節の議論参照）．

競争関係が存在しない場合，つまり，利用している資源が無限に豊富であり，任意の個体群の資源利用が他の個体群のサイズ成長に対する影響を持たない場合，増殖率 r_i は，種 i にのみ依存して定まる．増殖率 r_i が，資源量だけに依存して定まるものならば，資源量が無限に豊富な場合に実現される増殖率は，その種が持ちうる，資源量に依存しない，最大の増殖率，すなわち，**内的自然増殖率**（intrinsic growth rate）[*6]になると考えることができる．特に，r_i が資源の量と質のみに依存し，その資源が無限に豊富で，質も変わらないものであるとするならば，r_i は，定数として扱い得る．この場合には，考えている各種個体群はそれぞれが独立に増殖し，ダイナミクス (4.1) により，

$$N_i(t) = N_i(0) e^{r_i t} \quad (i = 1, 2, \ldots, m) \tag{4.2}$$

という指数関数的な Malthus 型増殖過程を持つ（第 2.1.2 節参照）．

他種との間に競争関係はないが，資源量が有限であったり，資源の質が個体群サイズ（密度）に依存して低下するような場合[*7]には，種 i の個体群に関する増殖率 r_i は，個体群サイズ N_i の増加に伴い，減少するという関係を想定することができる．すなわち，

$$\frac{\partial r_i}{\partial N_i} < 0 \tag{4.3}$$

[*6] 第 2.1.1 節参照．
[*7] たとえば，個体群密度がより高くなれば，その個体群から排出される老廃物のために資源の質が低下し，同じ量の資源量から得られる個体群増殖率が低下するような場合を考えることができる．

という性質が想定できる。この性質を満たす，増殖率 r_i と個体群サイズ N_i の関係の最も単純なものとして，

$$r_i = r_{0i} - \beta_i N_i$$

という線形の関数を考えるのは，第一歩として，あるいは，第 0 次近似として適切である。定数 r_{0i} は，実現しうる増殖率の上限を与えているので，この増殖率が内的自然増殖率である[*8]。パラメータ β_i が，種 i についての，個体群サイズからの増殖率の低下の影響の強さを表している。この場合，増殖ダイナミクスは，(4.1) より，

$$\frac{dN_i(t)}{dt} = \{r_{0i} - \beta_i N_i(t)\} N_i(t) \quad (i = 1, 2, \ldots, m) \tag{4.4}$$

となる。この微分方程式 (4.4) は，第 2.1.3 節の式 (2.36) による **logistic 型**増殖過程を表す。解は式 (2.37) で与えられ，種 i 個体群にとっての**環境許容量** (carrying capacity)[*9]は r_{0i}/β_i である。

さて，ここで，他種生物集団からの影響を考えることにしよう。第 4.1.1 節で議論したように，同じ環境に生息する他種生物集団によって，着目している生物集団の資源が（たとえば，搾取されて）減少したり，（たとえば，老廃物で）質が劣化したりすれば，結果的に，他種個体群サイズに依存して，増殖率が減少するという影響が現れることになる。このような影響は，今ここで考えている数理モデリングでは，r_i についての以下のような特性として導入できる：

$$\frac{\partial r_i}{\partial N_j} < 0 \quad (i, j = 1, 2, \ldots, m; i \neq j). \tag{4.5}$$

同種の個体群サイズからの増殖率への効果 (4.3) も同時に導入して，このような他種個体群サイズからの影響を考慮に入れた一般的な個体群サイズ変動のダイナミクスは，

$$\begin{cases} \dfrac{dN_1(t)}{dt} = r_1(N_1, N_2, \ldots, N_m) N_1(t) \\ \dfrac{dN_2(t)}{dt} = r_2(N_1, N_2, \ldots, N_m) N_2(t) \\ \quad \vdots \\ \dfrac{dN_m(t)}{dt} = r_m(N_1, N_2, \ldots, N_m) N_m(t) \end{cases} \tag{4.6}$$

と表すことができる。増殖率 $r_i = r_i(N_1, N_2, \ldots, N_m)$ $(i = 1, 2, \ldots, m)$ は，性質 (4.3) と (4.5) を満たすような関数である。

[*8] 実際，十分に個体群密度が低くなれば，個体あたりの資源量は十分に大きくなり，資源の質の劣化もほとんど無視できるようになるはずであるから，そのような場合に期待される（生物種の潜在的に有する）増殖率が r_{0i} で表現されている。

[*9] 環境許容量については，第 2.1.3 節参照。

性質 (4.3) と (4.5) を満たす最も単純な増殖率と個体群サイズの間の関係は次のものである：

$$r_i = r_i(N_1, N_2, \ldots, N_m)$$
$$= r_{0i} - \beta_i N_i - \sum_{j=1; j \neq i}^{m} \gamma_{ij} N_j$$

ここで，パラメータ $r_{0i}, \beta_i, \gamma_{ij}$ $(i, j = 1, 2, \ldots, m; i \neq j)$ は，非負なる定数である．パラメータ γ_{ij} は，種 j から他種 i への個体群サイズ（密度）効果による増殖率減少の影響の強さを表し，しばしば，**競争係数**（competition coefficient）と呼ばれる[*10]．γ_{ij} は，**種間競争係数**（inter-specific competition coefficient）とも呼ばれる．既述のように，β_i は同種個体群サイズから受ける密度効果の強さを表すパラメータであるが，種間競争係数 γ_{ij} に対して，**種内競争係数**（intra-specific competition coefficient）と呼ばれることが少なくない．

この場合，個体群サイズ変動のダイナミクスは，

$$\begin{cases} \dfrac{dN_1(t)}{dt} = \{r_{01} - \beta_1 N_1(t) - \sum_{j=1; j\neq 1}^{m} \gamma_{1j} N_j(t)\} N_1(t) \\ \dfrac{dN_2(t)}{dt} = \{r_{02} - \beta_2 N_2(t) - \sum_{j=1; j\neq 2}^{m} \gamma_{2j} N_j(t)\} N_2(t) \\ \vdots \\ \dfrac{dN_k(t)}{dt} = \{r_{0k} - \beta_k N_k(t) - \sum_{j=1; j\neq k}^{m} \gamma_{kj} N_j(t)\} N_k(t) \\ \vdots \\ \dfrac{dN_m(t)}{dt} = \{r_{0m} - \beta_m N_m(t) - \sum_{j=1; j\neq m}^{m} \gamma_{mj} N_j(t)\} N_m(t) \end{cases} \quad (4.7)$$

という m 次元非線形常微分方程式系によって表されることになる．この系 (4.7) が，一般的に，**Lotka–Volterra 型競争系** [*11]（Lotka–Volterra competition system）と呼ばれるものである．特に，系 (4.7) は，m 種間の競争系であるから，Lotka–Volterra 型 m 種競争系 などと称される[*12]．特に，Lotka–Volterra 型 2 種競争系 (4.7) $(m = 2)$ は，歴史上，最もよく知られた基礎的な数理モデルの一つである（図 4.2）[*13]．数理生態学の入門書に

[*10] 一般に，$\gamma_{ij} \neq \gamma_{ji}$ $(i \neq j)$ である．ただし，たとえば，$\gamma_{ij} = 0$ かつ $\gamma_{ji} > 0$ の場合は，生態学的には，競争とは呼べない．したがって，競争系を考える限り，$\gamma_{ij} > 0$ ならば $\gamma_{ji} > 0$，かつ，$\gamma_{ij} = 0$ ならば $\gamma_{ji} = 0$（すなわち，種間相互作用がない）でなければならない．しかし，数理的な解析としては，$\gamma_{ij} = 0$ かつ $\gamma_{ji} > 0$ のような場合も意味があるだろう．

[*11] 競合系と呼ばれることもあるが，少なくとも現時点の個体群生態学では競争系という表現が慣用的である．この競争系に対して，競合系という表現を使うのは，物理系の研究者がしばしばであることから，複数振動子系における振動子間競合からの転用かもしれない．

はもちろん，現在のほとんどの生態学の教科書や専門的入門書に，必ずといっていいほど記載されている．

4.1.3 資源をめぐる競争

資源サイズ vs 個体群サイズ

本節では，個体群による資源の消費や改変のダイナミクスを陽に取り入れた数理モデリングを考えてみる．簡単のために 2 種系（異なる 2 種の個体群からなる系）を考えよう．生物個体群にとっての環境あるいは資源の質（もしくは量）を表す正値をとる変数を R と置く[*14]．増殖率 r_i が資源だけで決まるという仮定をおく．この仮定は，増殖率 r_i が，$r_i = r_i(R)$ という資源の関数であることによって数理的に表現できる．資源の質が低下すれば，単位個体あたりの増殖率も低下するはずであるから，

$$\frac{dr_i(R)}{dR} > 0 \tag{4.8}$$

という性質が満たされなければならない．

ここでは，資源の質の低下速度は，個体群密度増加速度に正比例するものであるとしよう．すなわち，

$$\frac{dR(t)}{dt} = -\alpha_1 \frac{dN_1(t)}{dt} - \alpha_2 \frac{dN_2(t)}{dt} \tag{4.9}$$

であるとする．定数パラメータ α_i ($i = 1, 2$) は，種 i 個体群による資源消費率を表す．式 (4.9) は，容易に積分ができて，

$$R(t) = R_0 - \alpha_1 N_1(t) - \alpha_2 N_2(t) \tag{4.10}$$

という，資源と 2 種の個体群サイズとの間の関係式を導く．積分定数 R_0 は，$t = 0$ にお

[*12] 本節で述べた数理モデリングの考え方以外に，もちろん，第 3.1 節で述べた mass-action 仮定を用いて，系 (4.7) に数学的に相同な Lotka–Volterra 型競争系を数理モデリングすることもできる．このタイプの数理モデリングの議論については，読者に任せることにしたい．

[*13] 図 4.2) に例示したような，Lotka–Volterra 型 2 種競争系 (4.7) ($m = 2$) がみせる振る舞いについては，アイソクライン法（isocline method; 等傾斜線法）によって容易に理解することができる．アイソクライン法については，Kaplan & Glass [159] などの力学系理論の入門書，あるいは，数理生物学の入門書を参照されたい．

[*14] わかりやすければ，R を単に，資源量と考えて読み進めてもよい．しかし，実際には，個体群の増殖に対する資源の関わりは，その物理量だけで決まるものではなく，その質も重要であり，（個体群ダイナミクスの影響も加わって）資源の質の変化が伴う環境条件下においては，資源の量のみでは，個体群ダイナミクスの資源への依存性を考えられない．たとえば，単位物理量（e.g. 1g）の資源から得られる増殖は，質の高い状態にある資源の場合と質の低い状態にある資源の場合とでは異なってくるはずである．他種個体群によっても環境内の資源の物理量がほとんど影響を受けない場合でも，他種個体群によってその質が低下することはあり得るだろう（第 4.1.1 の議論を参照）．したがって，ここで述べているような一般的議論における R は，考えている個体群にとっての資源の質まで換算した（質で重み付けした）実質的な（物理量そのものとは異なりうる）「量」，あるいは，単位物理量の資源の「質」を指していると考える方がより適切である．

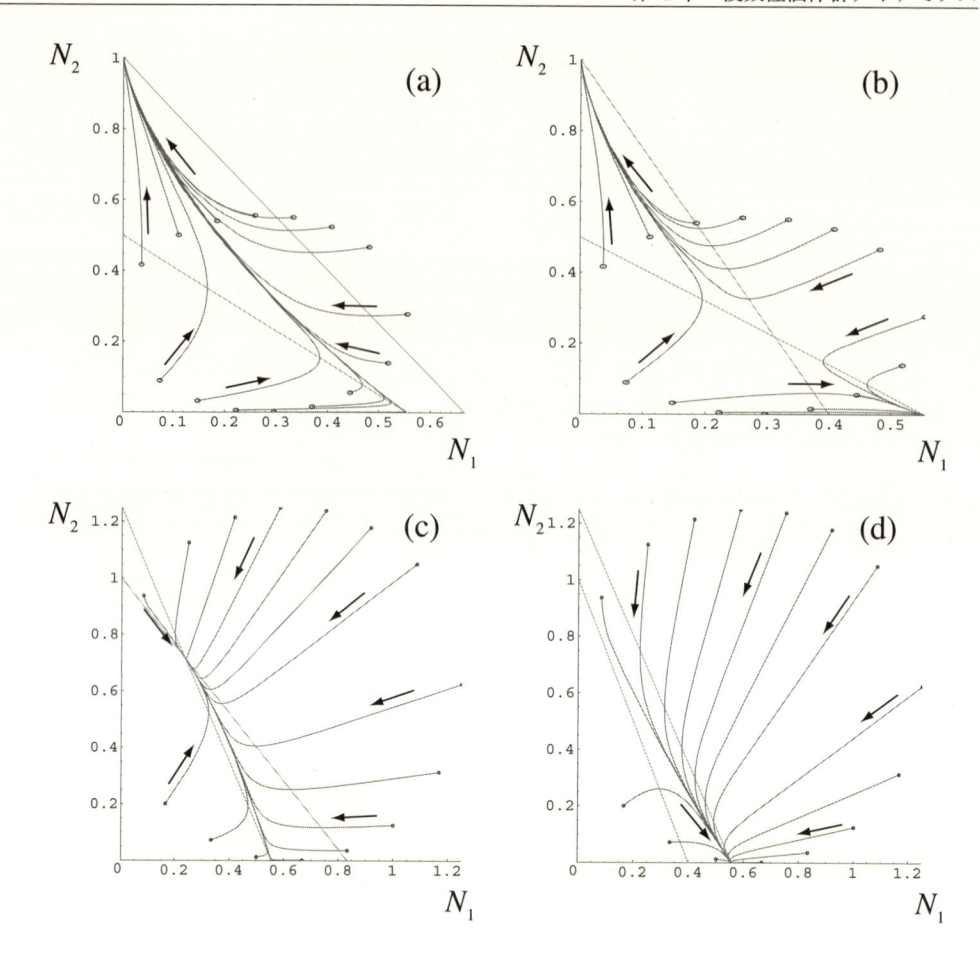

図 4.2 Lotka–Volterra 型 2 種競争系 (4.7) ($m = 2$) のダイナミクス。相平面 (N_1, N_2) における異なる初期条件からの軌道を描いた。(a) $(\gamma_{12}, \gamma_{21}) = (2.0, 1.5)$; (b) $(\gamma_{12}, \gamma_{21}) = (2.0, 2.5)$; (c) $(\gamma_{12}, \gamma_{21}) = (0.8, 1.2)$; (d) $(\gamma_{12}, \gamma_{21}) = (0.8, 2.5)$. いずれでも共通に, $r_{01} = r_{02} = 1.0$; $\beta_1 = 1.8$; $\beta_2 = 1.0$. (a) の場合, 任意の正の初期条件について, 種 1 が競争に負けて絶滅する。(b) の場合, 初期条件に依存して, いずれかの種が競争に負けて絶滅する［双安定（bistable）な場合］。(c) の場合, 任意の正の初期条件について, 2 種は共存平衡状態に至る。(d) の場合, 任意の正の初期条件について, 種 2 が競争に負けて絶滅する。

ける初期条件 $(R(0), N_1(0), N_2(0))$ が与えられれば定まるものである[*15]。あるいは, R_0 は, 資源の利用者である 2 種の生物個体群が全く存在しない場合に実現しうる資源の質という意味をもつと考えてもよいが, 本節では, 前者の立場で議論を展開する[*16]。この式 (4.10) は, 時刻 t における資源は, 同時刻における 2 種の個体群密度によって一意的に定

[*15] $R_0 = R(0) + \alpha_1 N_1(0) + \alpha_2 N_2(0)$.

まることを示す。

次に，増殖率と資源の間の関係における性質 (4.8) を満たす関数 $r_i = r_i(R)$ の最も単純なものとして，

$$r_i(R) = \epsilon_i \left(\frac{R}{R_{c,i}} - 1 \right) \quad (i = 1, 2) \tag{4.11}$$

を考えてみよう[*17]。正値をとるパラメータ $R_{c,i}$ は，種 i にとっての資源に関する閾値であり，この値よりも R が大きければ，種 i の個体群は増殖できるが，R がこの値よりも小さい場合は，種 i の個体群はそのサイズを減少させる。パラメータ ϵ_i は，正の定数である。パラメータ $R_{c,i}$ が増殖率 r_i の正負を決めるものであるのに対し，パラメータ ϵ_i（正値）は，資源の質の変化に対する種 i の増殖率の応答性を表している。たとえば，資源の質 R が $kR_{c,i}$ から $R_{c,i}$ だけ増えて $(k+1)R_{c,i}$ に変化したとすると，増殖率 r_i は ϵ_i だけ増加する。

式 (4.10) を (4.11) に代入する[*18] と，個体群サイズ変動ダイナミクス (4.1) は，次のようなダイナミクスに導かれる：

$$\begin{cases} \dfrac{dN_1(t)}{dt} = \epsilon_1 \left\{ \dfrac{R_0}{R_{c,1}} - 1 - \dfrac{\alpha_1}{R_{c,1}} N_1(t) - \dfrac{\alpha_2}{R_{c,1}} N_2(t) \right\} N_1(t) \\ \dfrac{dN_2(t)}{dt} = \epsilon_2 \left\{ \dfrac{R_0}{R_{c,2}} - 1 - \dfrac{\alpha_1}{R_{c,2}} N_1(t) - \dfrac{\alpha_2}{R_{c,2}} N_2(t) \right\} N_2(t) \end{cases} \tag{4.12}$$

このダイナミクスと Lotka–Volterra 型競争系 (4.7) の2種系版は，数学的には同等な構造をしている。ただし，重要な相違点として，系 (4.12) においては，初期条件によって定まるパラメータが含まれている[*19]。(4.7) と (4.12) の比較から，本節で考えてきた資源ダイナミクスを考慮した数理モデリングにおいては，

$$\epsilon_i \left(\frac{R_0}{R_{c,i}} - 1 \right) \tag{4.13}$$

が種 i の内的自然増殖率 r_{0i} に相当することがわかる。したがって，R_0 が正ならば，種 i にとっての資源に関する閾値 $R_{c,i}$ が小さければ小さいほど，種 i の内的自然増殖率は大きくなる。つまり，潜在的な増殖能力が高い種であることになる。閾値 $R_{c,i}$ が小さいと

[*16] 後者の立場による議論については，内容がかなり異なってくるだろう。この議論は，関心のある読者にゆずる。

[*17] 式 (4.11) による数理モデリングは，logistic 方程式 (2.38) における単位個体群サイズあたり増殖率の個体群サイズ依存性に対する数理モデリング (2.39) と数理的に類似のセンスによるものである。第 2.1.3 節の議論を参照されたい。

[*18] 式 (4.10) を代入した (4.11) による増殖率 r_i は，2種の個体群サイズ N_1 と N_2 の関数として表され，性質 (4.3) と (4.5) を満たす。

[*19] このことが後に述べる，初期条件依存の個体群絶滅を導くのみならず，2種の共存を許さない結果に結びつく。

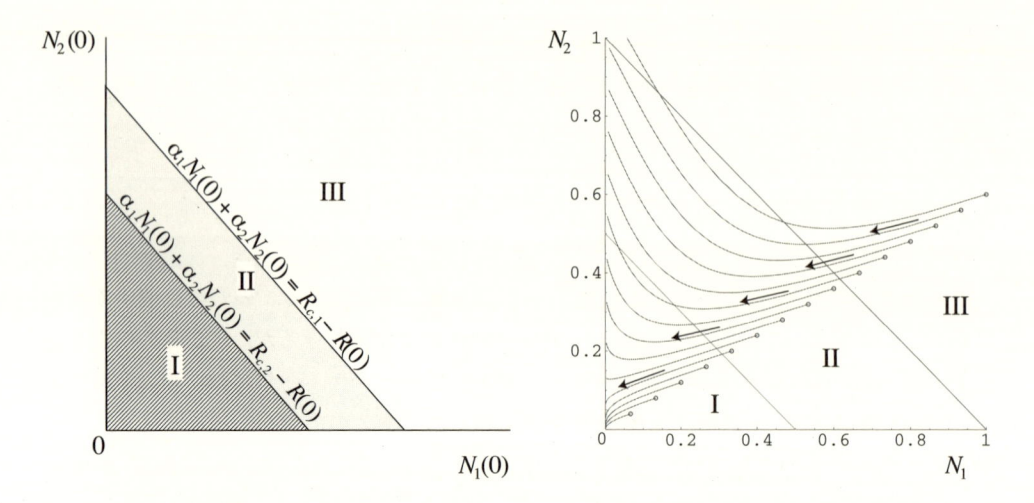

図 4.3 個体群サイズ変動ダイナミクス (4.12) において初期状態における資源の質 $R(0)$ による必然的絶滅の初期個体群サイズ $(N_1(0), N_2(0))$ への依存性と数値計算。$R(0) < R_{c,2} < R_{c,1}$ の場合。領域 I の初期個体群サイズの場合は，種 1 と種 2 は共に必然的に絶滅してしまう。領域 II については，種 1 のみ必然的に絶滅する。領域 III については，必然的絶滅は起こらないが，共通の資源に関する競争の結果，種 1 は絶滅する。数値計算は，相平面 (N_1, N_2) における異なる初期条件からの軌道を描いた。$R(0) = 1.0; R_{c,1} = 2.0; R_{c,2} = 1.5; \alpha_1 = 1.0; \alpha_2 = 1.0; \epsilon_1 = 0.1; \epsilon_2 = 0.08$.

いうことは，式 (4.11) よりわかるように，資源の値 R が小さくても増殖できるということを意味する。

もしも，条件 $R_0 < R_{c,i}$ が満たされるならば，上記 (4.13) で定義される内的自然増殖率は負である。この場合は，ダイナミクス (4.12) における，種 i の正味の増殖率を表す右辺が任意の非負の N_1, N_2 について負になる。つまり，種 i の個体群サイズは，正である限り減少し続けることになる。$N_i = 0$ は，$dN_i/dt = 0$ となる平衡状態である[20]から，結局，種 i は，$R_0 < R_{c,i}$ を満たす限りにおいて，その初期値 $N_i(0)$ によらず必然的に絶滅することになる。この議論は，パラメータ R_0 が負の値をとる場合も含んでいる。この必然的絶滅の条件 $R_0 < R_{c,i}$ は，式 (4.10) によって，個体群サイズと資源の質の初期条件に対する条件として以下のように書きかえることができる：

$$\alpha_1 N_1(0) + \alpha_2 N_2(0) < R_{c,i} - R(0) \tag{4.14}$$

もしも，初期状態における資源の質 $R(0)$ が閾値 $R_{c,i}$ よりも大きければ，この条件は成り

---

[20] 種 i の個体群サイズがゼロの状態からは種 i の個体は生じない。今考えている 2 種系は「閉じて」おり，系の外からの移入はないとしている。移入があれば，ある時点で個体群サイズがゼロであっても個体群サイズは移入によって正値に変化しうる。

立ち得ない[*21] ので，必然的な種 i の絶滅は起こらない．しかし，初期状態における資源の質 $R(0)$ が閾値 $R_{c,i}$ よりも小さい場合には，条件 (4.14) が示すように，初期状態における個体群サイズ $(N_1(0), N_2(0))$ に依存して，種 i の必然的絶滅が起こりうるのである．図 4.3 が表すように，初期における資源の質 $R(0)$ が与えられたとき，必然的絶滅に関する初期個体群サイズに関する閾値が存在する．与えられた初期の資源の質に対して，初期個体群サイズが小さすぎると，必然的絶滅が起こる．また，必然的絶滅の生起は，それぞれの種の初期個体群サイズにのみ依存するものではなく，他方の種の初期個体群サイズにも依存している．つまり，一方の種の初期個体群サイズが相対的に大きくても，他方の種のそれが過度に小さいと，2 種が共に必然的絶滅に向かうこともあり得る（図 4.3 の領域 I）のである．

ここで考えている 2 種競争系 (4.12) と Lotka–Volterra 型 2 種競争系 (4.7) ($m = 2$) は，たしかに，数学的には同等な構造をしている．しかし，図 4.3 を図 4.2 と比較対照させることでもわかるように，ダイナミクスの特性には，本質的な違いがある．ここで考えている 2 種競争系 (4.12) では，2 種の共存は起こりえない[*22]．上で述べた必然的絶滅が起こらない場合（図 4.3 の領域 III）においては，競争による排除が起こる．具体的には，資源に関する閾値 $R_{c,i}$ がより小さい種，すなわち，潜在的な増殖能力が高い種が競争に勝り，他方の種の絶滅をまねく．別の言い方をすれば，増殖により大きな資源が必要な種が競争により絶滅に至る．

MacArthur によるモデリング

さて，もう一つ，考え方の異なる別のモデリングによる共通の資源をめぐる複数種の生物個体群の間の競争関係のダイナミクスについて述べよう．本節で述べる数理モデリングは，Robert Helmer MacArthur [*23] による有名な著書 Geographical Ecology: Patterns in the Distribution of Species (1972) [200] [*24] の第 2 章に述べられている考え方を一般化したものである．

資源が k 種あり，それらの資源を利用する生物個体群が n 種あるとする．時刻 t における（生物個体による利用に供される）第 j 種 ($j = 1, 2, \ldots, k$) の資源の質もしくは量を $R_j(t)$ で表すことにする．前節同様，第 i 種の生物個体群の増殖率 r_i は資源のみに依存して決まるものと仮定し，さらに，式 (4.11) で与えられるモデリングと同様に資源と増殖率

[*21] 当然であるが，考えるシステムとして意味のある初期状態として，$N_1(0) > 0$ かつ $N_2(0) > 0$ なるものを考えている．
[*22] Lotka–Volterra 型 2 種競争系 (4.7) ($m = 2$) に対する場合と同様に，アイソクライン法（isocline method; 等傾斜線法）によって容易に示すことができる．具体的解析は読者諸氏にお任せする．
[*23] April 7, 1930 – November 1, 1972. Born in Toronto, Ontario, SE Canada.
[*24] 川西他訳，R.H. マッカーサー著『地理生態学：種の分布にみられるパターン』蒼樹書房（1982）[201]

の間の関係を次のような線形関係であるとする[*25]：

$$r_i = r_i(R_1, R_2, \ldots, R_{k-1}, R_k)$$
$$= -R_{c,i} + \sum_{j=1}^{k} \alpha_{ij} R_j. \tag{4.15}$$

この増殖率 (4.15) を式 (4.1) に代入すれば，今，考えている種 i の個体群サイズ変動ダイナミクスとしては，次の系を考えることになる：

$$\frac{1}{N_i(t)} \frac{dN_i(t)}{dt} = -R_{c,i} + \sum_{j=1}^{k} \alpha_{ij} R_j(t) \quad (i=1,2,\ldots,n) \tag{4.16}$$

正値パラメータ $R_{c,i}$ は，式 (4.11) におけるものと同様の意味を持ち，種 i の個体が摂取する資源の総利用速度（式 (4.15) の第二項の総和）が種 i に特異的な閾値 $R_{c,i}$ を超えた場合に繁殖が可能になる。閾値 $R_{c,i}$ は，種 i の個体の生存そのものに必要な最低限の資源利用速度（あるいは，単位時間あたりの資源利用量）であるという解釈が成り立つ。パラメータ α_{ij} は，種 i 個体による資源 j の利用効率を表しており，それは，資源 j の発見効率や価値（その消化効率，栄養含有量などを含）を反映するものである。種 i による個体あたりの資源の総利用速度が閾値 $R_{c,i}$ を下回るような場合には，種 i 個体群のサイズ成長率 dN_i/dt は負になり，個体群サイズは減少することになる。

次に，資源 j についての時刻 t における資源の質もしくは量 $R_j(t)$ の変動のダイナミクスを考える。生物種 i の個体群による資源の消費速度は，種 i の生物個体群のサイズ N_i に比例するとして，次のダイナミクスを考える：

$$\frac{dR_j(t)}{dt} = D_j(R_j(t)) - \sum_{i=1}^{n} \beta_{ji} N_i(t) \quad (j=1,2,\ldots,k). \tag{4.17}$$

ここで，関数項 $D_j(R_j(t))$ は，資源 j が考えている n 種の生物個体群のいずれにも利用されない場合の資源 j の更新ダイナミクスを表しており，それは，資源 j の質または量自身にのみ依存するものと仮定する[*26]。β_{ji} は，種 i の生物個体群による資源 j の消費効率を表しており，それは，生物種 i と資源 j の間に固有の関係によってのみ定まる定数であるとする。ここでは，次の最も単純な更新過程を考えることにしよう：

$$D_j(R_j(t)) = I_j - \gamma_j R_j(t) \tag{4.18}$$

[*25] ただし，この (4.15) の場合の数理モデリングは，式 (4.11) の数理モデリングに対する logistic 方程式 (2.38) についての数理モデリング (2.39) の対応とは異なる。logistic 方程式 (2.34) についての数理モデリング (2.33) と数理的に類似のセンスによるものであるとはいえる。第 2.1.3 節の議論を参照されたい。

[*26] すなわち，異なる資源の間での相互作用はないものと仮定することになる。考えている資源が無生物資源であっても，生物資源であっても，異なる資源の間での相互作用の存在の可能性はあるが，ここでは，単純に無関係を仮定したわけである。

パラメータ I_j は，資源 j に関する質の更新速度もしくは（考えている領域への）資源移入速度を与えており，定数と仮定する．γ_j は，資源 j の質の低下率もしくは移出率，あるいは，崩壊（利用できなくなる）率を与えている．したがって，生物種による利用がまったくなければ，資源 j は，定質もしくは定量 I_j/γ_j に漸近的に収束する性質を有している．

ここで与えられた式 (4.16) と (4.17) を合わせて考えることによって，n 種の生物種個体群と k 種の資源の間のダイナミクスが与えられ，資源をめぐる（資源を介した）生物種個体群の間の競争ダイナミクスが表現されたことになる．競争は間接的であり，直接的ではない（図 4.1(a) 参照）．あくまでも，ある生物種がある資源を利用することによって，同じ資源を利用する他の生物種にとってのその資源の利用速度に影響がでる，という競争であり，このことは，種 i の生物個体群サイズ変動のダイナミクスを表す式 (4.16) が他の生物種個体群のサイズを含んでいないというモデリングが示すところである．

ところで，本節における (4.16) と (4.17) に従うダイナミクスにおける生物個体群による資源の利用は，即，資源の質や量の変化に反映される[*27]のであるが，今，資源の質や量の変化速度は，（生物個体群サイズの変化速度に比べて）非常に大きい（速い）とすると，資源の質や量の値自体が，生物個体群のサイズそのものを，即時的，あるいは，同時的に反映するものとなる．この状況では，資源の質や量の変動を観測する時間スケールでは，生物個体群サイズの変動はほとんどないとみなせるので，資源の質や量は，式 (4.17) によるダイナミクスによって，同時的な生物個体群のサイズによって定まってしまう．だから，そのような場合には，ある生物個体群サイズは，即時的に資源の質や量に反映され，その資源の質や量に影響を受ける他の生物個体群のサイズ変動は，その生物個体群の個体群サイズに直接の影響を受けているように観察されることになるだろう．つまり，資源の質や量の変動は，ある生物個体群のサイズ変動に影響を与えているのであるが，その資源の質や量の変動そのものの代わりに，他の（実は自身も含むが）生物個体群のサイズ変動から影響を受けているように観察される（図 4.1(b-1) 参照）．

このように資源の質や量の変化速度が非常に大きい状況下で，生物個体群のサイズ変動を考える場合には，資源の質や量は，常に即時的に個体群サイズ変動に反応し，変化するので，式 (4.17) による資源の質や量のダイナミクスにおける資源の質や量は，（生物個体群のサイズ変動を考える時間スケールでは）「常に」平衡状態に達しているという「近似的な」扱いを適用しよう．すなわち，「常に」$dR_j/dt \approx 0$ という近似を採用する[*28]．すなわち，式 (4.17) より，

$$I_j - \gamma_j R_j(t) - \sum_{i=1}^{n} \beta_{ji} N_i(t) \approx 0 \quad (j = 1, 2, \ldots, k)$$

[*27] 常微分方程式 (4.17) によるダイナミクスにおいて，ある時刻における生物個体群のサイズは，同時刻的，即時的に，資源の質や量の変化速度（質や量そのものではない！）に影響を与える．

とし，

$$R_j(t) \approx \frac{I_j}{\gamma_j} - \sum_{i=1}^{n} \frac{\beta_{ji}}{\gamma_j} N_i(t) \quad (j=1,2,\ldots,k) \tag{4.19}$$

という，任意の時刻 t における資源 j の質または量 $R_j(t)$ が，同時刻の生物個体群サイズによって与えられる近似式が得られる[*29]。この近似式 (4.19) を生物個体群サイズ変動ダイナミクスを与える式 (4.16) に代入すると，

$$\frac{1}{N_i(t)}\frac{dN_i(t)}{dt} \approx -R_{c,i} + \sum_{j=1}^{k} \alpha_{ij}\left\{\frac{I_j}{\gamma_j} - \sum_{l=1}^{n}\frac{\beta_{jl}}{\gamma_j}N_l(t)\right\}$$

$$= \Lambda_i - \sum_{j=1}^{n} B_j N_j(t) \quad (i=1,2,\ldots,n), \tag{4.20}$$

となる。ここで，

$$\Lambda_i \equiv -R_{c,i} + \sum_{l=1}^{k} \alpha_{il}\frac{I_l}{\gamma_l} \quad (i=1,2,\ldots,n)$$

$$B_j \equiv \sum_{l=1}^{k} \frac{\beta_{lj}}{\gamma_l} \quad (j=1,2,\ldots,n)$$

と置き換えた。こうして導かれた方程式系 (4.20) は，Lotka–Volterra 型競争系 (4.7) と数学的に同等である。だから，本節で考えた個体群ダイナミクスは，資源の質や量の変化速度が非常に大きな状況下では，Lotka–Volterra 型競争系に近似的に帰着したことになる。

Tilman によるモデリング

1982 年，G. David Tilman[*30] [342] は，複数の資源をめぐる種間競争を，それぞれの種の資源利用に関する特性に着目した数理モデリングによって議論した。簡単のために，まず，2 種類の資源をめぐって競争関係にある二つの個体群の間の競争を考えよう。全く消費がない場合の，2 種類の資源の平衡資源量を (R_1^*, R_2^*) とおくことにする。時刻 t

---

[*28] 第 3.2.1 節の Michaelis–Menten 型反応速度式の導出にも適用された準定常（もしくは準平衡）状態近似。この近似は，本節の場合，資源の質や量の変化速度の時間スケールと個体群サイズ変化速度のそれとに大きな差があるという仮定に基づいて適用されるものである。2つの時間スケールに従う「速い過程 (fast process)」と「遅い過程 (slow process)」からなる，(4.16) と (4.17) のダイナミクスの数理的解析法としては，摂動法 (perturbation method) の一種である「2–時間単位法 (two-timing method)」がある。本節の準定常状態近似は，2–時間単位法における第 0 次の近似にあたる。2–時間単位法については，たとえば，Jordan & Smith [154] や Britton [39]，あるいは，より一般的に摂動法の一手法として，Kahn [155] などを参照されたい。

[*29] 式 (4.19) は，前節の式 (4.10) と数学的に同等な個体群サイズと資源の間の関係を与えているが，数理モデリングが異なっていることに注意してほしい。

[*30] 1949 年，Aurora, Illinois 生まれ。2007 年 4 月現在，University of Minnesota 教授。

における，それぞれの資源の量（密度）を $R_1(t), R_2(t)$ で表し，種1の個体群サイズを $N_1(t)$，種2のそれを $N_2(t)$ で表すことにして，Tilman は，次のような数理モデリングを考えた：

$$\begin{cases} \dfrac{dN_i(t)}{dt} = r_i(R_1(t), R_2(t))N_i(t) \;\; (i=1,2) \\ \dfrac{dR_j(t)}{dt} = \alpha_j \left\{ R_j^* - R_j(t) \right\} - \beta_{j1} N_1(t) - \beta_{j2} N_2(t) \;\; (j=1,2). \end{cases} \quad (4.21)$$

ここで，系 (4.21) の第一式による個体群サイズの変動ダイナミクスは，第 4.1.3 節で述べた MacArthur によるモデリング (4.15) と同様に，種 i の個体群における単位個体群サイズあたりの増殖率 r_i が，今考えている二種類の資源の量の関数によって与えられることを表したものである。β_{ji} は，種 i の個体群による種 j の資源の消費効率を表している。系 (4.21) の第二式における資源の消費速度は，消費者である個体群サイズに比例する形で導入されており，mass-action 仮定に基づく Lotka–Volterra 型相互作用による資源量と個体群サイズの積で相互作用を導入する数理モデリング（第 3.1 節参照）とは異なっていることに注意しよう。また，系 (4.21) の第二式の $\alpha_j \left\{ R_j^* - R_j(t) \right\}$ が資源の更新過程を表す。これは，第 2.1.3 節で述べた，式 (2.43) による「広い意味での」logistic 型増殖過程であり，資源量 R_i は，飽和量 R_i^* に向かって単調に増加するという更新性をもっている。この資源量の時間変動ダイナミクスは，第 4.1.3 節の MacArthur による数理モデリングにおける，式 (4.17) と (4.18) による数理モデルと同等である。

単位個体群サイズあたりの増殖率 r_i $(i=1,2)$ に対する最も単純な仮定は，

$$\frac{\partial r_i(R_1, R_2)}{\partial R_j} \geq 0 \;\; (i,j=1,2)$$

を関数 $r_i = r_i(R_1, R_2)$ $(i=1,2)$ に対する性質として要求するものである。つまり，二種類の資源いずれであっても，資源量が増えれば，単位個体群サイズあたりの増殖率が上昇するという仮定である。あるいは（or さらに），次のような仮定も可能である[*31]
$(i=1,2)$：

$$r_i(R_1, R_2) \leq 0 \;\; \text{for} \;\; \forall R_1 \leq R_{i,1}^c; \quad (4.22)$$

$$r_i(R_1, R_2) \leq 0 \;\; \text{for} \;\; \forall R_2 \leq R_{i,2}^c. \quad (4.23)$$

ここで，$R_{i,1}^c$ や $R_{i,2}^c$ は，種 i の個体群に固有な定数であり，種 i の個体群サイズの増殖率が正になるために最低限必要なそれぞれの資源の量を表すものである。この意味は，たとえ，$R_1 > R_{i,1}^c$ であっても，$r_i > 0$ であるとは限らないことも指す。あくまでも，個体群の増殖率は，考慮している二種類の資源の量によって定まるものであるから，一種類の資源量が前出の必要量を超えていたとしても，別の資源の量が前出の必要量に達していなけ

[*31] 記号 $\forall$ は，「任意の」あるいは「全ての」の意。

れば，上記の条件より，増殖率は，非正である[*32]．すなわち，この意味に基づけば，さらに，次の仮定を考えることが自然であろう：

$$r_i(R_1, R_2) > 0 \ \ \text{only if} \ \ R_1 > R_{i,1}^c \ \ \text{and} \ \ R_2 > R_{i,2}^c. \tag{4.24}$$

さて，ここで，Tilman [342] による数理モデル (4.21) による独自の議論展開を紹介するために，仮定 (4.24) に加えて，仮定 (4.22) や (4.23) よりもさらにより簡明な（より単純な）設定である次の仮定を導入することにする：

$$r_i(R_1, R_2) \begin{cases} = 0 & \text{if} \ \ R_1 = R_{i,1}^c \ \ \text{and} \ \ R_2 \geq R_{i,2}^c \\ = 0 & \text{if} \ \ R_1 \geq R_{i,1}^c \ \ \text{and} \ \ R_2 = R_{i,2}^c \\ < 0 & \text{if} \ \ R_1 < R_{i,1}^c \ \ \text{or} \ \ R_2 < R_{i,2}^c \end{cases} \tag{4.25}$$

仮定 (4.22), (4.23) と較べ，この仮定 (4.25) では，二種類の資源のいずれかの量が個体群成長によっての必要量（$R_{i,1}^c$ もしくは $R_{i,2}^c$）を下回った場合には，個体群の成長率は負になり，個体群サイズは減少するということが明示されている点が簡明である。

ただし，数理生物学の数理モデリングにおいて，資源量が個体群成長にとっての必要量を下回ったからといって，個体群サイズが減少するという設定が必然的に要求されるわけではないことはことわっておきたい．たとえば，ある理想的な状況下のある種の細菌やバクテリアは，増殖に必要な養分が不足すると，その増殖活動を停止し，休眠状態になる．そのような特性をもつ個体群については，個体群成長に関する資源量が必要量を下回っている状況では，個体群サイズは，増加はしないが，減少もしない[*33]．

仮定 (4.24), (4.25) に基づけば，

$$r_i(R_{i,1}^c, R_2) = 0 \ \ \text{for} \ \ \forall R_2 \geq R_{i,2}^c;$$
$$r_i(R_1, R_{i,2}^c) = 0 \ \ \text{for} \ \ \forall R_1 \geq R_{i,1}^c$$

である[*34]から，系 (4.21) において，種 i の個体群が絶滅しないような平衡状態（平衡個体群サイズ＞ 0）があるとすれば，$R_1 = R_{i,1}^c$，もしくは，$R_2 = R_{i,2}^c$ でなければならないことがわかる．

[*32] このような場合，必要量に達していない資源の量が，個体群成長に関しての限定要因（limiting factor）になっていると称する．

[*33] もちろん，休眠状態にある細菌やバクテリアの死亡率がゼロであるわけではないので，休眠状態にあるそれらの死亡に係る要因（たとえば，生体内における免疫反応）によっては，単位時間あたりの死亡率が十分に大きくなり，休眠状態にあるそのような個体群のサイズは，減少する，すなわち，増殖率が負である，と仮定する方が自然であろう．しかし，たとえば，実験培養状態下の休眠状態にあるそのような個体群の死亡率は，一般的に無視できるほど小さいと考える方が自然な場合も少なくないだろう．そのような場合については，仮定 (4.25) のかわりに，

$$r_i(R_1, R_2) = 0 \ \ \text{for} \ \ \forall R_1 \leq R_{i,1}^c;$$
$$r_i(R_1, R_2) = 0 \ \ \text{for} \ \ \forall R_2 \leq R_{i,2}^c$$

という仮定を導入する数理モデリングとなる．

[*34] 記号 $\forall$ は，「任意の」あるいは「全ての」の意．

4.1 競争系

実は，系 (4.21) では，平衡状態としては，$R_1 = R_{i,1}^c$，もしくは，$R_2 = R_{i,2}^c$ となるような場合しかない[*35]。ダイナミクス (4.21) から明らかなように，$R_1 > R_{i,1}^c$ かつ $R_2 > R_{i,2}^c$ である限り，$r_i > 0$ であるから，種 i の個体群サイズは増加し続ける[*36]。個体群サイズが増加し続けると，系 (4.21) における資源量のダイナミクスの右辺が徐々に小さくなる。ただし，この右辺が正である限り，資源量は増加するので，$R_1 > R_{i,1}^c$ かつ $R_2 > R_{i,2}^c$ という条件が満たされ，さらに個体群サイズが増加し続け，この右辺がさらに小さくなる[*37]。系 (4.21) における資源量のダイナミクスの右辺がゼロになったとしても，$R_1 > R_{i,1}^c$ かつ $R_2 > R_{i,2}^c$ という条件が満たされているならば，個体群サイズのさらなる増加が起こり，結果として，この右辺は負になり，資源量が減少する。資源量が減少していても，$R_1 > R_{i,1}^c$ かつ $R_2 > R_{i,2}^c$ という条件が満たされている限り，個体群サイズは増加し続けるので，さらに資源量の減少が進む。したがって，$R_1 = R_{i,1}^c$，もしくは，$R_2 = R_{i,2}^c$ となるまでこの過程は続き，$R_1 = R_{i,1}^c$，もしくは，$R_2 = R_{i,2}^c$ となった時点で，$dN_i/dt = 0$ となり，種 i の個体群サイズ増加は停止する。

この記述は，種 i の個体群サイズが必ずある正の平衡状態に向かうと結論するものではない。たとえば，ある時点において，資源 1 について，$R_1 = R_{i,1}^c$ が成り立ち，種 i の個体群サイズ変動が停止したとしても，資源 2 の量は変動しうるので，時間の経過とともに，資源 2 の量が，$R_2 < R_{i,2}^c$ を満たすまでに減少してしまうと，種 i の個体群サイズは，資源 2 の量が限定要因となって減少し，絶滅してしまう可能性がある。また，他種個体群による資源の利用があるので，もしも，ある時点で，$R_1 = R_{i,1}^c$，もしくは，$R_2 = R_{i,2}^c$ となったとしても，種 i 以外の個体群による資源の利用によって，さらに資源量が減少する場合には，この時刻直後において，$dN_i/dt < 0$ となり，種 i の個体群サイズは減少に転ずる。この場合には，種 i 以外の個体群について，上記の議論を適用する必要がある。

Tilman [342] は，図 4.4 および図 4.5 に示すような，ゼロ–純成長–アイソクライン (zero-net-growth-isocline; ZNGI) によって，資源をめぐる二種競争系モデル (4.21) における二種共存性に対する資源の関わりに関する議論を体系的に展開した。仮定 (4.24)，(4.25) を適用する。

まず，種 i の個体群のみに着目して，このことをもう少しつっこんで考えてみる。図 4.4(b) のような場合，すなわち，種 i の ZNGI が $R_1 < R_1^*$ かつ $R_2 < R_2^*$ の領域に点を持たない場合，種 i は，考えている環境内では存続できず，必然的に絶滅に向かう。系 (4.21) における，資源量のダイナミクスを表す式で示されたように，二種類の資源の量

[*35] 周期解の様式での共存はない。

[*36] Tilman のモデル (4.21) においては，単位個体群サイズあたりの増加速度 r_i は，資源の状態のみによって定まっており，logistic 方程式のような，個体群内の相互作用などのような個体群サイズからのフィードバックによる個体群サイズの調節 (regulation) 機構を含んでいないので，個体群サイズの増加の上限は，個体群外の条件としての資源の状態によって定まるものであり，個体群が内的にもつ特性とはなっていない。

[*37] この過程により，資源量は，生物個体群サイズの増加による調節を受けているということもできる。

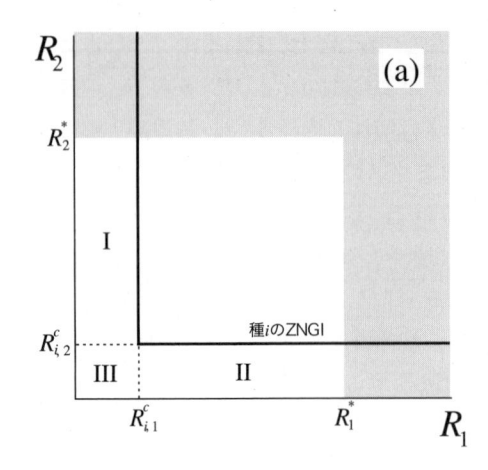

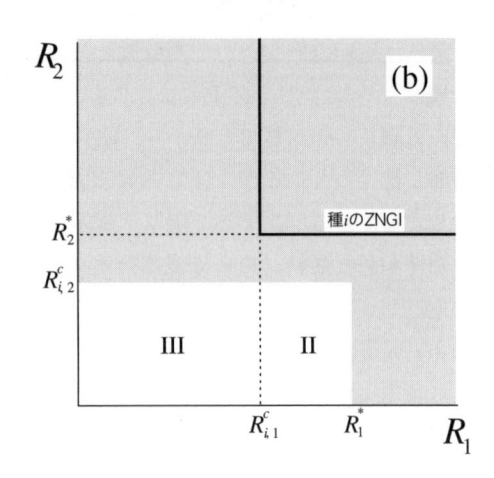

図4.4 モデル (4.21) による Tilman [342] の議論で導入される種 i の個体群に対するゼロ–純成長–アイソクライン（zero-net-growth-isocline; ZNGI）。仮定 (4.24) と (4.25) を適用する。(a) ZNGI が $R_1 < R_1^*$ かつ $R_2 < R_2^*$ の領域に点を持つ場合；(b) ZNGI が $R_1 < R_1^*$ かつ $R_2 < R_2^*$ の領域に点を持たない場合。(a) の場合には，種 i は，存続する可能性がある。(b) の場合には，種 i は，考えている環境内では存続できず，絶滅する。資源量が領域 I にある場合，資源 2 の量は生物種 i の増殖に関する必要量を超えているが，資源 1 の量が不足しており，この資源 1 の量が限定要因となって生物種 i の個体群サイズは減少する。同様に，領域 II については，資源 2 の量が限定要因となって個体群サイズの減少が起こる。領域 III については，二種類の資源の量が共に生物種 i の増殖に関する必要量を満たさず，個体群サイズの減少が起こる。

は，それぞれ R_1^*, R_2^* という飽和値を持ち，それらの飽和値を超えることはない。つまり，二種類の資源の量は，時刻に関わらず，図 4.4 において示された白ヌキ領域にある。図 4.4(b) の場合，白ヌキ領域は，ZNGI と交わらず，白ヌキ領域 II については，資源 1 の量は生物種 i の増殖に関する必要量を超えているが，資源 2 の量が不足しており，この資源 2 の量が限定要因となって生物種 i の個体群サイズは減少することになる。領域 III については，二種類の資源の量が共に生物種 i の増殖に関する必要量を満たさず，個体群サイズの減少が起こる。つまり，実現されるどのような資源状況においても，生物種 i の個体群のサイズの増加率は負であるから，生物種 i は，絶滅に向かうことになる。一方，図 4.4(a) の場合には，種 i の ZNGI が白ヌキ領域と交わりを持ち，種 i 個体群の存続の可能性がある。ZNGI より上側で白ヌキの領域では，種 i の個体群サイズ増加率は正となるからである。ただし，もちろん，共通の資源を利用する他種個体群が存在する場合には，図 4.4(a) の場合であっても，種 i の個体群が絶滅する可能性は残っている。もう一種の個体群との相互作用の下で存続性が決まるからである。

そこで，次に，二種の個体群の ZNGI の関係に注目する。図 4.5(a) のような場合，す

4.1 競争系

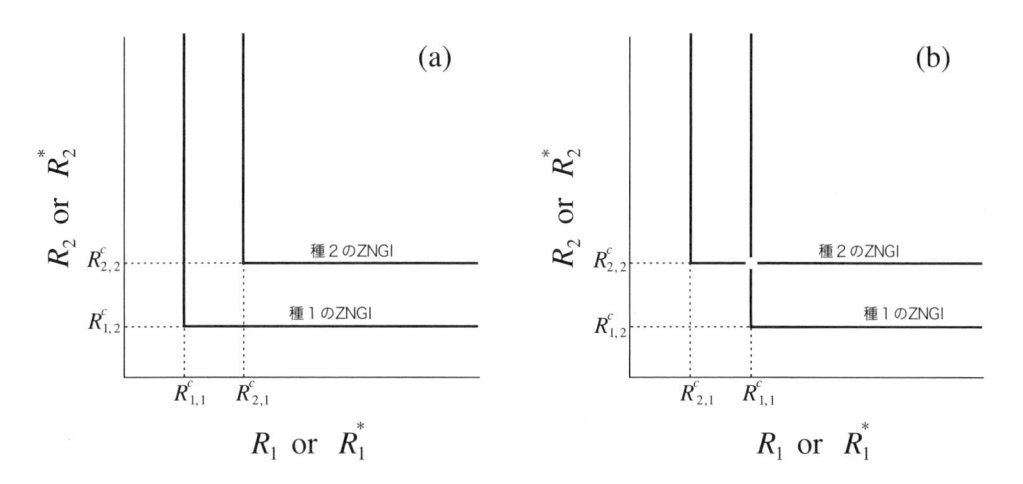

図 4.5 モデル (4.21) による Tilman [342] の議論で導入されるゼロ–純成長–アイソクライン (zero-net-growth-isocline; ZNGI)。仮定 (4.24) と (4.25) を適用する。(a) 二種の ZNGI が交点をもたない場合；(b) 二種の ZNGI が交点をもつ場合。(a) の場合には，種 2 は，必然的に絶滅する。(b) の場合には，二種の共存平衡点（○）は存在するが，その安定性はパラメータ条件に依存して定まる。

なわち，二種のそれぞれの ZNGI が交点を持たず，種 2 の ZNGI が種 1 の ZNGI より上側にある場合，種 2 は，必然的に絶滅する。資源の状態が，図 4.5(a) の種 2 の ZNGI よりも上側の領域にある[*38]ならば，前出の議論に従って，ある時点で，資源の状態は，図 4.5(a) の種 2 の ZNGI 上にくる。しかし，種 2 の ZNGI 上の資源の状態は，種 1 の ZNGI よりも上側の領域にあるので，種 1 個体群のサイズは増大し続け，やはり，前出の議論に従って，資源の状態は，結局，種 2 の ZNGI を超えて反対側の領域，すなわち，種 1 の ZNGI と種 2 の ZNGI に挟まれた領域に入る。そして，資源の状態は，最終的には，種 1 の ZNGI 上に至ることになる。種 1 の ZNGI 上に資源の状態がある場合，種 2 の個体群サイズの増加率は負であり，種 2 は絶滅に向かうことになる。たとえば，この結果として実現する平衡状態において，$R_1 = R_{1,1}^c$ となっているとしよう[*39]。系 (4.21) の資源のダイナミクスを表す式より，平衡状態における種 1 の平衡個体群サイズ N_1^* について，

$$N_1^* = \frac{\alpha_1}{\beta_{11}} \left(R_1^* - R_{1,1}^c \right)$$
$$= \frac{\alpha_2}{\beta_{21}} \left(R_2^* - R_2 \right) \tag{4.26}$$

という等式が得られるので，この平衡状態における資源 2 の平衡量 $R_2^\star$ は，

$$R_2^\star = R_2^* - \frac{\alpha_1 \beta_{21}}{\alpha_2 \beta_{11}} \left(R_1^* - R_{1,1}^c \right) \tag{4.27}$$

[*38] よって，図 4.4(a) のような場合が二種の生物個体群について成り立っている場合を考える。
[*39] 図 4.5(a) の種 1 の ZNGI の鉛直部分のどこか。

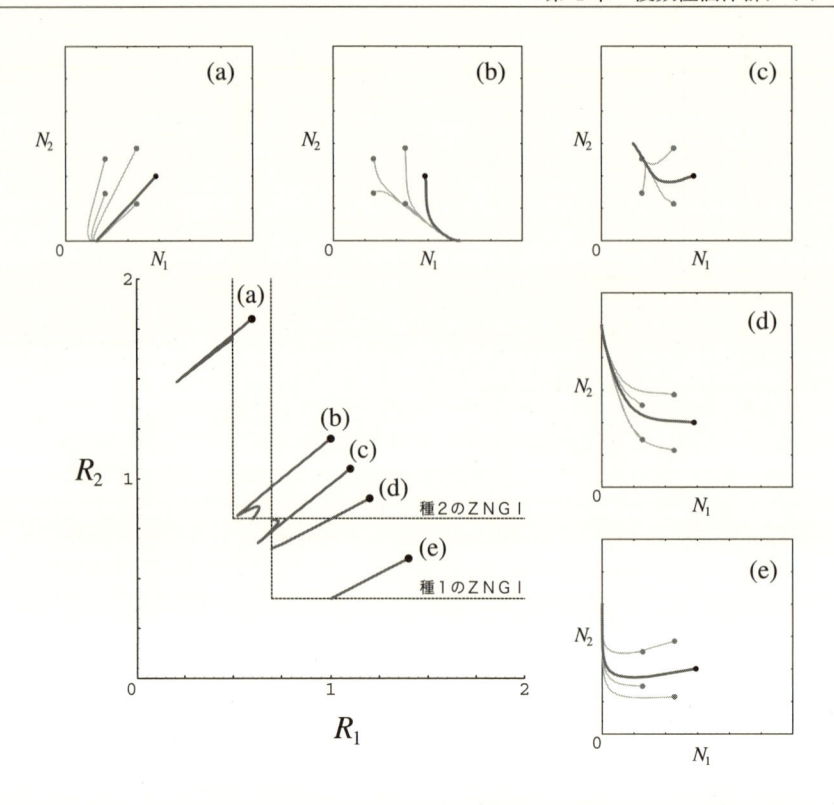

図 4.6 モデル (4.21) に仮定 (4.24) と (4.25) を適用した場合の解軌道の数値計算。種 i の単位個体群サイズあたりの増殖率 r_i を (4.28) で与えた場合。(a) $(R_1^*, R_2^*) = (0.6, 1.8)$; (b) $(R_1^*, R_2^*) = (1.0, 1.2)$; (c) $(R_1^*, R_2^*) = (1.1, 1.05)$; (d) $(R_1^*, R_2^*) = (1.2, 0.9)$; (e) $(R_1^*, R_2^*) = (1.4, 0.6)$。$(R_1, R_2)$-平面の軌道はいずれも初期条件 $(R_1(0), R_2(0), N_1(0), N_2(0)) = (R_1^*, R_2^*, 14.5, 10.0)$ に対するもの。(N_1, N_2)-平面には，他の初期条件 $(N_1(0), N_2(0))$ に対する軌道も併せて記載した。$\alpha_j = 1.0\ (j = 1, 2);\ R_{1,1}^c = 0.5;\ R_{1,2}^c = 0.8;\ R_{2,1}^c = 0.7;\ R_{2,2}^c = 0.4;\ \beta_{11} = 0.02;\ \beta_{12} = 0.02;\ \beta_{21} = 0.02;\ \beta_{22} = 0.01$。

でなければならないことがわかる。考えている平衡状態が存在するためには，この形式的に得られた $R_2^\star$ は，$R_{1,2}^c$ 以上でなければならない。なぜならば，もしも，$R_2^\star < R_{1,2}^c$ ならば，資源の状態 $(R_{1,1}^c, R_2^\star)$ は，種 1 の ZNGI の下側に存在することになり，種 1 が正の平衡状態にあるということに矛盾するからである。よって，(4.27) で与えられる資源 2 の量が $R_2^\star < R_{1,2}^c$ を満たすような条件下では，$R_1 = R_{1,1}^c$ となるような平衡状態は，存在しないのである。実は，そのような場合には，上記の場合ではなく，$R_2 = R_{1,2}^c$ となるような平衡状態[40] が存在していることを同様の手順で示すことができる。

図 4.5(b) のように，生物二種の ZNGI が交点を持つ場合，$R_1 = R_{1,1}^c$ かつ $R_2 = R_{2,2}^c$

---

[40] 図 4.5(a) の種 1 の ZNGI の水平部分のどこかの点。

の場合に，$dN_1/dt = 0$ と $dN_2/dt = 0$ が同時に成り立つので，ZNGI の交点は，生物二種の共存平衡状態の候補となりうる．しかし，系 (4.21) の任意の初期値に対して，この共存平衡状態が実現するというわけではなく，資源二種の平衡資源量[*41](R_1^*, R_2^*) に依存していずれかの生物種が絶滅することも起こりうることが示されている．また，図 4.5(b) の場合であっても，どのような初期状態に対しても，生物二種が共存することなく，一種だけになってしまうというパラメータ条件も存在する[*42]．つまり，生物二種の共存が平衡状態で成り立つためには，あるパラメータ条件が満たされた上，資源二種の平衡資源量 (R_1^*, R_2^*) がある条件を満たすことも必要である（Tilman [342]）．図 4.6 に，モデル (4.21) に仮定 (4.24) と (4.25) を適用し，種 i の単位個体群サイズあたりの増殖率 r_i を次のように与えた場合の解軌道の数値計算例を示した：

$$r_i = r_i(R_1, R_2)$$
$$= \begin{cases} 0.1(R_1 - R_{i,1}^c)(R_2 - R_{i,1}^c) & \text{if } R_1 > R_{i,1}^c \text{ and } R_2 > R_{i,2}^c; \\ 0 & \text{if } R_1 = R_{i,1}^c \text{ or } R_2 = R_{i,2}^c; \\ 0.1(R_1 - R_{i,1}^c) & \text{if } R_1 < R_{i,1}^c \text{ and } R_2 \geq R_{i,2}^c; \quad (4.28) \\ 0.1(R_2 - R_{i,2}^c) & \text{if } R_1 \geq R_{i,1}^c \text{ and } R_2 < R_{i,2}^c; \\ 0.1(R_1 - R_{i,1}^c) + 0.1(R_2 - R_{i,2}^c) & \text{if } R_1 < R_{i,1}^c \text{ and } R_2 < R_{i,2}^c. \end{cases}$$

発展

系 (4.21) の r_i の関数形や第 2 式の右辺が異なった場合にはどのような議論が可能であろうか．

4.1.4 個体群からの排出物が増殖率へ及ぼす影響

ここでは，個体群からの老廃物や分泌物などの排出物によって個体あたりの増殖率が影響を受ける場合を考えてみよう．これは，図 4.1(b-2) によって示されるような干渉型の競争関係である．時刻 t における環境内の排出物濃度を $A(t)$ とおく．ここでの仮定は，個体あたり増殖率 r_i がこの排出物濃度に依存するというものである：$r_i = r_i(A)$．最も単純な増殖率と排出物濃度の関係として，ここでは，

$$r_i = r_i(A) = \rho_{0i}\left(1 - \frac{A}{A_{c,i}}\right) \quad (i = 1, 2) \tag{4.29}$$

[*41] 利用される資源の質，あるいは，それらの資源の存する環境の質を代表するパラメータ値．
[*42] 図 4.5(b) の共存平衡点が不安定になるパラメータ条件が存在する．

を考えよう．$A=0$ のとき，すなわち，排出物濃度がゼロのときは，個体群は，排出物に依存しない増殖率 ρ_{0i} を有する．これを内的自然増殖率と考えることができる．

もしも，種 i にとって，排出物が個体あたりの増殖率を下げるようなもの[*43] だとすると，パラメータ $A_{c,i}$ は正である．排出物によって個体あたりの増殖率が上昇するような場合[*44] なら，パラメータ $A_{c,i}$ を負とすればよい．前者の場合には，パラメータ $A_{c,i}$ は，増殖率にとっての排出物濃度に関する閾値を意味する．すなわち，排出物濃度が $A_{c,i}$ 未満でなければ，種 i は増殖できず，排出物濃度が閾値 $A_{c,i}$ を超えると，個体あたりの増殖率は負に転じ，個体群サイズは減少することになる．

排出物濃度の上昇速度が個体群サイズ変化に比例するものと仮定すると，

$$\frac{dA(t)}{dt} = a_1 \frac{dN_1(t)}{dt} + a_2 \frac{dN_2(t)}{dt} \tag{4.30}$$

という排出物濃度のダイナミクスを考えることができ，前出の式 (4.9) の場合と同様に，積分して，

$$A(t) = A_0 + a_1 N_1(t) + a_2 N_2(t) \tag{4.31}$$

という，排出物濃度と 2 種の個体群サイズとの間の関係式が得られる．積分定数 A_0 は，$t=0$ における初期条件が与えられれば定まる．式 (4.31) を (4.29) に代入して，以前と同様に整理すれば，ダイナミクス (4.1) は，次のようなダイナミクスに導かれる：

$$\begin{cases} \dfrac{dN_1(t)}{dt} = \rho_{01}\left\{1 - \dfrac{A_0}{A_{c,1}} - \dfrac{a_1}{A_{c,1}}N_1(t) - \dfrac{a_2}{A_{c,1}}N_2(t)\right\}N_1(t) \\ \dfrac{dN_2(t)}{dt} = \rho_{02}\left\{1 - \dfrac{A_0}{A_{c,2}} - \dfrac{a_1}{A_{c,2}}N_1(t) - \dfrac{a_2}{A_{c,2}}N_2(t)\right\}N_2(t) \end{cases} \tag{4.32}$$

システム (4.7) と (4.32) の比較[*45] から，排出物の効果を考慮した数理モデリングにおいては，

$$\rho_{0i}\left(1 - \frac{A_0}{A_{c,i}}\right) \tag{4.33}$$

が種 i の内的自然増殖率 r_{0i} に相当することがわかる．

この式から，A_0 が正の場合，排出物濃度の閾値 $A_{c,i}$ が大きければ大きいほど種 i の内的自然増殖率が大きくなることがわかる．排出物濃度に関する閾値が大きいということは，排出物に対する増殖の耐性が高いということを意味する．この閾値は，排出物濃度がそれを超えると，増殖率が負に転ずる濃度を示しているからである．しかし，パラメータ

[*43] 排出物によって環境が劣化し，利用できる資源が減少するとか，排出物に毒性があったり，排出物によって病原菌繁殖が増大したりすることが想定できる．

[*44] たとえば，排出物によって，資源が利用しやすくなるとか，増殖活動が促進されることが想定できる．

[*45] もちろん，比較する以上，パラメータ $A_{c,i}$ は $i=1,2$ のいずれの場合についても正を考える．

A_0 は，式 (4.31) より初期条件によって定まる値を持つものであるから，初期条件によっては，負の値もとりうる．

もしも，A_0 が負であるならば，上記の議論は全く逆になり，排出物濃度に対する閾値が大きくなればなるほど内的自然増殖率は小さくなることになる．排出物に対する増殖の耐性が低い種ほど内的自然増殖率が大きいということである．これはどのように解釈できるであろうか．読者に是非考えてみてほしい．

また，A_0 が負の場合には，式 (4.31) の値が負になる可能性がある．つまり，個体群サイズ N_1, N_2 が十分に小さくなると，和 $a_1 N_1 + a_2 N_2$ が小さくなり，結果，式 (4.31) より，$A(t)$ が負になることになる．$A(t)$ は排出物濃度を表すので，これは変である．このようなことが起こりうるのであれば，ここで述べたような数理モデリングには問題があることになる．そこで，ここでは，このようなことが実際にシステム (4.32) で起こりうるのかどうかを少し詳しく考えてみることにしよう．

議論を明確にするために，$A_{c,1} > A_{c,2}$ としよう．これでも以下の議論の一般性は失われない．排出物の濃度が初期 ($t = 0$) において閾値 $A_{c,1}$ を超えていたとしよう．すると，式 (4.29) より，種 1 と 2 の増殖率は共に負である．よって，両種の個体群サイズは共に減少する．このとき，式 (4.31) より，排出物濃度も減少する．個体群サイズが減少するかぎり，排出物濃度も減少し続けるので，ある時点で，排出物濃度が $A_{c,1}$ と等しくなったとしよう．この時点で，$r_1 = 0$ となるので，種 1 の個体群サイズ減少は停止する．しかし，まだ $r_2 < 0$ であるから，種 2 の個体群サイズ減少は継続するから，式 (4.29) より，排出物濃度はさらに減少を続けることになる．排出物濃度が $A_{c,1}$ を下回ると，$r_1 > 0$ となるので，種 1 個体群のサイズは増加に転ずるが，種 2 個体群のサイズ減少が続く限りにおいては，式 (4.31) より，排出物濃度はさらに減少するであろう．もしも，減少が引き続き，排出物濃度が $A_{c,2}$ と等しくなったとするなら，式 (4.29) より，その時点で種 2 の個体群サイズ減少は停止する．この時点では，種 2 の個体群サイズ減少は停止しているが，種 1 の増殖率は正であり，種 1 は増加しているので，正味，式 (4.31) より，排出物濃度は増加傾向を持つ．つまり，この議論よりわかるように，排出物濃度が $A_{c,2}$ より大きく，$A_{c,1}$ より小さい場合，種 2 の個体群サイズは減少しているが，排出物濃度が $A_{c,2}$ に近づくにつれてその減少の速さは小さくなる．一方，種 1 の個体群サイズは増加しており，式 (4.29) からわかるように，排出物濃度が $A_{c,2}$ に近づくにつれてその増加の速さは大きくなる．したがって，式 (4.31) より，排出物濃度の減少は，$A_{c,2}$ より大きく，$A_{c,1}$ より小さい濃度において停止すると考えられる．この議論の結論は，排出物濃度は，決して，$A_{c,2}$ よりも小さくはなり得ない，ということである．排出物の濃度が初期において，$A_{c,2}$ より大きく，$A_{c,1}$ より小さい場合には，前出の議論がそのまま適用でき，同じ結論を導く．また，初期排出物濃度が $A_{c,2}$ より小さい場合には，式 (4.29) より，種 1，種 2 の増殖率は共に正であるから，それらの個体群サイズは共に増加し，したがって，式 (4.31) より，排出物濃度は増加する．結局，前出と同様の議論で，排出物濃度が $A_{c,2}$ を必ず超えることが示

せる．最終的に，どのような初期排出物濃度 (≥ 0) であっても，排出物濃度は，正の値をとりながら，最終的には $A_{c,1}$ と $A_{c,2}$ の間に入る[*46] ことがわかり，決して負になることはない．

このことは，たとえ，A_0 が負の値の場合であっても，ダイナミクス (4.32) による個体群サイズ変動は，排出物濃度 $A(t)$ を負の値にしないような構造を内含していることを意味する[*47]．

もちろん，これまでの議論は，A_0 が負になる可能性を否定するものではない．実際に，もっともらしい初期状態の一例として，排出物濃度はゼロ ($A(0) = 0$)，種1と種2の個体群サイズをそれぞれ $N_1(0) = N_{01}$，$N_2(0) = N_{02}$ という場合を考えると，式 (4.31) より，

$$A_0 = -a_1 N_{01} - a_2 N_{02} < 0 \tag{4.34}$$

となり，A_0 は負になる．

また，初期状態として，排出物濃度がかなり大きい場合を考えてみると，初期排出物濃度に対して，初期個体群サイズが小さすぎるならば，初期排出物濃度の高さが原因となって必然的に絶滅する種が出てくることがわかる．今，十分に小さな $N_1(0)$, $N_2(0)$ を考えることによって，かなり大きな $A(0)$ に対して，A_0 を，排出物濃度の閾値 $A_{c,1}$ (もしくは，$A_{c,2}$) より大きくとることは可能である．すると，この場合，種1に対する式 (4.33) は負になる．そして，このことから，システム (4.32) における dN_1/dt の右辺が (任意の正の N_1 に対して) 常に負になることがわかる．つまり，種1の個体群サイズは正である限り減少し続ける．$N_1 = 0$ は，$dN_1/dt = 0$ となる平衡状態であるので，結局，種1は必然的に絶滅することになる．

この結末が初期排出物濃度の高さだけで導かれたのではなく，初期個体群サイズの大きさにも依存していたことに注意しよう．実際，具体的には，$A_0 > A_{c,i}$ より，式 (4.31) を用いて，種 i がこのような必然的絶滅に向かう条件は，次のようなものとなる：

$$A(0) - A_{c,i} > a_1 N_1(0) + a_2 N_2(0) \tag{4.35}$$

もしも，初期排出物濃度 $A(0)$ が $A_{c,i}$ より小さければ，この不等式 (4.35) は成り立たないので，前記のような初期排出物濃度による種 i の必然的絶滅は起こらない．図 4.7 に，$A_{c,2} < A_{c,1} < A(0)$ の場合についての，初期排出物濃度による必然的絶滅の生起に関する初期個体群サイズ $(N_1(0), N_2(0))$ への依存性を示した．初期排出物濃度が与えられたとき，必然的絶滅に関して，それぞれの初期個体群サイズに関する閾値が存在することがわかる．初期排出物濃度に対する初期個体群サイズが小さすぎると，必然的絶滅が起こる

[*46] 初期排出物濃度が $A_{c,1}$ 以上，あるいは，$A_{c,2}$ 以下の場合には，「単調な」減少もしくは増加を経て $A_{c,1}$ と $A_{c,2}$ の間に入る

[*47] このことが，数理モデリングにおいて，排出物濃度が負に「ならないように」配慮していたから必然的に存する構造であったというわけではないことを読者諸氏には理解してほしい．

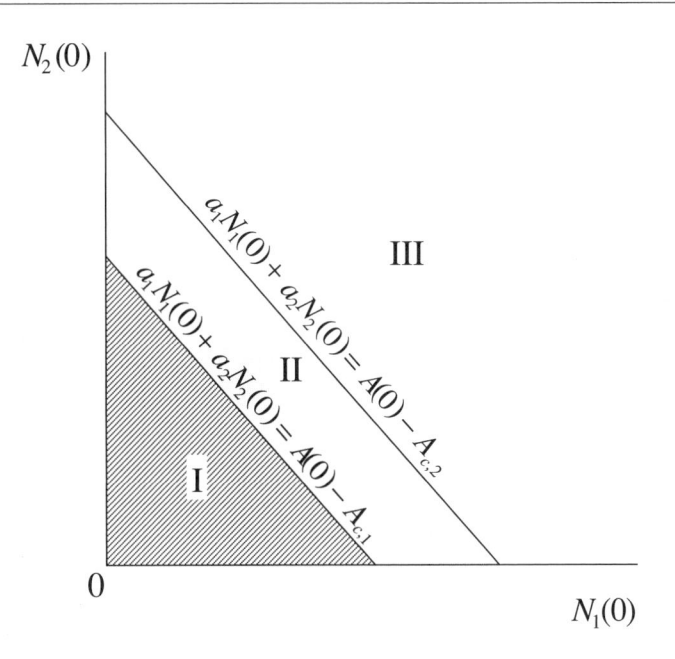

図 4.7 個体群サイズ変動ダイナミクス (4.32) における初期排出物濃度 $A(0)$ による必然的絶滅の初期個体群サイズ $(N_1(0), N_2(0))$ への依存性。$A_{c,2} < A_{c,1} < A(0)$ の場合。領域 I の初期個体群サイズの場合は，種 1 と種 2 は共に必然的に絶滅してしまう。領域 II については，種 2 のみ必然的に絶滅する。領域 III については，初期排出物濃度による必然的絶滅は起こらない。

が，それが十分に大きければ，初期の排出物濃度による必然的絶滅は起こらないのである。一方の種の初期個体群サイズが相対的に大きくても，他方の種のそれが十分に小さい場合に，2 種が共に必然的に絶滅してしまうような場合がある。

4.1.5 離散世代型競争系

本節では，離散世代型の競争系の数理モデルについて述べる。微分方程式系による連続世代型の Lotka–Volterra 型競争系 (4.7) のように基本的・標準的な競争系の数理モデルは，離散世代型には存在していない。実際のところ，2 種以上の相互作用する個体群ダイナミクスに関する連続時間モデルに「対応する」離散時間モデルが考察された数理生態学的な研究は希有である。単一種個体群ダイナミクスに対する数理モデルについては，かなり多くの離散世代型モデルが用いられてきたのに対し，複数種個体群ダイナミクスについては，離散世代型モデルの研究は未開拓な側面が少なくないと考えられる。歴史的に，連続世代型モデルの解析によって得られる知見が実際の個体群ダイナミクスの理解において成功を収めてきたと考えられているので，それらの連続世代型モデルに「対応する」離散世代型モデルの合理的な構造について検討することは，離散世代型モデルを開発するため

の合理的で新しい数理モデリングの情報を得られると期待できる。

離散世代型ダイナミクスに対する数理モデリングにおいて，他個体群からの影響を導入する考え方は難しくはない．要するに，第 2.2.1 節の離散世代型モデリングの基礎理論における式 (2.115) の関数 Ψ の引数として他個体群サイズが導入されればよいのである．無論，問題は，関数 Ψ に他個体群サイズがどのような形で入るかということである．

最も単純な場合として，第 k 世代から第 $k+1$ 世代の間における個体群サイズ変化分が直前の（第 k 世代における）個体群サイズのみによって定まる場合の離散世代型 m 種競争系の数理モデルは次のように表すことができるだろう：

$$N_{i,k+1} - N_{i,k} = \Psi_i(N_{m,k}, N_{m-1,k}, \ldots, N_{i,k}, \ldots, N_{2,k}, N_{1,k}) \tag{4.36}$$

第 k 世代の種 i の個体群サイズを $N_{i,k}$ と表す．

閉じた個体群に対して，Lotka–Volterra 型競争系 (4.7) と同様に考えれば，増殖率 r_i が競争関係にある個体群サイズの関数として，次のような数理モデリングが可能であろう [75, 76]：

$$N_{i,k+1} = r_i(D_{i,k}) N_{i,k} \tag{4.37}$$

ここで，

$$D_{i,k} = \beta_i N_{i,k} + \sum_{j=1; j \neq i}^{m} \gamma_{ij} N_{j,k}$$

である．増殖率 r_i が同じ世代における各個体群のサイズの線形結合 $D_{i,k}$ の関数になっていることに注意してほしい．$D_{i,k}$ は，第 k 世代目における種 i の個体群における種内および種間の密度効果の強度を意味する．パラメータ γ_{ij} ($j \neq i$) は，種 j から他種 i への個体群サイズ（密度）効果による増殖率減少の影響の強さを表す種間競争係数（inter-specific competition coefficient），β_i は，同種個体群サイズから受ける密度効果の強さを表すパラメータであり，種内競争係数（intra-specific competition coefficient）である．当然，ここで問題となるのは，増殖率 r_i の関数形の数理モデリングということになる．

J. Hofbauer ら [118] は，この増殖率 r_i に対して次のような指数関数による数理モデルを考察した：

$$r_i = e^{r_{0i} - D_{i,k}}$$

この増殖率 r_i による数理モデル (4.37) は，第 2.2.6 節で議論した離散世代型単一個体群ダイナミクスに対する指数関数型離散 logistic 増殖過程を与える Ricker モデルを競争系に発展させたものと考えてもよいだろう．

一方，Hassell & Comins [106] は，この増殖率 r_i に対して次のような有理関数による

4.1 競争系

数理モデルを考察した[*48]：

$$r_i = \frac{1}{(a_{0i} + D_{i,k})^{\theta_i}}$$

この増殖率 r_i による数理モデル (4.37) は，第 2.2.7 節で議論した離散世代型単一個体群ダイナミクスに対する拡張 Verhulst モデル (2.153) を競争系に発展させたものと考えてもよいだろう．パラメータ θ_i は，種 i の個体群についての単位個体群サイズあたり増殖率の個体群サイズ（密度）への感受性の強さを表しており，大きければ大きいほど単位個体群サイズあたり増殖率の個体群サイズへの感受性が強い．種間競争については，θ_i が大きければ大きいほど，競争種の個体群サイズが増加した場合の種 i の個体群の増殖率減少が急激になる．

これらの数理モデリングは，いわば，離散世代型単一個体群ダイナミクスに対する数理モデルをそのまま競争系に拡張させたものであり，競争種間の競争のどのような特性とこれらの関数形が結びつくのかについての議論，すなわち，上記の r_i の関数形に関する数理モデリングの意味づけについては不問のままである．これらとは対照的に，1958 年，P.H. Leslie [*49] は，非線形常微分方程式系による連続世代型の Lotka–Volterra 型 2 種競争系モデルに対応する離散世代型 2 種競争系モデルとして，次の非線形 2 元差分方程式系を提出した [191]：

$$\begin{cases} N_1(t+h) = \dfrac{1}{1 + \phi_{r_1}(h)\{\beta_1 N_1(t) + \gamma_{12} N_2(t)\}} \cdot \mathrm{e}^{r_1 h} N_1(t) \\ N_2(t+h) = \dfrac{1}{1 + \phi_{r_2}(h)\{\gamma_{21} N_1(t) + \beta_2 N_2(t)\}} \cdot \mathrm{e}^{r_2 h} N_2(t) \end{cases} \quad (4.38)$$

ここで，

$$\phi_{r_i}(h) = \frac{\mathrm{e}^{r_i h} - 1}{r_i} \quad (i = 1, 2) \tag{4.39}$$

であり，h は，引き続く世代間の時間ステップの大きさである．この離散世代型 2 種競争系モデルは，Leslie と共同で研究 [192, 193] を行った J.C. Gower にちなんで，しばしば，**Leslie–Gower モデル**と呼ばれている．この Leslie–Gower モデルは，$h \to 0$ の極限で，連続世代型 Lotka–Volterra 型 2 種競争系モデル (4.7)（$m=2$）に一致する．

Leslie によるこの離散世代型モデルの構成法は，元となる連続時間モデルの構造と生物学的な意味づけの対応（解釈）に基づく直感的なアイデアによるもの，すなわち，数理モデルとしての意味から構築されたものである．Leslie は，第 2.2.5 節で述べた logistic 方程式 (2.36) に対応する Verhulst モデル (2.140) あるいは (2.143) における密度効果の入り方から，離散世代型モデルにおける密度効果を Verhulst モデルが表すような有理関

[*48] 数理的な性質についての研究は，たとえば，Franke & Yakubu [75] がある．
[*49] 第 2.2.8 節で述べた，Leslie matrix モデルの Patrick Holt Leslie と同一人物．

数で数理モデリングすることを考えたのである．連続世代型 Lotka–Volterra 型 2 種競争系モデル (4.7) における種間相互作用は，他種の個体群サイズに線形に依存した，単位個体群サイズあたりの増殖率の低下という形で数理モデリングされており，logistic 方程式 (2.36) における同種の個体群サイズからの密度効果による単位個体群サイズあたりの増殖率の低下と同じ様式の寄与となっている．そこで，Leslie は，Verhulst モデル (2.140) あるいは (2.143) の同種の個体群サイズからの密度効果を表す有理関数における分母の対応する項を連続世代型 Lotka–Volterra 型 2 種競争系モデル (4.7) における他種個体群サイズからの密度効果を項を含むものにおきかえて，上記の離散世代型 2 種競争系モデル (4.38) にたどりついたわけである．

実は，離散世代型 2 種競争系モデル (4.38) は，次のように書き換えることができる [305]：

$$\begin{cases} N_1(t+h) = \{1 - \Theta_1(N_1(t), N_2(t)) - \Gamma_{12}(N_1(t), N_2(t))\} \cdot \mathrm{e}^{r_1 h} N_1(t) \\ N_2(t+h) = \{1 - \Theta_2(N_1(t), N_2(t)) - \Gamma_{21}(N_1(t), N_2(t))\} \cdot \mathrm{e}^{r_2 h} N_2(t) \end{cases} \quad (4.40)$$

ここで，

$$\Theta_i(N_1(t), N_2(t)) = \frac{\phi_{r_i}(h)\beta_i N_i(t)}{1 + \phi_{r_i}(h)\beta_i N_i(t) + \phi_{r_i}(h)\gamma_{ij} N_j(t)}; \quad (4.41)$$

$$\Gamma_{ij}(N_1(t), N_2(t)) = \frac{\phi_{r_i}(h)\gamma_{ij} N_j(t)}{1 + \phi_{r_i}(h)\beta_i N_i(t) + \phi_{r_i}(h)\gamma_{ij} N_j(t)}; \quad (4.42)$$

である $(i, j = 1, 2; i \neq j)$．この表記から明白なように，$(1 - \Theta_i - \Gamma_{ij})\mathrm{e}^{r_i h}$ が，時間ステップ h 内における同種内の密度効果，種間競争効果を含む正味の増殖率を与え，Θ_i が種 i の同種内の密度効果，Γ_{ij} が種間競争効果を意味するものと解釈できる．同種内の密度効果に他種の個体群サイズが関わっていることは自然である．なぜならば，同種内の密度効果は本質的に同種の個体群サイズによる増殖率への影響であるが，上記の Θ_i が与える密度効果は，時間ステップ h 内における密度効果の積算を表現したものであり，この時間ステップ内では，他種からの競争効果によっても増殖率が抑制されており，その結果定まる同種の個体群サイズが刻々と同種内の密度効果として働くからである．実際，種間競争の効果がない場合，すなわち，γ_{ij} の場合には，Θ_i は，Verhulst モデル (2.140) の与える種内の密度効果になる．また，種間競争効果を表す Γ_{ij} についても，同種の個体群サイズ N_i が関わる理由について同様の解釈が可能である．このように，Leslie の直感的アイデアによって構成された離散世代型 2 種競争系モデル (4.38) は，数理モデリングの観点からも合理的な構造をもつと考えることができる．

Leslie による Leslie–Gower モデル (4.38) の数理モデリングにおいては，$h \to 0$ の極限で，Leslie–Gower モデル (4.38) が連続世代型 Lotka–Volterra 型 2 種競争系モデル (4.7) $(m = 2)$ に一致するという数学的な関連性，および，Leslie–Gower モデル (4.38) と連続

4.1 競争系

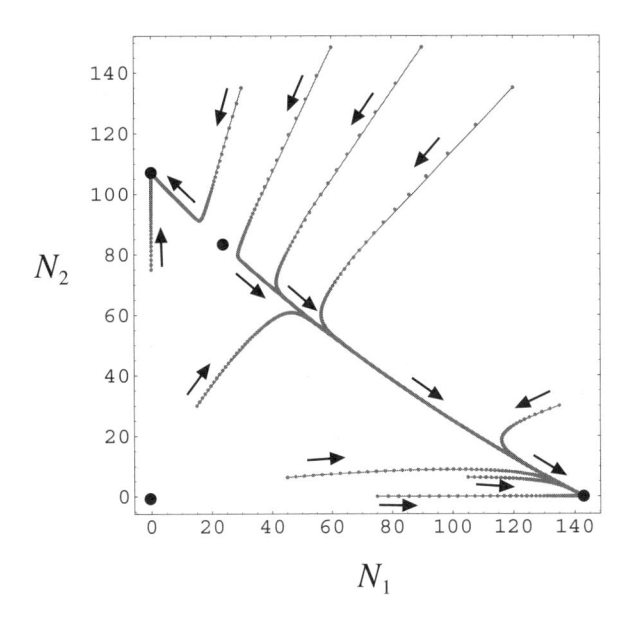

図 4.8 Leslie–Gower モデル (4.38) と連続世代型 Lotka–Volterra 型 2 種競争系モデル (4.7) ($m=2$) の軌道。Lotka–Volterra 型 2 種競争系モデル (4.7) において双安定（bistable）な場合についての異なる初期条件からの軌道の数値計算。曲線が Lotka–Volterra 型 2 種競争系モデルの，小さな点が Leslie–Gower モデルの軌道を表し，矢印が軌道の時間発展の向きを示す。4 つの大きな黒い点は不動点（共通）を示す。$r_1 = 0.1$；$\beta_1 = 0.0007$；$\gamma_{12} = 0.001$；$r_2 = 0.075$；$\beta_2 = 0.0007$；$\gamma_{21} = 0.0007$；$h = 1.0$。

世代型 Lotka–Volterra 型 2 種競争系モデル (4.7) ($m=2$) の固定点[*50] の存在性と値が常に一致するという性質は考慮されていたものの，Leslie–Gower モデル (4.38) の力学的な性質がどの程度まで連続世代型 Lotka–Volterra 型 2 種競争系モデル (4.7) ($m=2$) と類似したものかについての数学的研究は，Leslie らは行わなかった[*51]。ところが，驚くべきことに，Leslie–Gower モデル (4.38) は，離散時間ステップの大きさ h に対して高いロバストネスで，連続世代型 Lotka–Volterra 型 2 種競争系モデル (4.7) ($m=2$) の振る舞いを定性的に保持できるものであった[*52]（図 4.8 参照）。これらの離散世代型モデルの数学的な構造がどのように生物個体群ダイナミクスにおける密度効果や相互作用としてどのように発展できるかは今後の課題である[*53]。

[*50] 不動点，平衡点，定常点。

[*51] Leslie らは，離散世代型 2 種競争系モデルとして (4.38) を提出したというより，連続世代型 Lotka–Volterra 型 2 種競争系モデル (4.7) ($m=2$) に確率的揺らぎを入れた個体群ダイナミクスを考察したいがために，確率的要素を数値計算上で取り込むための連続世代型 Lotka–Volterra 型 2 種競争系モデルの差分化として (4.38) を利用したのである。

4.2 餌–捕食者系

4.2.1 基礎理論

餌–捕食者関係

捕食者（predator；プレデター[*54]）は，他の生物種の個体を捕らえて食う生物を指す．この場合の食われる方の種を餌（prey；プレイ）と呼ぶ[*55]．一般に，**餌–捕食者系**（prey-predator system，または，predator-prey system）[*56] とは，特に，食う者と食われる者の関係にある二種以上の生物個体群からなる種間関係（inter-specific relationship），もしくは，群集構造（community structure）を指している．餌個体が，捕食者に対して（たとえば，自己防衛のために）何らかの攻撃を加えることはあるだろうが，一般に，餌個体は，捕食者個体を餌とはしないから，食う者と食われる者の関係においては，餌種と捕食者種の区別は明確である[*57]．つまり，餌個体群は，捕食者個体群（利用する者の集団）によって利用される者の集団である．

[*52] *dynamically consistent*（力学的対等性）な関係と呼ばれることがある．近年，Liu & Elaydi (2001) [197] や Cushing *et al.* (2004) [58] によって，Leslie による離散世代型 2 種競争系 (4.38) が元の連続世代型 2 種競争系 (4.7) ($m = 2$) と対応する特性をロバストに有することが数学的に示された．常微分方程式系 (4.7) ($m = 2$) に対して差分方程式系 (4.38) が，相当に大きな時間ステップ h まで定性的な性質を保持できる（dynamically consistent である）ということは応用数理の研究者から関心をひかないわけはなく，Lotka–Volterra 型相互作用，すなわち，mass-action 仮定による相互作用項による非線形常微分方程式系に対する特殊な差分化スキームとしての位置づけでの研究も行われている [226, 227, 228, 229, 286, 287]．しかし，その研究成果と数理モデリングとしての意味づけとの間には未だギャップがある．

[*53] 本節で述べた，Leslie による連続世代型競争系 (4.7) から離散世代型競争系 (4.38) を構成するアイデアを拡張することによって，Lotka–Volterra 型餌–捕食者系モデル（後述；第 4.2.3 節）や Kermack–McKendrick 伝染病モデル（後述；第 4.2.4 節）などについても適用でき，常微分方程式系による元の連続世代型モデルの数学的特性を高いロバストネスで定性的に保持する（dynamically consistent な）差分方程式系による離散世代型モデルを構築できることは，著者自身による研究 [305] で実証されており，その数学的な性質も明らかになりつつある．また，上記の，離散世代型競争系 (4.38) の別表現 (4.40) と同様に，Leslie によるアイデアを拡張して得られる離散世代型餌–捕食者系においても，種内のダイナミクスと捕食ダイナミクスを分離した様式が得られる．（第 4.2.5 節の末節の記載を参照のこと．詳しくは，著者による研究 [305] を参照されたい）

[*54] 発音のアクセントは，e にあり，「プレデター」という発音がより正しいのであるが，日本人研究者の多くは，非常にしばしば，アクセントを a に置いて，（英語で話しているときでさえ）「ぷれでいたー」と発音する．間違いである．著者は，以前，このような発音は，日本人固有のものかと思っていたのだが，近年，東欧で開かれたある国際会議で，東欧の研究者の多くが同じ様な発音をしているのに気がついた．それは，おそらく，母国語のアクセントが単語の後半にくるという習慣からの影響であろうと推察される．

[*55] 捕食者に対して，「被食者」ともしばしば呼ばれる．本書では，被食者という用語はあえて使わないが特別な理由があるわけではない．ただし，「餌」という表現ならば，非生物的な餌資源も含まれうるが，「被食者」という表現の場合，生物的な餌資源というニュアンスがあるかもしれない．

[*56] しばしば，「捕食者–被食者系」「被食者–捕食者系」とも呼ばれる．「捕食者–餌系」と呼ばれることはない．

[*57] しかし，もちろん，二種の生物がお互いに食い合う状況を考えることは可能である．

4.2 餌–捕食者系

そのような，利用する者と利用される者の関係として，生物学的に重要なものとして，寄生過程（parasitism）を介した種間関係，寄生者（parasite；**パラサイト**）と宿主（host；ホスト）[*58] の関係がある．寄生者の宿主への寄生様式については，宿主の体外への寄生（ectoparasitism）と体内への寄生（endoparasitism）を区別できるが，その様式によらず，寄生によって宿主の死亡が起こるような寄生者を，特に，宿主に対する捕食寄生者（parasitoid；**パラシトイド，パラサイトイド**）と呼ぶ[*59]．

昆虫における寄生者–宿主関係（host-parasite relationship，または，parasite-host relationship）においては，ほとんどの場合，寄生者は，捕食寄生者であり，寄生を受けた宿主個体は死亡する．しかし，人を含む動物と病原体を初めとする体内に侵入してくる細菌や寄生虫との関係のように，宿主を必ずしも死亡させないような寄生者–宿主関係も多い．また，寄生者–宿主関係における寄生者が捕食寄生者であるか否かは，寄生者となる生物種のみの特性によって決まるのではなく，あくまでも，寄生者–宿主関係にある二種の生物個体群のそれぞれが有する寄生過程に関する特性に依存するはずである．すなわち，ある寄生者個体群の起こす寄生過程に対して，ある種の宿主は必然的な死亡を起こすが，別の種の宿主は必ずしも死亡しない，という可能性がある．寄生者として病原体を考え，宿主として動物を考えた場合，動物種の違いによる感染から受けるダメージの違いに関して，そのような例は少なからず知られている．

さて，捕食寄生者–宿主関係においては，寄生過程を通して，寄生を受けた宿主個体が死んでしまうので，捕食過程を通して，捕食を受けた餌個体が死んでしまう（食われてしまう）過程との類似性が高い．この類似性の高さから，餌–捕食者関係に関する数理モデリングは，しばしば，捕食寄生者–宿主関係に関する数理モデリングへと発展・応用される．また，その逆もある．一方，（非捕食性）寄生者–宿主関係については，宿主は，そのエネルギーを寄生者によって奪われるだけであって，寄生過程によって死亡するわけではないので，この点で，明らかに餌–捕食者関係とは異質である．しかし，たとえば，寄生を受けた宿主個体が，生存率の低下[*60] や繁殖能力の低下[*61] という影響を受けるとすれば，寄生過程が宿主個体群のサイズ変動ダイナミクスに影響を与えるのは明らかである．しかし，人や動物の体内における腸内細菌の寄生のように，宿主の個体群ダイナミクスには実質的な影響を与えない寄生関係も存在しうる．

捕食寄生者–宿主関係にある二種の生物種の関係が，非捕食性の寄生者–宿主関係に進

[*58] 寄主という呼び方もある．本書では，寄生者と同じ文字から始まるこの語句を使うより異なる文字から始まる宿主という語句を通用とする．宿主という語句は医学用語であるという説もある．また，特に，捕食寄生者の場合に「寄主」という語句を使い，それ以外の寄生過程の場合の「宿主」と区別することもあるようである．

[*59] 生態学では，寄生者（parasite）と称して捕食寄生者を指すことがしばしばあるようである．

[*60] 相対的に死に易くなるという意味であり，捕食寄生の場合のように必ず死ぬということとは違う．

[*61] 期待産仔数が減少するとか，胎児への感染によって胎児死亡率や新生児死亡率が上昇するような場合を考えることができる．

化したり*62，あるいは，その逆の進化が進んだりする可能性*63 が生物学的，理論的に議論され，数理モデル解析によっても考察されている（たとえば，山村・早川・藤島 [369] を参照）。

次節以降，特に，餌–捕食者関係にある個体群のサイズ変動ダイナミクスに関する数理モデリングの考え方についての議論を展開する．上記のように，それらの議論は，寄生者–宿主関係に対しても発展・応用できる可能性をもっている．

捕食者の応答

捕食者の捕食を介した餌への応答の要素は，大きく分けて次の二つの要素からなると考えることができる [327]：**数的応答**（numerical response），**機能的応答**（functional response）．前者は，捕食過程に依存した捕食者の個体群サイズの変動を指し，後者は，捕食過程において，餌密度の変化に対する捕食者1個体あたりの単位時間あたり摂食量（すなわち，接触率もしくは摂食速度）の変動を指している．特に，後者は，広い意味での，捕食者の捕食行動の変化（戦略の変化と呼べる場合もある）を反映するものであると考えることができる．

1959 年の Crawford Stanley Holling *64 [122, 123] による，下記の機能的応答に関するタイプ分類は，現在，しばしば慣用的に用いられている（図 4.9 参照）：

[Holling's Type I response]　捕食者個体あたりの単位時間あたり摂食量が，餌密度に（ほぼ）比例して増加するが，ある餌密度以上に対しては一定になるような応答．

[Holling's Type II response]　餌密度上昇に対して，捕食者個体あたりの単位時間あたり摂食量は増加するが，その増加率が餌密度上昇に伴って低下し，単位時間あたり摂食量が上に凸の（飽和的）増加曲線を描くような応答．

[Holling's Type III response]　餌密度上昇に対する捕食者個体あたりの単位時間あたり摂食量の増加率が，ある餌密度までは増大し，その餌密度を超えた餌密度上昇に伴っては低下する応答．単位時間あたり摂食量は，S字型の（飽和的）増加曲線を描く．

このような捕食者の摂食率の餌密度に対する応答の違いは，個体群サイズ変動ダイナミクスにおける大きな違いを生じさせる原因となりうるものである．

---

*62 さらに，共生（mutualism）まで進化したり！（たとえば，山村他 [369] 参照）

*63 非常に致死性の高い伝染病（たとえば，エボラ出血伝染病）のウィルスの場合，宿主の体内で繁殖し，宿主を殺すことによって，新規の他宿主への伝染機会を増やすような適応戦略をとるようになったのではないか，という考え方もある（たとえば，Playfair [281, 282] を参照）．

*64 Crawford Stanley "Buzz" Holling。December 6, 1930, New York (Theresa) 生まれ．国籍 Canada。1957 年に University of British Columbia（カナダ）で Ph.D. を取得．2005 年 11 月現在，University of Florida, Arthur R. Marshall Jr. Chair in Ecological Sciences, Department of Zoology 教授，Emeritus Emminent Scholar in Ecological Science。

4.2 餌–捕食者系

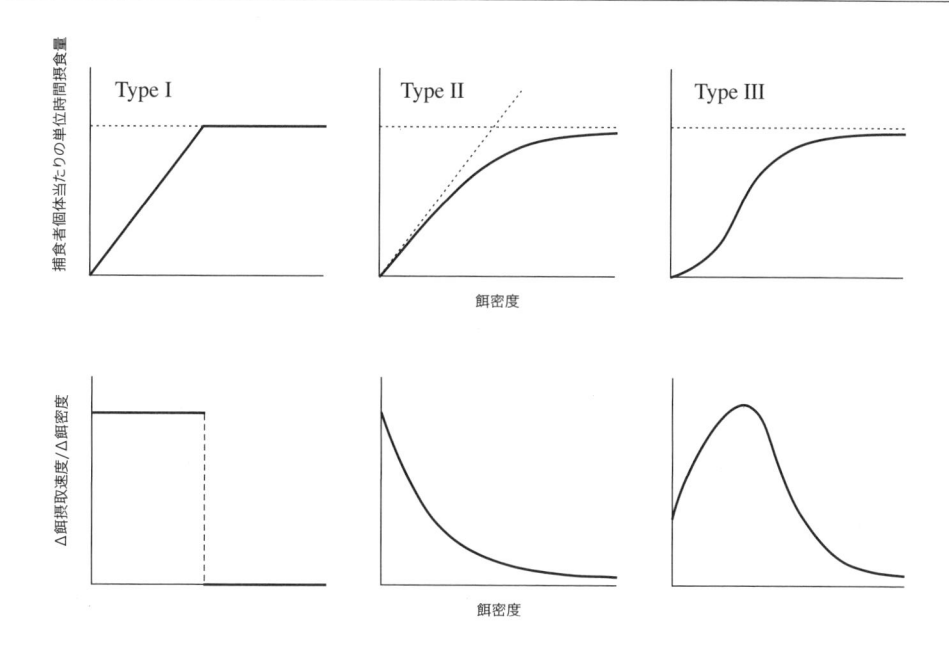

図 4.9 Holling による捕食者の機能的応答のタイプ分類。

いずれの機能的応答においても，捕食者 1 個体の単位時間あたり摂食量は，十分な餌密度の上昇に対してその増加率がゼロもしくは十分に小さくなるという，いわゆる「頭打ち」の特性を含んでいる．これは，捕食者による捕食過程によって単位時間に処理できる限界餌量の存在が示唆されており，餌密度がその処理限界を超えるほど高い場合には，捕食者による摂食速度が，餌密度そのものよりも，摂食効率によって定まる限界値に依存して決まるという理解ができる[*65]。

Type III については，相対的に低密度におけるある餌密度までは，餌密度上昇に伴って，捕食者個体あたりの単位時間あたり摂食量の増加率は増大するので，この場合の応答曲線は S 字型になる．たとえば，相対的に低密度においては，餌密度の上昇による捕食者と餌の遭遇頻度の上昇が摂食率の上昇に強く働くが，相対的に高密度になってくると，上記の摂食効率の限界効果による摂食率上昇率の抑制が強く働くという特性から理解できるだろう．あるいは（または，さらに），相対的に低密度における餌密度上昇に伴って，捕食者の餌の探索・捕獲能力が上昇する（Holling [124]）とか，餌密度がかなり小さい場合に，対象としている餌個体群への探索努力を積極的に減らしている[*66]（Hassell *et al.* [107]）とか，餌の隠れ場所（もしくは，逃げ場所；shelter）が限られており，ある餌密度までは，餌が捕食から逃れやすく，捕食による摂食率が，餌の逃避によって抑えられているが，十

[*65] 食べ物がいっぱいありすぎて食べるのがおっつかない，というイメージの状況．
[*66] 見つかりにくい餌種より，より見つかりやすい餌種をより積極的に探すというイメージ．

分に餌密度が高くなってくると，餌の逃避の効果が薄れ，餌密度上昇に伴う摂食率の上昇が急になる（餌密度上昇の効果が強くなる）とかといった起因も考えることができる．

餌–捕食者個体群サイズ変動ダイナミクス

捕食者 1 個体による単位時間あたり摂食量は，一般に餌の密度とともに大きくなるだろう．しかし，それが無限に大きくなるとは考えがたい．この餌の密度と摂食量の関係に関して数理的に考えてみよう．今，捕食者密度が P, 餌密度が H である場合に，時刻 t における捕食者 1 個体による単位時間あたり摂食量を $f(P,H,t)$ とおき，捕食者数サイズ（密度）P による［微小］時間 Δt における摂食総量 ΔY が，

$$\Delta Y = f(P,H,t)P\Delta t + O(\{\Delta t\}^2) \tag{4.43}$$

と表されると仮定しよう[*67]．

摂食効率関数 $f(P,H,t)$ は，時刻 t における捕食者 1 個体（捕食者単位個体群サイズ）による単位時間あたり摂食量であるから，たとえば，次のような性質[*68] を持つものと想定できる：

$$\frac{\partial f}{\partial P} \leq 0; \tag{4.44}$$

$$\frac{\partial f}{\partial H} \geq 0. \tag{4.45}$$

時刻 t における餌密度を $H = H(t)$ とし，時刻 t から時間 Δt における餌密度の変化分

[*67] もちろん，$H = 0$ のとき，任意の時刻 t において，任意の時間 Δt に対して，(4.43) の右辺はゼロにならなければならない．餌密度がゼロの場合，捕食者の摂食量はゼロでなければならないからである．このことより，$f(P,0,t) = 0$ でなければならない．また，一般に，数理モデリングにおけるもう一つの必然的な性質として，任意の時刻 t において，

$$\lim_{P \to 0} f(P,H,t)P = 0$$

も要求される．これは，捕食者がいなければ，捕食者の摂食総量が定義できないということではなく，餌密度の減少がない，ということを表すものである．この性質については，必ずしも $f(0,H,t) = 0$ は要求されるものではないことに注意．

関数 f の時刻 t への依存性については，捕食者個体群の摂食傾向に季節変動が存在するような場合や，餌個体群の生態に依存して捕食者の餌探索効率が季節変動をもつような場合，つまり，季節によって，餌を見つけ易かったり見つけにくかったりするような場合を想定できる．

Robert May [217] は，この関数 f が表すダイナミクスを，捕食者の機能的応答（前節参照）と呼んだ．May の考え方に立てば，捕食者の機能的応答は，関数 f の特性によって数理モデリングされるものである．

[*68] 性質 (4.44) や (4.45) を $f(P,H,t)$ が必ず満たさなければならないというわけではない．たとえば，ある程度までの捕食者密度の上昇は，餌の摂取に有利に働く場合もあるであろう．捕食者が広い意味で相利的に餌の探索にあたり，その結果単独での餌探索の場合よりも探索効率が上昇するために，個体あたりの摂食率がむしろ上昇するような場合である．そのような場合には，ある程度までの捕食者密度の上昇に対して，$f(P,H,t)$ は増加し，さらなる捕食者密度の上昇に対しては，捕食者 1 個体あたりの餌の割り当ての減少の効果によって，$f(P,H,t)$ が減少する，というような（P に関して単峰型の）性質をもつ関数 f を考えることができる．

$\Delta H = H(t+\Delta t) - H(t)$ について考える．餌密度の変化は，捕食者による摂食過程と捕食者密度によらない餌の更新（生成・死滅）過程によって定まるものと考えられるから，

$$\Delta H = -\Delta Y + \Delta G$$

と書くことにしよう[*69]．ここで，ΔG は，時刻 t から時間 Δt における餌の更新過程による餌密度の変化分を表す．ΔG は，一般に，餌密度 H，時刻 t，時間 Δt に依存する[*70]．よって，ここまでの議論により，

$$H(t+\Delta t) - H(t) = -f(P,H,t)P\Delta t + O(\{\Delta t\}^2) + \Delta G \tag{4.46}$$

が導かれる．餌の更新過程は，単一種個体群に関する数理モデリングについて第 2.1.1 節で既述のとおり，餌に内在する増殖・死滅過程と移出入過程によって定まるべきものである．

式 (4.46) において，両辺を Δt で割り，$\Delta t \to 0$ の極限を考えると，結果として，餌個体群のサイズ変動ダイナミクスは，次のように与えられる：

$$\frac{dH(t)}{dt} = g(H,t) - f(P,H,t)P. \tag{4.47}$$

この式 (4.47) の右辺において餌個体群の更新過程を表わす関数 $g(H,t)$ は，

$$\lim_{\Delta t \to 0} \frac{\Delta G}{\Delta t} = g(H,t)$$

という関係を満たすものである[*71]．

一方，捕食者個体群のサイズ変動ダイナミクスは，

$$\frac{dP(t)}{dt} = -m(P,t) + F(P,H,t)P \tag{4.48}$$

で与えることができる．項 $-m(P,t)$ は，捕食者個体群の捕食以外の要因によるサイズ変動過程を表している．移出入のない閉じた個体群を考えるならば，この項 $-m(P,t)$ が表

[*69] ここで，ΔH が「個体群密度」なのに対し，ΔY は，「摂食総量」であるが，P が捕食者「密度」であるから，ΔY は，単位面積あたりに摂食によって減少した餌個体群の減少分，すなわち，餌個体群密度の減少分を与えている．

[*70] もちろん，$\Delta t \to 0$ に対して，$\Delta G \to 0$ でなければならない．時間ゼロでの更新量はゼロである．餌個体群が「閉じた」個体群（第 2.1.1 節参照）ならば，任意の時刻 t，時間 Δt に対して，

$$\Delta G|_{H=0} = 0$$

も成り立つ．

[*71] 移出入がなく，閉じた餌個体群を考えるのであれば，任意の時刻 t において $g(0,t) = 0$ でなければならない．個体のいない個体群に増殖過程は存在しないからである．移出入も考える開いた餌個体群の場合には，ある時点で系に餌個体がいなくても，移入によって個体群サイズが増加しうるので，任意の時刻 t において $g(0,t) \geq 0$ であればよい．

すのは，捕食者の死亡による捕食者個体群サイズの減少過程であり非正値をとる[*72]。項 $F(P,H,t)P$ が捕食による捕食者個体群の増殖過程を表している[*73]。この増殖過程は，餌個体群の捕食による減少過程を表す $f(P,H,t)P$ と密接な関係にあるべきだが，一般的には，同じものではないと考える方が自然である。$f(P,H,t)P$ の値が表すのは，餌個体群の捕食による減少速度であるのに対し，$F(P,H,t)P$ の値が表すのは，捕食者個体群の増殖速度という本来異質なものである。一般に，100 単位の餌を捕食したからといって，100 単位の捕食者が生まれるわけではないし，2 倍の餌を摂食しても，捕食者が 2 倍生まれるとは限らない。

最も単純な数理モデリングは，$F(P,H,t)P$ を $\kappa f(P,H,t)P$（κ は正定数，もしくは，任意の時刻 t において非負値をとる時間の関数 $\kappa = \kappa(t)$）とおくものである。係数 κ は，しばしば，（エネルギー）変換係数（[energy] conversion coefficient）と呼ばれるもので，餌摂取量がどのくらいの効率で捕食者増殖に寄与するかを表す。この数理モデリングにおいては，餌摂取速度 $f(P,H,t)P$ が上がれば上がるほど捕食者増殖速度 $F(P,H,t)P$ が比例的に増大することになる。

しかし，一般的には，捕食者 1 個体あたりの餌摂取速度 $f(P,H,t)$ は，餌摂取速度 $f(P,H,t)P$ が増大したからといって増加するとは限らない。値 $f(P,H,t)$ が捕食者 1 個体あたりの増殖率 $F(P,H,t)$ に直接関わるものであるから，$f(P,H,t)$ が上昇すれば，$F(P,H,t)$ も上昇するという設定は考えうるが，その関係が比例的と考える必然性は，一般的にはない。単位時間あたりに捕食する量が増えすぎれば，一般にその捕食によって得られるエネルギーへの変換効率は減少する。2 kg 捕食した場合に得られるエネルギー量が，1 kg 捕食した場合に得られるエネルギー量の 2 倍ではなく，一般的には，2 倍以下である。この原因としてしばしば挙げられるのは，捕食した餌の消化効率の低下である。生理的な捕食物消化機能の能力を超える大量の捕食は，消化不良も起こしうる。このような効果を個体群サイズ変動ダイナミクスに導入する場合には，$F(P,H,t)P$ と $f(P,H,t)P$ は，P や H（さらには，t）の関数として異なるものとなるはずである。関数 F を f の関数として，$F = F(f(P,H,t))$ で与える考え方が最も簡明である。上記の最も単純な場合には，F が線形の関数であったが，一般には，F は非線形関数である。捕食者の増殖に関する特性を与える数理モデリングにおいて関数 F の与え方が重要である。

[*72] ただし，移入はないが移出はあるという場合も同じである。$g(H,t)$ に対してと同様に，閉じた捕食者個体群の場合には，任意の時刻 t において $m(0,t) = 0$ でなければならない。個体のいない個体群に死亡は起こらないからである。移出入のある開いた個体群を考える場合には，項 $-m(P,t)$ は，移入の効果によって正値をとる可能性もあり，この場合は，一般的に，任意の時刻 t において $-m(0,t) \geq 0$，すなわち，$m(0,t) \leq 0$ であるという条件が満たされればよい。ある時点で系に捕食者個体がいなくても，移入によって捕食者個体が現れうるからである。

[*73] Robert May [217] は，この関数 F が表すダイナミクスを，捕食者の数的応答（第 4.2.1 節参照）と呼んだ。したがって，この May の考え方に立てば，捕食者の数的応答は，関数 F の特性によって数理モデリングされるものである。

4.2.2 枯渇性餌個体群 vs 定常サイズ捕食者個体群

基礎理論

今,簡単な場合として,餌の更新過程はなく,任意の時刻 t において $\Delta G = 0$ の場合を考えよう.捕食者にとって,餌(個体群)は,消費すれば消費しただけ減少する枯渇性の資源[*74] ということになる.すると,式 (4.46) において,両辺を Δt で割り,$\Delta t \to 0$ の極限を考えると,餌密度 $H = H(t)$ の時間変動を与える次の常微分方程式を得ることができる:

$$\frac{dH(t)}{dt} = -f(P, H, t)P \tag{4.49}$$

摂食率 f が時間に陽に依存せず ($f = f(P, H)$),さらに,捕食者密度が時間に依存しない一定値の場合[*75]には,P は定数と見なすことができるので,微分方程式 (4.49) は,変数分離型であり,形式的に解くことができて,

$$\int_{H(0)}^{H(t)} \frac{dH}{f(P, H)} = -\int_0^t P d\tau = -Pt,$$

すなわち,

$$t = -\frac{1}{P} \int_{H(0)}^{H(t)} \frac{dH}{f(P, H)} \tag{4.50}$$

という式を得ることができる[*76].摂食効率関数 $f(P, H)$ が与えられれば上式 (4.50) によって餌密度の時間変動を得ることができる.

個体群サイズ比による摂食率

性質 (4.44) と (4.45) を満たす最も単純な関数形として,

$$f(P, H) = \gamma \frac{H}{P} \tag{4.51}$$

[*74] シャーレでバクテリアを培養する場合に,培地に栄養分を初期一回与えたきりにするような場合.または,営巣のための場所など物理的に有限で更新の期待できない資源を考えることもできよう.枯渇性資源とその消費に関する数理モデリングについては,数理経済学における時政 [345] が興味深い内容の専門書である.この本の内容は,数理生物学への応用・発展の可能性をもつものである.

[*75] 着目している餌以外も摂食している捕食者であり,着目している餌の密度の変化はその捕食者の密度変化を引き起こすものではなく,その密度は定常な平衡状態にある場合を考えることができる.あるいは,捕食者の個体群サイズ変動の時間スケールに比べて餌個体群のサイズ変動の時間スケールが小さな場合,つまり,餌個体群のサイズ変動が捕食に依存して起こっている時間のスケールにおいては,捕食者の個体群サイズ変動は無視できるような場合を考えてもよい.また,捕食者の繁殖期以外における採餌過程を考えているとしてもよい.

[*76] ほしいのは,H をある時間の関数 $H(t)$ として表現したものといいたいところであるが,この式は,その逆関数,t をある H の関数で表したものである.

を考えてみよう[*77]。γ は摂食効率に関する正定数である．この場合には，式 (4.50) の積分は計算できて，

$$\frac{P}{\gamma}\{\ln(H(t)) - \ln(H(0))\} = -Pt$$

となるので，結局，

$$H(t) = H(0)\mathrm{e}^{-\gamma t} \tag{4.52}$$

という餌密度の時間変動が得られる．

　餌密度は，捕食者密度 P に依存せずに指数関数的に減少することになる．これは，f が式 (4.51) で与えられる場合，捕食者密度 P による時間 Δt における摂食総量 ΔY が，

$$\Delta Y = \gamma H \Delta t$$

となり，P に依存しないことから理解できる．すなわち，この場合には，捕食者密度がどう変わろうと，時間時間 Δt において捕食者によって摂食される餌総量が変わらないことになる．このことは，単位時間における捕食者個体あたりの摂食量が捕食者密度に反比例しているという式 (4.51) による仮定からもわかる．

　捕食者集団全体での摂食総量が捕食者密度によらないのである．これは，別の言い方をすれば，餌密度さえ与えられれば，捕食者密度がどんなに小さくても，どんなに大きくても同じ摂食総量が摂食されるということである．非常に理想的な場合と考えられるかもしれないが，捕食者密度が高ければ，それだけ捕食者個体間の干渉によって，摂食効率が落ち，結果として，近似的にこのような状況が実現するという場合も考えられるだろう．

　さて，時刻 t までの捕食者による総摂食量 $Y(t) = H(0) - H(t)$ は，

$$Y(t) = H(0)(1 - \mathrm{e}^{-\gamma t})$$

で与えられるから，捕食者による単位時間あたりの摂食餌総量については，

$$Y(t+1) - Y(t) = H(0)\mathrm{e}^{-\gamma t}(1 - \mathrm{e}^{-\gamma})$$

からわかるように，時間と共に減少する．また，時間平均摂食速度 $Y(t)/t$ についても同様に，時間と共に低下する．

　さらに，

$$\frac{Y(t+1) - Y(t)}{Y(t)} = \frac{1 - \mathrm{e}^{\gamma}}{\mathrm{e}^{-\gamma t} - 1}$$

[*77] P をどんどんと小さくしてみると，摂食効率関数が「無限に」大きくなるのは変に思うかもしれない．しかし，数理モデリングとしては，決して不条理とはいえない．この後の議論を参照．

という，単位時間で摂食される餌総量を用いて定義される摂食率も時間と共に減少する。あるいは，Taylor 展開（付録 A 参照）を用いて，時刻 t から微小時間 Δt における摂食餌総量

$$Y(t+\Delta t) - Y(t) = \frac{dY(t)}{dt}\Delta t + O(\{\Delta t\}^2)$$

は，$H(0)\gamma e^{-\gamma t}\Delta t + O(\{\Delta t\}^2)$ になるから，

$$\frac{Y(t+\Delta t) - Y(t)}{Y(t)\Delta t} \approx \frac{\gamma}{e^{\gamma t} - 1}$$

によって定義される単位時間摂食率についても時間と共に減少する性質が示されている。

実は，これらは，式 (4.51) によって与えられる単位時間における捕食者個体あたりの摂食量の特殊性によるものである。今，式 (4.51) を少し一般化して，

$$f(P,H) = \gamma \frac{H^a}{P^b} \tag{4.53}$$

を考えてみることにしよう。ここで，パラメータ a と b は共に正定数とする。この f も性質 (4.44) と (4.45) を自動的に満たす。式 (4.51) を仮定した上記の議論における，$a=1$ かつ $b=1$ の場合は，式 (4.53) で与えられる一般的な場合で考えると，かなり特殊な場合であることが以下の議論によって明らかになる。

ここでも，P は定数として扱うことにすれば，式 (4.50) の積分は計算できて，

$$\left.\begin{array}{ll} \dfrac{P^b}{\gamma}\{\ln[H(t)] - \ln[H(0)]\} & (a=1) \\[2mm] \dfrac{P^b}{\gamma}\dfrac{1}{1-a}\{[H(t)]^{1-a} - [H(0)]^{1-a}\} & (a \neq 1) \end{array}\right\} = -Pt$$

となるので，結局，次のように $H(t)$ が得られる：

$$H(t) = \begin{cases} H(0)e^{-\gamma P^{1-b}t} & (a=1) \\ \{[H(0)]^{1-a} - (1-a)\gamma P^{1-b}t\}^{\frac{1}{1-a}} & (a \neq 1) \end{cases} \tag{4.54}$$

特に，パラメータ $a=1$ かつ $b=0$ の場合，すなわち，単位時間における捕食者個体あたりの摂食量が餌密度に比例する場合[*78] について，時刻 t までの総摂食量 $Y(t) = H(0) - H(t)$ は，

$$Y(t) = H(0)(1 - e^{-\gamma Pt}) \tag{4.55}$$

[*78] よって，餌密度が倍になれば，捕食者は倍の速度で摂食することになる。一般には，餌密度が上昇しても，捕食者による摂食速度は比例的には増加せず，餌密度の上昇に伴って飽和すると考えられるが，そのような効果はこの数理モデリングでは導入されていないことになる。

という，いわゆる Nicholson–Bailey 型と呼ばれる摂食過程[*79]に対応しており，捕食者密度による摂食総量への影響が顕になる．捕食者密度が高ければ高いほど時刻 t までの総摂食量は大きくなるが，単位捕食者あたりの時刻 t までの総摂食量 $Y(t)/P$ は小さくなる．この性質は，解 (4.54) からわかるように，$a=1, b<1$ の場合も同様である．

パラメータ $a>1$ の場合には，解 (4.54) より，餌密度は，双曲的に時間と共に単調減少し，ゼロに漸近する．減少の速さは，捕食者密度が高くなると，$b>1$ の場合には遅くなるが，$b<1$ の場合，速くなる．$b>1$ の場合については，捕食者密度の上昇に伴う単位時間における捕食者個体あたりの摂食量 (f) の急激な減少による特性であると考えることができる．

パラメータ $a<1$ の場合には，$a>1$ の場合とは異なる特性が現れる．解 (4.54) より，餌密度は，時刻

$$t_c = \frac{[H(0)]^{1-a}}{(1-a)\gamma P^{1-b}} \tag{4.56}$$

まで単調に減少し，時刻 $t=t_c$ において枯渇する[*80]．パラメータ $b<1$ ならば，この枯渇時間 t_c は捕食者密度が高くなると早くなるが，$b>1$ の場合には，枯渇時間は，捕食者密度が高くなると遅くなることがわかる．

4.2.3 Lotka–Volterra 型捕食過程

まず，餌個体群 1 種とそれを捕食する捕食者個体群 1 種を考えよう．再び，時刻 t における餌個体群と捕食者個体群の個体群サイズ（または，密度）を，それぞれ，$H(t), P(t)$ と書くことにする．

Lotka–Volterra 型捕食過程（Lotka–Volterra predation process）は，第 3.1.2 節で述べた Lotka–Volterra 型の個体群間相互作用 を捕食過程に対して適用したものである．すなわち，式 (4.47) において，

$$f(P,H,t)P = \gamma(t)HP \tag{4.57}$$

という数理モデリングを行ったものを指す．$\gamma(t)$ は，捕食過程の効率を表し，任意の時刻 t において非負値をとる．ここでは，一般的に時間の関数として与えた[*81]．この数理モデリングでは，結局，$f(P,H,t)=\gamma(t)H$ であるから，捕食者 1 個体あたりの餌摂取速度が餌密度のみに依存している場合である．餌密度が倍になれば，捕食者 1 個体あたりの餌摂

[*79] 第 4.2.5 節参照．
[*80] もともと，$H(t) \equiv 0$ は，(4.53) による微分方程式 (4.49) の定常解であるから，有限な時刻 $t=t_c$ において $H(t)=0$ となるのは，解の一意性を考えると変な感じがするかもしれない．実は，パラメータ $a<1$ の場合には，(4.53) による微分方程式 (4.49) の解は，$t \geq t_c$ に延長できないのである．このような解の特性をもつ微分方程式に関心のある読者は，たとえば，山口 [365] や柳田 [371] を参照されたい．

取速度も倍になる。第 4.2.1 節で述べた f の性質 (4.45) は明らかに満たされており，性質 (4.44) についても，(等号が成り立つ) 特殊な場合として満たされている。

一方，捕食による捕食者個体群の増殖過程を表す式 (4.48) における $F(P,H,t)P$ については，第 4.2.1 節で述べたように，$f(P,H,t)P$ が Lotka–Volterra 型相互作用 で表されるからといって，同様に $F(P,H,t)P$ までもが Lotka–Volterra 型相互作用で表される必然性はない。$F(P,H,t)P$ が表すのは，捕食によって得られたエネルギーが捕食者個体群の増殖過程に変換されるという過程であり，一般に，単位時間あたり捕食者 1 個体による摂食量 $f(P,H,t)$ に比例する捕食者 1 個体あたり増殖率 $F(P,H,t)$ が実現するとは限らないからである。しかし，最も単純な数理モデリングとして，$F(P,H,t) = \kappa(t)f(P,H,t)$ ($\kappa(t)$ は，任意の時刻 t において非負) とおき，単位時間あたり捕食者 1 個体による摂食量に比例する捕食者 1 個体あたり増殖率が実現する場合を考えることができるのであり，Alfred James Lotka [198, 199] と Vito Isacar Volterra [356, 358] もこのタイプの基本的な数理モデリングによる餌–捕食者系を考察した[*82]。いわゆる **Lotka–Volterra 型餌–捕食者系** (Lotka–Volterra prey-predator system) とは，(4.57) に加え，

$$F(P,H,t)P = \kappa(t)\gamma(t)HP \tag{4.58}$$

という数理モデリングが採用されたものを指す。

まとめると，餌個体群 1 種，捕食者個体群 1 種からなる Lotka–Volterra 型餌–捕食者系とは，次のようなものである：

$$\begin{cases} \dfrac{dH(t)}{dt} = g(H,t) - \gamma(t)H(t)P(t) \\ \dfrac{dP(t)}{dt} = -m(P,t) + \kappa(t)\gamma(t)H(t)P(t). \end{cases} \tag{4.59}$$

さらに，n 種類の捕食者個体群と l 種類の餌個体群個体群からなるより一般的な Lotka–Volterra 型餌–捕食者系は，次のような $n+l$ 次元常微分方程式系によって表される：

$$\begin{cases} \dfrac{dH_i(t)}{dt} = g_i(H_i,t) - \sum_{k=1}^{n}\gamma_{ki}(t)H_i(t)P_k(t) & (i = 1,2,\ldots,l) \\ \dfrac{dP_j(t)}{dt} = -m_j(P_j,t) + \sum_{k=1}^{l}\kappa_{jk}(t)\gamma_{jk}(t)H_k(t)P_j(t) & (j = 1,2,\ldots,n) \end{cases} \tag{4.60}$$

[*81] もちろん，最も単純な場合ならば，γ は時間によらない非負の定数で与えられる。$\gamma = 0$ の場合には，考えている捕食者個体群と餌個体群の間には捕食 (食物連鎖) 関係が存在しないことを表す。たとえば，$\gamma = \gamma(t)$ である場合，ある時間帯において $\gamma(t) = 0$ ならば，その時間帯においては，考えている捕食者が考えている餌個体群を捕食していないということである。そのような非捕食期間において，餌個体群が増殖できるかどうかというのは別の問題であるが，非捕食期間の存在性というのは，実際の生物生態においても十分に考えうることであろう。

[*82] Lotka と Volterra については，付録 B，C を参照。

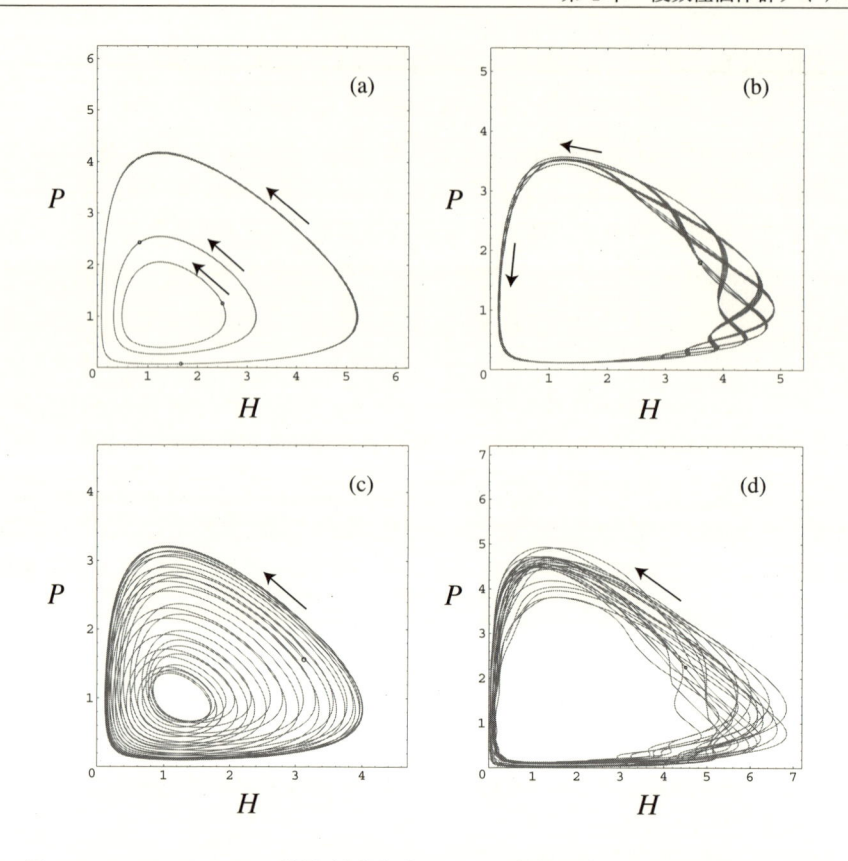

図 4.10 Lotka–Volterra 型餌–捕食者系 (4.61) の数値計算による相平面 (H, P) における解軌道。$r_H(t) = r_0 + a_r \sin \omega_r t$; $\gamma(t) = \gamma_0 + a_\gamma \sin(\omega_\gamma t + \theta_\gamma)$; $\delta_P(t) = 0.1$; $\kappa(t) = 0.8$; $r_0 = 0.1$; $\gamma_0 = 0.1$; $\omega_r = 0.8$; $\omega_\gamma = 0.1$; $\theta_\gamma = 0.5$。(a) $a_r = a_\gamma = 0$; (b) $a_r = 0.08$; $a_\gamma = 0$; (c) $a_r = 0$; $a_\gamma = 0.02$; (d) $a_r = 0.08$; $a_\gamma = 0.02$。すべての係数が定数である (a) の場合には、解軌道は初期値に依存した中立安定な (neutrally stable) 閉（周期）軌道を描く。図 (a) は異なる 3 つの初期条件からの軌道を、図 (b–d) の場合には、ある初期値からの軌道を描いた。

γ, κ の添字は、それらの値が捕食者個体群の種、餌個体群の種、そして、捕食者と餌の種の組合せによって（一般的に）異なりうることを表している。

さて、再び、餌個体群 1 種、捕食者個体群 1 種からなる Lotka–Volterra 型餌–捕食者系 (4.59) に立ち返ってさらに議論を進めよう。最も単純な Lotka–Volterra 型餌–捕食者系では、閉じた[*83]系を考え、餌個体群の更新過程、すなわち、増殖過程を表す $g(H, t)$、および、捕食者個体群の死滅過程を表す $-m(P, t)$ について、Malthus 型の過程（第 2.1.2 節参照）を適用する。すなわち、

$$g(H, t) = r_H(t) H(t)$$

[*83] 考えている餌個体群と捕食者個体群からなる系について移出入がない。

4.2 餌–捕食者系

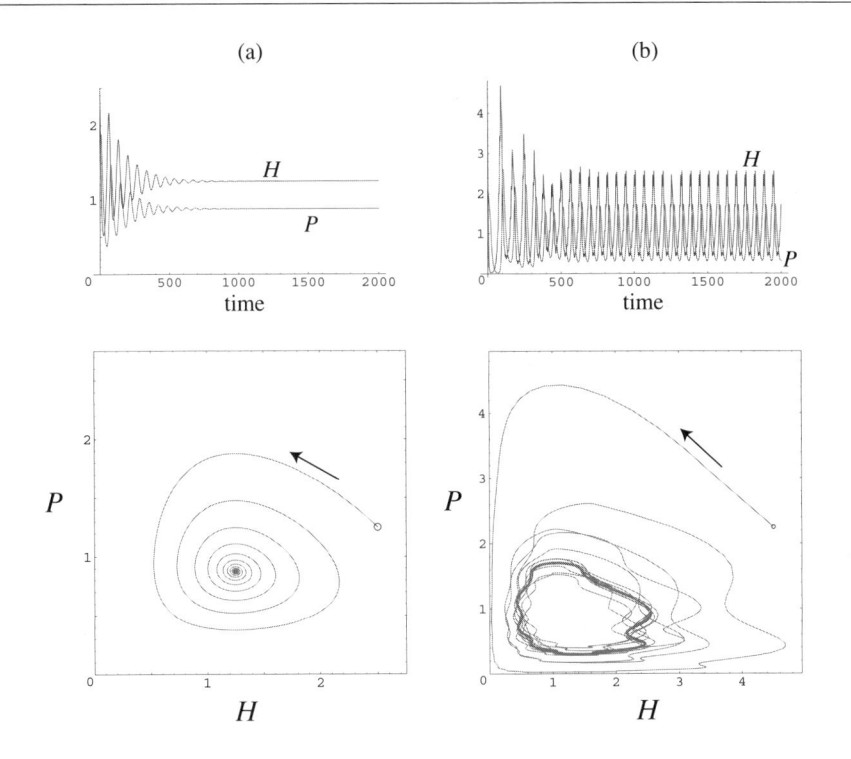

図 4.11 Lotka–Volterra 型餌–捕食者系 (4.61) における餌個体群の増殖過程を logistic 型増殖 (4.62) で与えた場合の数値計算による個体群サイズ変動と相平面 (H, P) における解軌道。$r_H(t) = r_0 + a_r \sin \omega_r t$; $\gamma(t) = \gamma_0 + a_\gamma \sin(\omega_\gamma t + \theta_\gamma)$; $\delta_P(t) = 0.1$; $\kappa(t) = 0.8$; $r_0 = 0.1$; $\gamma_0 = 0.1$; $\omega_r = 0.8$; $\omega_\gamma = 0.1$; $\theta_\gamma = 0.5$; $\beta_H(t) = 0.01$。(a) $a_r = a_\gamma = 0$; (b) $a_r = 0.08$; $a_\gamma = 0.02$。すべての係数が定数である (a) の場合には，解軌道は初期値に依存せずに。共存平衡点に減衰振動を伴いながら漸近する。(b) の場合には，ある時間周期解に漸近する。

$$-m(P, t) = -\delta_P(t) P(t)$$

とおく。$r_H(t)$ と $\delta_P(t)$ は，それぞれ，時間の関数であり，餌個体群の内的自然増殖率，捕食者個体群の内的自然死亡率を意味する。特に後者は，任意の時刻 t において非負値をとる。このモデリングでは，もしも，$r_H(t)$ が任意の時刻において正値をとるならば，捕食者がいない場合に，餌個体群サイズは指数関数的に無限に増大することになる[*84]。すなわち，Lotka と Volterra が最初に考えた餌–捕食者系は以下のようなものであった[*85]（図 4.10 参照）：

[*84] $r_H(t)$ が負値もとるような時間の関数である場合にはこの限りではない。第 2.1.2 節参照。
[*85] Lotka や Volterra が考察したのは，係数 $r_H, \gamma, \delta_P, \kappa$ が時間に依存しない定数の場合。

$$\begin{cases} \dfrac{dH(t)}{dt} = r_{\mathrm{H}}(t)H(t) - \gamma(t)H(t)P(t) \\ \dfrac{dP(t)}{dt} = -\delta_{\mathrm{P}}(t)P(t) + \kappa(t)\gamma(t)H(t)P(t). \end{cases} \quad (4.61)$$

捕食者がいない場合に，餌個体群サイズが有限な飽和値に向かって漸近的に増大するとするのならば，たとえば，餌個体群の増殖過程 $g(H,t)$ について，式 (2.34) で与えられるような logistic 型増殖

$$g(H,t) = \{r_{\mathrm{H}}(t) - \beta_{\mathrm{H}}(t)H(t)\}\,H(t) \quad (4.62)$$

を導入すれば餌個体群に対する環境許容量[*86]を導入することができる（図 4.11 参照）。

4.2.4 伝染病の感染ダイナミクス

伝染病において，感染者が非感染者に病気を移す過程[*87] は，捕食者と餌が遭遇する過程と類似性がある．一般的に，非感染者は，感染していない，かつ，他の非感染者に病気を伝染させない，という点において感染者とは区別されるが，一旦病気に感染したならば，感染者として振る舞うことになるからである．つまり，非感染者が感染者に変わることによって，非感染者個体群は減り，感染者個体群が増える．これは，餌を捕食することによって，捕食者個体群が増殖して増え，捕食によって餌個体群が減るという過程と対応させることができるのである．しかし，もちろん，伝染病には，潜伏期や，隔離，回復，免疫獲得などの，餌–捕食者関係の場合とは異なる独特な要素も絡みうるので，考察しようとする伝染病の特性に応じた数理モデリングが必要である[*88]。

Kermack–McKendrick モデル

1927 年に William Ogilvy Kermack[*89]と Anderson Gray McKendrick[*90][164] によって提出された伝染病の流行過程を表す数理モデルは，現在，**Kermack–McKendrick モデル**と呼ばれるほど有名である[*91]．彼らのモデルの出発点は，非感染者（susceptible）個体群サイズ S と感染者（infective, infected）個体群サイズ I の 2 種個体群間の相互作用

[*86] 第 2.1.3 節参照。
[*87] 寄生者と宿主関係における寄生過程の一種と考えてよい。第 4.2.1 節参照。伝染病の伝染をこのような寄生過程として捉えた生物学的な議論は，たとえば，山村・早川・藤島 [369] や Playfair [281, 282] にみられる。
[*88] 逆に伝染病に独特な流行過程の数理モデリングが餌–捕食者関係の数理モデリングに応用・発展させられる可能性もあろう。
[*89] April 26, 1898 – July 20, 1970, born in Kirriemuir, Angus, and died in Aberdeen, Aberdeenshire, Scotland。1924 年 6 月 2 日に化学実験中の事故により失明したが，その後も数理疫学に貢献。
[*90] Sept. 8, 1876 – May 30, 1943。p.66 注参照。

4.2 餌–捕食者系

による個体群サイズ変動ダイナミクスを表す次のようなものである：

$$\begin{cases} \dfrac{dS(t)}{dt} = -aS(t)I(t) \\ \dfrac{dI(t)}{dt} = aS(t)I(t) - \sigma I(t) - \rho I(t) - \delta I(t) \end{cases} \quad (4.63)$$

パラメータ a, σ, ρ, δ は，いずれも正の定数である．項 $aS(t)I(t)$ は，非感染者と感染者の接触による感染過程を表している．パラメータ a は，非感染者と感染者の接触における感染のしやすさを表す係数であり，瞬間感染率とでも呼べるものである．つまり，非感染者個体群から感染によって減少し，感染者個体群に加わる個体群サイズ変動の流れの速度を表す．非常に短い時間 $(t, t+\Delta t)$ における非感染者個体群から感染者個体群への移動個体群サイズ分の大きさは，近似的に $aS(t)I(t)\Delta t$ で表される．$a\Delta t$ は，時刻にはよらない，時間 Δt に比例した，感染者1個体（感染者の単位個体群サイズ）が非感染者1個体（非感染者の単位個体群サイズ）に接触したときの感染確率に相当する．また，項 $aS(t)I(t)$ が時刻 t における非感染者から感染者へ移動する個体群サイズの瞬間的な大きさを表しており，時刻 t における瞬間罹患（りかん）率（momentary incidence）が次のように定義できる：$aS(t)I(t)/\{S(t)+I(t)\}$．

この感染過程は，mass-action 仮定による Lotka–Volterra 型相互作用（第 3.1.2 節）によって数理モデリングされている．また，非感染者個体群から感染によって減少した量と同量の個体群サイズが感染者個体群に加わるのであるから，系 (4.63) の第一式の減少項と，第二式第一項の感染者個体群への新規加入を表す項は，常に，符号が異なり，等しい絶対値をもつ．系 (4.63) において考えている病気は，たとえば，感冒のように，短期的で，非常に感染力が強く，感染過程の起こっている個体群への個体群内外での非感染者個体の新規加入過程は無視されている．あるいは，個体群内外への個体の移出入，個体群内での子の誕生，個体の死亡などの伝染病感染以外の事象は起こっていたとしても，系 (4.63) によって表される感染過程で十分近似できるだけの影響しか持たない場合が考えられている．さらに，非感染者や感染者の個体群サイズに比べて感染過程による個体群サイズ変動が十分に小さい，すなわち，感染過程による個体群サイズ変動は相当にゆっくりとした速度しかもたない場合である．たとえば，ある大きな人口をもつ町に突発的な伝染病が流行し，それが数ヵ月程度の時間スケールで起こるような場合を想定することができる

[*91] 伝染病の数理モデルを取り扱うどのような専門書にも，必ずといってよいほど記載されるモデルである．古典的，基礎的な数理モデリングの考え方については，たとえば，Bailey [20] を参照されたい．Anderson and May [15] や Anderson (ed.) [14] などは，伝染病に関する数理モデル研究の近年における盛り上がりのはしりとなった文献である．近世の基礎的，標準的な数理モデルに関する研究の記載については，たとえば，Murray [244]，巌佐 [145] にある．Hethcote [114] では，近世の伝染病の問題と数理モデル研究の関わりが概観されている．また，Capasso [43] では，Kermack–McKendrick モデルも含む伝染病の数理モデルに関する数理的な解析（特に大域安定性解析）の実際がまとめられており，重定 [308] や Shigesada & Kawasaki [307] では，特に，伝染病の空間的伝播に関する数理モデルの記載がある．

だろう。

　実は，ここで定義されている感染者個体群サイズ I は，非感染者への感染の可能性をもつ感染者からなる個体群のサイズである。したがって，感染者として他個体から隔離された個体は，この個体群サイズ I にはカウントされない。パラメータ σ は，そのように，感染者個体が単位時間あたりに隔離される率に相当する係数である。

　また，感染後に回復し，非感染者に戻っても，免疫を獲得し，対象となっている病気には感染「できなく」なった非感染者も個体群サイズ S にはカウントされない。免疫獲得者は，系 (4.63) で表される病気の感染ダイナミクスには関わらない個体として，系外にでたものとして扱われるべきである。パラメータ ρ は，そのように，感染者個体が単位時間あたりに免疫を獲得して系から出ていく率に相当する係数である。

　もちろん，病気の感染によって死亡した感染者は，非感染者との接触はなくなるものとして，感染者個体群から除かれるべきである。パラメータ δ は，そのように，感染者個体が単位時間あたりに死亡する率に相当する係数である。このパラメータ δ が大きければ大きいほど，病気の致死性が高いことを意味する。

　ここで，感染者個体群からの個体の除去による同個体群サイズの減少に関わるパラメータ値 $\sigma+\rho+\delta$ は，要するに，1 感染者が，単位時間あたりに感染力を失う率に相当する。このパラメータ値が大きければ大きいほど，感染して感染者になってから，感染力を失って感染者個体群から除かれるまでの期間が短いことを意味する。実は，このパラメータ値 $\sigma+\rho+\delta$ によって感染者個体群から感染個体が除かれる過程は，第 2.1.2 節で述べた Malthus 型絶滅過程に相当するので，感染者として感染力を維持している期間の長さの期待（平均）値は，$1/(\sigma+\rho+\delta)$ で与えられる。

　Kermack–McKendrick モデル (4.63) において伝染病の流行が起こるためには，非感染者の初期個体群サイズ $S(0)$ が臨界値 $(\sigma+\rho+\delta)/a$ よりも大きくなければならない（図 4.12 参照）。ここで，「流行」とは，感染者個体群サイズが時間と共に徐々に増大してゆくことを指している。もしも，$S(0) < (\sigma+\rho+\delta)/a$ ならば，感染者個体群サイズ $I(t)$ は，時間と共に単調に減少するのみであり，伝染病の流行は起こらない。通常，伝染病の流行というのは，伝染病の感染者数が「十分に」大きくなった状況を指していると考えられるが，ここでは，より明確な意味付けとして，伝染病が対象としている個体群に「侵入直後に」感染者数が増大する状況を「初期流行 (the early spread)」と呼ぶことにしよう。初期流行は，要するに，対象としている個体群内に伝染病患者（感染者）が現れた直後に，感染者数が増加することを指しているので，その後，感染者数が「十分に」大きくなるか否かは問わない。Kermack–McKendrick モデル (4.63) においては，非感染者の更新がなく，感染者の更新は非感染者からの感染による個体群サイズの移動のみであり，さらに，感染者は，Malthus 型絶滅過程によって除去されてゆくので，非感染者個体群サイズが

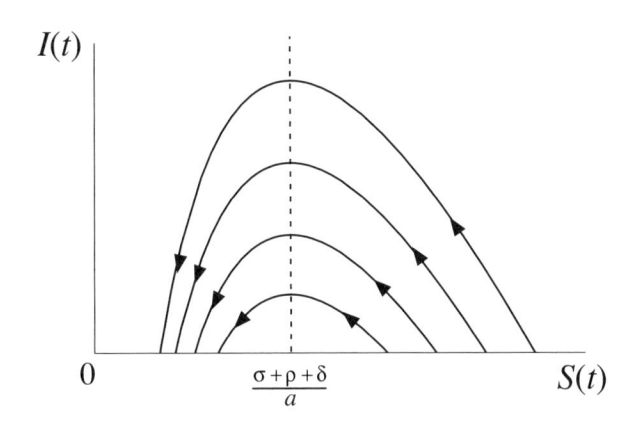

図 4.12 Kermack–McKendrick モデル (4.63) による個体群サイズの時間変動を表す相平面における $(S(t), I(t))$ の軌道．非感染者の初期個体群サイズ $S(0)$ が臨界値 $(\sigma+\rho+\delta)/a$ よりも大きければ，感染者個体群サイズは，徐々に増大し，ある時刻においてピークをむかえ，その後，単調にゼロに向かって減少する．$S(0)$ がこの臨界値よりも小さい場合には，感染者個体群サイズは，時間と共に単調に減少する．すなわち，感染者個体群サイズは増大することなく，ゼロに向かう．$t \to \infty$ における平衡状態では，初期条件 $(S(0), I(0))$ に依存した，ある正値 $S(+\infty)$ だけのサイズをもつ非感染者個体群が感染から免れて残る．

徐々に小さくなるにつれ，感染者個体群の更新の速度は小さくなる[*92]．これに対して，感染者の除去は感染者あたり一定の速度であるから，初期流行が起こったとしても，いずれは，感染者個体群サイズは減少する運命にあるのである．図 4.12 はこのことを明示している．図 4.12 が示すように，条件 $S(0) > (\sigma+\rho+\delta)/a$ は，初期流行が起こるための必要十分条件でもある．

実は，初期流行の定義に基づいて考えるならば，条件 $S(0) > (\sigma+\rho+\delta)/a$ は次のようにして容易に導くことができる．定義から，初期流行が起こるためには，$dI(t)/dt|_{t=0} > 0$ であることが必要十分である．Kermack–McKendrick モデル (4.63) の場合，この必要条件は，

$$\left.\frac{dI(t)}{dt}\right|_{t=0} = \{aS(0) - (\sigma+\rho+\delta)\}I(0) > 0$$

となるので，前出の初期値 $S(0)$ に関する臨界値の条件と同一であることがわかる．

一方，この臨界値については，さらに，次のような，数理モデリングに基づく解釈もできる[*93]．今，初期時刻 $(t=0)$ において，1感染者が感染力を維持している期間の長さの期待（平均）値は，$1/(\sigma+\rho+\delta)$ である．短い時間 $(t, t+\Delta t)$ において，1感染者が

[*92] Lotka–Volterra 型相互作用で数理モデリングされているので，感染者の単位個体群サイズあたりの感染者個体群更新速度は，非感染者個体群サイズに比例している．

[*93] ここで述べる解釈がしばしば用いられているものである．

接触し，感染させることのできる非感染者の個体群サイズは，$aS(t)\Delta t$ である（と近似できる）ので，初期時刻に十分に近い期間における感染による非感染者個体群サイズの減少分を無視した近似[*94] をとれば，Kermack–McKendrick モデル (4.63) の第一式から，初期時刻に十分に近い期間において，1感染者が感染力を失うまでに，接触し，感染させることのできる非感染者の個体群サイズの期待値として，$aS(0)\cdot\{1/(\sigma+\rho+\delta)\}$ が得られる．1感染者は，時間 $1/(\sigma+\rho+\delta)$ 後には，（平均的な事象として）感染者個体群から除去されるのであるから，その1感染者が感染者であった期間中に感染させた（と期待される）非感染者個体群サイズが1より小さければ，感染者1が感染者個体群から除かれ，1より小さいサイズの新規感染者が生まれるという過程が（平均的事象として）起こっていることになり，差し引き，感染者個体群サイズが減少する．すなわち，

$$\frac{aS(0)}{\sigma+\rho+\delta}<1 \quad (4.64)$$

ならば，感染者個体群サイズは，初期において減少する．非感染者個体群サイズは，Kermack–McKendrick モデル (4.63) においては，単調に減少するので，条件 (4.64) が成り立てば，任意の時刻 t において，$aS(t)/(\sigma+\rho+\delta)<1$ が成り立つ，つまり，感染者個体群サイズが時間と共に単調に減少することになる．

条件 (4.64) の左辺，すなわち，初期において1感染者が感染者であった期間中に感染させた（と期待される）非感染者個体群サイズを，考えている伝染病についての（Kermack–McKendrick モデル (4.63) についての）**基本繁殖率**（the basic reproductive rate）と呼ぶ．

SIR, SIS, SIRS モデル

病気による死亡ではなく，隔離や免疫獲得によって感染者個体群から除かれた「生存」個体からなる個体群のサイズを R として[*95]，個体群サイズ R の時間変動ダイナミクスも考慮すれば，系 (4.63) は，次のように発展させることができる（図 4.14(a)）：

$$\begin{cases} \dfrac{dS(t)}{dt} = -aS(t)I(t) \\ \dfrac{dI(t)}{dt} = aS(t)I(t)-\sigma I(t)-\rho I(t)-\delta I(t) \\ \dfrac{dR(t)}{dt} = (1-\epsilon)\sigma I(t)+\rho I(t) \end{cases} \quad (4.65)$$

[*94] すなわち，ここでの議論においては，非感染者個体群サイズは，$S(0)$ で変わらないと仮定する．この近似が有効なのは，初期時刻における非感染者個体群サイズ $S(0)$ が，感染者個体群サイズ $I(0)$ に比べて十分に大きく，初期における，感染による非感染者個体群サイズの減少分が，個体群サイズ $S(0)$ に比べて小さい期間においてのみであることに注意．

[*95] recovered とか removed, removal といった意味あいからの頭文字をとって，慣用的に R で表されることが多い．

4.2 餌–捕食者系

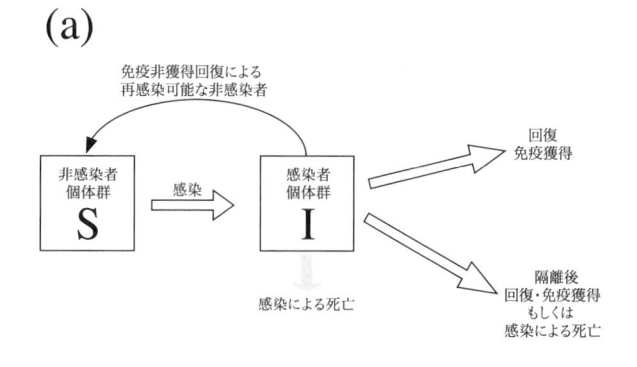

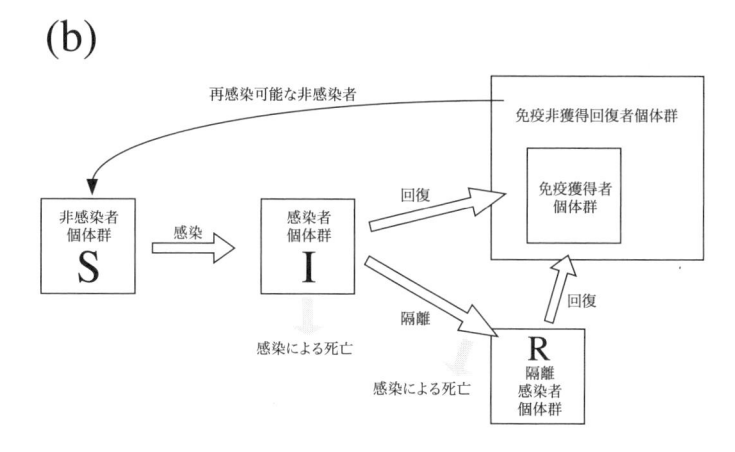

図4.13 伝染病流行ダイナミクスの基礎的なスキームの例。(a) SIS モデル (4.66)；(b) SIRS モデル (4.67)。

ここで，パラメータ ϵ は，隔離された感染者の病気の感染による死亡率を表す。隔離された個体が $1 - \epsilon$ の確率で回復できるものと仮定している。これらの非常に慣用的に用いられる変数記号 S, I, R にちなんで，この系 (4.65) は，**SIR モデル**と称されるものである[*96]。

数学的には，系 (4.65) における第三番目の式は I に依存しているが，第一番目，第二番目の式は R には依存していないので，第三番目の式を除いた，第一番目と第二番目の式のみから成る系 (4.63) で系は閉じている。また，系 (4.63) においては，これらの，隔離，免疫獲得，感染による死亡による感染者個体群からの個体群サイズ流出は，感染者個体群サイズ減少過程として，結果的に一つにまとめることができ，たとえば，$r \equiv \sigma + \rho + \delta$ とおけば，系 (4.63) の第二式の感染者個体群サイズ減少項は，$-rI(t)$ と表すことはできる。しかし，このパラメータ r に内含された要素は，各々独立したものであり，隔離，免疫獲得，感染による死亡のいずれかについて，特定の過程を数理モデリングに導入する場合には，個別に数理モデリングを検討すべきである。系 (4.65) では，隔離される個体に関

してのみ部分個体群 R への寄与が異なることに注意されたい。

ここで述べた隔離，免疫獲得，感染による死亡といったいずれかの過程の何らかの特性を数理モデリングに導入することによって，Kermack–McKendrick モデルからさらに進んで，$\sigma I(t), \rho I(t), \delta I(t)$ の項に変更[*97] が加わった数理モデルを構成することが可能である．本節では，伝染病の感染過程のさらなる特性を組み込んだ発展の可能性をもつ基礎レベルの数理モデルについて述べることにする．

たとえば，上記の Kermack–McKendrick モデル (4.63) では，感染者の運命は，隔離，免疫獲得，感染による死亡のいずれかの過程によって感染者個体群から除かれるだけであったが，もしも，感染から回復した個体の中に，再感染が可能な（免疫を獲得できずに回復した）個体があるとすれば，そのような回復個体は，系における非感染者個体群サイズ S に再度加えられなければならない．今，感染から回復した場合に免疫を獲得できる確率を m とするならば，Kermack–McKendrick モデル (4.63) にこの再感染過程（図 4.13(a) 参照）を導入したモデルを次のように表すことができる（図 4.14(b)）：

$$\begin{cases} \dfrac{dS(t)}{dt} = -aS(t)I(t) + (1-m)qI(t) \\ \dfrac{dI(t)}{dt} = aS(t)I(t) - \sigma I(t) - qI(t) - \delta I(t) \end{cases} \quad (4.66)$$

パラメータ q は，（通院などによって）隔離なく回復する率であり，この場合には，さらに，隔離された感染者は，免疫の獲得・非獲得にかかわらず，病気感染ダイナミクスからは離脱したままになると仮定している．この数理モデルは，感染者個体群 I から非感染者個体群 S への個体群の流れがあるので，しばしば **SIS モデル** と呼ばれるものに属する．

一方，SIR モデル (4.65) にこのような再感染過程（図 4.13(b) 参照）を導入したモデル

[*96] ただし，一般的に，SIR モデルと称されるのは，伝染病の流行を伴う個体群内の伝染病ダイナミクスを記述するモデルにおいて，非感染者個体群 (S)，（一般に非感染者への病気の感染を引き起こしうる）感染者個体群 (I)，感染者から除かれ，（一時的にせよ）非感染者への感染の可能性を持たない個体からなる個体群 (R) の 3 つの部分個体群間の病気の伝染過程を表す数理モデルである．すなわち，SIR モデルにおいては，この部分個体群間相互作用が Kermack–McKendrick モデルのように Lotka–Volterra 型である必然性はない．この呼称に倣えば，Kermack–McKendrick モデル (4.63) は，SI モデルと呼べる．希にモデル (4.63) をそう呼ぶこともあるようである．さらに，部分個体群 R については，本節では，「生存」個体のみを考えているが，最も一般的には，非感染者への感染の可能性を持たない個体からなる部分個体群を意味するので，しばしば，感染によって死亡した個体も含める．この場合，(4.65) の第 3 式は，

$$\frac{dR(t)}{dt} = \sigma I(t) + \rho I(t) + \delta I(t)$$

となる．別の表現をすれば，この場合の R は，伝染病の感染を「経験した」個体を累積でカウントする部分個体群といえる．本節では，特に次節以降の発展を視野に入れ，あえて，死亡した個体は，考えない数理モデリングを述べる．

[*97] たとえば，パラメータ σ, ρ, δ を定数ではなく，個体群サイズ I の関数としたり，時間 t に依存した変数としたりといった変更．

の場合は，たとえば，次のように表すことができる（図 4.14(c)）：

$$\begin{cases} \dfrac{dS(t)}{dt} &= -aS(t)I(t) + (1-m)\omega R(t) + (1-m)qI(t) \\ \dfrac{dI(t)}{dt} &= aS(t)I(t) - \sigma I(t) - qI(t) - \delta I(t) \\ \dfrac{dR(t)}{dt} &= (1-\epsilon)\sigma I(t) - \omega R(t) \end{cases} \quad (4.67)$$

パラメータ ω は，部分個体群 R に属していた個体が回復して，隔離状態から離れ，非感染者や隔離状態にない感染者と接触可能な状態になる，すなわち，非感染者と同じ状況になる率を表している．ここでは，隔離なく回復した個体と同様に，このような個体の場合も，免疫獲得率を m と仮定している．この数理モデルは，**SIRS モデル**と呼ぶことができる．注意すべきは，この SIRS モデルにおいては，R は，恒久的に非感染者への感染の可能性を持たない個体からなる個体群のサイズを表すのではなく，一時的にのみ非感染者への感染の可能性を持たなくなった個体も含むことである．

また，図 4.13(b) で示されているような，部分個体群として，未回復な隔離感染者個体群と回復した隔離者個体群を二つの個体群として陽に数理モデリングすることもできる．未回復な隔離感染者個体群のサイズを R_{inf}，回復した隔離者個体群のサイズを R_{rec} で表すことにすると，たとえば，SIRS モデル (4.67) を次のような系に発展させることができる（図 4.14(d)）：

$$\begin{cases} \dfrac{dS(t)}{dt} &= -aS(t)I(t) + (1-m)\omega R_{\text{rec}}(t) + (1-m)qI(t) \\ \dfrac{dI(t)}{dt} &= aS(t)I(t) - \sigma I(t) - qI(t) - \delta I(t) \\ \dfrac{dR_{\text{inf}}(t)}{dt} &= \sigma I(t) - \gamma R_{\text{inf}}(t) - \epsilon R_{\text{inf}}(t) \\ \dfrac{dR_{\text{rec}}(t)}{dt} &= \gamma R_{\text{inf}}(t) - \omega R_{\text{rec}}(t) \end{cases} \quad (4.68)$$

パラメータ γ は，隔離された感染者が隔離状態において回復する率を表す．他のパラメータの意味は以前と同様である．よって，このモデルにおいては，隔離後回復した個体が，しばらく（平均時間 $1/\omega$），隔離状態にとどまってから，集団の中に放たれる仮定になっている．

前出のモデルとの関連については，$R(t) = R_{\text{inf}}(t) + R_{\text{rec}}(t)$ であるから，(4.68) における第三式と第四式の辺々の和をとると，R の時間変動を表す dR/dt の式が得られ，それは，SIRS モデル (4.67) の第三式に対応するものになるはずであるが，前述のように，このモデルでは，隔離後回復した個体が隔離状態にとどまる期間が導入されており[*98]，同

[*98] SIRS モデル (4.67) の場合，この期間長はゼロ．

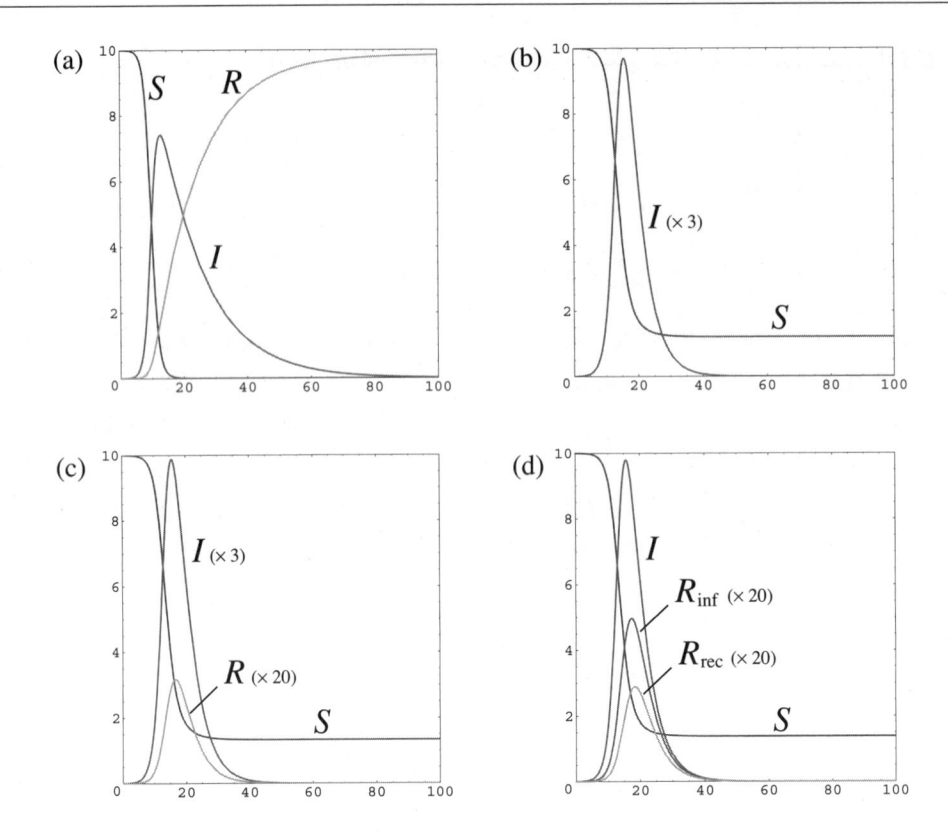

図 4.14 伝染病感染ダイナミクスモデルによる個体群サイズの時間変動の数値計算例。(a) SIR モデル (4.65); (b) SIS モデル (4.66); (c) SIRS モデル (4.67); (d) 発展 SIRS モデル (4.68)。$S(0) = 10.0$; $I(0) = 0.001$; $R(0) = R_{\text{inf}}(0) = R_{\text{rec}}(0) = 0.0$; $a = 0.1$; $m = 0.7$; $q = 0.3$; $\sigma = 0.05$; $\rho = 0.02$; $\delta = 0.001$; $\epsilon = 0.0001$; $\omega = 1.0$; $\gamma = 0.6$。

一のものとはならない。また，系 (4.68) においては，第一式右辺に R_{rec} の項があり，R_{rec} の時間変動が与えられなければならない。そして，R_{rec} の時間変動ダイナミクスは，R_{inf} の時間変動に依存する。したがって，このモデル (4.68) は，SIS モデル (4.66) や SIRS モデル (4.67) とは別物として解析・考察されなければならない側面をもつ。

　本節で述べてきた病気の感染過程を伴う個体群内の部分個体群間ダイナミクスにおいては，いずれも，個体間相互作用による個体群サイズ変動過程に関する数理モデリングとして，密度（個体群サイズ）の積による Lotka–Volterra 型相互作用を用いている。もちろん，この数理モデリングの数理的な仮定は，本書で述べた様々な発展によって変更されうるものである。特に，本節で例示したように，考察の対象となる伝染病の病気としての特性に依存して，構成される数理モデルの構造が異なってくる。

4.2 餌–捕食者系

> **発展**
>
> 相当に感染力が強い伝染病の場合，十分に短期間に個体群内での感染ダイナミクスが進行する。そのような場合，個体群全体の初期サイズは，感染ダイナミクス進行中において，(死亡個体数も含めて) 定数として扱えると仮定できる。すなわち，たとえば，上記の数理モデルにおいて，$S(t) + I(t) + R(t) = N =$ 定数である。このような数理モデリングにおいては，各部分個体群についてのサイズ比率 $S(t)/N,\ I(t)/N,\ R(t)/N$ による数理モデリングが可能である。本節で述べる数理モデリングは，このような仮定の下ではどのように展開できるであろうか。(Hethcote [114], Capasso [45] などを参照)

伝染病媒介者

伝染病の感染経路が問題になる場合[*99]，その感染経路の特性を反映した数理モデリングがなされなければならない。ここでは，特に，伝染病が，感染者による非感染者への接触によって伝染するのではなく，感染の対象となる個体とは異なる伝染病媒介者（ベクター；vector）が存在し，感染者と非感染者の間での病原体の受け渡しを行っているような場合を考えよう。このような場合には，伝染病媒介者の個体群密度ダイナミクスを，感染者，非感染者に関する個体群サイズ変動ダイナミクスに併せて数理モデリングの中に組み入れる必要がある。

再び，最も基礎的な数理モデリングを考えることにして，Kermack–McKendrick モデル (4.63) に伝染病媒介者個体群サイズ V の変動ダイナミクスを導入した数理モデルについて述べる。伝染病媒介者の繁殖は，伝染病の罹患対象個体との接触に依存している[*100]とし，かつ，その繁殖過程の時間スケールは，伝染病の感染のそれと同程度のものとする[*101]。Kermack–McKendrick モデル (4.63) と同様に，個体間接触頻度は，Lotka–Volterra 型相互作用として，それぞれのサイズ（密度）の積に比例すると仮定しよ

[*99] 人に対する伝染病の場合であっても，人から人への伝染経路が存在する場合と，人から人ではなく，何らかの動物が媒介生物として存在する，マラリアのような場合がある（マラリアに関する数理モデルとしては，たとえば，Sota & Mogi [328] がある）。また，性病のように，性的接触が感染経路の主たる役割を果たす場合と，流行性感冒のように，空気感染が感染経路として重要である場合では，数理モデリングも自ずと異なってくるだろう。

[*100] 伝染病の罹患対象個体（非感染者もしくは感染者）に接触することによって，血液などの自分の生命活動に必要な養分を得るような動物を想定することができる。

[*101] すなわち，伝染病感染のダイナミクスを考える場合に，伝染病媒介者個体群のサイズ変動が考慮すべき要因であるとする。

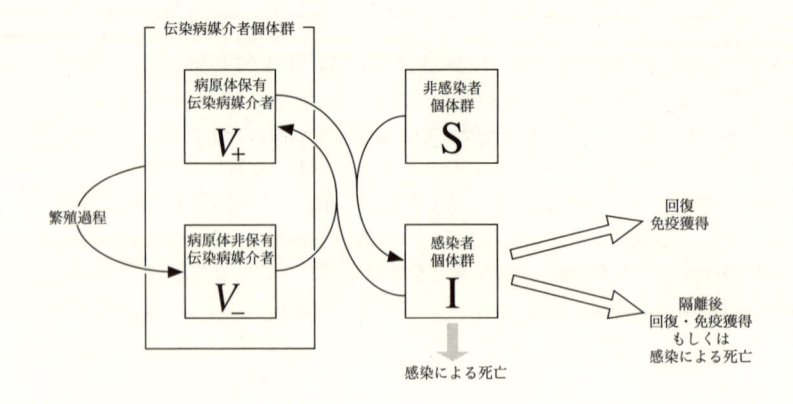

図4.15 伝染病媒介者を導入した系 (4.69) による個体群サイズ変動ダイナミクスのスキーム。

う．すると，次のダイナミクスを考えることができる（図4.15参照）：

$$\begin{cases} \dfrac{dS(t)}{dt} = -a\beta S(t)V_+(t) \\ \dfrac{dI(t)}{dt} = a\beta S(t)V_+(t) - \sigma I(t) - \rho I(t) - \delta I(t) \\ \dfrac{dV_+(t)}{dt} = b\beta I(t)V_-(t) - \nu V_+(t) \\ \dfrac{dV_-(t)}{dt} = g(V_-, V_+, S, I) - b\beta I(t)V_-(t) - \nu V_-(t) \end{cases} \quad (4.69)$$

ここで，β は，伝染病媒介者と非感染者，感染者との接触頻度係数である．a と b は，それぞれ，伝染病媒介者から非感染者へ，感染者から伝染病媒介可能者への病原体の感染率である[102]．V_- は，伝染病媒介可能者で伝染病の病原体（細菌，ウィルス，寄生虫など）を未だもっていない（よって，未だ媒介はできないが，媒介できる個体になりうる）個体の密度，V_+ は，伝染病媒介者で伝染病の病原体を保有するに至った個体の密度を表す．一旦，伝染病の病原体を保有した伝染病媒介者は，その病原体を保有し続けるものとする．また，伝染病媒介者は，伝染病の病原体の保有・非保有に関わらず繁殖できるものとし，繁殖によって新規に産み出された直後の媒介者個体は，病原体はもっておらず，感染者との接触によってのみ病原体を保有できるものとする[103]．系 (4.69) の第四式における関数 g は，伝染病媒介者の繁殖過程を表すものである．パラメータ ν は伝染病媒介者の自然死亡率を表す．

最も単純に，伝染病媒介者個体群における Malthus 型増殖過程（第2.1.2節参照）を仮定し，たとえば，

$$g(V_-, V_+, S, I) = \eta\beta(S+I)(V_- + V_+) \quad (4.70)$$

---

[102] たとえば，人と，人以外の伝染病媒介者を考える場合，病原体の移動経路や方法は異なるのが自然である．
[103] つまり，媒介者内における病原体の垂直感染はなく，水平感染のみであるとする．

4.2 餌–捕食者系

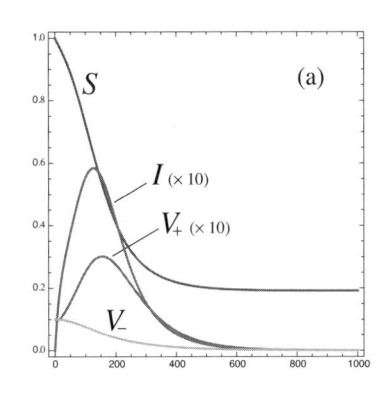

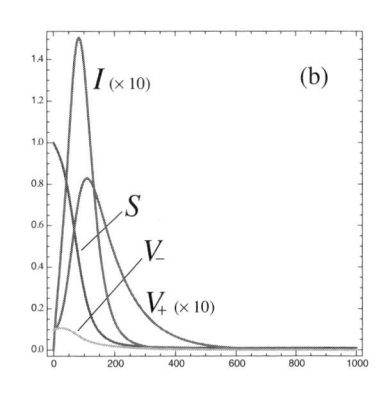

図 4.16 伝染病媒介者を導入した系 (4.69) に (4.70) を導入したモデルによる個体群サイズの時間変動の数値計算例。$S(0) = 1.0$；$I(0) = 0.01$；$V_+(0) = 0.01$；$V_-(0) = 0.1$；$a = 1.0$；$b = 0.1$；$\sigma = 0.05$；$\rho = 0.002$；$\delta = 0.01$；$\eta = 0.05$；$\nu = 0.01$。(a) $\beta = 0.2$；(b) $\beta = 0.3$。(a) の場合、非感染者が相当数残存した状態で伝染病媒介者が絶滅に至るが、(b) の場合には、非感染者はほとんどいなくなる。

とおくならば、これは、Lotka–Volterra 型相互作用に基づく繁殖過程を仮定していることになる。パラメータ η は、伝染病媒介者と感染者・非感染者との接触過程を伝染病媒介者の繁殖過程に反映させる増殖係数の一種である。もっとも、この仮定の下では、数理モデル (4.69) では伝染病非感染者の更新過程が導入されていない、すなわち、被感染者の個体群サイズは単調に減少するのみであるから、図 4.16 が示すように、十分に時間が経過すると、必ず、伝染病媒介者の個体群サイズはゼロ（絶滅）に向かって単調に減少する。

関数 (4.70) を系 (4.69) に適用すると、伝染病媒介者総密度 $V = V_+ + V_-$ の変動ダイナミクスは、系 (4.69) の第三、第四式より、

$$\frac{dV(t)}{dt} = \eta\beta\{S(t) + I(t)\}V(t) - \nu V(t) \tag{4.71}$$

と表すこともできるが、系 (4.69) の第一、第二式で表される病気の感染過程においては、V_+ の時間変動が必要なので、伝染病媒介者総密度 V のダイナミクスで (V_+, V_-) のダイナミクスを置き換えることはできないことに注意してほしい。

さて、ここで、特に伝染病の感染ダイナミクスにおいて仮定されることの少なくない特殊な仮定を導入して、系 (4.69) に (4.70) を導入したモデルのさらなる数理モデリングを展開してみよう。それは、「総個体群サイズの定常性」とも呼べる仮定である：今、被感染者の総個体群サイズ、および、伝染病媒介者の総個体群サイズがそれぞれ任意の時刻において定数、N_0 と V_0 であると仮定する。この仮定は、伝染病の感染ダイナミクスの下、総個体群サイズが定常である状態での議論を行う際に用いられることになる。伝染病の感染が感染個体の死亡率、あるいは、被感染者の総個体群サイズの変動ダイナミクスに及ぼす影響が小さい場合に適当な仮定と考えることができる。

今考えている系 (4.69) に (4.70) を導入したモデルについては，任意の時刻 t において，$S(t)+I(t) = N_0$ および $V_+(t)+V_-(t) = V_0$ を仮定することになる．したがって，任意の時刻 t において，$d\{S(t)+I(t)\}/dt = 0$ かつ $d\{V_+(t)+V_-(t)\}/dt = 0$ でなければならない．伝染病媒介者の総個体群サイズ変動ダイナミクスは式 (4.71) で与えられていたので，この総個体群サイズの定常性仮定により，$\eta\beta N_0 - \nu = 0$ が成り立たなければならないことになる．これが，伝染病媒介者の総個体群サイズの定常性仮定によるパラメータに対する拘束条件である．一方，被感染者の総個体群サイズ変動ダイナミクスは，系 (4.69) では次のように与えられる：

$$\frac{d\{S(t)+I(t)\}}{dt} = -(\sigma+\rho+\delta)I(t) \tag{4.72}$$

すでに述べたように，系 (4.69) で与えられる数理モデルでは，被感染者の個体群サイズの更新過程が与えられていないので，このままでは，被感染者の総個体群サイズの定常性仮定を導入できない．

系 (4.69) の改訂版として，被感染者の総個体群サイズの定常性仮定を導入できる数理モデルとして次のような系を考えることができる：

$$\begin{cases} \dfrac{dS(t)}{dt} &= r\{S(t)+I(t)\} - a\beta S(t)V_+(t) - \delta S(t) \\ \dfrac{dI(t)}{dt} &= a\beta S(t)V_+(t) - \delta I(t) \\ \dfrac{dV_+(t)}{dt} &= b\beta I(t)V_-(t) - \nu V_+(t) \\ \dfrac{dV_-(t)}{dt} &= g(V_-,V_+,S,I) - b\beta I(t)V_-(t) - \nu V_-(t) \end{cases} \tag{4.73}$$

項 $r\{S(t)+I(t)\}$ が被感染者の総個体群サイズに比例した個体群サイズの更新過程を導入している．また，隔離や免疫獲得（パラメータ σ, ρ）は無視している（導入されていない）．この数理モデルでは，被感染者の総個体群サイズ変動ダイナミクスは次のように与えられる：

$$\frac{d\{S(t)+I(t)\}}{dt} = (r-\delta)\{S(t)+I(t)\} \tag{4.74}$$

したがって，この数理モデル (4.73) について，被感染者の総個体群サイズの定常性仮定によるパラメータに対する拘束条件は，$r = \delta$ で与えられる．

さて，総個体群サイズの定常性仮定によるパラメータに対する拘束条件の下，任意の時刻 t において，$S(t)+I(t) = N_0 = $ 定数 および $V_+(t)+V_-(t) = V_0 = $ 定数 なので，今，S, I, V_+, V_- の代わりに，$f_s = S/N_0$, $f_i = I/N_0$, $v_+ = V_+/V_0$, $v_- = V_-/V_0$ の時間変動ダイナミクスを考えることにする．すなわち，被感染者および伝染病媒介者それぞれの個体群内における非感染者，感染者，病原体保有媒介者，病原体非保有媒介者の個体群

4.2 餌–捕食者系

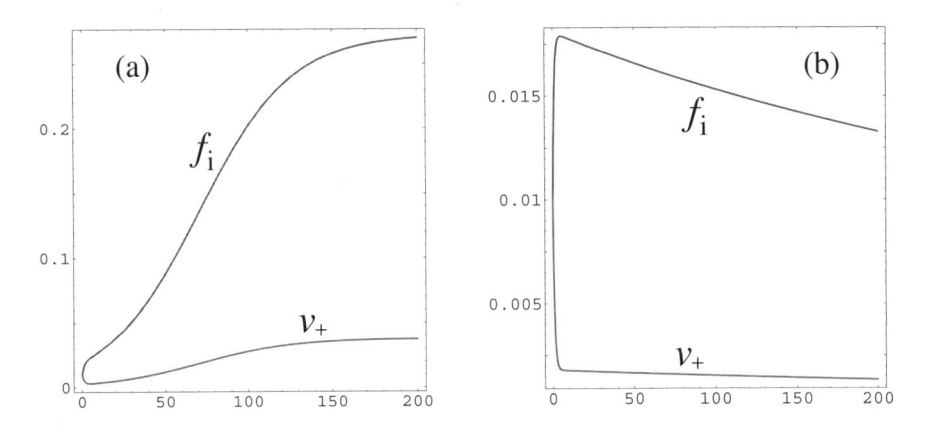

図 4.17 Ross–Macdonald モデル (4.76) による個体群頻度の時間変動の数値計算例。$f_\mathrm{i}(0) = 0.01$；$v_+(0) = 0.01$；$\tilde{a} = 1.0$；$\tilde{b} = 0.1$；$\delta = 0.1$。(a) $\nu = 0.7$；(b) $\nu = 1.0$。(a) の場合，伝染病は蔓延状態に至るが，(b) の場合には，伝染病は徐々に絶滅に向かう。

サイズの代わりに頻度（i.e. 割合）の時間変動ダイナミクスをみる。総個体群サイズの定常性仮定によるパラメータに対する拘束条件の下，系 (4.73) に (4.70) を導入したモデルから，次の個体群頻度変動ダイナミクスモデルを導出できる：

$$\begin{cases} \dfrac{df_\mathrm{s}(t)}{dt} = \delta - a\beta V_0 f_\mathrm{s}(t) v_+(t) - \delta f_\mathrm{s}(t) \\[2mm] \dfrac{df_\mathrm{i}(t)}{dt} = a\beta V_0 f_\mathrm{s}(t) v_+(t) - \delta f_\mathrm{i}(t) \\[2mm] \dfrac{dv_+(t)}{dt} = b\beta N_0 f_\mathrm{i}(t) v_-(t) - \nu v_+(t) \\[2mm] \dfrac{dv_-(t)}{dt} = \nu - b\beta N_0 f_\mathrm{i}(t) v_-(t) - \nu v_-(t) \end{cases} \quad (4.75)$$

今，$f_\mathrm{s} + f_\mathrm{i} = 1$ および $v_+ + v_- = 1$ が常に成り立っていることを使えば，この数理モデルは，頻度 f_i, v_+ のみのダイナミクスからなる次の数理モデルに帰着する：

$$\begin{cases} \dfrac{df_\mathrm{i}(t)}{dt} = \tilde{a}\left\{1 - f_\mathrm{i}(t)\right\} v_+(t) - \delta f_\mathrm{i}(t) \\[2mm] \dfrac{dv_+(t)}{dt} = \tilde{b} f_\mathrm{i}(t)\left\{1 - v_+(t)\right\} - \nu v_+(t) \end{cases} \quad (4.76)$$

ここで，$\tilde{a} = a\beta V_0$，$\tilde{b} = b\beta N_0$ と表した。この数理モデル (4.76) は，Ross–Macdonald モデルと呼ばれることがある[*104]。

潜伏期

　伝染性の病気には，しばしば，潜伏期（latent period, incubation period, encapsuled period）と呼ばれる，感染から発病までの未発病期間が存在する．潜伏期間においては，感染者は，見かけ上，非感染者と区別つかない場合も多い．AIDS [105]（後天性免疫不全症候群）を引き起こす HIV [106]（ヒト免疫不全ウィルス）の潜伏期の感染者の場合のように，見かけ上，非感染者と区別がつかないが，感染力を持った感染者であるような伝染病もあれば，潜伏期には感染力がほとんどないような伝染病もある．

　ここでは，Kermack–McKendrick モデル (4.63) に潜伏期にある感染者個体群サイズ E の変動ダイナミクスを導入した数理モデルについて述べる．まず，次のような，潜伏期にある感染者が感染力を持たない場合の基本的な系を Kermack–McKendrick モデル (4.63) から発展させて構成することができる：

$$\begin{cases} \dfrac{dS(t)}{dt} = -aS(t)I(t) \\ \dfrac{dE(t)}{dt} = aS(t)I(t) - \kappa E(t) \\ \dfrac{dI(t)}{dt} = \kappa E(t) - \sigma I(t) - \rho I(t) - \delta I(t) \end{cases} \quad (4.77)$$

パラメータ κ は，潜伏期にある感染者の単位時間あたりの発病率に相当するもので，κ が大きければ大きいほど，感染後に発病しやすい伝染病の特性を表す．この潜伏期にある感染者個体群から発病感染者個体群への個体群サイズの移動過程は，第 2.1.2 節で述べた Malthus 型絶滅過程に相当するので，潜伏期の長さの期待（平均）値は，$1/\kappa$ で与えられる．

　一方，潜伏期にある感染者が感染力を持つ場合の基本的な系は次のようになる：

$$\begin{cases} \dfrac{dS(t)}{dt} = -aS(t)I(t) - bS(t)E(t) \\ \dfrac{dE(t)}{dt} = aS(t)I(t) + bS(t)E(t) - \kappa E(t) \\ \dfrac{dI(t)}{dt} = \kappa E(t) - \sigma I(t) - \rho I(t) - \delta I(t) \end{cases} \quad (4.78)$$

潜伏期にある感染者（E）による感染率は，発病した感染者（I）のそれとは異なるものと

---

[104] Macdonald–Ross モデルとも．マラリア伝染ダイナミクスを考えるために Sir Ronald Ross [288, 289]（May 13, 1857 – September 16, 1932; born at Almora, India, and died at the Ross Institute, London; The winner of The Nobel Prize in Physiology or Medicine 1902）によって提出され，George Urquhart Macdonald [202, 203, 204, 205]（29 May, 1925 – 11 January, 1997; born in Glasgow）によって拡張やパラメータ推定がなされた．

[105] **a**cquired **i**mmuno**d**eficiency **s**yndrome

[106] **h**uman **i**mmunodeficiency **v**irus

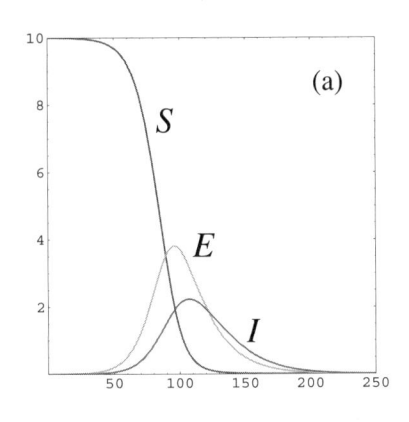

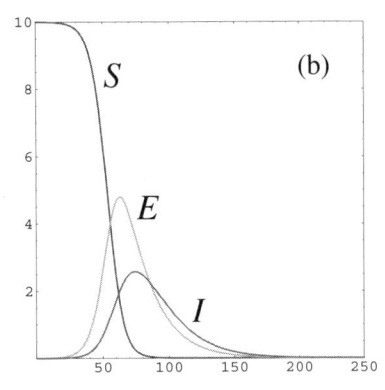

図 4.18 潜伏期を導入したモデルによる個体群サイズの時間変動の数値計算例。潜伏期にある感染者が (a) 感染力を持たない場合 (4.77)；(b) 感染力を持つ場合 (4.78) ($b = 0.01$)。$S(0) = 1.0$；$E(0) = 0.0$；$I(0) = 0.001$；$a = 0.05$；$\sigma = 0.05$；$\rho = 0.02$；$\delta = 0.001$；$\kappa = 0.05$。

して，パラメータ a とは一般的に異なる b が感染係数として与えてある。もしも，$a = b$ ならば，潜伏期にある感染者と発病した感染者は，感染力に関して同等であるから，系 (4.78) を S と $E + I$ の個体群サイズ変動ダイナミクスとして閉じた形に直せそうであるが，実はそうはいかない。感染を起因とする死亡による感染者の個体群からの除去は，発病した感染者にのみ可能であるので，発病した感染者の個体群サイズ I のダイナミクスが与えられなければ系は閉じることができない[*107]。ただし，致死性が十分に低い伝染病であり，発病による隔離や死亡がないものとし，潜伏期から発病しないで回復することもあるとして，系 (4.78) において，第二式右辺に $-\rho E(t)$ を加え，$\sigma = \delta = 0$ とおいたモデルを考えれば，S と $E + I$ の個体群サイズ変動ダイナミクスとして閉じた形に直せる[*108]。

発展

本節で述べた数理モデリングとは異なる，潜伏期の数理モデリングとしてはどのようなものが考えうるであろうか。

[*107] 実際，$E + I$ のダイナミクスを表す微分方程式をつくってみるとわかる。
[*108] 伝染病の感染ダイナミクスに関して，潜伏期の感染者と発病した感染者の間に全く違いがなくなるので，当然である。

> 発展
>
> 第 4.2.4 節で述べた伝染病の感染ダイナミクスの数理モデリングでは，非感染者から感染者への感染過程に関わる相互作用項は，もっぱら，mass-action 仮定による Lotka–Volterra 型相互作用によって導入されているが，異なる相互作用項による感染過程の導入により，伝染病の特性を数理モデリングにもちこむことを考えてみれば，どのような可能性があるだろうか。

4.2.5　Nicholson–Bailey モデル

オーストラリアの昆虫学者 Alexander John Nicholson[*109] と物理学者 Victor Albert Bailey[*110] は，捕食過程に対するひとつの数理モデリングを 1930 年代に発表した (Nicholson [251], Nicholson & Bailey [253])。その数理モデルは，現在，**Nicholson–Bailey モデル**として有名である。Nicholson–Bailey モデルは，寄生者–宿主関係（parasite-host relationship）における寄生過程ダイナミクスを表すものとして扱われることが多いが，餌–捕食者系における捕食過程に関する数理モデリングと考えることも可能である。

Nicholson–Bailey モデルは，世代が離散的な昆虫個体群を想定した数理モデリングによって構築される。今，宿主の初期個体群密度を H_0 とおく。宿主の増殖・死亡過程はないものとする[*111]。考えている領域全体の面積を S とし，その内，寄生者が，ある時刻までに，面積 s の領域を探索したとして，寄生されなかった宿主の（考えている領域全体での平均）個体群密度[*112] を $H(s)$ とおく。定義より，$H(0) = H_0$ である。このとき，考えている領域における宿主の初期総個体数が $S \cdot H_0$ であり，寄生を受けなかった宿主の総個体数は $S \cdot H(s)$ であるから，寄生を受けた宿主の総個体数は $S \cdot H_0 - S \cdot H(s)$ で表される。よって，寄生者が面積 s を探索したときに，寄生を受けた宿主の個体群密度分 $Z(s)$ は，$Z(s) = H_0 - H(s)$ である。

寄生者がさらに微小面積 Δs を探索する場合の，寄生を受けていない宿主の（平均）個体群密度の変化を考えてみよう。寄生者がこの微小面積 Δs を探索する間に新たに寄生を受けた宿主の個体数は，寄生者が面積 s を探索した場合に寄生を受けなかった宿主の総個体数が $S \cdot H(s)$ であるから，$S \cdot H(s) - S \cdot H(s + \Delta s)$ で与えられる。

[*109] March 25, 1895 – October 28, 1969, born in Blackhall, County Meath, Ireland, and died at Canberra, Australian Captial Territory, Australia.

[*110] December 18, 1895 – December 7, 1964, born in Alexandria, Egypt, and died in Geneva, Switzerland.

[*111] 宿主の増殖・死亡過程による宿主の個体群サイズの変動の時間スケールに比べて，寄生過程の時間スケールが十分に短く，寄生過程が起こっている時間においては，宿主個体群のサイズは一定とみなせる場合，あるいは，寄生過程が起こっている時間帯において，宿主の死亡過程が無視できるくらいに宿主の死亡率が低く，寄生過程が起こっている時間帯と宿主の増殖過程が起こっている時間帯が重複を持たない（宿主となるほとんどの昆虫個体群でも仮定できる）状況を考える。

[*112] 探索された領域では，寄生された宿主があるので，その領域に限り，寄生されなかった宿主の個体群密度は低下するのであるが，ここでは，常に，考えている領域全体での平均個体群密度を用いた議論が展開される。同様の議論は，後の第 4.2.7 節で述べる Holling 型捕食過程に関しても現れる。

一般に，寄生者が探索した面積内の全ての宿主が寄生を受けるとは限らないので，ここでは，宿主密度が H のときに寄生者が探索した領域内の宿主1個体あたりに寄生を受ける確率を $\sigma(H)$ (≤ 1) とおこう。この寄生される確率は，一般的に，宿主の個体群密度に依存するものであるとする[*113]。したがって，探索した累積総面積が s である寄生者が，さらに微小面積 Δs を探索した場合に，この微小面積 Δs 内の宿主の内，寄生を受けた宿主「数」[*114] を

$$\sigma(H(s))H(s)\Delta s + O(\{\Delta s\}^2)$$

とする[*115]。すなわち，寄生者が微小面積 Δs を探索したときの，寄生を受けた宿主密度の増分 ΔZ は，

$$\Delta Z = \frac{\sigma(H(s))H(s)\Delta s}{S} + O(\{\Delta s\}^2)$$

である。この ΔZ は，上で導いた，寄生者がこの微小面積 Δs を探索する間に新たに寄生を受けた宿主の個体数 $S \cdot H(s) - S \cdot H(s+\Delta s)$ を総面積 S で割って，個体群密度変化分に換算した値に等しいから，

$$H(s) - H(s+\Delta s) = \frac{\sigma(H(s))H(s)\Delta s}{S} + O(\{\Delta s\}^2) \tag{4.79}$$

が導かれる。両辺を Δs で割れば，$\Delta s \to 0$ の極限で，

$$\frac{dH(s)}{ds} = -\frac{\sigma(H(s))H(s)}{S}$$

という微分方程式が導かれる。この微分方程式は，形式的に次のように解ける[*116]：

$$s = -S\int_{H(0)}^{H(s)} \frac{1}{\sigma(h)h}dh. \tag{4.80}$$

この式 (4.80) が，寄生者が探索した累積総面積 s の増加に対する，寄生されていない宿主の個体群密度 H の変化を表している。

最も慣用的に Nicholson–Bailey モデルと呼ばれるモデルについては，寄生確率 σ を定数と仮定する。この場合には，式 (4.80) の積分は，計算できて，その結果，次のような探索面積–未寄生宿主密度の関係式が導かれる：

$$H(s) = H_0 e^{-\sigma s/S}. \tag{4.81}$$

[*113] たとえば，宿主の個体群密度が低下してくると，寄生者の探索の効率が落ち（つまり，宿主を見つけにくくなり），宿主1個体あたりに寄生を受ける確率が低下するという設定を考えることができるだろう。

[*114] ここでは，寄生を受けた宿主の総「数」であり，個体群「密度」ではないことに注意。

[*115] ここで述べている数理モデリングにおいては，重複寄生（multi-parasitism, polyparasitism）は考慮されていない。すなわち，宿主1個体に対して，複数の寄生者個体が寄生できるとすれば，被寄生宿主は，寄生者にとって，さらなる寄生の対象として，カウントされなければならないので，寄生者によって探索される宿主個体群密度は，未寄生宿主個体群だけでなく，被寄生宿主個体群も考慮に入れなければならない。

[*116] 変数分離法を使う。

すなわち，寄生されていない宿主の個体群密度は，寄生者の探索した累積総面積の増加に対して指数関数的に減少する．この関係式 (4.81) より，寄生者が面積 s を探索したときに，寄生を受けた宿主の個体群密度 $Z(s)$ は，

$$Z(s) = H_0 \cdot \left(1 - e^{-\sigma s/S}\right) \tag{4.82}$$

と表されることが導かれる．

ところで，考えている領域における寄生者の個体数を P とする[*117] と，寄生者による宿主探索の累積総面積が s となる場合，寄生者 1 個体あたりの宿主探索の累積総面積（の期待値，あるいは，平均値）は，s/P で与えられることになる．そこで，単位時間あたりの寄生者 1 個体による宿主探索面積を a（正定数）で与えることにすると，寄生者 P 個体による単位時間あたりの宿主探索総面積（の期待値）は，aP で与えられることになり[*118]，寄生者による宿主探索の累積総面積が s となるのにかかる（期待）時間 t は，$t = s/aP$ である．よって，この設定を用いれば，式 (4.81), 式 (4.82) は，次のように，時刻 t の関数として時間変化を表す式に変換できる：

$$H(t) = H_0 \cdot e^{-\sigma a(P/S)t} \tag{4.83}$$

$$Z(t) = H_0 \cdot \{1 - e^{-\sigma a(P/S)t}\} \tag{4.84}$$

寄生を受けた宿主の（平均）個体群密度 $Z(t)$ は，寄生者総数 P が増大すれば増加するが，寄生者総数増大につれて，その増加率は減少する．このことは，寄生者 1 個体あたりの被寄生宿主個体群密度 $Z(t)/P$ が寄生者数 P の単調減少関数になるという結果に結びつく．

さて，宿主の繁殖期は，この寄生過程が起こっている季節の間隙にあり，寄生をうけた宿主は，この繁殖期に繁殖もできず，次の寄生過程までに死亡するものとする．寄生過程が起こっている期間の長さを T とすれば，式 (4.83) より，この寄生過程から逃れることのできる宿主の期待個体群密度は $H(T)$ で与えることができる．つまり，$H(T)$ が繁殖活動に加わることのできる宿主の個体群密度を表す．宿主の個体群密度が H の場合における，単位個体群密度あたりの繁殖率を $R(H)$ とする．すなわち，寄生期間終了時における未寄生宿主の個体群密度を H として，次の寄生期間の初めにおける「新規の」未寄生宿主

[*117] この寄生者個体数 P は，時間に寄らない定数と仮定する．昆虫個体群ダイナミクスにおける寄生では，その寄生過程は繁殖行動の一部ではあるが，寄生過程と繁殖による個体群増殖は時間帯が異なると考えることのできる場合がほとんどである．

[*118] ここでは，複数の寄生者による宿主探索領域の重複による効果は考えていない．実際には，複数の寄生者による宿主の探索において，他寄生者によって探索された直後の領域においては，未寄生の宿主個体群密度は低下しているはずであり，その領域を探索しようとする寄生者の探索できる未寄生宿主数は，少なくなるだろう．また，複数の寄生者の宿主探索領域の重複は，寄生者同志の干渉の機会を与えるので，その干渉が宿主探索の効率を下げるという要素も考えられるだろう．寄生者個体群内の密度効果（種内競争効果）である．寄生者総数が増えることによる各寄生者の探索効率の低下の数理モデリングへの導入については，たとえば，寄生者 1 個体による単位時間あたり宿主探索面積 a が寄生者総数の単調減少関数 $a = a(P)$ であるとする仮定が考えられる．

4.2 餌–捕食者系

の個体群密度が $R(H)H$ で与えられるものとする．さらに，寄生期間終了時の未寄生宿主が次の寄生期間まで寄生可能な状態で生き残り[*119]，かつ，繁殖能力をもつ確率を $Q(H)$ で与える．一般的に，この越年確率 Q は，未寄生宿主の個体群密度 H に依存するものとして導入した．よって，第 k 回目の寄生期間の初めの未寄生宿主の個体群密度を H_k で表せば，この期間の終わりにおける未寄生宿主の個体群密度 H_k^{end} は，式 (4.83) より，

$$H_k^{\text{end}} = H_k e^{-\sigma a(P/S)T}$$

で与えられるから，第 $k+1$ 回目の寄生期間の初めの未寄生宿主の個体群密度 H_{k+1} は，上記の仮定より，

$$H_{k+1} = R(H_k^{\text{end}}) \cdot H_k^{\text{end}} + Q(H_k^{\text{end}}) \cdot H_k^{\text{end}} \tag{4.85}$$

と得られる．最も慣用的な（単純な）Nicholson–Bailey モデルについては，繁殖率 R と越年確率 Q を個体群密度に依存しない定数と仮定する．すると，式 (4.85) は，次のようになる：

$$H_{k+1} = (R+Q) \cdot H_k \cdot e^{-\sigma a(P/S)T} \tag{4.86}$$

この式 (4.86) で表される宿主個体群密度の季節変動ダイナミクスが，最も慣用的に，**Nicholson–Bailey モデル**と呼ばれるものである．

Nicholson–Bailey モデル (4.86) は，寄生過程を Poisson 過程による確率過程とする数理モデリングによっても導出できる[*120]．寄生過程の期間中の時刻 t と $t+\Delta t$ の微小時間 $[t, t+\Delta t]$ に宿主 1 個体が寄生を受ける確率を $\alpha \overline{P} \Delta t + O(\{\Delta t\}^2)$（$\alpha$ は正定数）とおく．高次オーダー分の寄与 $O(\{\Delta t\}^2)$ を無視すれば，この確率は，寄生者密度に比例している．また，時間 Δt には比例するが，時刻 t には依存しない．時刻 t までに寄生される確率を $\Pi(t)$ と表すと，次の式を導くことができる：

$$\Pi(t + \Delta t) = \Pi(t) + \{\alpha \overline{P} \Delta t + O(\{\Delta t\}^2)\}\{1 - \Pi(t)\}.$$

右辺第 2 項の $1 - \Pi(t)$ が時刻 t において寄生されていない確率を表す．両辺を Δt で割り，極限 $\Delta t \to 0$ をとれば，次の常微分方程式が得られる：

$$\frac{d\Pi(t)}{dt} = \alpha \overline{P} \cdot \{1 - \Pi(t)\}$$

$t = 0$ においては，どの宿主も寄生されていないので，初期条件として，$\Pi(0) = 0$ とおける．この初期条件の下，微分方程式は簡単に解けて，

$$\Pi(t) = 1 - e^{-\alpha \overline{P} t}$$

[*119] 宿主が幼生段階ではなく，成体段階で寄生を受けるような場合が想定できる．

[*120] 実は，ここでの解説の内容のほとんどは，第 2.1.2 節 16 ページの Malthus 型絶滅過程に関する Poisson 過程による解説と数学的には同等であるが，数理モデリングとして異なるテーマを扱っているので敢えて再掲を避けなかった．ここで記載の確率過程についてのより詳しい解説は，たとえば，寺本 [337] や藤曲 [78] を参照されたい．

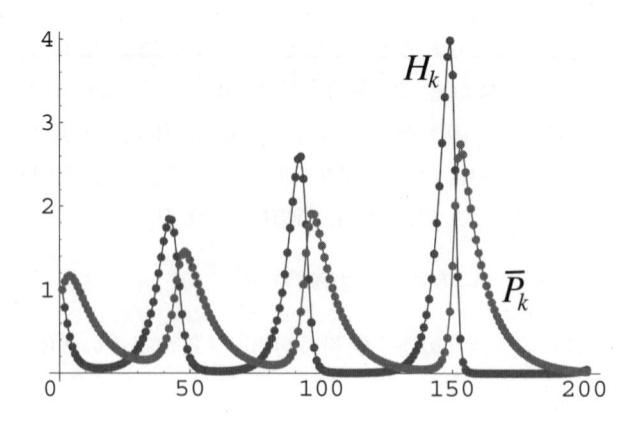

図 4.19　Nicholson–Bailey モデル (4.86), (4.87) による個体群サイズの季節変動の数値計算例。$H_0 = 1.0$；$\overline{P}_0 = 1.0$；$R+Q = 1.3$；$\sigma aT = 0.5$；$\theta = 0.9$；$p_0 = 0.5$。

が得られる。よって，寄生過程の期間長 T の間に 1 宿主が寄生から逃れる確率は，$1-\Pi(T) = \mathrm{e}^{-\alpha \overline{P}T}$ で与えられる。第 k 回目の寄生期間で寄生を逃れる宿主密度の期待値は $\{1-\Pi(T)\}H_k$ で与えられるので，Nicholson–Bailey モデル (4.86) が導かれる。

　一方，被寄生宿主 1 個体から産生し，次の寄生過程の期間に参与できる寄生者個体の期待数を p_0 とおくと，上記の長さ T の寄生期間で寄生される宿主個体数は $S \cdot Z(T)$ で与えられるから，この被寄生宿主個体群から産生される新規の寄生者個体数（の期待値）は，$p_0 \cdot S \cdot Z(T)$ となる。また，上記の宿主の場合の数理モデリングと同様に，ある寄生期間で寄生活動を行った寄生者が次の寄生期間まで生き残り，かつ，その期間での寄生過程に参与できる能力をもつ確率を θ とする。新規に産生された寄生者個体の次の寄生期間までの生存率は p_0 に含まれていると考えてよいが，一般には，生存率に寄生者個体群における密度効果が関与すると考えれば，p_0 は，新規に産生された寄生者個体と，次の寄生期間まで越年できる寄生者個体とからなる個体群密度の関数と考えることができる。ここでは，最も単純な場合として，p_0 と θ も共に定数である場合について考えることにし，第 k 回目の寄生期間の初めにおける寄生者数を P_k で表せば，この期間の寄生過程によって産生される（次の寄生期間に参与することのできる）新規の寄生者個体数は，式 (4.84) より，

$$p_0 \cdot S \cdot H_k \cdot \{1 - \mathrm{e}^{-\sigma a(P_k/S)T}\}$$

で与えられることになる。越年する寄生者個体数を考慮すれば，第 $k+1$ 回目の寄生期間の初めにおける（寄生能力をもつ）寄生者数 P_{k+1} を次のように導くことができる：

$$P_{k+1} = \theta P_k + p_0 \cdot S \cdot H_k \cdot \{1 - \mathrm{e}^{-\sigma a(P_k/S)T}\}.$$

考えている領域における寄生者（平均）密度 $\overline{P}_k = P_k/S$ の季節変動を表す関係式に直せ

ば次のようになる：

$$\overline{P}_{k+1} = \theta \overline{P}_k + p_0 \cdot H_k \cdot \{1 - \mathrm{e}^{-\sigma a \overline{P}_k T}\}. \tag{4.87}$$

結果として，式 (4.86) と (4.87) を合わせて，寄生者個体群と宿主個体群の間のダイナミクスを表す数理モデルが得られたことになる[*121]。この２次元離散力学系を Nicholson–Bailey モデルと呼ぶこともある。

式 (4.86) の場合，寄生者がいなければ，宿主個体群サイズの季節変動は，等比数列をなす。よって，その場合，宿主個体群サイズは，ゼロ（絶滅）に漸近するか無限に増加する。実は，このことは，寄生者がいても同じである。すなわち，寄生者個体群は，ゼロ（絶滅）に漸近するか，宿主個体群サイズの無限の増加に伴って無限に増加する（図 4.19 参照）。無限に増加してゆく場合には，図 4.19 が示すように，非常に大きな振動を伴いながら個体群サイズの変動が起こる。数学的には有限の季節でいずれかの個体群サイズがゼロになることはないが，数理モデルとしては，非常に小さな個体群サイズになる季節には，絶滅すると考えることもできる。

式 (4.86) の場合に，寄生者が不在ならば宿主個体群が無限に増加するのは，宿主個体群の増殖に個体群内での密度効果が働いていないからである。個体群内での密度効果による調節が働き，寄生者が不在の場合，宿主個体群サイズはある有限値に制限される場合は，式 (4.85) における関数 $R(H_k^{\mathrm{end}}) + Q(H_k^{\mathrm{end}})$ の数理モデリングによって導入できる。この関数が Verhulst モデル[*122]で与えられるならば，寄生者が不在の場合，宿主個体群サイズは，パラメータ値や初期値によらず，ある定値に単調に漸近収束する。あるいは，Ricker モデル[*123]で与えられるならば，寄生者が不在の場合，宿主個体群サイズは，パラメータ値に依存して，熊手型分岐を伴う定常解の周期倍化現象，カオス変動を現す性質をもつ。ところが，これらの宿主個体群内の密度効果を導入した Nicholson-Bailey モデルにおいては，図 4.20 と図 4.21 が示すように，熊手型分岐ではなく，Neimark-Sacker 分岐 と呼ばれる定常解の分岐が現れる[*124]。

Nicholson–Bailey モデルの数理モデリングにおいては，被寄生宿主個体は，寄生過程からは除外されることになるという仮定が採用されている。だから，Nicholson–Bailey モデルの数理モデリングにおける宿主個体群密度ダイナミクスは，餌個体群において捕食された個体が除外されるという過程と同等とみなすことができる。つまり，Nicholson–Bailey

---

[*121] ただし，式 (4.86) の右辺の P/S は，$\overline{P}_k$ で置き換える。
[*122] 第 2.2.5 節参照。
[*123] 第 2.2.6 節参照。
[*124] Naimark-Sacker 分岐と記されることもある。この分岐についての理論研究をした Robert John Sacker と J.I. Neimark の名が冠されている。Neimark はロシア人であり，そのため，'Neimark' と 'Naimark' の英字スペルが併存するが，前者の方が圧倒的に一般的である。Sacker-Neimark 分岐，secondary Hopf 分岐，torus 分岐などとも呼ばれる。Neimark-Sacker 分岐については，例えば，Seydel[306], Kuznetsov[185] や小室 [174] を参照されたい。

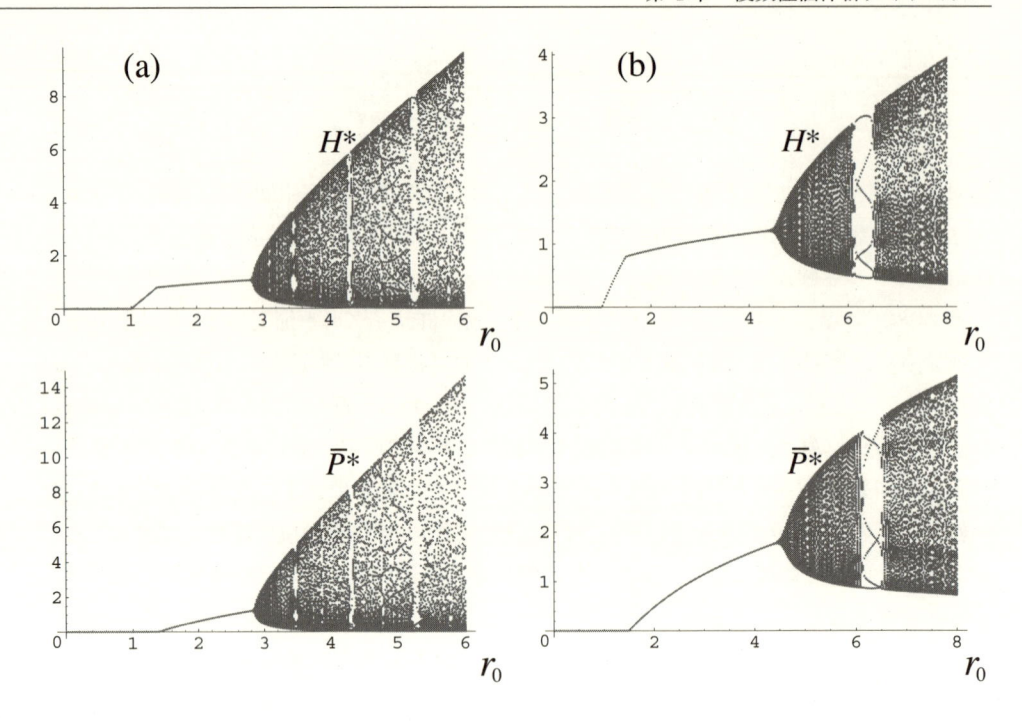

図 4.20 宿主個体群内の密度効果を導入した Nicholson–Bailey モデル (4.85), (4.87) による個体群サイズの季節変動の定常解の分岐図．密度効果が (a) Verhulst モデル型の場合，$R(x) + Q(x) = r_0/(1 + 0.5x)$；(b) Ricker モデル型の場合，$R(x) + Q(x) = r_0 \exp[-0.5x]$．$\sigma a T = 0.5$；$\theta = 0.2$；$p_0 = 2.0$．

モデルは，餌–捕食者系に関する数理モデリングとして理解することも可能なのであり，その場合，式 (4.84) が与える $Z(t)$ は，捕食者による時刻 t までの餌摂取総量に相当するので，この $Z(t)$ で与えられるような，捕食者による餌摂取量の数理モデリングを，Nicholson–Bailey 型摂食過程と呼ぶことができる．

4.2.6 離散世代 Lotka–Volterra 型餌–捕食者系

寄生者–宿主関係に対する数理モデル研究に比べると，餌–捕食者系についての離散世代型の数理モデル研究は多くない．第 4.2.1 節で述べたように，捕食寄生者–宿主関係は，餌–捕食者関係と類似であるから，捕食寄生者–宿主系についての数理モデルは，餌–捕食者系についての数理モデルへの応用性が高いとも考えられる．ところが，餌–捕食者系についての数理モデルとしては，歴史的に微分方程式を用いた連続世代型の数理モデル研究が主流であり，また，現象理解に関する研究として成功してきた [169]．しかし，自然界における個体群サイズ変動に関わる事象（繁殖，死亡，移出入など）の多くは，本質的に時間離散的な事象である．そして，我々が手にできる個体群サイズ変動のデータも，通

4.2 餌–捕食者系

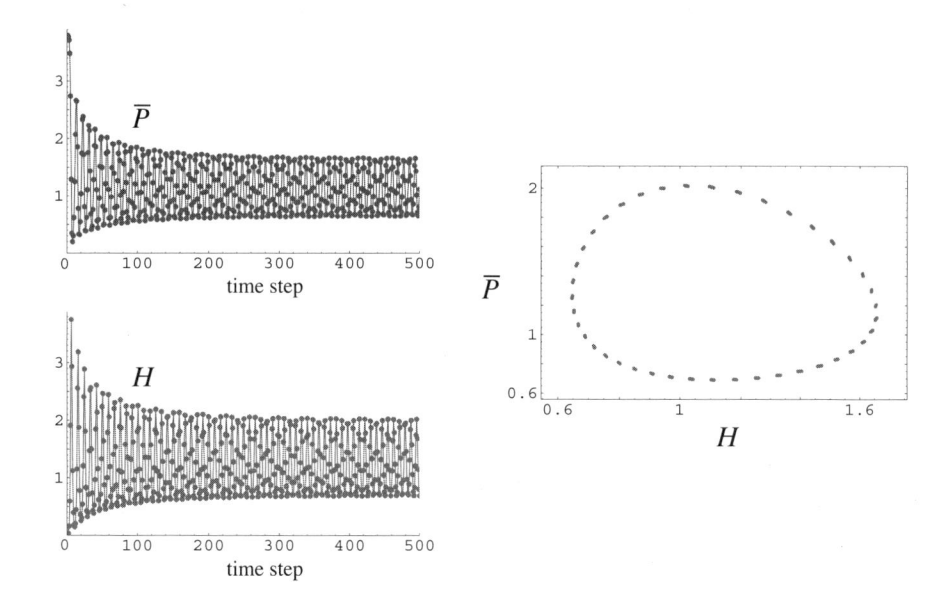

図 4.21 宿主個体群内の Verhulst モデル型密度効果を導入した Nicholson–Bailey モデル (4.85), (4.87) による個体群サイズの季節変動とその定常解。相平面 $(H, \overline{P})$ における定常解はある閉曲線上にある (c.f. Neimark-Sacker 分岐)。$R(x)+Q(x) = 2.9/(1+0.5x)$; $\sigma aT = 0.5$; $\theta = 0.2$; $p_0 = 2.0$; $H_0 = 3.8$; $\overline{P}_0 = 0.01$。図 4.20 を参照。

常，時間離散的な時系列である．この意味で，離散世代型の餌–捕食者系の数理モデリング，数理モデル解析にもっと関心が高まってもおかしくない．

近年，第 4.1.5 節で述べたように，非線形常微分方程式系を用いた連続世代型個体群ダイナミクスモデルに対して，その動態の定性的性質を保持できる差分方程式系を構成する特殊な差分化スキームの研究も少なからず行われている [58, 197, 226, 227, 228, 229, 286, 287] が，離散世代型の数理モデリングとしての研究にまでは発展していない．最近，本書の著者自身による研究 [305] により，第 4.1.5 節で述べた，連続世代型 Lotka–Volterra 型 2 種競争系モデル (4.7) ($m=2$) に対する離散世代型 2 種競争系モデル，Leslie–Gower モデル (4.38) を構成する P.H. Leslie のアイデア [191] を拡張して構成できる次の離散世代型餌–捕食者系モデルが連続世代型の Lotka–Volterra 型餌–捕食者系モデル (4.61)（定数係数の場合）に対応する定性的な性質を保持する（dynamically consistent な）ことがわかった（図 4.22 参照）：

$$\begin{cases} H_{k+1} = \mathrm{e}^{r_\mathrm{H} h} H_k \left\{1 - \Pi_h(P_k)\right\}; \\ P_{k+1} = \mathrm{e}^{-\delta_\mathrm{P} h} \left\{P_k + \kappa \dfrac{\phi_\mathrm{P}(h)}{\phi_\mathrm{H}(h)} \cdot \mathrm{e}^{r_\mathrm{H} h} H_k \cdot \Pi_h(P_k)\right\}. \end{cases} \quad (4.88)$$

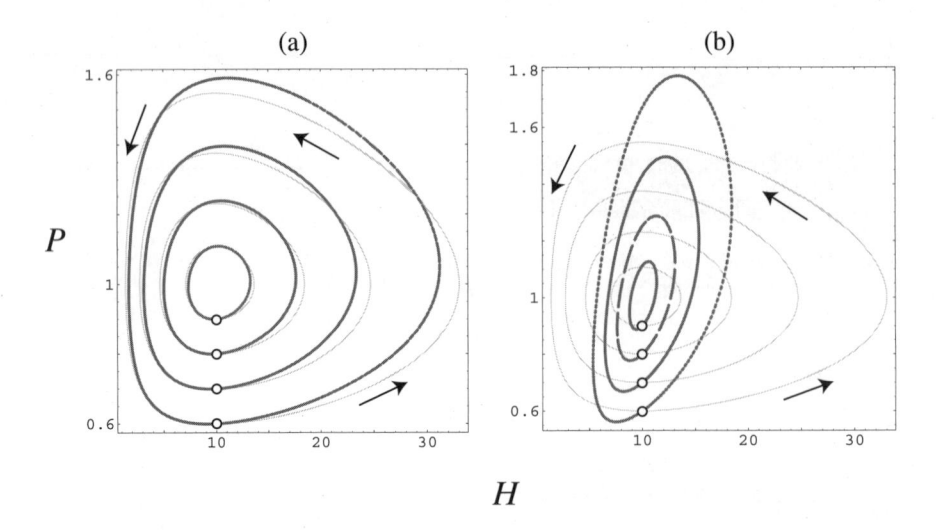

図 4.22 相平面 (H, P) における連続世代型の Lotka–Volterra 型餌–捕食者系モデル (4.61)（定数係数）と離散世代型餌–捕食者系モデル (4.88) の軌道。異なる初期条件（白丸）からの軌道の数値計算。薄色の曲線が連続世代型モデルの，濃色の点が離散世代型モデルの軌道を表す。連続世代型モデルの解軌道は，初期値に依存した中立安定な (neutrally stable) 閉（周期）軌道を描き（図 4.10 も参照），離散世代型モデルの解軌道は，初期値に依存した閉曲線の上を巡る点列となり，二つのモデルの間の dynamical consistency を示している。矢印は連続世代型モデルの軌道の時間発展の向きを示す。(a) $h = 0.5$（1500 ステップまで）; (b) $h = 20.0$（3000 ステップまで）。$r_H = 1.0; \gamma = 1.0; \kappa = 0.01; \delta_P = 0.1$.

ここで，

$$\phi_H(h) = \frac{e^{r_H h} - 1}{r_H}; \quad \phi_P(h) = \frac{e^{\delta_P h} - 1}{\delta_P}; \quad \Pi_h(P_k) = \frac{\phi_H(h)\gamma P_k}{1 + \phi_H(h)\gamma P_k}$$

であり，h が離散時間ステップ長である。離散時間ステップ h における捕食過程の積算寄与が Π_h によって表されていると考えることができる。当然のことであるが，微分方程式による連続世代型の Lotka–Volterra 型餌–捕食者系モデル (4.61) における mass-action 型（Lotka–Volterra 型）相互作用項の離散時間ステップ h における累積（積分）が再び mass-action 型で現れることはまず期待できない。ここで紹介している離散世代 Lotka–Volterra 型餌–捕食者系モデルでは，それが双方の個体群サイズを含む分数関数形で表現されていることに注意されたい。また，この離散時間ステップ h における捕食過程による捕食者の積算増殖率に対する摂食量の捕食者増殖への変換率が，$\kappa \phi_P(h)/\phi_H(h)$ で与えられている。さらに，著者による研究 [305] では，餌種が logistic 型増殖の場合に対する dynamically consistent な離散世代 Lokta-Volterra 型餌–捕食者系モデルや Kermack–McKendrick 伝染病モデル，より一般的な餌–捕食者系のある族に対しても相当にロバストな dynamical consistency を持つ離散世代型モデルの構成に成功している。

4.2.7 Holling 型捕食過程

この節では，カナダの Crawford Stanley Holling[*125] [122, 123] によって，1959 年に議論された捕食過程の数理モデリング，そして，それをさらに発展させた蠟山朋雄 (Royama, Tomoo) の数理モデリング [290] に基づいて，現在，**Holling の円盤方程式** (Holling's disc equation) として有名な捕食量を表す式を導く捕食過程の数理モデリングについて述べる。

単一種の餌に対する円盤方程式

捕食者による捕食がランダムであり，捕食者から半径 R 内の餌を全て捕食の対象とするものとする。すなわち，ある時点での捕食者は，その位置を中心とした半径 R の円盤 (disc) 領域内の餌全てを（均等に）捕食対象とすると仮定する。その円盤領域外の餌は決して捕食の対象にはならない。捕食者の移動を考えたとき，図 4.23 で示すように，捕食者の移動した経路を中心とした幅 R の帯状の面積が捕食のために捕食者が探索した領域である[*126]。帯状域の面積は，時刻 t における捕食者の移動の速さを $V(t)$ とすると，時刻 t から $t + \Delta t$ の時間に

$$2R \int_t^{t+\Delta t} V(z)dz \tag{4.89}$$

だけ増加する。捕食者「数」を定数 P とする[*127]と，Δt の時間の間の帯状域の延べ総面積の増分は，

$$P \cdot 2R \int_t^{t+\Delta t} V(z)dz \tag{4.90}$$

となる[*128]。よって，時刻 t における餌の密度を $H(t)$ とするとき，捕食者 P 個体によって Δt の間に捕食される総量 ΔY を，

$$\Delta Y = \sigma \cdot H(t) \cdot P \cdot 2R \int_t^{t+\Delta t} V(z)dz + O(\{\Delta t\}^2) \tag{4.91}$$

[*125] p.188 注参照。
[*126] もちろん，捕食者の移動経路が交差し，帯状面積に重複部分が生じることはあり得るが，ここでは，その領域の過去の歴史，すなわち，初めて訪れた場所なのか，再訪の場所なのかに依存せず，常に同じだけの捕食が可能であると仮定する。移動経路の交差によって，一度捕食域となった場所に再度訪れたとしても，捕食者にとっては，初めて訪れる場所と同じ扱いをするという仮定である。したがって，図 4.23 で示されるような，2 次元平面で捕食者が移動した経路がつくる「パターン」の面積ではなく，捕食者の移動によって掃かれた「延べ（累積）」面積で捕食総量を量る。他の捕食者が過去に利用した領域に経路が重なった場合についても同様の仮定をおく。
[*127] ここでは，P は捕食者「密度」ではなく，捕食者「数」であることに注意。
[*128] 同時刻において，各捕食者による半径 R の円盤状の捕食域は重複しないと仮定している。あるいは，重複は無視できるとする。

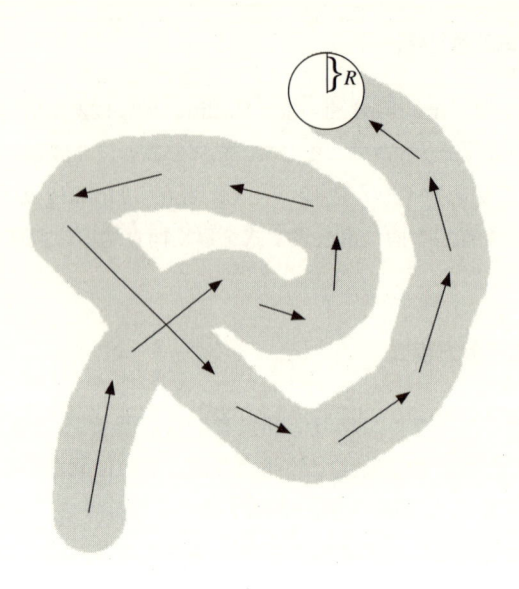

図 4.23　円盤領域による捕食。円盤による平面の掃行面積によって捕食量が定まる。

で与えられるものと考える。ここで，パラメータ σ は，捕食者による捕食の成功率を表しており，1以下の正定数である。すなわち，確率 $1-\sigma$ で，捕食者に出会った餌が捕食を免れるものとする。

今，次のような仮定をおく：考えている全領域内には，当初（初期状態において），密度 $H(0)$ で均一に餌が分布していたとする。捕食者による餌の捕食が行われている間，考えている全領域内の餌は「速やかに」拡散し[*129]，全領域内で密度分布が均一になるものとする。考えている全領域の面積を S とすると，当初（$t=0$）の餌総量は $SH(0)$ である。餌の更新はないものとする。つまり，餌量は，初期の餌量 $SH(0)$ から捕食のみによって単調に減少する[*130]。

このような仮定の下で考えると，時刻 t における餌密度 $H(t)$ について，時刻 t から微

[*129] 数理モデリングとしては，この「速やかさ」は，捕食者の捕食・移動の速さに比べて十分に速い拡散を想定している。すなわち，餌の空間分布における拡散の速さに比べると，捕食者の捕食・移動の速さは無視できるほど遅いもの，という仮定である。実際の状況として対応するものを想定するのは，なかなか難しいが，たとえば，捕食者は水中で十分ゆっくりと餌を捕獲しており，餌は水中に浮遊するようなもの，といった想定が可能かも知れない。あるいは，待ち受け型の捕食者（たとえば，クモやアリジゴクなど）のように，捕食者が移動するのではなく，捕食者に対して餌が移動してくるような場合で，捕食者による捕食が餌個体群の密度に速やかに反映されるような場合を考えていると考えてもよい。

[*130] この仮定は，必ずしも例外的ではない。捕食が行われる期間において餌生物が繁殖期であることは決して一般的ではない。繁殖期でない餌生物が捕食される場合，餌個体群サイズは増えることはない。

4.2 餌–捕食者系

小時間 Δt の間における餌密度の変化分を次のように与えることができる：

$$H(t+\Delta t) - H(t) = \frac{SH(t) - \Delta Y(t)}{S} - H(t) = -\frac{\Delta Y(t)}{S} \quad (4.92)$$

すなわち，式 (4.91) より，

$$\frac{H(t+\Delta t) - H(t)}{\Delta t} = -\frac{2\sigma RPH(t)}{S} \cdot \frac{\int_t^{t+\Delta t} V(z)dz}{\Delta t} - \frac{O(\{\Delta t\}^2)}{\Delta t}$$

$$= -\frac{2\sigma RPH(t)}{S} \cdot \frac{\int_0^{t+\Delta t} V(z)dz - \int_0^t V(z)dz}{\Delta t} + O(\Delta t)$$

という関係式が得られる．極限 $\Delta t \to 0$ をとれば，餌密度 $H(t)$ の時間変動を表す常微分方程式ダイナミクス

$$\frac{dH(t)}{dt} = -2\sigma RV(t) \cdot \frac{P}{S} \cdot H(t) \quad (4.93)$$

が得られる[*131]．

この式 (4.93) によって与えられるダイナミクスは，捕食による餌密度の低減過程を表しているわけであるが，それが，餌密度と捕食者数の積に比例した形で現れていることに着目しよう．これは，第 3.1 節で議論した mass-action 仮定による Lotka–Volterra 型相互作用である．このことは，本節で仮定してきた捕食者の捕食様式が，第 3.1 節で述べた mass-action 仮定に基づく Lotka–Volterra 型相互作用の解釈に沿う性質をもつからである．

第 4.2.1 節でも議論した，捕食者 1 個体による（時刻 t における）単位時間あたり摂食量 f は，今考えている場合には，餌密度 H のみの関数であり，式 (4.49) と (4.93) より，$f = f(H,t) = 2\sigma RV(t)H(t)/S \propto H(t)$ であることがわかる．これは，単位時間における捕食者個体あたりの摂食量が餌密度に比例する場合であるから，第 4.2.1 節で触れ，第 4.2.5 節で述べた，Nicholson–Bailey 型の摂食過程 であると考えられる．第 4.2.5 節の記述に現れた，単位時間あたりの寄生者 1 個体による宿主探索面積 a に相当するものが，本節では，$2RV$ である．

実際，式 (4.93) を形式に解くと次のように書ける：

$$H(t) = H(0) \cdot \exp\left[-2\sigma R \int_0^t V(\tau)\frac{P}{S}d\tau\right]. \quad (4.94)$$

したがって，時刻 t までの摂食による餌個体群サイズの低下総量 $Y(t) = SH(0) - SH(t)$ は，

$$Y(t) = SH(0)\left\{1 - \exp\left[-2\sigma R \int_0^t V(\tau)\frac{P}{S}d\tau\right]\right\} \quad (4.95)$$

[*131] P/S は，考えている空間全体における捕食者の平均密度を表していることに注意．

で与えられ，これは，第 4.2.5 節で述べた，Nicholson–Bailey 型摂食過程における摂食量を表す式 (4.84) と同様の形式を持つことが明らかである。捕食者の移動速度 V（と捕食者数 P）が時間によらない定数の場合には，

$$Y(t) = SH(0)\left(1 - e^{-2\sigma RV[P/S]t}\right)$$

となる。

さて，一般には，餌密度が上昇しても，捕食者による摂食速度は比例的には増加せず，餌密度の上昇に伴って飽和すると考えられる。ここでは，そのダイナミクスを導入しよう。見つけた餌を捕獲・摂食するためには処理時間（handling time と呼ばれる）がかかるであろう。単位餌個体あたりのこの処理時間を一定 h とする。だから，時間 t の間には，個体数 t/h 以上の餌を摂食することはできない。今，時間 $\Delta\tau$ に捕食者 1 個体による Δy だけの餌摂食量[*132] があったとすると，単位餌個体あたりに処理時間 h がかかるのであるから，摂食した餌総量 Δy にかかった総処理時間は $h\Delta y$ で与えられる。したがって，餌の探索時間は，$\Delta\tau - h\Delta y$ であると考えることができる。

この探索時間が捕食者の移動時間であると解釈し，ここでは，簡単のために捕食者の移動速度 V は時間によらない定数である（定速移動）と仮定すれば，式 (4.91) より，時刻 t における餌の密度を $H(t)$ としたとき，捕食者 P 個体によって時刻 t から $t + \Delta\tau$ の間に捕食される総量 $\Delta Y = P\Delta y$ は，

$$\Delta Y = 2\sigma RVH(t)(\Delta\tau - h\Delta y)P + O(\{\Delta\tau\}^2) \tag{4.96}$$

つまり，

$$\Delta Y = \frac{2\sigma RVPH(t)}{1 + 2\sigma RVH(t)h}\Delta\tau + O(\{\Delta\tau\}^2) \tag{4.97}$$

となる[*133]。よって，(4.93) と同様の導出手順によって，(4.92) より，次の餌密度 $H(t)$

[*132] もちろん，仮定より，$\Delta y < \Delta\tau/h$ でなければならない。

[*133] 実は，捕食者の移動速度 V が時間の関数 $V = V(t)$ であったとしても同等な結果を得ることができる。この場合には，

$$\Delta Y = 2\sigma RPH \int_t^{t+\Delta\tau - h\Delta y} V(z)dz$$

$$= 2\sigma RPH(\Delta\tau - h\Delta y) \cdot \frac{\int_0^{t+\Delta\tau - h\Delta y} V(z)dz - \int_0^t V(z)dz}{\Delta\tau - h\Delta y}$$

より，十分に短い時間 $\Delta\tau$ に対しては，同時に Δy も十分小となり，さらに，$\Delta\tau - h\Delta y$ も十分に小さくできるので，上式より，

$$\Delta Y = 2\sigma RPH(\Delta\tau - h\Delta y)V(t) + O(\{\Delta\tau - h\Delta y\}^2)$$

が得られる。この式は，明らかに，式 (4.96) と同等であるから，この式を用いれば，本文中の定数 V を時間関数 $V(t)$ に置き換えるだけで同様の議論が可能である。

4.2 餌–捕食者系

の時間変動を表す常微分方程式ダイナミクスが得られる[*134]：

$$\frac{dH(t)}{dt} = -\frac{2\sigma RVH(t)}{1+2\sigma hRVH(t)} \cdot \frac{P}{S} \quad (4.98)$$

捕食者 1 個体による（時刻 t における）単位時間あたり摂食量 $f\ (=\Delta Y/P\Delta\tau)$ は，やはり餌密度 H のみの関数であり，

$$f = f(H) = \frac{a\sigma H(t)}{1+a\sigma hH(t)} \quad (4.99)$$

という形をしている。$a=2RV$ である[*135]。

微分方程式 (4.98) は，以下のように形式的には解ける[*136]が，H を陽に時間 t の関数として表すことはできない：

$$H(t) = H(0) \cdot e^{a\sigma[h\{H(0)-H(t)\}-[P/S]t]} \quad (4.100)$$

この式 (4.100) より，handling time が考慮された場合の，時刻 t までの摂食による餌個体群サイズの低下総量 $Y(t) = SH(0) - SH(t)$ は，形式的に，

$$Y(t) = SH(0)\left\{1 - e^{a\sigma[h\cdot Y(t)-[P/S]t]}\right\} \quad (4.101)$$

で与えられ，これは，第 4.2.5 節で述べた，Nicholson–Bailey 型摂食過程 における摂食量を表す式 (4.84) とは異なる特性を持つことが明らかである。

一般に，捕食者 1 個体による単位時間あたり摂食量 f が

$$f = f(H) \propto \frac{\alpha H(t)}{1+\alpha hH(t)} \quad (4.102)$$

で表されるときの f を **Holling の円盤方程式**（Holling's disc equation）と呼んでいる[*137]。ここで，α は，正定数である。式 (4.99) で与えられる Holling 型の捕食者 1 個体による単位時間あたり摂食量 f は，図 4.24 で示されるような餌密度依存性を持っており，Holling's Type II response （第 4.2.1 節参照）を示している。handling time h のため

[*134] 第 3.2.1 節で述べた Michaelis–Menten 型反応速度式 (3.24) と餌密度の時間変動 (4.98) との相同性については，読者に是非考えてもらいたい，数理モデリングの発展の手がかりのひとつである。なお，餌密度の捕食に無関係な変動要素（増殖や種内競争など）を加味する場合には，式 (4.98) の右辺にそのダイナミクスを表す項，たとえば，$G(H)$ が加わる。

[*135] a は，捕食者 1 個体が単位時間あたりに捕食探索する面積を表している。第 4.2.5 節の記述に現れた，単位時間あたりの寄生者 1 個体による宿主探索面積 a に相当することに注意。捕食者の移動速度 V が定数ではなくて，時間関数 $V = V(t)$ である場合は，この定義より，パラメータ a が時間の関数として $a = a(t)$ で与えられる場合に相当する。

[*136] 変数分離法で解ける。

[*137] 平面に半径 R の円盤をランダムに配置し，平面内の一点をランダムに選んだとき，その一点が円盤内の一点である場合を，捕食者が餌 1 個体を捕食したと考え，handling time h の時間を進め，その後，またランダムに 1 点を選ぶ，という（ゲーム的な）操作を繰り返すとしたときに得られる，単位時間あたりの期待摂食量が Holling の円盤方程式によって与えられる。

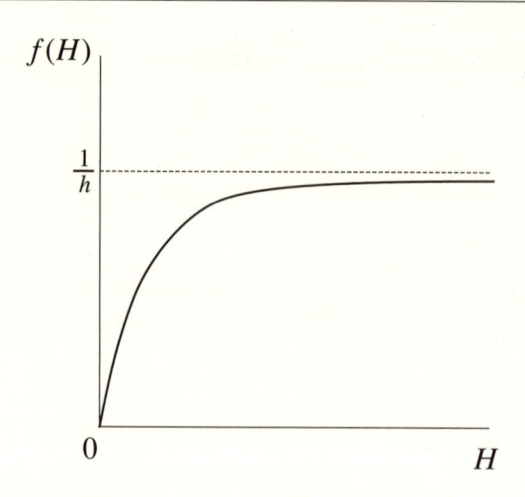

図 4.24　Holling の円盤方程式 (4.99)。餌密度 H の上昇とともに捕食者 1 個体による単位時間あたり摂食量 f は増加するが，飽和値 $1/h$ に漸近する。Holling's Type II response を表している。

に餌密度が徐々に上昇しても捕食者 1 個体による単位時間あたり摂食量の増加は頭打ちになる。

発展

本節で述べた古典的な Holling の円盤方程式の導出の議論における仮定を変更したり，新たな仮定を導入することによってどのような円盤方程式が導かれうるだろうか。（たとえば，処理時間 h が摂食速度に負の相関をもつような場合）

複数種の餌に対する円盤方程式

さて，次に，捕食者によって利用される餌が k 種類あるとしよう。第 4.2.7 節と同様に，捕食者による捕食はランダムであり，捕食者から半径 R 内の餌を餌種によらず全て捕食の対象とするものとする。時刻 t における第 i 種の餌の密度を $H_i(t)$，捕食者による第 i 種の餌個体に対する捕食の成功率を σ_i，handling time を h_i とおく。さらに，ここでは，第 i 種の単位餌密度あたりの重量を g_i とおく[*138]。

今，$\Delta\tau$ の微小時間に捕食者 1 個体が餌総重量 Δm を摂食したとする。この時間に捕食者 1 個体が捕食した餌個体総数を Δy とすると，そのうち，第 i 種によって占められる割

[*138] g_i は第 i 種の餌 1 個体の捕食によって捕食者が得るエネルギー期待量と考えてもよい。要するに，複数の餌種を考える場合には，捕食者にとっての摂食に関する餌 1 個体の価値が餌種によって異なるはずであるから，その重みづけとなる量が必要なのである。

合 $\Delta\mu_i$ は,

$$\Delta\mu_i = \frac{\sigma_i H_i}{\sum_{j=1}^{k} \sigma_j H_j} \Delta y \tag{4.103}$$

と期待できる．これは，餌密度にかかわらず，捕食者 1 個体が捕食に成功すると期待されるのは，対象となる種 i 餌個体群の σ_i の割合である，という仮定から，密度が H_i の餌種は，捕食者にとっての実質的な価値[139] として，密度 $\sigma_i H_i$ に相当すると考えられるからである．捕食者はランダムに捕食しているのであるから，Δy に占める $\Delta\mu_i$ の割合は，この実効密度 $\sigma_i H_i$ の総実効密度 $\sum_{j=1}^{k} \sigma_j H_j$ に対する比で与えられると考えられる．

よって，$\Delta\tau$ の時間に捕食者 1 個体が摂食した総餌重量 Δm は，

$$\Delta m = \sum_{i=1}^{k} g_i \Delta\mu_i = \sum_{i=1}^{k} g_i \frac{\sigma_i H_i}{\sum_{j=1}^{k} \sigma_j H_j} \Delta y \tag{4.104}$$

である．第 i 種の単位餌個体あたりに処理時間 h_i がかかるのであるから，捕食者が捕食した餌個体総数 Δy に対してかかった総処理時間は，

$$\sum_{i=1}^{k} h_i \Delta\mu_i = \sum_{i=1}^{k} h_i \frac{\sigma_i H_i}{\sum_{j=1}^{k} \sigma_j H_j} \Delta y$$

であると考えられる．したがって，時間 $\Delta\tau$ における餌の探索にかかった正味の時間 ΔT は，$\Delta\tau$ から総処理時間を差し引いた

$$\Delta T = \Delta\tau - \sum_{i=1}^{k} h_i \frac{\sigma_i H_i}{\sum_{j=1}^{k} \sigma_j H_j} \Delta y \tag{4.105}$$

で与えられる．

式 (4.105) より，捕食者が時間 $\Delta\tau$ の間に掃行（探索）した総面積は，$2RV\Delta T$ で与えられ，この面積中に存在する種 n の餌個体は，$2RV\Delta T \cdot H_n + O(\{\Delta\tau\}^2)$ であると考える[140]．よって，捕食者 1 個体が時間 $\Delta\tau$ に捕食した餌個体総数 Δy は，

$$\Delta y = \sum_{n=1}^{k} \sigma_n \cdot 2RV\Delta T \cdot H_n + O(\{\Delta\tau\}^2) \tag{4.106}$$

---

[139] いくら餌密度が高くても，捕食できる割合が低ければ，捕食者にとっては実際の密度は意味を成さない．たとえば，$H_1 > H_2$ であったとしても，$\sigma_1 < \sigma_2$ ならば，$\sigma_1 H_1 < \sigma_2 H_2$ ということは起こり得る．捕食者にとっての餌種の価値は，捕食の結果，どれだけの摂食密度を取ったかによって決まるのである．すなわち，餌個体の捕食に関して，失敗の確率 $(1-\sigma_i)$ が存在する場合には，捕食に失敗した餌個体は，摂食密度に寄与しないから，失敗の確率がゼロであるような捕食として換算する場合，餌密度は，餌密度に捕食成功率を掛けただけの換算密度 $(\sigma_i H_i)$ になる．だから，失敗の確率がゼロであるような捕食で考えるとすれば，この換算密度を導入することによって計算を進めれば本文と同じ結果が得られる．つまり，この節での議論は，捕食の対象となった餌個体は必ず捕食されるが，その密度は，この換算密度で量るとしておいて記述することが可能である．

[140] $\Delta\tau$ の間には，捕食過程が起こって餌個体群密度も変化しているのであるが，十分に短い時間 $\Delta\tau$ の間の餌個体群密度の変化は $O(\{\Delta\tau\}^2)$ として扱うことになる．

で与えられなければならない[*141]。式 (4.105) を (4.106) に代入して，

$$\frac{\Delta y}{\Delta \tau} = \frac{2RV \sum_{n=1}^{k} \sigma_n H_n}{1 + 2RV \sum_{i=1}^{k} h_i \sigma_i H_i} + \frac{O(\{\Delta \tau\}^2)}{\Delta \tau} \tag{4.107}$$

が導かれる。

前節と同じ仮定を採用することにして，捕食者 P 個体によって $\Delta \tau$ の間に捕食される総餌重量 $\Delta M = P \Delta m$ は，(4.104) と (4.106) より，

$$\Delta M = \sum_{n=1}^{k} g_n \sigma_n \cdot 2RV \Delta T \cdot H_n P + O(\{\Delta \tau\}^2)$$

と書けるが，式 (4.107) を代入して整理すると，結局，

$$\frac{\Delta M}{\Delta \tau} = \frac{2RV \sum_{n=1}^{k} g_n \sigma_n H_n}{1 + 2RV \sum_{i=1}^{k} h_i \sigma_i H_i} \cdot P + \frac{O(\{\Delta \tau\}^2)}{\Delta \tau} \tag{4.108}$$

が導かれる。

第 i 種の時刻 t における餌密度 $H_i(t)$ について考えると，前節と同じ仮定により，(4.92) を用いて，時刻 t から微小時間 Δt の間における餌密度の変化分は次のように与えることができる：

$$\begin{aligned} H_i(t + \Delta \tau) - H_i(t) &= \frac{SH_i(t) - P\Delta \mu_i}{S} - H_i(t) \\ &= \frac{SH_i(t) - \frac{\sigma_i H_i(t)}{\sum_{j=1}^{k} \sigma_j H_j(t)} \Delta y \cdot P}{S} - H_i(t) \\ &= -\frac{\sigma_i H_i(t)}{\sum_{j=1}^{k} \sigma_j H_j(t)} \Delta y \cdot \frac{P}{S}. \end{aligned}$$

だから，式 (4.107) より，次の式が得られる：

$$\frac{H_i(t + \Delta \tau) - H_i(t)}{\Delta \tau} = -\frac{2RV \sigma_i H_i(t)}{1 + 2RV \sum_{j=1}^{k} h_j \sigma_j H_j(t)} \cdot \frac{P}{S} + \frac{O(\{\Delta \tau\}^2)}{\Delta \tau}.$$

よって，極限 $\Delta \tau \to 0$ をとれば，

$$\frac{dH_i(t)}{dt} = -\frac{2RV \sigma_i H_i(t)}{1 + 2RV \sum_{j=1}^{k} h_j \sigma_j H_j(t)} \cdot \frac{P}{S} \tag{4.109}$$

が得られる。これが餌種 i の密度 $H_i(t)$ の時間変動ダイナミクスを与える微分方程式である[*142]。

[*141] (4.106) の右辺は，$\Delta \tau$ の時間の間に捕食者 1 個体が掃行した面積内の種 n の全餌個体を確率 σ_n で捕食した場合の餌全種に関する和を表している。

[*142] 餌密度の捕食に無関係な変動要素（増殖や種内競争，種間競争など）を加味する場合には，式 (4.109) の右辺にそのダイナミクスを表す項，たとえば，関数項 $G_i(H_1, H_2, \ldots, H_k)$ が加わる。

もしも，handling time がゼロ，すなわち，任意の i について $h_i = 0$ ならば，式 (4.109) で与えられる捕食による餌個体群密度減少のダイナミクスは，第 3.1 節で議論した，餌種が複数の場合についての mass-action 仮定による Lotka–Volterra 型相互作用による捕食過程を表していることに注意しておこう．また，その場合の摂食過程は，やはり，第 4.2.1 節で触れ，第 4.2.5 節で述べた，Nicholson–Bailey 型摂食過程である．

捕食者1個体による単位時間あたり摂食量 f は，式 (4.108) より，

$$f = f(H_1, H_2, \ldots, H_k) = \frac{\sum_{n=1}^{k} g_n a \sigma_n H_n}{1 + \sum_{i=1}^{k} h_i a \sigma_i H_i} \tag{4.110}$$

で定まる．ただし，$a = 2RV$ である．第 i 種の餌密度について，この Holling 型方程式 (4.110) を考えてみると，前節の単一種の餌密度に関する議論と同様に，餌密度 H_i の上昇につれて，捕食者1個体による単位時間あたり摂食量 f は増加するが，その増加は頭打ちであり，その上限値は，第 i 種の餌個体群にかける handling time と，第 i 種以外の餌種に対する捕食によって定まることがわかる．捕食者の捕食がランダムであると仮定しているため，種 i の餌個体群の密度がどんなに高くても，捕食者は他の餌種も利用しており，他の餌の利用のための handling time が存在するからである．

ここでの議論をさらに拡張し，捕食者 P 個体の間に質の差（個性）が存在する場合についても，同様の数理モデリングを展開することが可能である．捕食者 P 個体の内，l 番目の個体による捕食過程の特性として，探索半径 R_l，移動速度 V_l，餌種 i の個体に対する捕食成功率 σ_{il}，餌種 i の個体に対する捕食過程にかかる handling time h_{il} を仮定すれば，上記と同様の数理モデリングによって，結局，この場合の餌種 i の密度 $H_i(t)$ の時間変動を表す微分方程式ダイナミクスは，

$$\frac{dH_i(t)}{dt} = -\frac{1}{S} \sum_{l=1}^{P} \frac{2R_l V_l \sigma_{il} H_i(t)}{1 + 2R_l V_l \sum_{j=1}^{k} h_{jl} \sigma_{jl} H_j(t)} \tag{4.111}$$

となることを導くことができる．この場合，l 番目の捕食者による単位時間あたり摂食量 f_l は，

$$f_l = f_l(H_1, H_2, \ldots, H_k) = \frac{\sum_{n=1}^{k} g_{ln} a_l \sigma_{nl} H_n}{1 + \sum_{i=1}^{k} h_{il} a_l \sigma_{il} H_i} \tag{4.112}$$

となる[*143]．ただし，$a_l = 2R_l V_l$ である．

さらに，自然な拡張として，n 種の捕食者が，各 P_k 個体存在する場合 ($k = 1, 2, \ldots, n$)

[*143] ここで，パラメータ g_{ln} が第 n 種の餌1個体の捕食によって第 l 種の捕食者1個体が得るエネルギー期待値に相当する．捕食者種の繁殖に関わる生理的特性の違いによって，各餌種の価値は捕食者種毎に異なるはずである．

を考えることは難しくない．この場合は，式 (4.111) に対応して，

$$\frac{dH_i(t)}{dt} = -\sum_{l=1}^{n} \frac{2R_l V_l \sigma_{il} H_i(t)}{1 + 2R_l V_l \sum_{j=1}^{k} h_{jl}\sigma_{jl}H_j(t)} \cdot \frac{P_l}{S} \tag{4.113}$$

が導かれる．そして，第 j 種の捕食者個体による単位時間あたり摂食量 f_j は，

$$f_j = f_j(H_1, H_2, \ldots, H_k) = \frac{\sum_{l=1}^{k} g_{jl} a_j \sigma_{lj} H_l}{1 + \sum_{i=1}^{k} h_{ij} a_j \sigma_{ij} H_i} \tag{4.114}$$

となる $(a_j = 2R_j V_j)$[*144]．

第 3.2.4 節で準定常状態近似のアイデアを用いて導出した ν 種の餌個体群と l 種の捕食者個体群についての個体群サイズ変動ダイナミクス (3.54) と (3.55) に現れる相互作用項が上記の (4.113) と (4.114) に数理的に対応していることは明白である．すなわち，反応式 (3.47) で与えられるような種間相互作用過程に対して準定常状態近似を応用して導出される個体群サイズ変動ダイナミクスは，本節で述べてきた Holling の円盤方程式による数理モデリングが導くものと同質なのである．反応式 (3.47) での相互作用状態にある個体ペアの密度の導入が Holling 型捕食過程における handling time の導入に対応しているが故の結果だと理解できるだろう．

― 発展 ―

Holling の円盤方程式による数理モデリングを（たとえば）伝染病感染のダイナミクスに応用する場合，どのような発展が可能であろうか．

― 発展 ―

捕食過程における handling time のみならず，捕食者同士の遭遇における個体間相互作用（闘争や威嚇など）にかかる時間を導入した場合，Holling の円盤方程式はどのように拡張されうるか．（たとえば，文献 [55, 67, 133, 180, 221, 321] を参考にできる）

― 発展 ―

第 3.2.1 節で展開した Michaelis–Menten 型反応速度式 に関する数理モデリングを円盤方程式の数理モデリングに応用することによって，どのように円盤方程式による数理モデリングをさらに発展させることができるであろうか．

[*144] 実は，(4.114) は，(4.112) と式としては同一である．ただし，この場合，捕食者の各種内の個体差はないものとしているので，形式はよく似ているが，式 (4.111), (4.112) と式 (4.113), (4.114) では，数理モデリングに違いがあることに注意．

円盤方程式による有性繁殖過程

第 2.1.5 節で述べた,有性生殖による繁殖様式をもつ個体群サイズ変動ダイナミクスの数理モデリングでは,オスとメスの交配頻度に対して,mass-action 仮定を適用し,オスとメスの個体群密度の積に (近似的に) 比例するという仮定を用いたが,実際には,密度に対して比例的に単位時間あたりの交配頻度が増加するということはなく,密度が上昇すれば,交配頻度は増加するとしても,それはある上限値を持つであろう.交配においては,前節までに述べてきた handling time が本質的に存在するからである.

今,メス個体もオス個体も生きている限り任意の回数の交配が可能であるとし,オス個体が交配相手のメス個体を探索し,交配するという設定で考えよう.つまり,交配を捕食に対応させて考えるならば,オスが捕食者,メスが餌に対応する餌–捕食者系に相当する設定である.ただし,第 2.1.5 節と同様に,交配後のメス個体が,即,交配可能メス個体群に加入できるので,交配によるメス個体群のサイズ減少はない.この設定の下,繁殖可能個体群のサイズ変動ダイナミクスについて,交配にかかる handling time h を考慮に入れ,前節の Holling の円盤方程式を応用した数理モデリングを考えてみよう.

時刻 t における繁殖可能オス個体群サイズ $M(t)$ と繁殖可能メス個体群サイズ $F(t)$ について,時刻 t から十分に短い時間 Δt における交配頻度 $p(M(t), F(t), t, \Delta t)$ を,ここでは,上記の設定より,円盤方程式 (4.102) を用いて,

$$p(M(t), F(t), t, \Delta t) = c \cdot M(t) \cdot \frac{aF(t)}{1+ahF(t)} \cdot \Delta t + O(\{\Delta t\}^2) \quad (4.115)$$

とおく[*145].c は正定数である.この交配頻度 $p(M(t), F(t), t, \Delta t)$ に関するモデリングの変更以外は,第 2.1.5 節と同一の仮定を用いることにすれば,式 (2.57) より,第 2.1.5 節と同様にして,メスとオス,それぞれの個体群サイズ変動ダイナミクスを次のように導くことができる[*146]:

$$\frac{dF(t)}{dt} = \omega\eta\gamma cM(t)\frac{aF(t)}{1+ahF(t)} - \delta F(t) \quad (4.116)$$

$$\frac{dM(t)}{dt} = (1-\omega)\eta\gamma cM(t)\frac{aF(t)}{1+ahF(t)} - \delta M(t) \quad (4.117)$$

ω は個体群における出生メス比であり,一定とする.γ は交配頻度値を定める正定数,η は交配後のメス一個体による期待産仔数に相当する.パラメータ δ は,時間や性によらな

[*145] 第 2.1.5 節では式 (2.56) によって与えられていた.
[*146] 常微分方程式系による生物個体群サイズ変動ダイナミクスにおいて,しばしば数理的な仮定として採用されるように,ここでも,出生後の個体は,即,繁殖に参加できるとしていることになる.常微分方程式系による数理モデルによっても,出生後,繁殖可能までの未熟期を導入することは可能であるがここで述べられているようにそのような未熟期を無視した数理モデルが現象理解のための理論的な研究として成功してきたことも事実である.正にこのことは数理モデリングにとって重要な意味をもつ観点であるが,ここではこの議論にはこれ以上深入りしない.

い繁殖個体あたりの自然死亡率である[*147]。式 (4.116) の右辺第一項は，出生して新規に加入してきたメス個体群の増加速度，第二項は，繁殖メスの自然死亡による減少速度を意味する。同様に，式 (4.117) の右辺第一項は，出生して新規に加入してきたオス個体群の増加速度，第二項は，繁殖オスの自然死亡による減少速度を意味する。

ここで，繁殖可能個体のメス比がある時刻において ω であるならば，オスとメスの間の自然死亡率が共通であり，出生メス比も ω であるから，考えている繁殖可能個体群におけるメス比は任意の時間において ω に保たれる（→定常性比）[*148]。したがって，この場合には，全繁殖個体群サイズ $N(t) = M(t) + F(t)$ を用いて，$M(t) = (1-\omega)N(t)$ および $F(t) = \omega N(t)$ とおけるので，式 (4.116) と (4.117) より，次のように，全繁殖個体群サイズに関するダイナミクスの式を得ることができる：

$$\frac{dN(t)}{dt} = RN(t)\frac{aN(t)}{1+ah\omega N(t)} - \delta N(t)$$
$$= \frac{N(t)}{1+ah\omega N(t)}\left\{aR\left(1-\frac{\delta h\omega}{R}\right)N(t) - \delta\right\} \quad (4.118)$$

ここで，$R \equiv c\gamma\eta\omega(1-\omega)$。この式 (4.118) によって与えられる有性生殖による個体群サイズ変動ダイナミクスは，第 2.1.5 節で導いた式 (2.58) によるダイナミクスと同様な特性ももっているが，円盤方程式の導入による交配頻度の飽和特性に独特な性質をもつ。

まず，式 (4.118) から明らかなように，$\delta h\omega/R \geq 1$ の場合，すなわち，

$$\omega \geq 1 - \frac{\delta h}{c\gamma\eta} \quad (4.119)$$

の場合には，任意の個体群サイズ N に対して，$dN/dt < 0$ であり，個体群は必然的に絶滅に向かう。

また，$0 < \omega < 1$ であることから，

$$\frac{\delta h}{c\gamma\eta} \geq 1 \quad (4.120)$$

[*147] 考えているのが，繁殖可能個体からなる個体群サイズであるから，このパラメータ δ によって表されるのは，死亡過程のみならず，個体単独で（たとえば，生理的な原因によって）繁殖不能になる過程によって繁殖可能個体群から除外される要因も含まれていると考えてもよい。

[*148] たとえば，初期値において，$M(0) : F(0) = 1 - \omega : \omega$ となっている場合。この場合，任意の時刻 t において，$M(t) : F(t) = 1 - \omega : \omega$ が成り立つことは，方程式系 (4.116)，(4.117) を用いて容易に証明できる。読者のチェックに任せる。

　一方，初期値における性比がずれていた，すなわち，$M(0) : F(0) \neq 1 - \omega : \omega$ であったとしても，実は，式 (4.116) と (4.117) から成る力学系の平衡状態においては，メス比は必ず ω になっていることが容易にわかる。よって，個体群サイズが平衡状態に漸近するならば，同時に，メス比は ω に漸近する。だから，個体群内のメス比を ω と仮定したここでの議論は，そのような平衡状態に漸近する場合における，十分に時間が経過した後の個体群サイズ変動ダイナミクスの考察に相当すると考えてもよい。

　もしも，オスとメスの自然死亡率が異なるならば，定常状態における個体群内性比は，一般に，出生性比とは異なり，出生性比と自然死亡率によって定まる別の比が現れる。数理モデリングに関する発展的課題として，これも関心のある読者に任せたい。

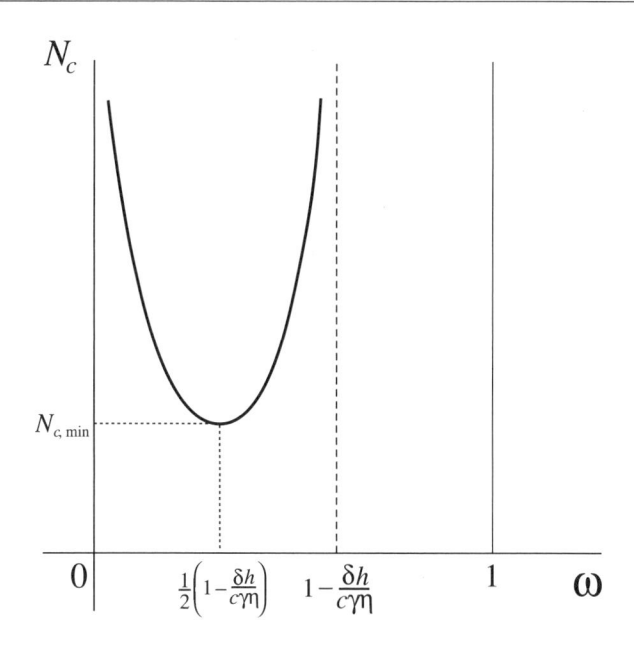

図 4.25 円盤方程式を応用した有性繁殖による個体群サイズ変動ダイナミクス (4.118) における個体群絶滅閾サイズ N_c (4.121) のメス比 ω 依存性。$\delta h/c\gamma\eta < 1$ の場合。$N_{c,\min} = (4\delta/ac\gamma\eta)(1 - \delta h/c\gamma\eta)^{-2}$。曲線 $N_c = N_c(\omega)$ は，$\omega = 0$ と $\omega = 1 - \delta h/c\gamma\eta$ に漸近する。$1 - \delta h/c\gamma\eta < \omega$ の場合には，任意の初期値の個体群は絶滅に向かう。

の場合については，さらに，任意のメス比 ω，任意の個体群サイズ N に対して，$dN/dt < 0$ となり，個体群は必然的に絶滅に向かうこともわかる。期待産仔数 η が非常に小さい場合や，交配にかかる handling time h が相当に大きい場合である。

一方，条件 (4.119) が満たされない場合には，ダイナミクス (4.118) は，第 2.1.5 節のダイナミクス (2.58) と同類の特性を持ち，図 2.14 と定性的には同じ Allee 型密度効果を示すような単位個体群サイズあたりの増殖率 $(1/N)dN/dt$ と個体群サイズ変化速度 dN/dt の個体群サイズ N 依存性をもつ。つまり，ダイナミクス (4.118) に従う個体群サイズ変動は，個体群サイズがある閾値 N_c より小さな場合には，単調に絶滅に向かって減少するが，個体群サイズがその閾値 N_c より大きな場合には，個体群サイズは増大しつづける。本節における式 (4.118) によるダイナミクスについての閾値 N_c は，

$$N_c = \frac{\delta}{ac\gamma\eta\omega\{(1 - \delta h/c\gamma\eta) - \omega\}} \tag{4.121}$$

である。

第 2.1.5 節において，図 2.15 を用いて議論したように，ここでも，性比 ω と個体群絶滅の閾値 N_c の間の関係をみておこう。図 4.25 が示すように，最も N_c が小さくなる場合，

すなわち，最も個体群が存続しやすい場合は，メス比 ω が

$$\omega = \frac{1}{2}\left(1 - \frac{\delta h}{c\gamma\eta}\right) \tag{4.122}$$

の場合である．したがって，メス比が 1/2 の時に最も存続しやすいという結果になった第 2.1.5 節における数理モデリングと異なり，本節で述べた数理モデリングによる数理モデルでは，メス比が 1/2 より小さい場合に最も存続しやすいという結果になる[*149]．

本節で述べた数理モデリングにおける Holling の円盤方程式の適用に関して，「オス個体が交配相手のメス個体を探索し，交配する」という設定を用いていた．この設定による円盤方程式の交配頻度 $p(M(t), F(t), t, \Delta t)$ におけるオスメス間の非対称性が (4.115) の式に現れた．式 (4.116) と (4.117) からなる個体群サイズ変動ダイナミクスにおけるオスメス間の非対称性は，結局は，この交配頻度の非対称性のみである．したがって，上記の「オス個体が交配相手のメス個体を探索し，交配する」という設定の代わりに，「メス個体が交配相手のオス個体を探索し，交配する」という設定を用いるならば，すなわち，交配頻度 $p(M(t), F(t), t, \Delta t)$ における円盤方程式の適用において，式 (4.115) の F と M を入れ替えるならば，導かれる結果も性に関して逆転する．つまり，そのような数理モデリングによれば，メス比が 1/2 より大きなある場合に個体群が最も存続しやすくなるという結果になる[*150]．

Holling の円盤方程式を交配頻度に導入した本節の数理モデリングによる個体群サイズ変動ダイナミクスにおいては，交配相手を探す側の性比に偏った状態が最も個体群の存続性の高い状態であることが示された．

寺本 [338] では，同様の有性繁殖による個体群サイズ変動ダイナミクスに関して，式 (4.118) における自然死亡率 δ が次のような密度依存型である場合についての考察が述べられている：

$$\delta = \delta(N) = \delta_0 + \lambda N$$

そして，この自然死亡率 δ による個体群サイズ変動ダイナミクス (4.118) について，

(1) ある時刻 t において $N(t) < N_c$ ならば，$t \to \infty$ において $N(t) \to 0$ となるような絶滅閾サイズ N_c が存在する．

(2) ある時刻 t において $N_c < N(t)$ ならば，$t \to \infty$ において $N(t) \to N^*$ となるような個体群の有限な平衡サイズ $N^* (> N_c)$ が存在する．

というダイナミクス特性がまとめられている．もちろん，N_c のパラメータ依存性については，本節で述べた N_c とは相当に異なってくるが，このような絶滅閾サイズの存在性は

[*149] つまり，性比が 1:1 よりもオスに偏った性比をもつ個体群の方が観測されやすいということである．

[*150] 確認は読者諸氏に一任する．

共通の特性である．一方，上記の特性 (2) は，寺本 [338] において導入された自然死亡率の個体群サイズ依存性による結果であり，本節の数理モデリング（δ 一定）による数理モデルでは，$N_c < N(t)$ の場合には，個体群サイズ N は単調に増大し続けるため，平衡サイズ N^* に相当する有限飽和値は存在しない（つまり，$N^* = \infty$）．第 2.1.5 節における図 2.15 による議論，本節における図 4.25 による議論に相当する，個体群存続性に対する性比の寄与についての議論は，寺本 [338] では述べられていないので，関心のある読者諸氏には，是非検討してみていただきたい．そのような数理モデリングからの帰結を考察することによって，数理モデリングの意味や構造への理解がより深まるはずである．

発展

本節で展開した有性繁殖過程に関する数理モデリングの発展として，オスやメスの個体間に質の違いを導入して，複数種を考慮した円盤方程式による数理モデリングを応用すれば，どのような有性繁殖過程に関する数理モデリングが可能であろうか．

4.2.8 餌の利用に関する選択

2 つ以上の餌種を有するある捕食者を考えたとき，その捕食者の餌種の利用の仕方には，何らかのルールが存在しうると考えられる．餌からの立場で考えると，これは，着目している捕食者による捕食圧（predation pressure）がどのくらい強いかに反映される．捕食者の餌種の利用の仕方については，

- どの餌種を利用するか
- 利用するとしたらどの程度利用するか

という二つの観点がある．

前者の観点は，『餌選択理論（Diet selection theory[*151]）』において古くから研究されてきた．後者の観点も同様に長い研究の歴史をもち，『採餌理論（foraging theory）』が広い拡がりをもって築かれてきた[*152]．これらの研究において典型的な立場は，ある採餌者 1 個体の餌の利用に関する行動において，どのような餌種の利用が最も優れているか，すなわち，最適な餌種の利用とはどのような戦略か，というものである．一方，個体群サイズ変動ダイナミクスを扱う理論的研究においても，そのような個体の行動選択の個体群サイズ変動への反映の数理モデリングが研究されている．

[*151] Diet menu theory と称される場合もある．
[*152] たとえば，Stephens & Krebs [329] は，採餌理論に関してコンパクトにまとめられた良書である．入門としては，粕谷 [161]，伊藤・山村・嶋田 [140] を，より進んだトピックスについては，Hughes [132]，Fryxell & Lundberg [77] を参照してほしい．

どの餌種を利用するか：餌選択理論

ある捕食者1個体が，n 種類の餌種を利用可能であるとしよう。この捕食者にとって，どの餌種を利用すれば適応的なのか，という問題は，最適餌選択理論（optimal diet selection theory）として多様に研究されている。ここでは，古典的であるが，最も基本的なその数理モデリングの考え方を述べる。

■**古典的餌選択理論** 古典的基礎的餌選択理論においては，以下のような仮定の下で数理モデリングを考える：

1. 捕食者1個体の餌種利用に関して，他の捕食者個体からの影響は無視できる。
2. 捕食による単位時間あたりの期待エネルギー摂取量を最大にする餌選択が捕食者にとって最適である。
3. 捕食者が餌を捕食している間は他の餌個体を利用することはできない。
4. 捕食者は過去の捕食歴に依存しないで採餌活動を永続する。
5. 捕食者が餌1個体を捕獲し，食餌するためには餌種のみに依存して決まる処理時間（handling time）がかかる。捕食者が第 i 種の餌1個体を捕獲し，食餌するための処理時間を h_i（定数；$i = 1, 2, \ldots, n-1, n$）とする。同一餌種内の個体依存の処理時間のばらつきは無視できる[*153]。
6. 捕食が行われても餌密度は一定で変化しない[*154]。
7. 捕食者は餌をランダムに探索する。
8. 捕食者と餌個体の遭遇確率は，餌種のみに依存し，一定である。遭遇のみに着目した場合，捕食者が単位時間あたりに遭遇する第 i 種の餌個体数頻度を λ_i（定数；$i = 1, 2, \ldots, n-1, n$）とする[*155]。
9. 個々の餌種1個体から捕食者が摂取できる期待エネルギー量は，餌種のみに依存して決まるとし，個体依存のばらつきは無視できる。餌種 i の1個体から捕食者が得られる期待エネルギー量を g_i（定数；$i = 1, 2, \ldots, n-1, n$）とする。

そして，考えている捕食者が第 i 種の餌1個体に遭遇したときに，捕食者がその餌1個体を捕食する確率を p_i（$0 \leq p_i \leq 1; i = 1, 2, \ldots, n-1, n$）とおこう。この確率 p_i の組

[*153] 実は，ばらつきを無視できるというよりは，むしろ，ばらつきがあっても，期待値（〜平均値）のみを扱って議論を展開するという説明がより正確であるが，ここでは，簡明な記述を優先した。

[*154] この仮定のように，餌密度一定と考えうる状況とは，捕食による餌密度の低下が無視できるような場合か，捕食によって低下した餌密度が速やかに補充され，餌密度がほぼ一定に保たれるような機構が生態系に存在するような場合である。前者は，捕食者の摂食速度に比べて餌密度が非常に高いような場合を考えることになろう。また，後者については，餌種の増殖速度が採餌の速度に比べて十分に大きな場合と考えることができるだろう。もちろん，実験系のように，人工的に餌密度を一定にするような操作下にある場合も考えうるだろう。

[*155] λ_i が大きいほど餌種 i は遭遇しやすい（見つけやすい）餌であることになる。

4.2 餌–捕食者系

$(p_1, p_2, \ldots, p_n)$ の選択こそが，捕食者の餌選択行動を表す．

餌種によらず捕食者 1 個体が単位時間あたりに遭遇する総餌個体数頻度は，仮定により，$\sum_{i=1}^{n} \lambda_i$ で与えられる．よって，任意の餌 1 個体への遭遇までにかかる期待時間 T_s は，$1/\sum_{i=1}^{n} \lambda_i$ と考えることができる．この時間 T_s を期待探索時間と呼ぼう．

餌 1 個体に遭遇したときに，それが第 i 種の餌である確率 q_i は，

$$q_i = \frac{\lambda_i}{\sum_{j=1}^{n} \lambda_j} \tag{4.123}$$

と考えることができる．すると，餌 1 個体に遭遇し，それを捕食した場合に期待される処理時間の期待値 T_h は，餌 1 個体に遭遇し，それが第 i 種であり，かつ，その餌個体を捕食する確率 $p_i q_i$ を用いて，

$$T_h = \sum_{i=1}^{n} p_i q_i h_i \tag{4.124}$$

で与えられる．同様に考えて，餌 1 個体に遭遇し，それを捕食して得られる期待エネルギー摂取量 G は，

$$G = \sum_{i=1}^{n} p_i q_i g_i \tag{4.125}$$

である．

餌 1 個体を探索し，捕獲・採餌するのに要する期待時間は，$T_s + T_h$ で与えられるので，結局，(4.123), (4.124), (4.125) より，単位時間あたりの期待エネルギー摂取量 W を次のように定義できる：

$$\begin{aligned} W &= \frac{G}{T_s + T_h} \\ &= \frac{\sum_{i=1}^{n} \lambda_i p_i g_i}{1 + \sum_{i=1}^{n} \lambda_i p_i h_i}. \end{aligned} \tag{4.126}$$

さて，上記の仮定 2 より，捕食者にとって最も最適な餌選択を考えるために，単位時間あたりの期待エネルギー摂取量 W の p_j 依存性を考えてみよう．

$$\frac{\partial W}{\partial p_j} = \frac{\lambda_j g_j \left(1 + \sum_{i=1, i \neq j}^{n} \lambda_i p_i h_i\right) - \lambda_j h_j \sum_{i=1, i \neq j}^{n} \lambda_i p_i g_i}{\left(1 + \sum_{i=1}^{n} \lambda_i p_i h_i\right)^2} \tag{4.127}$$

よりわかるように，$\partial W/\partial p_j$ の符号は p_j に依存しない．したがって，W を最大にする最適な餌選択 $(p_1^*, p_2^*, \ldots, p_n^*)$ において，各 i に対する p_i^* は 0 または 1 になるはずである[156]．

では，どの p_i^* が 0 であるか，ということになる．実は，式 (4.127) は次のように書きかえることができる：

$$\frac{\partial W}{\partial p_j} = \frac{\lambda_j h_j}{1 + \sum_{i=1}^{n} \lambda_i p_i h_i} \left(\frac{g_j}{h_j} - W\right) \tag{4.128}$$

この式 (4.128) の右辺に $p_i = p_i^*$ $(i = 1, 2, \ldots, n)$ を代入したとき，W はある最大値 $W = W^*$ をとることに着目しよう。

ここで，便宜上，餌種における次のような質の順位を考えることにする：

$$\frac{g_1}{h_1} \geq \frac{g_2}{h_2} \geq \frac{g_3}{h_3} \geq \cdots \geq \frac{g_{n-1}}{h_{n-1}} \geq \frac{g_n}{h_n}$$

餌種の番号付けには特に規定はなかったので，このような順位を与えたとしても議論の一般性は失われない。g_i/h_i は餌種 i に関しての単位処理時間あたりに得られる期待獲得エネルギー量を表しているので，餌種 i の個体に遭遇した場合の，その餌種の捕食者にとっての価値基準を与える値と考えることができる。

W の最大値 $W = W^*$ が定まれば，

$$\frac{g_1}{h_1} \geq \frac{g_2}{h_2} \geq \cdots \geq \frac{g_{k^*}}{h_{k^*}} > W^* > \frac{g_{k^*+1}}{h_{k^*+1}} \geq \cdots \geq \frac{g_n}{h_n}$$

となるような k^* を決めることが可能である。この k^* が決まれば，式 (4.128) の右辺の符号は，$i = 1, 2, \ldots, k^*$ のときに正，$i = k^*+1, k^*+2, \cdots, n$ のときに負となることがわかる。したがって，$p_1^* = p_2^* = \cdots = p_{k^*}^* = 1$ かつ $p_{k^*+1}^* = p_{k^*+2}^* = \cdots = p_n^* = 0$ である。言いかえれば，捕食者の最適餌選択においては，g_i/h_i で定義される餌種の質に関して，上位の餌種からある順位までの質の高い餌種は選択的に捕食されるが，その順位より低い質の順位の餌種は捕食リスト（menu）から外し，採餌の対象としないという選択が捕食者の単位時間あたりの期待獲得エネルギー量を最大にするという意味で捕食者にとって最適である。

この結果より，速やかに，捕食者の最適餌選択の結果としての閾順位 k^* は，次の不等式を満たす唯一の順位として定められるものであることがわかる[157]：

$$\frac{g_{k^*}}{h_{k^*}} > W_{k^*} > \frac{g_{k^*+1}}{h_{k^*+1}} \tag{4.129}$$

---

[156] 式 (4.127) の右辺において，各 i $(\neq j)$ について $p_i = p_i^*$ を代入したとすると，一般的に，$\partial W/\partial p_j$ の符号は p_j によらずに，$\partial W/\partial p_j > 0$ あるいは $\partial W/\partial p_j < 0$ のいずれかになっている。つまり，W を最大にするという条件下で，W は p_j の関数としては，単調に減少するか，単調に増加するかのいずれかであることを示す。このことは，$p_j = p_j^*$ が W を最大にする p_j の値であるということから，$p_j^* = 1$ または $p_j^* = 0$ であることを示している。p_i は確率を表すから，任意の i について，$0 \leq p_i \leq 1$ でなければならないことに注意。

ただし，式 (4.127) の右辺において，各 i について $p_i = p_i^*$ を代入したときに，ある k について，$\partial W/\partial p_k = 0$ となったとすると，この k に対する p_k^* は不定である。しかし，この $\partial W/\partial p_k = 0$ が成り立つためには，k を除く各 i について $p_i = p_i^*$ を代入したときに，式 (4.127) の右辺をパラメータ λ_i, h_i, g_i $(i = 1, 2, \ldots, k-1, k+1, \ldots, n)$ の間にある特定の関係が存在する必要がある。一般に，これらのパラメータ値は独立に定まると考えられるので，そのような特定の関係は一般的には成り立たないと考えられる。よって，そのような場合は無視し，一般に，各 i について $p_i = p_i^*$ を代入したときに，式 (4.127) の右辺の符号は正または負になると考える。

[157] 証明は読者に任せる。

4.2 餌–捕食者系

ただし,

$$W_k = \frac{\sum_{i=1}^k \lambda_i g_i}{1 + \sum_{i=1}^k \lambda_i h_i} \tag{4.130}$$

である．すなわち，W_k は，捕食者が順位 1 位から k 位までの餌種のみ，言いかえると，順位上位の餌種 k 種を餌として利用する場合における単位時間あたりの期待エネルギー摂取量である．

$$W_1 = \frac{\lambda_1 g_1}{1 + \lambda_1 h_1} < \frac{g_1}{h_1}$$

は，任意の正の λ_1 に対して成り立つので，条件 (4.129) によるこれまでの議論より，最適餌選択を採る捕食者は，少なくとも，順位 1 位の餌種は捕食対象として利用する．

上位 k 種の餌を利用する場合の捕食者の単位時間あたりの期待エネルギー摂取量 W_k は，第 4.2.7 節で述べた Holling の円盤方程式 (4.110)，捕食者 1 個体による単位時間あたり摂食量 f，に対応する関数形を持っている．Holling の円盤方程式で捕食に関する実質餌密度として与えられている量が，ここで述べている古典的餌選択理論では単位時間あたりに遭遇する餌個体数頻度に対応している．

最適餌種選択において，上位の餌種から順に利用するか否かを判断するとすれば，条件式 (4.129) からわかるように，上位 k 種の餌種を利用するとした時点で，次の第 $k+1$ 位の餌種の利用非利用の判断については，

$$\frac{g_{k+1}}{h_{k+1}} > W_k$$

なら第 $k+1$ 位の餌種を利用すると判断し，第 $k+2$ 位の餌種の利用非利用の判断に移る．あるいは,

$$\frac{g_{k+1}}{h_{k+1}} < W_k$$

なら第 $k+1$ 位の餌種は非利用とし，それ以下の順位の餌種は全て利用しないとして餌種選択を決定することになる．このアルゴリズムにおいては，明らかに，第 k 位の餌種の利用非利用に関する判断においては，その餌種の質の高さ g_k/h_k のみの情報が必要とされ，その餌種に関する遭遇頻度 λ_k の情報は必要とされない．

一方，順位上位の餌 k 種を餌として利用する場合における単位時間あたりの期待エネルギー摂取量として定義された W_k について，次の特性も導くことができる[*158]：

$$W_1 < W_2 < \cdots < W_{k^*-1} < W_{k^*} > W_{k^*+1} > \cdots > W_{n-1} > W_n$$

このことからも，W_k は，k に関して，唯一の最大値をとることがわかる．そして，上記の W_k に関する特性からわかるように，捕食者は，餌種選択の最適性を，上位 i 種の餌を

[*158] 証明は読者に任せる．

利用した場合に期待される単位時間あたりのエネルギー摂取量によって判断することも可能である．すなわち，上位 k 種の餌種を利用するとした時点で，次の第 $k+1$ 位の餌種の利用非利用の判断については，

$$W_{k+1} > W_k$$

なら第 $k+1$ 位の餌種を利用すると判断し，第 $k+2$ 位の餌種の利用非利用の判断に移ることにし，

$$W_{k+1} < W_k$$

なら第 $k+1$ 位の餌種は非利用とし，それ以下の順位の餌種は全て利用しないとして餌種選択を決定すればよい．この場合，捕食者は，W_k に対して，W_{k+1} の値の情報を得なければ判断できない．明らかに，第 k 位の餌種の利用非利用に関する判断においては，その餌種の質の高さ g_k/h_k のみの情報だけでなく，その餌種に関する遭遇頻度 λ_k の情報も必要となる．

しかし，むしろ，この場合の方が捕食者の最適餌選択行動への移行のしくみとしてより適当と考えることもできる．餌種の質を「判断できる」能力を捕食者がもつこともありえるだろうが，むしろ，餌 k 種を利用している捕食者個体群から餌 $k+1$ 種を利用するような突然変異個体が生まれ，その突然変異個体が，より大きな単位時間当たりの期待エネルギー摂取量を実現しうるなら，世代を重ねるうちに，その突然変異個体の個体群内頻度が大きくなる，というのが，しばしば用いられる進化生物学的なシナリオである．この場合には，捕食者が判断しているというより，自然によって捕食者が選択されているのであり，その選択における基準は，単位時間当たりの期待エネルギー摂取量 W_k の値の大きさである[*159]．

■**餌2種の場合の餌選択** 上記の古典的餌選択理論を餌2種の場合についてもう少し詳細に考えてみよう．この場合は，単位時間あたりの期待エネルギー摂取量 (4.126) およびその p_j $(j=1,2)$ 微分は次のようになる：

$$W = \frac{\lambda_1 p_1 g_1 + \lambda_2 p_2 g_2}{1 + \lambda_1 p_1 h_1 + \lambda_2 p_2 h_2} \tag{4.131}$$

$$\frac{\partial W}{\partial p_j} = \frac{\lambda_j g_j (1 + \lambda_i p_i h_i) - \lambda_j h_j \lambda_i p_i g_i}{(1 + \lambda_1 p_1 h_1 + \lambda_2 p_2 h_2)^2} \quad (i,j=1,2; i \neq j) \tag{4.132}$$

[*159] 本節では，いかにも捕食者自身が最も優れた餌選択をするかのように記述しているが，生物学的には，むしろ，ここで述べているように，捕食者が選ぶのではなく，たまたまの選び方をする捕食者を選んでいるのは自然（「**自然選択 (natural selection)**」！）と考えるのがより適切であろう．しかし，他の文献における古典的餌選択理論の記述も，本節のように，捕食者が主体であるかのようなものが多い．わかりやすさからであると思われる．本書の餌選択理論に関するここ以降の記述でも，同様の表現を用いる．

今，$g_1/h_1 > g_2/h_2$ と仮定しよう．既に述べたように，最適餌選択を採る捕食者は必ず順位 1 位の餌種は捕食対象として利用するので，$p_1^* = 1$ である．したがって，餌 2 種の場合に問題となるのは，第 2 位の餌種を利用するか否かの評価である．微分 (4.132) より，$p_1 = 1$ を代入して，

$$\frac{\partial W}{\partial p_2} = \frac{\lambda_2 g_2 (1 + \lambda_1 h_1)}{(1 + \lambda_1 h_1 + \lambda_2 p_2 h_2)^2} \left(\frac{g_2}{h_2} - W_1 \right)$$

が得られる．ここで，W_1 は餌種 1 のみを利用した場合における単位時間あたりの期待エネルギー摂取量である：

$$W_1 = \frac{\lambda_1 g_1}{1 + \lambda_1 h_1}.$$

よって，前節の一般論で述べた議論により，餌種 2 は $g_2/h_2 > W_1$ である場合に限り最適餌選択において利用対象となる．

最適餌選択における餌種 2 の利用非利用のこの評価基準に関して，パラメータ λ_2 は無関係であることに注意しよう．餌種 2 の質に対応する g_2/h_2 のみがこの評価に関わる．一般論における最適餌選択の餌種決定に関わる不等式による条件 (4.129) が示していたように，今考えている餌 2 種の場合においても，餌種 2 の利用非利用は，餌種 2 の質，すなわち，餌種 2 を捕食対象に入れた場合に，その個体に遭遇した場合に期待される単位処理時間あたりに得られる獲得エネルギー量と，餌種 1 のみを捕食対象とした場合の単位時間あたりの期待エネルギー摂取量の間の比較が評価の基準となっている．

もちろん，一般論で述べたように，捕食者が W_1 に対する W_2 の値の情報を得ることができ，餌種 1 のみの利用時における単位時間あたりに得られる期待獲得エネルギー量と餌種 2 も利用する場合のそれとの比較によって餌種 2 の利用非利用に関する判断を下すのであれば，その餌種の質の高さ g_k/h_k のみの情報だけでなく，その餌種に関する遭遇頻度 λ_k の情報も必要であり，この場合には，評価に 2 種の餌への捕食者の遭遇頻度が関わってくる．

今，古典的餌選択理論における仮定 6 について考えてみよう．餌密度が一定であるとするこの仮定があるからこそ，仮定 8 による単位時間あたりに遭遇する第 i 種の餌個体数頻度 λ_i が定数として仮定できる．しかし，一般には，捕食者による捕食は餌密度を低下させる．餌密度が低下すれば，単位時間あたりに遭遇する餌個体数頻度も低下するだろう．つまり，餌種 1 の密度が低下すれば，λ_1 が小さくなると考えられる．λ_1 が小さくなると，W_1 も小さくなる．したがって，当初，$W_1 > g_2/h_2$ であるような状態であり，捕食者は餌種 1 のみを利用していたとしても，捕食者の捕食が餌種 1 の密度を低下させ，W_1 が減少してゆき，その結果，$W_1 < g_2/h_2$ が満たされるようになると，捕食者は，餌種 2 も利用するようになる．餌種 2 も利用するようになった捕食者個体群では，捕食者個体群から餌種 1 への捕食圧が（餌種 2 へ分散されるため）低下するので，餌種 1 の密度が［餌種 1

のみを捕食者が捕食していた状況に比べて］上昇しうる．もしも，この上昇による W_1 の増加が $W_1 > g_2/h_2$ を満たしうる程度のものであったなら，再び，捕食者は餌種1のみを捕食の対象とするような餌選択をとるようになる．この場合，再び当初と同じ状況が繰り返されるだけだとすれば[*160]，この議論は，捕食者の餌選択が，餌1のみを利用する場合と2種の餌を共に利用する場合とを繰り返すような振動を示すことを表している．

この振動が減衰性ならば，上記の議論より，捕食者は，最終的に $W_1 = g_2/h_2$ が満たされるような餌選択へ落ち着くと考えられる．この餌選択の下では，

$$\lambda_1 = \frac{1}{h_1} \cdot \frac{g_2/h_2}{g_1/h_1 - g_2/h_2}$$

であり，2種の餌を共に利用しているとすると，そのときの単位時間あたりの期待エネルギー摂取量 W は，

$$W = \frac{\frac{g_1}{h_1} \cdot \frac{g_2}{h_2} + \lambda_2 g_2 \left(\frac{g_1}{h_1} - \frac{g_2}{h_2}\right)}{\frac{g_1}{h_1} + \lambda_2 h_2 \left(\frac{g_1}{h_1} - \frac{g_2}{h_2}\right)}$$

となる．

■**捕食による遭遇頻度の時間変動** 上記の議論で現れたような捕食者による利用餌種の転換が組み込まれた捕食様式は，いわゆる**スウィッチング捕食**（switching predation）と呼ばれるものの一種である[*161]．上述からわかるように，古典的餌選択理論における捕食者の餌種選択の判断においては，捕食者は，餌種 i の質に対応する g_i/h_i の情報について既知でなければならないし，自分の餌種選択によって得られると期待される単位時間あたりの期待エネルギー摂取量 W も既知でなければならない[*162]．また，既述のように，餌種 i を利用するか否かの判断においては，餌種 i の質に対応する g_i/h_i のみで判断が行われ，捕食者の餌種 i の個体への遭遇頻度 λ_i にはよらない方法もあり得る．これは一見妙に思える．なぜなら，捕食者が最大にしたい単位時間あたりの期待エネルギー摂取量 W は，

[*160] 場合によっては，『再度』餌種1のみを捕食の対象とするような餌選択をとるような捕食者の状態は当初の状態とは異なっており，そのまま餌種1のみの利用という餌選択が永続する可能性もあろう．このような場合は，どのような条件で起こりうるのかは興味深い考えてみるべき問題であるが，ここでは，これ以上深入らないことにする．

[*161] スウィッチング捕食についての数理モデリングについては，第4.2.8節で詳述する．しばしば，スウィッチング捕食は，餌種の密度に依存した捕食者による捕食努力配分の変動を伴うような捕食様式に対して適用される概念であるが，ここでは，餌種選択自体も含めている．そのように考えるのが自然であろう．

[*162] そのためには，餌種 i の質に対応する g_i/h_i の情報だけではなく，餌種 i の個体への遭遇頻度 λ_i や処理時間 h_i に関する情報処理によって W が評価できるような捕食者でなければならない．ただし，より大きな W を獲得できるような捕食者個体の方が生存率や繁殖能力においてより優れている，という適応戦略的な立場で考えれば，進化的に個体群内の捕食者の餌種選択は，最適なものへ推移してゆくと考えることもできる．この場合の考え方は，捕食者が g_i/h_i や W の情報処理を行っているという立場ではなく，遺伝的に定められた各個体についての餌種選択に自然選択が働くという異なる立場である．これら二つの考え方の混同には気をつける必要がある．

餌種 i の個体への遭遇頻度 λ_i に依存して値が定まるからである．この観点から考えると，捕食者の餌選択については，一般論で述べた，単位時間あたりの期待エネルギー摂取量の値の比較による判断の方が適切に思える．つまり，(4.129) より，$W_{k-1} < W_k$ である限り，上位 k 種の餌は利用するという判断基準である．

ここで，前節でも議論した，餌密度の捕食による変化を今一度考えてみよう．餌密度の変化が反映されるのは，捕食者の餌個体への遭遇頻度 λ であると考えることができる．餌種 i の個体への遭遇頻度 λ_i が餌種 i の個体群密度に比例していると考えると，この遭遇頻度 λ_i は，時間変動を伴うと考えられる．

今，ある時点で，捕食者は第 k 位の餌種までを利用していたとする．捕食者 1 個体は，餌種 i ($\leq k$) の個体に，単位時間あたり（この時点で定まる）λ_i 回だけ出会うと期待されるので，単位時間あたりの捕食による餌種 i の個体数減少速度は，λ_i に依存し，さらに，他の餌種にかかる捕食者の handling time[*163] に依存して与えられるであろう．したがって，餌種 i の個体数を H_i とし，捕食者個体数 P は時間的に変化しない定数 P とすると，

$$\frac{dH_i}{dt} = G_i(H_1, H_2, \ldots, H_k) - Q_i(H_1, H_2, \ldots, H_k)P \tag{4.133}$$

という餌種 i の個体数変動ダイナミクスを考えることができる．関数 Q_i が餌種 i の個体群の単位時間あたり捕食者 1 個体あたりによる捕食圧を表している[*164]．一般的に，餌個体群の密度が高くなれば，捕食者の餌個体への遭遇確率も上昇すると考えることができるから，関数 Q_i は，H_i の単調増加関数とするのが妥当であろう：$\partial Q_i / \partial H_i \geq 0$．$G_i$ は餌種 i 個体群の（自励的；autonomous）増殖過程による個体数の増加を表す項であり，一般的に，複数種の餌種個体群間の相互作用によって決まるものとして与えた．ここで，餌個体群の密度空間分布は無視する，もしくは，餌個体群の密度空間分布は，捕食者による捕食の影響を無視できるほど速やかに均一になるもの[*165]として，式 (4.133) の H_i を餌種 i の個体群密度と同一視することにしよう[*166]．

一方，一般に，捕食者による餌種 i の個体への単位時間あたりの遭遇頻度 λ_i は，複数種からなる餌個体群密度に依存すると考えられる：$\lambda_i = \lambda_i(H_1, H_2, \ldots, H_k)$．餌個体群の密度が高くなれば，捕食者の餌個体への遭遇確率も上昇すると考えることができるから，λ_i は，H_i の狭義単調増加関数とするのが妥当であろう：$\partial \lambda_i / \partial H_i > 0$．

[*163] なぜなら，他の餌種個体群を捕食者が捕食している間（つまり，handling time の間）は，着目している餌種 i は捕食されないのであるから，餌種 i の個体群に対する単位時間あたりの捕食圧は，handling time の影響を受けざるをえない．

[*164] 一般に handling time は餌種毎に異なっており，単位時間あたりに捕食者が捕食に費やす handling time の総計は，捕食者が単位時間あたりにどの餌種にどの程度遭遇するかに依存するから，結局，捕食圧は，全ての餌種の個体群サイズに依存することになる．

[*165] 第 4.2.7 節の Holling の円盤方程式の導出に関する数理モデリングの議論を参照されたい．

[*166] 限られた生息領域における空間分布が一様ならば，考えている個体群全体のサイズと個体群密度は比例関係になる．

各餌個体群密度が時間変動するわけであるから，遭遇頻度 λ_i が時間変動し，その結果，単位時間あたりの期待エネルギー摂取量 W_k も時間変動を伴う：

$$\begin{aligned}\frac{dW_k}{dt} &= \sum_{i=1}^{k} \left[\frac{\partial W_k}{\partial \lambda_i} \cdot \frac{d\lambda_i}{dt} \right] \\ &= \sum_{i=1}^{k} \left[\frac{\partial W_k}{\partial \lambda_i} \sum_{j=1}^{k} \frac{\partial \lambda_i}{\partial H_j} \cdot \frac{dH_j}{dt} \right] \\ &= \sum_{i=1}^{k} \left[\frac{\partial W_k}{\partial \lambda_i} \sum_{j=1}^{k} \frac{\partial \lambda_i}{\partial H_j} \cdot (G_j - Q_j P) \right] \\ &= \frac{1}{1 + \sum_{j=1}^{k} \lambda_j h_j} \sum_{i=1}^{k} \left[h_i \left(\frac{g_i}{h_i} - W_k \right) \sum_{j=1}^{k} \frac{\partial \lambda_i}{\partial H_j} \cdot (G_j - Q_j P) \right].\end{aligned}$$

このとき，考えている時刻 t において，捕食者が上位 k 種の餌を利用していたとすると，既述の餌選択理論により，$W_k < g_i/h_i\ (i = 1, 2, \ldots, k)$ であったから，W_k の時間変動 dW_k/dt の符号にとって，$G_j - Q_j P$ の符号が重要であることが予想できる．

捕食者の餌選択が最適性に応じたものに推移すべきメカニズムをもつものであるなら，さらに，上記の単位時間あたりの期待エネルギー摂取量 W_k における添字 k が時間変動しうる，すなわち，k が時間関数である[*167]ことに注意しよう．より厳密には，W_k の時間変動により，捕食者が利用する餌種の数 k が時間変動しうるのである．捕食者の利用する餌種の数が変化すれば，捕食対象となっている各餌種個体群に対する捕食圧，すなわち，捕食による各餌個体群サイズの減少速度が変化するはずである．よって，捕食者の利用する餌種の数が変化すれば，それぞれの餌種の個体群サイズも新しい動態特性で時間変動することになるだろう．

今，上記のダイナミクスに平衡状態が存在して，その平衡状態に落ち着いたとすると，捕食者の利用する餌種の数がある値 k_e に定まることになる．そして，各餌種の個体群サイズ変動がある値に漸近するもしくは収束した平衡状態を考えることにすれば[*168]，考えている平衡状態において，遭遇頻度 λ_i は，$d\lambda_i/dt = 0$ を満たさなければならないから，

$$\frac{d\lambda_i}{dt} = \sum_{j=1}^{k} \frac{\partial \lambda_i}{\partial H_j} \cdot \frac{dH_j}{dt} = \sum_{j=1}^{k} \frac{\partial \lambda_i}{\partial H_j} \cdot (G_j - Q_j P) = 0 \tag{4.134}$$

[*167] もちろん，k は正整数しかとらないから，その時間変動は不連続な階段関数状になる．

[*168] 実は，捕食者の餌選択のみに関する平衡状態を考えるのであれば，個体群サイズ変動が平衡状態に陥り，変動が停止（もしくは準停止）した状態を考える必然性はない．捕食者の餌選択が変わらない程度，すなわち，条件 (4.129) が変わらない範囲で個体群サイズ変動が起こっていても捕食者の餌選択は変わらないからである．たとえば，捕食の対象となっている餌種の個体群サイズがある安定な周期変動に収束している場合，その周期変動の持つ特性（特に振幅）が条件 (4.129) を破るものでなければ，捕食者の餌選択は変わらない．

が捕食の対象となっている各餌種 i に対して成り立たなければならない．この式を満たすような個体群サイズ $H_i = H_i^*$ が平衡個体群密度を与え，その値に対して平衡状態における $\lambda_i = \lambda_i^*$ が定まる[*169]．

■**Hollingの円盤方程式の適用** すでに述べたように，古典的餌選択理論における式 (4.130) で与えられる，上位 k 種の餌を利用する場合の捕食者の単位時間あたりの期待エネルギー摂取量 W_k は，第 4.2.7 節で述べた Holling の円盤方程式 (4.110)，捕食者 1 個体による単位時間あたり摂食量 f に対応している．ここでは，その対応を利用して，古典的餌選択理論による数理モデリングをさらに展開してみよう．

第 4.2.7 節における式 (4.109) が餌種の増殖過程が存在しない場合の捕食者（個体数 P）の Holling 型捕食による餌種 i の個体群密度の変動ダイナミクスを与えるから，

$$Q_j(H_1, H_2, \ldots, H_k) = \frac{1}{S} \frac{2RV\sigma_j H_j(t)}{1 + 2RV \sum_{i=1}^{k} h_i \sigma_i H_i(t)} \tag{4.135}$$

である．餌種の増殖過程が存在しない場合（$G_i \equiv 0$ for $\forall i$ and t）には，餌個体群は捕食者によって単調に減少するだけであるから，餌個体群密度に関する平衡状態としては，密度ゼロ（餌個体群の絶滅）しか存在しない．

古典的餌選択理論における捕食者が Holling 型の捕食様式を採っているとし，式 (4.110) と (4.130) が等しいものとすると，その対応より，$\lambda_i = 2RV\sigma_i H_i$ とできる．つまり，Holling 型捕食様式を採っている捕食者について，捕食者による餌種 i の個体への遭遇頻度は，捕食者の移動速度に比例し，餌個体群密度に比例する．

今考えている Holling 型捕食様式を採っている捕食者に関する議論においても，餌種の増殖過程を導入する関数 G_i によっては，前節の考察で述べた餌個体群の平衡個体群密度が密度ゼロ以外には存在しない場合[*170] もある．たとえば，Malthus 型増殖過程 $G_i = G_i(H_i) = r_i H_i$ （r_i は正定数）の場合がその一例である．しかし，増殖項が定量移入による場合，すなわち，$G_i = I_i$（I_i は正定数）の場合や，logistic 型増殖 $G_i = G_i(H_i) = r_i(1 - H_i/K_i)$ （r_i, K_i はいずれも正定数）の場合には，餌個体群サイズに関する正の平衡状態が存在しうる．捕食者が利用する餌種数 k が与えられたときに，その平衡状態における餌個体群サイズ $(\hat{H}_1, \hat{H}_2, \ldots, \hat{H}_k)$ が定まる．そうすれば，上記の考察により，$\lambda_i = 2RV\sigma_i H_i$ という関係式から，その平衡状態における餌個体への遭遇頻度 $(\hat{\lambda}_1, \hat{\lambda}_2, \ldots, \hat{\lambda}_k)$ を定めることができる．

[*169] もちろん，仮定より，こうして定まる λ_i の平衡状態での値 λ_i^* については，条件 (4.129) が満たされていなければならない．また，平衡状態を仮定しているから，式 (4.134) を満たすような H_i の適当な値 H_i^* が存在することが必要である．

[*170] ただし，これは，餌個体群が必然的に絶滅する場合しかない，ということではない．平衡値に個体群が収束する以外に，個体群サイズが周期変動やカオス変動に収束する可能性があり，本節では，そのような変動する平衡状態の存在については議論の外としている．

捕食者が利用する餌種数が k の場合における個体群サイズ変動ダイナミクスの平衡状態 $(\hat{H}_1, \hat{H}_2, \ldots, \hat{H}_k)$ において，捕食者が $k+1$ 番目の餌種も利用した場合[*171] の W_{k+1} や捕食者が k 番目の餌種の利用を止めて $k-1$ 番目までの餌種を利用することに切り替えた場合[*172] の W_{k-1} を W_k と比較することによって，利用餌種数の変化を考えることもできる．すなわち，$W_{k-1} > W_k$ なら利用餌種から第 k 種を外し，$W_{k+1} > W_k$ なら利用餌種として第 $k+1$ 種を新たに採用するわけである[*173]．利用餌種数が変化すれば，平衡状態も変化しうるので，改めて個体群サイズ変動ダイナミクスの平衡状態を考え，同様の議論を繰り返すことによって，古典的餌選択理論に沿う捕食者の最適餌選択の変化ダイナミクスの特性を議論できるだろう[*174]．

もう一つの考え方として，捕食者によって利用される餌種数 k の各 k に対して定まる平衡餌個体群サイズを求め，各 k に対する平衡状態における $W_k = \hat{W}_k$ を決めることによって，それらの $\hat{W}_k$ を古典的餌選択理論に適用し，捕食者にとっての最適餌選択を議論することができるかもしれない．ただし，この場合，一般に，各 k に対する平衡餌個体群サイズは異なっているから，結果として，k が与えられたときの各種餌個体への遭遇頻度 $\hat{\lambda}_i$ は異なる．だから，λ_i が任意の利用餌種数 k に対して一定であるとして展開された古典的餌選択理論を修正する必要があるだろう．

発展

本節の議論は，捕食者にとっての最適な餌選択という立場で展開されていた．それでは，餌種が，捕食者の餌選択行動による捕食圧をできるだけ小さくするような戦略をとるとしたら，この古典的餌選択理論からどのような議論を発展させることができるだろうか．

餌をどの程度利用するか：スウィッチング捕食

ここでは，複数種の餌種を利用する捕食者の餌利用に関する努力配分 (effort allocation, allocation of effort) について考察してみよう．前節における古典的餌選択理論においては，利用する餌種の選択の最適性が焦点であった．また，Holling 型捕食 を古典的餌選択理論に適用することで，餌個体群サイズの時間変動による捕食者による利用餌種最適選択の時間変動まで議論を展開してみた．Holling 型捕食様式における捕食者は，餌種に依存しないランダムな採餌を行っており，餌種によらず，半径 R 内にある餌種はすべて捕食の

[*171] $k+1$ 番目の餌種はそれまで捕食者によって捕食されていなかったとして，$k+1$ 番目の餌種の個体群サイズは，その増殖過程のみによって定まる平衡状態にあると仮定すれば計算できる．

[*172] 平衡状態における餌個体群サイズ $(\hat{H}_1, \hat{H}_2, \ldots, \hat{H}_k)$ を用いて定まる W_{k-1}．

[*173] $W_{k-1} > W_k$ と $W_{k+1} > W_k$ が同時に成り立つことがないことは古典的餌選択理論の議論から明らかである．

[*174] この数理的な議論では，利用餌種数の変化は時間離散的と考えることに相当する．利用餌種数の変化する時間スケールが個体群サイズ変動の時間スケールに比べて十分大きな場合に相当すると考えてもよい．

対象としていた．しかし，捕食者が餌種に応じて能動的に特定の餌個体を捕食したり，あるいは，能動的に特定のs個体の捕食をやめたりという選択も考えられる．古典的餌選択理論で扱っていたのは，all-or-none（全か無か）のルールによる餌種レベルの選択であったが，本節では，捕食者が積極的に捕食する対象となる餌種と <u>相対的に</u> 消極的に捕食する餌種というものを考える．捕食者によるこのような餌種依存の捕食圧の配分をその特徴とする捕食様式が慣用的に**スウィッチング捕食**（switching predation）と呼ばれるものである．

■**スウィッチング捕食様式** 捕食者1個体が単位時間あたりに捕食活動に費やす総エネルギー量（**捕食努力量；predation effort** [175]）をEとすると，前記の捕食者1個体による餌種依存の捕食圧の配分は，この総エネルギー量Eをどのような配分で捕食対象となっている複数の餌種への捕食過程に利用するか，という観点で考察することができる．

今，利用している餌種の数をkとし，第i種の餌個体群に対する捕食についてのエネルギー配分率をθ_iとおこう．$\sum_{i=1}^{k}\theta_i = 1$である．よって，第$i$種の餌個体群の捕食に単位時間に費やすエネルギー配分量e_iは，$e_i = \theta_i E$である．仮定として，捕食者1個体は，餌種iから，単位時間あたり，このエネルギー配分量e_iに比例する摂食量（または，獲得エネルギー量）を得ることができるものとする．つまり，エネルギー配分量に基づいて，捕食者が採餌を行った場合，餌種iからの単位時間あたり摂食量φ_iを

$$\varphi_i = \alpha_i e_i H_i$$

と表すことができるとしよう[176]．ここで，パラメータα_iは，餌種iに対する捕食の成功率を含む単位時間あたりの捕食効率を表す．H_iは餌種iの個体群サイズ（密度）である．すると，捕食者1個体が単位時間あたりに捕食できる総摂食量fは，

$$f = \sum_{i=1}^{k} \varphi_i = E\sum_{i=1}^{k} \alpha_i \theta_i H_i \tag{4.136}$$

で与えられる．

最も単純な場合として，餌種数が2（$k=2$）の場合を考えてみよう．この場合，$\theta_1 + \theta_2 = 1$に注意すると，

$$\frac{\partial f}{\partial \theta_j} = E\left(\alpha_j H_j - \alpha_i H_i\right) \quad (i,j = 1,2; i \neq j)$$

を容易に得ることができる．この式から，$\alpha_1 H_1 > \alpha_2 H_2$である限り，$\theta_1$を増加させ，$\theta_2$

---

[175] または，**探索努力量**（searching effort）．
[176] この設定は，Hollingの円盤方程式(4.110)に従う捕食において，handling timeを無視した（$h_i = 0$ for $\forall i$）場合に相当する．handling timeを導入したHollingの円盤方程式へのスウィッチング捕食の導入は後に考察する．

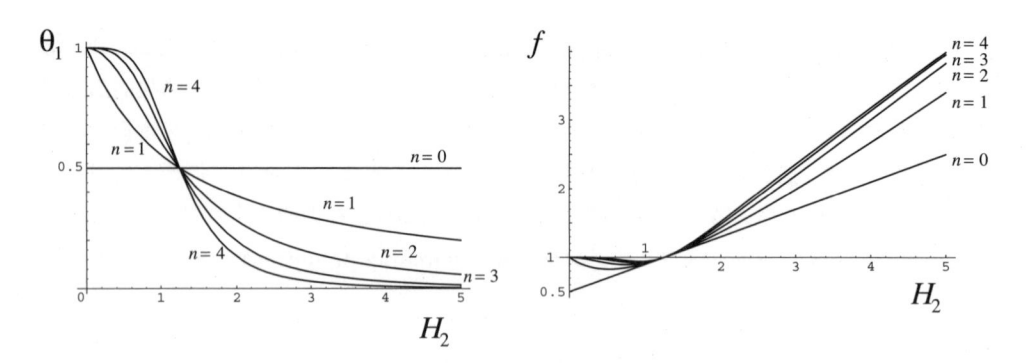

図 4.26 スウィッチング捕食様式。式 (4.137) によって与えられる捕食エネルギー配分 θ_1 と式 (4.138) による捕食者 1 個体が単位時間あたりに捕食できる期待総摂食量 f。$E = 1; \alpha_1 = 1; \alpha_2 = 0.8; H_1 = 1$。

を減少させるのが総摂食量 f を増加させるという意味で適応的なエネルギー配分である。逆に $\alpha_1 H_1 < \alpha_2 H_2$ なら，θ_1 を減少させ，θ_2 を増加させるのが適応的になる[177]。

θ_i がより大きくなれば，餌種 i に対する捕食圧はより高くなり，したがって，餌個体群密度 H_i は減少するであろう。一方，θ_j $(j \neq i)$ はより減少することになり，餌種 j に対する捕食圧が低くなるので，個体群密度 H_j は増加するであろう。$\alpha_j H_j < \alpha_i H_i$ $(i \neq j)$ が成り立つ限り，θ_i がより大きくなり，餌種 i への捕食圧が増加し，個体群密度 H_i が低下すると考えられるので，平衡状態が存在するとすれば，平衡状態においては，$\partial f / \partial \theta_1 = \partial f / \partial \theta_2 = 0$，すなわち，$\alpha_1 H_1 = \alpha_2 H_2$ とならなければならない[178]。

ここで，考えなければならないのは，捕食者による捕食に費やすエネルギーの配分 θ_i $(i = 1, 2)$ の適応的な変化である。上記の議論における捕食効率パラメータ α_i $(i = 1, 2)$ が捕食者種と餌種の種間関係のみで定まる定数であるとすると，結局，上記の適応的採餌戦略では，配分 θ_i を捕食者が利用する餌種の個体群密度に応じて変化させていることになる。すなわち，θ_i を餌個体群密度の関数と考えることになる。

■理想的な捕食スウィッチング応答　餌種数が 2 の場合については，上記の適応的な θ_i の変化を実現する関数形として，以下のようなものを考えることができる：

$$\theta_i = \theta_i(H_1, H_2) = \frac{(\alpha_i H_i)^n}{(\alpha_1 H_1)^n + (\alpha_2 H_2)^n} \quad (i = 1, 2). \tag{4.137}$$

パラメータ n は，図 4.26 が示すように，捕食のスウィッチングの個体群サイズに対する

---

[177] $\alpha_1 H_1 > \alpha_2 H_2$ である限り，$\theta_1 = 1, \theta_2 = 0$ とし，$\alpha_1 H_1 < \alpha_2 H_2$ なら，$\theta_1 = 0, \theta_2 = 1$ とするような all-or-none 的なエネルギー配分様式を「bang-bang 制御」と呼ぶ。これとは異なり，本節で述べられている配分様式は餌個体群密度に反応した θ_i の連続的な変化から成る。

[178] 後に述べる理想自由分布が実現された状態。

応答性を表しており，n が大きいほど応答が鋭くなる[*179]。また，$n=0$ の場合には，捕食エネルギー配分は，餌個体群サイズによらず，$\theta_1 = \theta_2 = 1/2$ になる。すなわち，$n=0$ の場合，捕食者は，餌種によらずに餌個体をランダムに捕食しており，餌種を区別していないので，スウィッチング捕食を行っていないことになる[*180]。捕食者がこの式 (4.137) によるスウィッチング捕食様式を採っているとき，捕食者 1 個体による単位時間あたりの期待総摂食量 f は，(4.136) より，

$$f = E \cdot \frac{(\alpha_1 H_1)^{n+1} + (\alpha_2 H_2)^{n+1}}{(\alpha_1 H_1)^n + (\alpha_2 H_2)^n} \tag{4.138}$$

となる。

図 4.26 が示すように，式 (4.137) によって与えられるスウィッチング捕食様式 ($n>0$) による捕食は，非スウィッチング捕食様式 ($n=0$) の場合よりも多い (より厳密には，少なくない) 単位時間あたりの期待総摂食量を捕食者に提供する。しかも，その増分は，パラメータ n が大きければ大きいほどより大きい[*181]。$\alpha_1 H_1 = \alpha_2 H_2$ の場合にのみ非スウィッチング捕食様式とスウィッチング捕食様式が等しい期待総摂食量を導く。餌種 2 に比べて餌種 1 の個体群サイズが十分に小さい ($\alpha_1 H_1 < \alpha_2 H_2$) ときには，餌種 1 への捕食エネルギー配分を下げ，その分，個体群サイズのより大きな餌種 2 への捕食エネルギー配分を上げて，餌種 2 の個体をより熱心に探索・捕食する方が捕食者の総摂取量の観点からは有利なはずである。これは，餌種 2 がより大きな個体群サイズを持つので，単位配分エネルギー増に対する，単位時間あたりに期待される餌種 2 からの摂取量の増加分が，餌種 1 からの摂取量の減少分を上回るからである。また，逆に，餌種 2 に比べて餌種 1 の個体群サイズが十分に大きい ($\alpha_1 H_1 > \alpha_2 H_2$) ときには，餌種 1 に対する捕食エネルギー配分を上げ，餌種 2 より餌種 1 をより熱心に探索・捕食する方が有利である。このことが図 4.26 によって明確に例示されている。

前出の議論により，平衡状態が存在するとすれば，その平衡状態においては，$\alpha_1 H_1 = \alpha_2 H_2$ が成り立つはずである。この条件を満たす平衡状態における餌個体群サイズ H_i ($i=1,2$) に対して，式 (4.137) によるスウィッチング捕食様式は，$\theta_1 = \theta_2 = 1/2$ になり，平衡状態における捕食者は，<u>見かけ上</u>，非スウィッチング捕食様式 ($n=0$) を採っている。もちろん，それは，餌個体群サイズの分布が，捕食者による捕食エネルギー配分を均等にする状況に結果的になっているからであって，やはり，捕食者のスウィッチング捕食による結果なのである。捕食者のスウィッチング捕食は，餌個体群サイズを能動的に変化させ，その結果，条件 $\alpha_1 H_1 = \alpha_2 H_2$ が満たされるような平衡状態に餌個体群サイズを誘導すると考えてもよいだろう。

[*179] 数学的には，$n \to +\infty$ の極限で bang-bang 制御になる。
[*180] 捕食機会自体は，餌個体群サイズに依存したり，餌種に依存した探索・捕食効率に依存するだろうが，捕食者の捕食活動に向けるエネルギーについては，餌種によらない均等分配をしている。
[*181] つまり，捕食者の単位時間あたりの期待総摂食量の点からは，bang-bang 制御が最も優れている。

平衡状態においては，捕食者が見かけ上，ランダム捕食をしているが，このとき，2種類の餌個体群それぞれからの摂食速度が等しくなっている．つまり，それぞれの餌種個体群からの単位時間あたり摂食量が等しくなっており，この観点から，捕食者にとっては，2種の餌個体群は区別されない．2種の餌個体群全体が，捕食者にとって，ある1種の餌個体群と同等な価値をもつような状況にあると考えてもよいだろう．捕食者にとって，各餌種個体群からの単位時間あたり摂食量が等しくなるような餌種の個体群サイズ分布は，理想自由分布（ideal free distribution）と呼ばれるものになっている[*182]．本節で述べた餌2種の場合の理想自由分布は，$H_1 : H_2 = \alpha_2 : \alpha_1$ で与えられる．

■より一般的な捕食スウィッチング応答　式 (4.137) によって与えられるスウィッチング捕食様式は，捕食者1個体が単位時間あたりに捕食できる期待総摂取量 f を増大させる最適な関数形を持っており，式 (4.137) では，餌個体群サイズに対するスウィッチング応答において，<u>厳密に</u> 捕食効率 α_i を用いたエネルギー配分を行っている．これを理想的な場合として考え，もう少し一般的な捕食者のスウィッチング応答関数 θ_i を考えてみよう．

$$\theta_i = \theta_i(H_1, H_2) = \frac{(\beta_i H_i)^n}{(\beta_1 H_1)^n + (\beta_2 H_2)^n} \quad (i = 1, 2). \tag{4.139}$$

上記の式 (4.139) におけるパラメータ β_i は，餌種 i に対する嗜好度（favorableness）と呼べるものであり，一般に捕食効率 α_i とは異なる[*183]．β_1 が β_2 より大きければ大きいほど，捕食者は，餌種1の捕食にかけるエネルギーについて，餌個体群サイズに依存しない，より大きな偏りを持つ．言いかえれば，β_1 が β_2 より大きければ大きいほど，捕食者は，捕食者1個体が単位時間あたりに捕食できる期待総摂取量を増大させる性質とは別に，より熱心に餌種1の個体を捕食しようとする（餌個体群サイズによらない）在来の特性[*184]を持つ．

捕食者がこの式 (4.139) によるスウィッチング捕食様式を採っているときの捕食者1個体による単位時間あたりの期待総摂食量 f は，(4.136) より，

$$f = E \cdot \frac{\alpha_1 H_1 (\beta_1 H_1)^n + \alpha_2 H_2 (\beta_2 H_2)^n}{(\beta_1 H_1)^n + (\beta_2 H_2)^n} \tag{4.140}$$

となる．式 (4.139) によるスウィッチング捕食様式は，捕食者による餌嗜好性が存在することによって，理想的な式 (4.137) によるそれとはズレが生じるわけであるから，場合によっては，非スウィッチング捕食様式（$n = 0$）より劣るものになりうるだろう．実際，

[*182] 同一環境条件下における行動の選択に関する**確率対応**（probability matching）と呼ばれるものに対応する（たとえば，戸田・中原 [344] を参照）．

[*183] $\beta_i = c\alpha_i$ ($i = 1, 2; c$ は i によらない任意の正定数）となるときに，理想的なスウィッチング応答を持つスウィッチング捕食と同等になる．

[*184] 摂食以外の何らかの種間関係，たとえば，交尾場所などの繁殖過程に関わる要素を餌種が持っている場合に考えられる遺伝的（進化的）特性．

4.2 餌–捕食者系

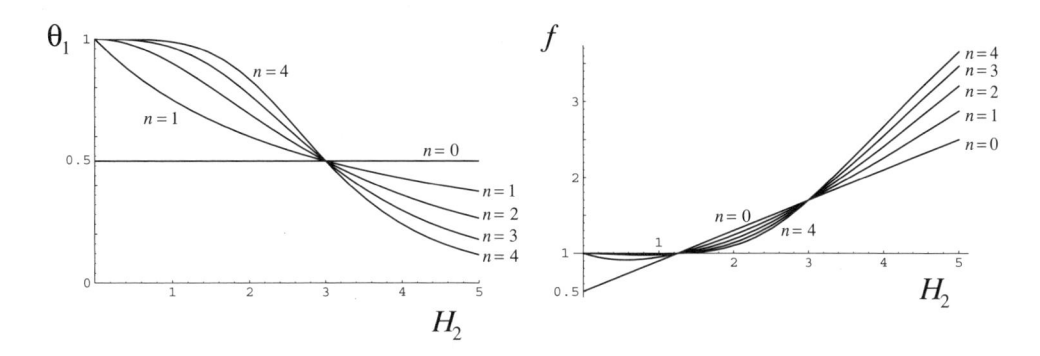

図 4.27 スウィッチング捕食様式。式 (4.139) によって与えられる捕食エネルギー配分 θ_1 と式 (4.140) による捕食者 1 個体が単位時間あたりに捕食できる期待総摂食量 f。$E=1$; $\alpha_1=1$; $\alpha_2=0.8$; $\beta_1=3$; $\beta_2=1$; $H_1=1$。

図 4.27 が例示するように，餌個体群サイズによっては，非スウィッチング捕食（＝ランダム捕食）の方が優れている場合がある。

式 (4.139) によるスウィッチング捕食様式においては，$\alpha_1 H_1 = \alpha_2 H_2$ の場合以外に，$\beta_1 H_1 = \beta_2 H_2$ の場合にも非スウィッチング捕食様式（$n=0$）とスウィッチング捕食様式（$n>0$）における期待総摂食量 f が等しくなる。さらに，

$$\min\left\{\frac{\alpha_1}{\alpha_2}H_1, \frac{\beta_1}{\beta_2}H_1\right\} < H_2 < \max\left\{\frac{\alpha_1}{\alpha_2}H_1, \frac{\beta_1}{\beta_2}H_1\right\}$$

の条件下では，式 (4.139) によるスウィッチング捕食様式（$n>0$）は，非スウィッチング捕食様式（$n=0$）より劣る（図 4.27 参照）。

■Holling の円盤方程式への導入　ここで，捕食スウィッチング応答を第 4.2.7 節で述べた Holling の円盤方程式に導入することを考えてみる。第 4.2.7 節での議論においては，捕食者の捕食について，距離 R 以内の餌個体を全て捕食の対象とするという仮定がおかれていた[*185]。また，捕食者 1 個体による単位時間あたりの期待総摂食量 f は式 (4.110) で与えられた。第 4.2.7 節での議論より，捕食スウィッチング応答関数 θ_i の Holling の円盤方程式への導入は，Holling の円盤方程式 (4.110) における σ_i を $\sigma_i \theta_i$ に置き換えることで可能である。すなわち，この θ_i は，距離 R 以内の餌種 i の個体に捕食対象としてどれだけ関心を持つかという度合いを表している。あるいは，捕食者が，距離 R 以内の餌種 i の個体の内，捕食対象として利用しようとする割合を表しているといってもよい。したがって，(4.110) より，スウィッチングの導入された複数の餌種に対する円盤方程式 f は，

$$f = f(H_1, H_2, \ldots, H_k) = \frac{\sum_{j=1}^{k} g_j a \sigma_j \theta_j H_j}{1 + \sum_{i=1}^{k} h_i a \sigma_i \theta_i H_i} \tag{4.141}$$

[*185] ただし，捕食の失敗確率 $1 - \sigma_i$ が各餌種 i について仮定されていた。

となる。

再び，餌種が2種の場合（$k=2$）について考えてみることにしよう。$\theta_1+\theta_2=1$ に注意すると，式 (4.141) より，

$$\frac{\partial f}{\partial \theta_i} = \frac{(1+h_i a\sigma_i H_i)(1+h_j a\sigma_j H_j)}{(1+h_1 a\sigma_1\theta_1 H_1+h_2 a\sigma_2\theta_2 H_2)^2}\{\phi_i(H_i)-\phi_j(H_j)\} \quad (i,j=1,2; i\neq j)$$

が得られる。ここで，

$$\phi_i = \phi_i(H_i) = \frac{g_i a\sigma_i H_i}{1+h_i a\sigma_i H_i} \quad (i=1,2)$$

である。したがって，前節と同様の議論により，スウィッチングの導入された Holling 型捕食過程では，$\phi_1>\phi_2$ である限り，θ_1 を増加（θ_2 を減少）させるのが期待総摂食量 f を増加させるという意味で適応的な捕食エネルギー配分であり，逆の不等式 $\phi_1<\phi_2$ が成り立つときには，θ_1 を減少（θ_2 を増加）させるのが適応的である。

実は，ϕ_i は，餌種 i のみを捕食の対象として利用する場合（$\theta_i=1; \theta_j=0; i,j=1,2; i\neq j$）において期待される捕食者1個体による単位時間あたりの総摂食量を定義している[*186]。だから，条件式 $\phi_1>\phi_2$ による捕食スウィッチング応答は，次のように言いかえることができる：餌1種のみを利用した場合に期待される単位時間あたりの総摂食量が大きい餌種の方への捕食エネルギー配分を大きくするべきである[*187]。

この議論より，前節と同様の考え方で，捕食スウィッチング応答関数 θ_i を次のように構成することができる：

$$\theta_i = \theta_i(H_1,H_2) = \theta_i(\phi_1,\phi_2)$$

$$= \frac{(\beta_i\phi_i)^n}{(\beta_1\phi_1)^n+(\beta_2\phi_2)^n} \quad (i=1,2) \tag{4.142}$$

パラメータ β_i は，前節同様，餌種 i に対する嗜好度を表している。$\beta_1=\beta_2$ のとき，この捕食スウィッチング応答関数は（理想的に）最適なものになる。

前節と同様に，式 (4.142) による捕食スウィッチングが導入された Holling 型捕食様式は，$\beta_1\neq\beta_2$ のとき，理想的なスウィッチング捕食とはズレが生じるわけであるから，場合によっては，非スウィッチング捕食様式（$n=0$）より劣るものになりうる。実際，図 4.28 が例示するように，餌個体群サイズによっては，非スウィッチング捕食の方が優れている場合が存在する[*188]。

[*186] 定義より，$\phi_i<g_i/h_i$ が常に成り立つことに注意。

[*187] この結果は，実は，Holling の円盤方程式 (4.110) に従う捕食において，handling time を無視した（$h_i=0$ for $\forall i$）場合についての本節の前半の議論でも適用できる。本節の前半の議論において，餌種 i のみを捕食に利用する場合に期待される捕食者1個体による単位時間あたりの総摂食量は，$\alpha_i\theta_i E\cdot H_i$ で与えられたのである！

[*188] 図 4.28 では，図 4.26 や図 4.27 と異なり，捕食者1個体が単位時間あたりに捕食できる期待総摂取量 f を，ϕ_2 の関数として示してある。ϕ_2 と H_2 は1対1対応があり，H_2 が増加すれば ϕ_2 も増加する。

4.2 餌–捕食者系

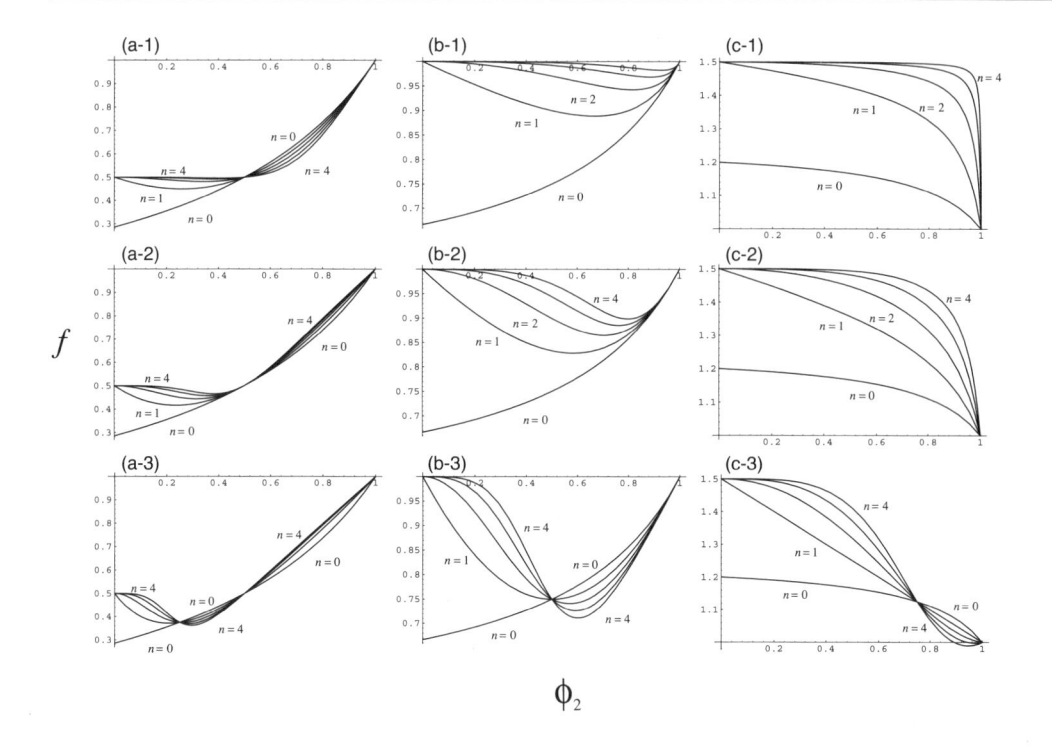

図 4.28 捕食スウィッチングが導入された Holling 型捕食様式．式 (4.142) によって与えられる捕食エネルギー配分 θ_i ($i=1,2$) を式 (4.141) に代入した場合の，捕食者 1 個体が単位時間あたりに捕食できる期待総摂食量 f．$g_1/h_1 = 2$, $g_2/h_2 = 1$．(a-#) $\phi_1 = 0.5$; (b-#) $\phi_1 = 1$; (c-#) $\phi_1 = 1.5$．(x-1) $\beta_1 = 2$, $\beta_2 = 1$; (x-2) $\beta_1 = 1$, $\beta_2 = 1$; (x-3) $\beta_1 = 1$, $\beta_2 = 2$．

簡単な計算により，今考えているスウィッチング捕食様式 ($n>0$) による f が非スウィッチング捕食様式 ($n=0$) によるそれと等しくなるのは，$\phi_1 = \phi_2$ もしくは $\beta_1\phi_1 = \beta_2\phi_2$ の場合であることがわかる．図 4.28 が示すように，スウィッチング捕食様式が非スウィッチング捕食様式より劣っている場合の出現，および，その条件はパラメータの値に強く依存している．

捕食者が餌個体群サイズに依存した捕食スウィッチングを行っていれば，餌種 1 と 2 のそれぞれに対する捕食圧が捕食者依存で変化しながら，餌種それぞれの個体群サイズがその捕食圧変化に応答して変化するわけであるから，(ϕ_1 を固定した数値計算によって捕食スウィッチングの f への効果を示した）図 4.28 に示した場合のいずれかのみによって捕食者-餌 2 種間の個体群ダイナミクスが支配されるのではなく，図 4.28 に示された複数の場合を時間的に遷移しながら個体群ダイナミクスが展開される．

> 餌種の数が2以上の場合では，どのような議論が可能であろうか． 発展

4.2.9　構造をもつ餌個体群に対する選択的捕食

一般に，捕食者による餌種の探索や捕獲，捕食性向[189]は，餌個体のもつ特性に依存する．たとえば，ある捕食者は，ある成熟度[190]を満たすような餌個体のみを捕食の対象とし，未成熟な餌個体を捕食の対象からはずしているかもしれない[191]．また，餌種によっては，ある若齢期間とその後における生息場所が異なるために，結果として，ある特定の捕食者からの捕食にさらされるのは，ある齢以前のみ，もしくは以後のみ，ということがあり得るだろう．さらに，そのような餌種については，ある齢以前における捕食者とそれ以後の捕食者とは種が異なっている場合もあるだろう．このような体サイズや齢に依存した捕食は，**選択的捕食**（selective predation）の一種である．広い意味では，第4.2.8節で述べたスウィッチング捕食もこの選択的捕食の一種である．

本節では，餌個体群内の構造を考え，第2.1.6節で述べた数理モデリングの応用として，捕食者の捕食性向が餌個体のもつ状態変数（体サイズや齢など）に依存する場合の餌–捕食者個体群サイズ変動ダイナミクスについて可能な数理モデリングについて考えてみよう．

構造をもつ餌個体群を考えるために，第2.1.6節で述べた数理モデリングに従って，餌個体群内の状態変数の分布関数 $H(x,t)$ とその密度分布関数 $h(x,t)$ を導入する．分布関数 $H(X,t)$ は，時刻 t において，状態を表す変数 x が値 X 以下である部分餌個体群のサイズを与え，密度分布関数 $h(X,t)$ は，分布関数 $H(X,t)$ との次の関係によって定義される[192]：

$$H(X,t) = \int_{x_{\min}}^{X} h(z,t)dz;$$

$$h(X,t) = \frac{\partial H(X,t)}{\partial X}.$$

ここで，$x_{\min}$ は，考えている餌個体のとりうる状態変数の値の最小値であり，餌個体群の更新（繁殖）過程によって生成される新規個体のとる状態変数である．

また，各個体の状態変数 x は，体サイズや齢のように，時間とともに単調増加するもの

---

[189] どの程度の時間をその餌種の探索に充てるか，などの捕食行動を制御する捕食者の戦略的性格．環境条件に依存して変化しうる．
[190] たとえば，齢，体サイズ，体色などが指標として考えられるだろう．
[191] 成虫（resp. 幼虫）のみが捕食の対象であり，その幼虫（resp. 成虫）は捕食の対象外であるという餌種–捕食者関係の例は少なくない．
[192] 第2.1.6節の式 (2.80), (2.81) 参照．

4.2 餌–捕食者系

とし，その時間変動は，

$$\frac{dx(t)}{dt} = g(x,t) \geq 0 \quad (\text{for } \forall x \geq x_{\min}, \forall t \geq 0) \tag{4.143}$$

によって支配されている[*193] ものとする．関数 $g(x,t)$ は，状態変数 x と時間 t についての十分になめらかな関数であるとし，状態 x の時間変化は，連続的に起こるものとする．

さて，第 2.1.6 節の議論と同様に，時刻 t における状態が $(X, X+\delta X]$ であるような部分餌個体群 $\delta H(X, \delta X, t)$ のサイズ変動に着目しよう[*194]．時刻 t から時刻 $t+\Delta t$ の時間 Δt の間にこの部分餌個体群の構成個体の状態は，$(\tilde{X}, \tilde{X}+\delta \tilde{X}]$ の状態に遷移するのであるが，今は，この着目している部分餌個体群のサイズの時間変動のみに着目しよう．餌個体群における状態変数 x に関するサイズ分布を表す関数 $H(x,t)$ は，やはり，x と t に関して，十分に滑らかな連続関数であると仮定すれば，時刻 t から時刻 $t+\Delta t$ の時間 Δt の間のこの部分餌個体群のサイズ変動分[*195]

$$\delta Q(X, \delta X, t, \Delta t) = \delta H(\tilde{X}, \delta \tilde{X}, t+\Delta t) - \delta H(X, \delta X, t)$$

は，δX, Δt について連続な十分になめらかな関数であると考えることができ，第 2.1.6 節と同一の議論展開に沿って，数理モデリングを進めることができる．

餌個体群サイズの変動は，餌個体群自身に由来した（自然）死亡による減少と，捕食による減少，そして，更新（繁殖）過程による増加の総和の結果である．ここでは，餌個体の捕食が，その餌個体のもつ状態変数 x の値に依存している状況を考えているので，捕食による餌個体群のサイズ減少は，捕食者の個体群サイズへ依存するのみではなく，選択的捕食による，餌個体群における状態変数分布 $H(x,t)$ の変動に影響を受ける．そこで，捕食による餌個体群サイズ減少の効果を考慮しつつ，第 2.1.6 節の $\delta Q(X, \delta X, t, \Delta t)$ に対する仮定 (2.74) についての議論をここでも適用し，ここでは，次の仮定をおく：

$$\delta Q(X, \delta X, t, \Delta t) = -\left\{ M(P(t), H(X,t), X, \delta X, t)\Delta t + O(\{\Delta t\}^2) \right\} \delta H(X, \delta X, t). \tag{4.144}$$

時刻 t における捕食者個体群サイズを $P(t)$ とする．今は捕食による餌個体群の減少過程が存在するので，$\delta Q(X, \delta X, t, \Delta t)$ は，捕食者個体群サイズ $P(t)$ にも依存しなければならない．$M(P(t), H(X,t), X, \delta X, t)\Delta t + O(\{\Delta t\}^2)$ は，着目している部分餌個体群について，時刻 t から $t+\Delta t$ の時間 Δt の間における，餌個体群の単位サイズあたりの減少割合を表す．つまり，$M(P(t), H(X,t), X, \delta X, t)$ は，時刻 t から $t+\Delta t$ の時間 Δt の間における（単位時間あたりの）減少率（減少速度）の意味をもつ[*196]．

[*193] 第 2.1.6 節の式 (2.61) に相当．
[*194] 以降の議論については，第 2.1.6 節の考え方の展開を並行して参照していただくとより理解しやすいだろう．用いる記号は，本節で定義したものをのぞいて第 2.1.6 節のものとできるだけ共通にしてある．
[*195] 第 2.1.6 節の式 (2.62) に相当．
[*196] もちろん，この段階では，これは，$O(\{\Delta t\}^2)$ の誤差を含んだ近似的な意味づけである．

餌個体の自然死亡と捕食者の捕食行動とは独立であると考えれば[*197]，餌個体群の自然死亡による減少分と捕食による減少分とは独立して与えられなければならない．すなわち，仮定 (4.144) の右辺は，餌個体群の自然死亡による減少分と捕食による減少分の和として与えられるべきである．そこで，(4.144) を次のように書き直す[*198]：

$$\delta Q(X, \delta X, t, \Delta t)$$
$$= -\left\{ M_{\mathrm{d}}(X, \delta X, t)\Delta t + O(\{\Delta t\}^2) \right\} \delta H(X, \delta X, t)$$
$$- \left\{ M_{\mathrm{p}}(P(t), H(X,t), X, \delta X, t)\Delta t + O(\{\Delta t\}^2) \right\} \delta H(X, \delta X, t). \quad (4.145)$$

右辺第 1 項が，着目している部分餌個体群について，時刻 t から $t + \Delta t$ の時間 Δt の間における自然死亡による減少分を表し，第 2 項が，捕食による減少分を表す．M_{d} は，時刻 t から $t + \Delta t$ の時間 Δt の間における自然死亡による（単位時間あたりの）減少率（減少速度）の意味をもち，M_{p} が，捕食による減少率の意味をもつ．

ここでも，M_{d} と M_{p} が δX の関数として，十分になめらかであると仮定すれば，第 2.1.6 節の式 (2.74) から式 (2.76)，(2.79) に至る議論展開に従うことができて[*199]，結局，

$$-M_{\mathrm{d}}(x,0,t)\frac{\partial H(x,t)}{\partial x} - M_{\mathrm{p}}(P(t), H(x,t), x, 0, t)\frac{\partial H(x,t)}{\partial x}$$
$$= \frac{\partial}{\partial x}\left\{ g(x,t)\frac{\partial H(x,t)}{\partial x} \right\} + \frac{\partial}{\partial t}\left\{ \frac{\partial H(x,t)}{\partial x} \right\}. \quad (4.146)$$

もしくは，

$$-M_{\mathrm{d}}(x,0,t)h(x,t) - M_{\mathrm{p}}(P(t), H(x,t), x, 0, t)h(x,t)$$
$$= \frac{\partial}{\partial x}\left\{ g(x,t)h(x,t) \right\} + \frac{\partial}{\partial t}h(x,t). \quad (4.147)$$

という，状態変数 x に関する餌個体群内の構造の時間変動を記述する偏微分方程式を得ることができる．$M_{\mathrm{d}}(x,0,t) = \mu(x,t)$ が自然死亡率に相当する[*200]．捕食による餌個体

[*197] この二つが独立でないような場合も考えることもできよう．たとえば，捕食者密度が高い状況，あるいは，捕食者の捕食活動が活発な状況下では，餌個体への捕食からのストレスが大きく，そのために，餌個体の（平均）自然死亡率が大きくなるかもしれない．それは，本節における数理モデリングにおいて定数と仮定している自然死亡率を捕食者個体群サイズの（なんらか適当な）関数として与えることによって数理モデリングが可能であろう．考えてみれば面白そうである．

[*198]
$$M(P(t), H(X,t), X, \delta X, t)\Delta t$$
$$= M_{\mathrm{d}}(X, \delta X, t)\Delta t + M_{\mathrm{p}}(P(t), H(X,t), X, \delta X, t)\Delta t + O(\{\Delta t\}^2)$$

と書き直すのと同等．餌個体の自然死亡と捕食者の捕食行動の間に相関があったとしても，微小時間 Δt における相関が $O(\{\Delta t\}^2)$ の程度であれば，以降の議論はそのまま適用できる．

[*199] 考える論理展開は重要なのであるが，それなりに煩雑な計算ではあるので，ここでは，第 2.1.6 節のように詳細は記さない．関心のある読者は，行間を検討してみられると，新しい理解も得られると思う．

[*200] 第 2.1.6 節の議論における $\mu(x,t)$ に対応．

群サイズの減少率 $M_\mathrm{p}(P(t), H(x,t), x, 0, t)$ によって捕食者の捕食性向の影響が反映される。

さて，捕食者による捕食過程について考えてみよう．第 4.2.1 節で述べた，餌–捕食者個体群サイズ変動ダイナミクスの議論では，餌個体群の構造に依存した捕食は考えられていなかった．そこで，本節の偏微分方程式 (4.146) や (4.147) を導出する議論で用いたアイデアに再び立ち返って，時刻 t における状態が $(X, X+\delta X]$ であるような部分餌個体群 $\delta H(X, \delta X, t)$ に着目し，式 (4.145) の右辺第 2 項で与えられた，この部分餌個体群の時刻 t から $t + \Delta t$ の間の捕食によるサイズ減少分を改めて考えてみる．この捕食による減少分は，第 4.2.1 節の餌–捕食者個体群サイズ変動ダイナミクスの議論における ΔY に相当する．そこで，仮定 (4.43) にならって，ここでは，次の仮定を採用しよう：

$$\left\{ M_\mathrm{p}(P(t), H(X,t), X, \delta X, t)\Delta t + O(\{\Delta t\}^2) \right\} \delta H(X, \delta X, t)$$
$$= f(H(X,t), \delta X, t) P(t) \Delta t + O(\{\Delta t\}^2). \qquad (4.148)$$

この仮定では，$f(H(X,t), \delta X, t)\Delta t$ が時刻 t から $t + \Delta t$ の間の捕食についての捕食者の単位個体群サイズあたりの摂食量に相当する．時間の長さ Δt がゼロの場合に (4.148) の右辺がゼロにならなければならないのはもちろんであるが，$P = 0$ の場合にもゼロにならなければならない．捕食者がいなければ捕食による減少はないからである．

単位時間あたりの摂食効率を表す $f(H(X,t), \delta X, t)$ に捕食者による選択的捕食を導入する．今考えている捕食は，時刻 t における状態が $(X, X+\delta X]$ であるような部分餌個体群 $\delta H(X, \delta X, t)$ に対するものである．定義より，任意の (X, t) に対して，$\delta H(X, 0, t) = 0$ であるから，(4.148) の右辺も $\delta X = 0$ のとき，任意の (X, t) に対して，ゼロにならなければならない．サイズがゼロの餌個体群に対する捕食量は常にゼロだからである．よって，

$$f(H(X,t), 0, t) \equiv 0$$

でなければならない．また，$\delta X = 0$ のとき，(4.148) の右辺がゼロにならなければならないのであるから，$O(\{\Delta t\}^2)$ の項は，実は，δX については，1 次以上の項でなければならないと考えてよい．すなわち，$O(\{\Delta t\}^2)$ の項は，$O(\delta X \{\Delta t\}^2)$ と書き表せる．

これらの条件を加味して，(4.148) の右辺を $\delta X = 0$ の周りで Taylor 展開すると，

$$\left. \frac{\partial f}{\partial \{\delta X\}} \right|_{(H(x,t), 0, t)} P(t) \delta X \Delta t + O(\{\delta X\}^2 \Delta t) + O(\delta X \{\Delta t\}^2) \qquad (4.149)$$

が得られる．

一方，式 (4.148) の左辺の $\delta X = 0$ の周りでの Taylor 展開を，第 2.1.6 節の式 (2.63) も参照して考える[*201]と，結果として，

$$M_\mathrm{p}(P(t), H(X,t), X, 0, t) \frac{\partial H(X,t)}{\partial X} \delta X \Delta t + O(\{\delta X\}^2 \Delta t) + O(\delta X \{\Delta t\}^2)$$

[*201] M_p と δH の両方について，$\delta X = 0$ の周りでの Taylor 展開をそれぞれ行う．

$$\tag{4.150}$$

にたどり着ける。

式 (4.148) が任意の (十分に小さな) δX, Δt について成立すると仮定しているので[*202]，式 (4.149) と (4.150) より，

$$M_{\mathrm{p}}(P(t), H(X,t), X, 0, t)\frac{\partial H(X,t)}{\partial X} = \left.\frac{\partial f}{\partial \{\delta X\}}\right|_{(H(x,t),0,t)} P(t) \tag{4.151}$$

が成り立つ。

ここで，時刻 t における状態が $(X, X+\delta X]$ である部分餌個体群 $\delta H(X, \delta X, t)$ に対する捕食についての仮定 (4.148) で与えられた単位捕食者個体群サイズあたりの単位時間あたり摂食効率 $f(H(X,t), \delta X, t)$ に，次のような数理モデリングを導入しよう[*203]：

$$\begin{aligned}
f(H(X,t), \delta X, t) &= \int_X^{X+\delta X} \Omega(z,t) h(z,t) dz \\
&= \Omega(X,t) h(X,t) \delta X + O(\{\delta X\}^2) \\
&= \Omega(X,t) \frac{\partial H(X,t)}{\partial X} \delta X + O(\{\delta X\}^2) \\
&= \Omega(X,t) \delta H(X, \delta X, t) + O(\{\delta X\}^2).
\end{aligned} \tag{4.152}$$

状態変数 X と時刻 t の関数 $\Omega(X,t)$ は，時刻 t において状態が $(X, X+\delta X]$ である部分餌個体群 $\delta H(X, \delta X, t)$ に対する捕食者個体の選択的捕食性向を導入するものであり，部分餌個体群 $\delta H(X, \delta X, t)$ に対する（状態変数に依存する）捕食率[*204]の意味をもつ。たとえば，ある状態値 x_c 以下をもつ餌個体のみ捕食の対象とするような捕食者の選択的捕食性向は，

$$\Omega(x,t) = \begin{cases} \omega(x,t) \ (\geq 0) & (\text{for } x \leq x_c) \\ 0 & (\text{for } x > x_c) \end{cases} \tag{4.153}$$

によって導入できる[*205]。

以上，(4.151) と (4.152) より，

$$M_{\mathrm{p}}(P(t), H(X,t), X, 0, t) = \Omega(X,t) P(t) \tag{4.154}$$

[*202] あるいは，式 (4.148) の $\Delta t \to 0, \delta X \to 0$ の極限をとると考えてもよい。

[*203] 式 (4.152) の導出における最後の等号については，第 2.1.6 節の式 (2.84) に関する議論を参照されたい。

[*204] ただし，本節のように時刻 t にも依存する場合，時刻に依存して，その値は変化しうる。これは，ここでの議論に抵触しない範囲で一般化しているだけなので，わかりにくければ，$\Omega = \Omega(X)$ としてもよい。

[*205] 非負値関数 $\omega(x,t)$ は，時刻 t において，捕食対象となる状態値を持つ餌個体に対する，状態値依存の捕食率を導入するものである。

4.2 餌–捕食者系

という数理モデリングになるので，結果として，状態変数 x に関する餌個体群内の構造の時間変動を記述する偏微分方程式モデル

$$-\mu(x,t)h(x,t) - \Omega(x,t)P(t)h(x,t) = \frac{\partial}{\partial x}\{g(x,t)h(x,t)\} + \frac{\partial}{\partial t}h(x,t). \quad (4.155)$$

が得られる。

餌個体群の更新過程については，第 2.1.6 節での議論をそのまま適用して[*206]，

$$g(x_{\min},t)h(x_{\min},t) = \int_{x_{\min}}^{x_{\max}} \beta(z,t)h(z,t)dz \quad (4.156)$$

によって，個体群の更新方程式（renewal equation）を与えることができる。β は，親の状態変数の値と時刻に依存した増殖率に相当する。$x_{\max}$ は，考えている餌個体群においてとりうる状態変数の上限値[*207] である。

連続型年齢構造をもつ餌個体群に対する選択的捕食

第 2.1.6 節でも議論したように，年齢を餌個体群の状態変数として，餌個体の年齢に依存した，捕食者による選択的捕食を考えてみよう：$x(t) = a(t)$。この場合，$g(x,t) = 1$ でなければならない[*208]。また，餌個体群について，考えうる年齢の上限値を $a_{\max}$ とする。

さらに，時刻 t における餌個体群内の平均自然死亡率 $\overline{\mu}(t)$ を次のように導入しておく：

$$\overline{\mu}(t) = \frac{\int_0^{a_{\max}} \mu(a,t)h(a,t)da}{\int_0^{a_{\max}} h(a,t)da}.$$

すると，餌個体群の総個体群サイズ

$$H_{\text{tot}}(t) = \int_0^{a_{\max}} h(a,t)da$$

は，偏微分方程式 (4.155) の両辺を，年齢について $[0, a_{\max}]$ の範囲で積分することによって，次の常微分方程式で表される時間変動ダイナミクスに従うことを導くことができる：

$$-\overline{\mu}(t)H_{\text{tot}}(t) - P(t)\int_0^{a_{\max}} \Omega(a,t)h(a,t)da = h(a_{\max},t) - h(0,t) + \frac{d}{dt}H_{\text{tot}}(t).$$

すなわち，

$$\frac{dH_{\text{tot}}(t)}{dt} = \int_0^{a_{\max}} \beta(a,t)h(a,t)da - \overline{\mu}(t)H_{\text{tot}}(t) - P(t)\int_0^{a_{\max}} \Omega(a,t)h(a,t)da. \quad (4.157)$$

[*206] 第 2.1.6 節の式 (2.97)。
[*207] 与えられた寿命と考えてもよいが，更新過程に着目して，生産年齢（繁殖活動に参加できる年齢）の上限と考えてもよい。
[*208] 第 2.1.6 節の議論参照。

a_max の定義より，$a_\mathrm{max} \leq a$ なる年齢 a をもつ個体は存在し得ないのであるから，$a_\mathrm{max} \leq a$ なる任意の a について，$h(a,t)=0$ なので，$h(a_\mathrm{max},t)=0$ である．また，更新方程式 (4.156) を $h(0,t)$ に対して代入した[*209]．

時刻 t における集団内の平均増殖率

$$\overline{\beta}(t) = \frac{\int_0^{a_\mathrm{max}} \beta(a,t)h(a,t)da}{\int_0^{a_\mathrm{max}} h(a,t)da}$$

および，平均捕食率

$$\overline{\Omega}(t) = \frac{\int_0^{a_\mathrm{max}} \Omega(a,t)h(a,t)da}{\int_0^{a_\mathrm{max}} h(a,t)da}$$

を導入すれば，式 (4.157) で与えられる，餌個体群サイズの時間変動ダイナミクスは，形式的に次のように書きかえることができる：

$$\frac{dH_\mathrm{tot}(t)}{dt} = \overline{\beta}(t)H_\mathrm{tot}(t) - \overline{\mu}(t)H_\mathrm{tot}(t) - \overline{\Omega}(t)P(t)H_\mathrm{tot}(t). \tag{4.158}$$

これは，まさしく，時間依存の Malthus 係数 $\overline{\beta}(t) - \overline{\mu}(t)$ をもつ Malthus 型増殖をする個体群に，時間依存の捕食係数 $\overline{\Omega}(t)$ で, mass-action 仮定，すなわち，Lotka–Volterra 型相互作用による捕食が加わっている餌–捕食者系ダイナミクスにおける餌個体群サイズ変動のダイナミクスを表しているように見える．しかし，これは，形式的なものにすぎず，実際には，これらの係数の「時間依存性」は，餌個体群の年齢構造分布 $h(a,t)$ を介しているので，これらの係数と H_tot の間には，ある相関が存在していることに注意しよう．本質的には，年齢分布構造の時間変動の詳細によって，餌個体群のサイズ変動が定まるのである．

ところで，形式的とはいえ，式 (4.158) において，餌個体群と捕食者個体群の相互作用は，Lotka–Volterra 型として現れているが，それはなぜであろう．実は，これは，単位捕食者個体群サイズあたりの単位時間あたり摂食効率を表す $f(H(X,t), \delta X, t)$ の数理モデリングにおける仮定 (4.152) に端を発している．具体的には，仮定 (4.152) において，捕食率に対応する Ω が，状態変数と時刻にしか依存していないことによる．たとえば，第 4.2.7 節で議論したように，Holling 型の，すなわち，Holling の円盤方程式による捕食過程を導入する場合には，単位捕食者個体群サイズあたり単位時間あたりの摂食効率 f は，餌個体群密度に依存していた．本節で議論した，構造をもつ餌個体群に対する選択的捕食過程の場合にも，仮定 (4.152) における捕食率に対応する Ω が，対象となる部分個体群密度 δH への依存性をもつことで，Lotka–Volterra 型相互作用以外の餌–捕食者系ダイナミクスを導出できるはずである．しかも，本節で議論した数理モデリングにおいては，その

[*209] 状態変数が年齢である場合，状態変数の最小値は，$x_\mathrm{min}=0$ である．

4.2 餌–捕食者系

相互作用を，状態変数依存で導入できるので，その自由度は非常に大きい。読者にこの後の展開を任せて，本節を閉じることにする。

発展

捕食率に対応する Ω に，対象となる部分個体群密度 δH への依存性を導入することで，どのような数理モデルへの展開が可能か。

付録 A

Taylor 展開（Taylor の定理）

> **Taylor の定理**
>
> 今，区間 $[a,b]$ で定義された実関数 $f(x)$ で，ある正整数 n に対して，次の二つの条件を満たすものを考える：
>
> - $f^{(n-1)}(x)$ が $[a,b]$ で連続である。
> - $f^{(n)}(x)$ が各 $x \in (a,b)$ で存在する。
>
> このとき，α, β を $[a,b]$ の異なる 2 点とし，
>
> $$P(t) = \sum_{k=0}^{n-1} \frac{f^{(k)}(\alpha)}{k!}(t-\alpha)^k \qquad (\text{A.1})$$
>
> とおく．すると，α と β の間の点 z で
>
> $$f(\beta) = P(\beta) + \frac{f^{(n)}(z)}{n!}(\beta-\alpha)^n \qquad (\text{A.2})$$
>
> となるものが存在する．

$n=1$ のときは，これは平均値定理である．一般に，この定理は，f が $n-1$ 次の多項式で近似できることを示しており，式 (A.2) を用いると誤差評価も可能である．実際，今，この定理を区間 $[a, a+h]$ で考えると，式 (A.2) より，

$$P(a+h) = \sum_{k=0}^{n-1} \frac{f^{(k)}(a)}{k!} h^k \qquad (\text{A.3})$$

$$f(a+h) = P(a+h) + \frac{f^{(n)}(z)}{n!} h^n \qquad (\text{A.4})$$

が導かれる。ここで，z は，$z \in [a, a+h]$ なるある値である。式 (A.4) より，h が小さければ小さいほど $f(a+h)$ の $P(a+h)$ による近似はよくなることがわかる。特に，$h \ll 1$ の場合の式 (A.4) を，しばしば，$f(x)$ の $x = a$ の周りでの **Taylor（テイラー）展開** (Taylor expansion) と呼ぶ*1。$h \ll 1$ の場合，この定理より，

$$f(a+h) = f(a) + \left.\frac{df(x)}{dx}\right|_{x=a} \cdot h + o(h) \tag{A.5}$$

つまり，$x = a$ に十分近い任意の点 x について，

$$f(x) = f(a) + \left.\frac{df(x)}{dx}\right|_{x=a} \cdot (x-a) + o((x-a)) \tag{A.6}$$

という線形近似が導かれる*2。

ただし，線形近似が有効に利用できるのは，$df(x)/dx$ が $x = a$ でゼロにならない場合に限る。式 (A.6) からわかるように，$df(x)/dx$ が $x = a$ でゼロになる場合*3，線形近似では，$f(x) \approx f(a)$ という近似しか得られない。そのような場合は，より次数の高い $(x-a)^2 (= h^2)$ の項を採り，二次関数近似を採る場合がある*4。

◆ **積分を用いた Taylor の定理の証明**

微分積分法の基本定理より，

$$f(x) - f(a) = \int_a^x f'(t) dt \tag{A.7}$$

である。この右辺の積分について，次のように，繰り返して，部分積分法の適用を行う：

$$\int_a^x f'(t) dt = \int_a^x 1 \cdot f'(t) dt$$
$$= \int_a^x \{-(x-t)\}' \cdot f'(t) dt$$

---

*1 Taylor の定理や Taylor 展開については，大抵の解析学や微分積分学の教科書に載っているので，より数学的に学んでおきたい読者については，そのような専門書を参照されたい。たとえば，W. ルディン [292, 293]，笠原 [160]，田坂 [336] などがある。

*2 ここで，$o(h)$ は，

$$\lim_{h \to 0} \frac{o(h)}{h} = 0$$

なる条件を満たすような線形近似における剰余項，すなわち誤差を表す。

*3 たとえば，$f(x)$ が $x = a$ で極値をとっている場合。

*4 もちろん，この場合にも，

$$\left.\frac{d^2 f(x)}{dx^2}\right|_{x=a} \neq 0$$

の場合でなければ近似は有効に利用できない。

付録 A Taylor 展開（Taylor の定理）

$$
\begin{aligned}
&= -\left[(x-t)f'(t)\right]_a^x + \int_a^x (x-t)f''(t)dt \\
&= f'(a)(x-a) - \frac{1}{2!}\left[(x-t)^2 f''(t)\right]_a^x + \frac{1}{2!}\int_a^x (x-t)^2 f'''(t)dt \\
&= f'(a)(x-a) + \frac{1}{2!}f''(a)(x-a)^2 \\
&\quad - \frac{1}{3!}\left[(x-t)^3 f'''(t)\right]_a^x + \frac{1}{3!}\int_a^x (x-t)^3 f^{(4)}(t)dt
\end{aligned}
$$

この部分積分法の適用を続けていくと，一般の自然数 n に対して，

$$
\int_a^x f'(t)dt = f'(a)(x-a) + \frac{1}{2!}f''(a)(x-a)^2 + \cdots \\
+ \frac{1}{n!}f^{(n)}(a)(x-a)^n + \frac{1}{n!}\int_a^x (x-t)^n f^{(n+1)}(t)dt \qquad \text{(A.8)}
$$

が得られるので，式 (A.7) と (A.8) より，次のように，Taylor 展開の式を得ることができる：

$$
f(x) = f(a) + f'(a)(x-a) + \frac{1}{2!}f''(a)(x-a)^2 + \cdots + \frac{1}{n!}f^{(n)}(a)(x-a)^n + R_n(x).
\tag{A.9}
$$

このとき，剰余項 $R_n(x)$ は，

$$
R_n(x) = \frac{1}{n!}\int_a^x (x-t)^n f^{(n+1)}(t)dt \tag{A.10}
$$

で与えられる。

◆ Rolle（ロル）の定理を用いた Taylor の定理の証明

今，定数 K を次の等式を満たすものとして定義する[*5]：

$$
\frac{K}{(n+1)!}(b-a)^{n+1} = f(b) - \Big\{ f(a) + f'(a)(b-a) \\
+ \frac{1}{2!}f''(a)(b-a)^2 + \cdots + \frac{1}{n!}f^{(n)}(a)(b-a)^n \Big\}.
\tag{A.11}
$$

[*5] 左辺の

$$
\frac{K}{(n+1)!}(b-a)^{n+1}
$$

が剰余項を表していることは，右辺の差の意味からわかる。

次に，区間 $[a,b]$ において連続で，(a,b) において微分可能な関数

$$F(x) = f(b) - \left\{ f(x) + f'(x)(b-x) + \frac{1}{2!}f''(x)(b-x)^2 + \cdots + \frac{1}{n!}f^{(n)}(x)(b-x)^n \right\}$$
$$- \frac{K}{(n+1)!}(b-x)^{n+1}$$

を考える．$F(b) = 0$ かつ $F(a) = 0$ であることは容易にわかる．すると，次の Rolle の定理より，$F'(c) = 0$ $(a < c < b)$ となる c が少なくとも一つ存在する．

> **ロルの定理**
> 関数 $f(x)$ が $[a,b]$ で連続，(a,b) で微分可能のとき，$f(a) = f(b)$ ならば，$f'(c) = 0$ $(a < c < b)$ となる c が少なくとも1つ存在する．

ここで，c の代わりに，$a + \theta(b-a)$ と表し，$0 < \theta < 1$ なる θ が少なくとも1つ存在すると表現することもできる．

一方，上記の $F(x)$ の定義より，直接計算すれば，

$$F'(x) = \frac{(b-x)^n}{n!} \left\{ K - f^{(n+1)}(x) \right\}$$

であることがわかる．よって，

$$F'(c) = \frac{(b-c)^n}{n!} \left\{ K - f^{(n+1)}(c) \right\} = 0$$

より，$K = f^{(n+1)}(c)$ でなければならない[*6]．したがって，(A.11) より，

$$f(b) = f(a) + f'(a)(b-a) + \frac{1}{2!}f''(a)(b-a)^2 + \cdots + \frac{1}{n!}f^{(n)}(a)(b-a)^n$$
$$+ \frac{f^{(n+1)}(c)}{(n+1)!}(b-a)^{n+1}$$

である．

$a < x < b$ なる任意の x について，上記の証明はそのまま適用できるので，Taylor 展開

$$f(x) = f(a) + f'(a)(x-a) + \frac{1}{2!}f''(a)(x-a)^2 + \cdots + \frac{1}{n!}f^{(n)}(a)(x-a)^n$$
$$+ \frac{f^{(n+1)}(c)}{(n+1)!}(x-a)^{n+1}$$

[*6] よって，剰余項は，

$$\frac{f^{(n+1)}(c)}{(n+1)!}(b-a)^{n+1}$$

となる．

付録A　Taylor 展開（Taylor の定理）

を得ることができる。ただし、このとき、c は、$a < c < x$ なる値であり、$c = a + \theta(x-a)$ $(0 < \theta < 1)$ なる θ を使って表すことができる。すなわち、c は、x の関数であり、したがって、θ が x の関数であることに注意。

◆ McLaurin 展開

前出の Taylor 展開において $a = 0$ としたものを McLaurin 展開と呼ぶ[*7]：

$$f(x) = f(0) + f'(0)x + \frac{1}{2!}f''(0)x^2 + \cdots + \frac{1}{n!}f^{(n)}(0)x^n + \frac{f^{(n+1)}(c)}{(n+1)!}x^{n+1}$$

すなわち、McLaurin 展開とは、$x = 0$ の周りでの $f(x)$ の Taylor 展開である。前節の Rolle の定理を用いた Taylor 展開の証明についても、$a = 0$ と置き換えれば、そのまま、McLaurin 展開の証明となる。

多変数関数への拡張について

Taylor の定理は、多変数関数に対しても容易に拡張できる。たとえば、2 変数関数 $g(x,y)$ の $(x,y) = (a,b)$ の周りでの Taylor 展開は、形式的に次のように表される：

$$g(x,y) = \sum_{k=0}^{n-1} \frac{1}{k!} \left[\left\{ (x-a)\frac{\partial}{\partial X} + (y-b)\frac{\partial}{\partial Y} \right\}^k g(X,Y) \right]_{(X,Y)=(a,b)}$$

$$+ \frac{1}{n!} \left[\left\{ (x-a)\frac{\partial}{\partial X} + (y-b)\frac{\partial}{\partial Y} \right\}^n g(X,Y) \right]_{(X,Y)=(v,w)}$$

$$= \sum_{k=0}^{n-1} \frac{1}{k!} \sum_{j=0}^{k} \binom{k}{j} (x-a)^{k-j}(y-b)^j \left. \frac{\partial^k g(X,Y)}{\partial X^{k-j} \partial Y^j} \right|_{(X,Y)=(a,b)}$$

$$+ \frac{1}{n!} \sum_{i=0}^{n} \binom{n}{i} (x-a)^{n-i}(y-b)^i \left. \frac{\partial^n g(X,Y)}{\partial X^{n-i} \partial Y^i} \right|_{(X,Y)=(v,w)}$$

(A.12)

ここで、

$$\binom{k}{j} = \frac{k!}{j!(k-j)!} \quad (k \geq j),$$

$$\binom{k}{0} = 1 \quad (k \text{ は任意の非負整数}).$$

[*7] McLaurin がこうした研究を記した書物は、1742 年に刊行され、Taylor が発表した書物が刊行された 1715 年よりも後であったが、Taylor が概念的な理論を展開していたのに対し、McLaurin は、具体的かつ精密な理論を展開していたため、後にこのように呼ばれるようになったといわれる。

点 (v, w) は，点 (a, b) の周りの点 (x, y) に対して，$|a-v| \leq |a-x|$ および $|b-w| \leq |b-y|$ を満たすようなある点である．

もちろん，(A.12) で与えられる 2 変数関数 $g(x, y)$ の Taylor 展開は，関数 $g(x, y)$ が十分になめらかな関数である場合には，関数 $g(x, y)$ を，「与えられた」任意の y（または，x）に対する x（または，y）の関数として，1 変数 x（または，y）の関数に対する $x = a$（または，$y = b$）の周りでのその Taylor 展開を求め，次に，得られたその Taylor 展開を y（または，x）の関数として，$y = b$（または，$x = a$）の周りで Taylor 展開すれば得られると考えてよい．

式 (A.12) で与えられる 2 変数関数 $g(x, y)$ の Taylor 展開は，$(x - a)$ および $(y - b)$ の多項式として，$(x - a)$ のみの多項式から成る部分，$(y - b)$ のみの多項式から成る部分，そして，それらの累乗の積から成る部分の和として表される．たとえば，$g(x, y)$ の $(x, y) = (a, b)$ の周りでの Taylor 展開による線形近似は，以下のように定められる[*8]：

$$g(x, y) = g(a, b) + \left. \frac{\partial g(x, y)}{\partial x} \right|_{(x,y)=(a,b)} \cdot (x - a)$$

$$+ \left. \frac{\partial g(x, y)}{\partial y} \right|_{(x,y)=(a,b)} \cdot (y - b)$$

$$+ o(\text{2 次以上})$$

[*8] ここで，$o(\text{2 次以上})$ によって表される剰余項は，$(x-a)^p (y-b)^q$ $(p, q = 0, 1, 2, \ldots; 2 \leq p + q)$ なる形の多項式で表されるものとなる．

付録 B

Lotka の生涯 —— Frank W. Notestein による追悼文 ——

ALFRED JAMES LOTKA
March 2, 1880 – December 5, 1949

　アルフレッド J. ロトカは 1949 年 12 月 5 日にニュージャージー州レッドバンク（Red Bank）の自宅で亡くなった。人口学はその最も重要な分析者を失い，あらゆる場所の人口学者は魅力的な友人を喪ったのである。

　ロトカ博士は 1880 年 3 月 2 日，アメリカ人の両親ジャック（Jacques）とマリーデブリー＝ロトカ（Marie Doebely Lotka）の息子として，オーストリアのレムベルグ（Lemberg）に生まれた。少年時代をフランスで過ごした後教育を受けるためにイングランドにおもむき，1901 年にバーミンガム大学から学士号を取得した。彼は 1901 年から 1902 年まで，ライプチッヒ大学に学び，そこで見いだした進化の数学的理論（mathematical theory of evolution）への関心は終生変わらぬものとなった。1902 年に合衆国にきたロトカは，1908 年までジェネラルケミカルカンパニー（General Chemical Company）の

アシスタント化学者として勤務した．この期間，彼は進化の数学的理論と人口に関する最初の論文を出版している．1908 年から 1909 年までコーネル大学の大学院生兼物理学アシスタントとなり，1909 年に修士号を取得した．この年彼は合衆国特許庁に移り，また同時に 1911 年まで合衆国標準局のアシスタント物理学者であった．1911 年から 1914 年まで，彼はサイエンティフィックアメリカンサプルメントの編集者として働き，この間，1912 年にバーミンガム大学から博士号を取得した．1914 年から 1919 年まで 5 年間，ジェネラルケミカルカンパニーに戻った後，1922 年にジョンズホプキンス大学で研究生活を再開した．そこに 1924 年までとどまり，「物理生物学の原理」(Elements of Physical Biology) を書くことに専念した．この本は 1925 年に出版された．

　1924 年にロトカ博士はメトロポリタン生命保険会社に移り，初めは統計部の数理研究 Supervisor，1933 年には統計部の General Supervisor，そして最後に 1934 年から 1947 年に退職するまで Assistant Statistician として勤務した．ここで彼は 1907 年と 1911 年に開始した人口学的分析を組織的に発達させたのである．

　ロトカ博士は数多くの学会で活動的であった．1938 年から 1939 年までアメリカ人口学会の会長を勤め，1942 年にはアメリカ統計学会の会長となった．1948 年から 1949 年まで国際人口学会 (IUSSP) の副会長でありかつ同会の合衆国支部の議長であった．彼が最後に技術的な論文を発表したのが，昨夏のジュネーブにおける国際人口学会においてであった．彼はアメリカ公衆衛生学会，アメリカ統計学会，科学の進歩のためのアメリカ協会，数理統計学会，スイス保険数理学会その他数多くの学問的諸団体の会員であった．

　いまはまだロトカ博士の知識への貢献になんらかの決定的な評価をくだすべきときではない．以下に掲げた彼の出版目録以上に彼の関心の広さと深さを示すものは他にない．化学者，物理学者，生物学者，数学者，保険数理士，人口学者として，自己更新と発展過程の数学を中心に，高い学問的立場からの恒久的な貢献を残したのである．ロトカ博士にとっては人口学の分野は事実上，その分析上の発展における中核という意義を負っていたのである．1907 年に彼は一定の年齢分布と死亡率をもつ封鎖人口は時間とともに幾何学的に成長することを示した．1911 年，シャープ (F.R. Sharpe) とともに，一定の出生率と死亡率のスケジュールに従う封鎖人口は特性成長率をもつ安定人口分布へ発展するであろうことを主張した．1925 年，ダブリン (Louis I. Doblin) との共著「真の自然成長率について」において，ロトカは初めて安定年齢分布と真の自然成長率を計算する方法を示した（このとき初めて示された安定年齢分布は Index の本号の表紙に再現されている）．彼はさらにロジスティック法則に従って成長する人口の年齢分布や，自己更新集団に関する数多くの研究へとおもむいた．これらの仕事の多くは，彼の著書「生物集団の解析的理論」(Théorie analytique des associations biologiques) にまとめられている．最後の月日，彼は人口学的仕事の組織的な英語版の準備に忙しく従事していたが，不幸にも彼の最終的な病によってこれらは未完成のままとなった．

　ロトカ博士は第一級の科学者であったが，彼はそれ以上だった．彼の一般向けの文章

は，たいてい軽い調子で，繊細なユーモアの感覚と諸芸術への深い理解をあらわすものであった。静かで学究的，ひかえめでやさしくユーモラスな人間，賢い相談相手であり，彼の妻ロモラ・ベティ＝ロトカ（Romola Beattie Lotka）とともに愛想の良い主人であったロトカ博士は，その名がなかでも最も偉大である人口学界の同僚たちからは常に最大の評価を受け続けるであろうし，かれの友人諸子にとっては彼はかれの知識以上に値する人間なのである。

完[*1]

[*1] 出典：Notestein, Frank W., 1950. ALFRED JAMES LOTKA 1880-1949. *Population Index*, **16(1)**: 22-29.

肖像は，S.E. Kingsland "Modeling Nature: Episodes in the History of Population Ecology" (1985) [169] p.27 から引用・改変したもの。

この Lotka の抄歴に関する翻訳文は，稲葉 寿氏（東京大）により，数理生物学懇談会（Japanese Association for Mathematical Biology；2003 年より日本数理生物学会 Japanese Society for Mathematical Biology (JSMB) に移行）のニュースレター（JAMB Newsletter）No. 21（1997 年 1 月発行）に発表されたものを，稲葉氏のご好意により転載させていただいた。原文では，この翻訳文の続きに，ロトカの 95 の科学論文，13 の雑誌記事，6 冊の単行書のリストが付いているが，翻訳文では省略されている。

付録 C

Volterra の生涯 — Joseph Pérès による抄歴 —

VITO ISACAR VOLTERRA
May 5, 1860 – October 2, 1940

　1860 年 5 月 3 日，イタリアのアンコナ（Ancona）の（現在はなくなってしまった）裏町で，生地商人である父アブラモ（Abramo）と母アンジェリカ＝アルマジア（Angelica Almagià）の間にビトー＝イサカル＝ヴォルテッラ（Vito Isacar Volterra）[*1] は生まれた。ヴォルテッラ家のルーツは，ボローニャ（Bologna）にあると考えられ，15 世紀前半にその祖先がヴォルテッラ（Volterra）村へ移り住んだと思われる。1459 年には，そ

[*1]　［訳者注］和訳でしばしば "ボルテラ" や "ヴォルテラ" とされているが，イタリア語としてより正しい発音は，"ヴォルテッラ" と撥音をもつ。

の係累によってフィレンツェ（Firenze）に銀行が開かれ，ヴォルテッラ家はこのとき確固たる地位を築いた．15世紀における他の係累については，叙述家や旅行家として記録が残っており，メナケム＝ベン＝アハロン（Menachem ben Aharon）のように古書や教典の収集家として有名な者もいた．しかし，その後，ヴォルテッラ家は急速に凋落の道を辿り，係累は，イタリアのあちこちを巡った後，17世紀，18世紀前半に，シニガリア（Sinigaglia）とアンコナに辿り着いている．

ビトーが二歳の時，父は亡くなり，その後，ビトーは，母と，彼の兄，アルフォンソ＝アルマジア（Alfonso Almagià；イタリア銀行の職員）の元で成長した．トリノ（Torino）を経て，フィレンツェへ移り，そこで中学時代までを過ごし，工業学校「ダンテ＝アリギエリ（Dante Alighieri）」，工業専門学校「ガリレオ＝ガリレイ（Galileo Galilei）」に通った．

一家の記録によれば，彼は，思慮深く，感受性豊かな少年だったようである．そのような彼の幼年期の性質が，抽象的思考や集中力といった特別な能力に結びついたと考えられる．若いときから，彼の思考は，数学的，解析的な方向に向いていたのである．まだ13歳にもならないころ，彼は，まだ習っていない物理法則を自ら発見していたし，後に彼によって発展させられ発表されてゆくいくつかのアイデアもこのころから抱いていた．そのようなアイデアは，彼の心に自然に直感的なものとして存在していたのである．ジュール＝ベルヌ（J. Verne）の「月世界旅行（Dalla terra alla luna）」を読みながら，彼は，ベルヌが想像していた，地上から月へ向かって発射されたロケットの弾道を計算し，そのとき，すでに，時間を小区間に分割してそれぞれの小区間では一定外力を仮定するというアイデアを彼はつかんでいた．彼は，39年後の1912年に，その三体問題の解について，ソルボンヌ大学の新学期の講義で述べている．現象に特異的な小区間に時間を分割し，それぞれの区間で現象を生みだす要因が一定のものであると仮定しながらその現象を考察するという，この幼いときに生まれたアイデアは，無限小解析の一つの方向を産み出し，線形変換や線形微分方程式，線形関数解析，無限次元連続変数関数についての概念やその応用の基礎となったのである．

ところが，彼の科学に対する情熱も，家庭の経済的困難という問題の前に立たされる．その結果，若いビトーは，勉学を断念し，商人として過ごさなければならなくなった．数年にわたる苦しい生活の間，彼は，科学者への理想と現実生活からの要求との間の葛藤に悩まされた．そんな折，当時，フィレンツェの工業専門学校「ガリレイ」の物理学教授であったアントニオ＝ロイティ（Antonio Roiti）による破格の援助によって，ようやく，ヴォルテッラは学校を諦めずにすむことになったのである．［また，社会的地位のある親類である技師のエドアルド＝アルマジア（Edoardo Almagià；後の，ヴォルテッラの義父）も，この若いいとこの手による数学的な結果の重要性を直感的に感じとり，彼を援助した］ロイティは，お気に入りの生徒であるヴォルテッラが銀行に入るつもりなのを知りながら，まず，彼を工業専門学校「ガリレイ」の研究助手に任用し，後には，正規助手に

付録 C　Volterra の生涯

採用したのである．そのようにして，若きヴォルテッラはラテン語，ギリシア語の追試験をようやくパスしながら専門学校を卒業し，1878 年にフィレンツェ大学理学部（Facoltà di Scienze Naturali dell'Università di Firenze）に入学した．その次の年，ピサ師範学校（Scuola Normale di Pisa）の選抜試験に合格し，彼は，そこで，ベッティ（Betti），ディニ（Dini），フェリーチ（Felici），パドバ（Padova），デ・パオリス（De Paolis）といった教授らの元で数学と物理学の勉学に励んだ．ルイジ＝ビアンキ（Luigi Bianchi）やカルロ＝ソミリアーナ（Carlo Somigliana）が同窓生であり，他学部の同級には，文学者グイド＝マッツォーニ（Guido Mazzoni），文学者カルロ＝ピッチオーラ（Carlo Picciola），哲学者フランチェスコ＝ノバーティ（Francesco Novati）もいた．

大学時代には，彼は，複素変数関数，不連続点を持つ関数，積分法の原理に関するいくつかの科学論文を発表した．

1880 年，彼は，ディニ教授によって，イタリアの共同研究者を訪ねてやってきたスイス人数学者ミッタグ＝レフェラー（Mittag-Leffler）と出会うことになる．このレフェラーは，若いヴォルテッラを高く評価し，彼を海外に紹介する大きな力となった．

1882 年，鏡像法を応用した流体力学に関する卒業論文によって物理学科を卒業した彼は，ベッティ教授によって基礎力学講座の助手に採用された．翌年，ピサ大学（Università di Pisa）の基礎力学講座の正教授（Professore Ordinario）選に応募し，第 1 位となった．こうして，数ケ月前には学生であった彼が，ピサ大学の 23 歳の助教授（Professore Straordinario）[*2] となった．基礎力学（Meccanica Razionale）の教授としては，彼は，グラフによる静力学（Statica Grafica）の講義も兼担した．また，ベッティ教授の死後は，数理物理学（Fisica Matematica）の講義も行っている．さらに，1892〜93 年，ヴォルテッラは，理学部長も務めた．1887 年，彼は，講座の正教授（Professore Ordinario）に選ばれる．同年，"四十学会（Società dei XL）" が彼に数学分野の金メダルを贈り，その数ケ月後には，アッカデミア・ナツィオナーレ・デイ・リンチェイ（Accademia Nazionale dei Lincei）[*3] の会員に選ばれた．

1888 年，彼は，初めて外国に出かけた．ミッタグ＝レフェラー教授と共にスイスを巡り，様々な外国人数学者と出会った．そのままフランスにも行き，当時の優れた自然科学者らの多くと親交を結んだ．

1893 年には，トリノ大学（Università di Torino）の基礎力学講座に招聘された．そこでは，高等力学（Meccanica Superiore）も教えている．この時期，彼は，外国との科学的関係を強め，国際会議への参加もますます多くなっていった．1897 年，イタリア物理学会（Società Fisica Italiana）が創立されたが，その際も精力的に参加している．その翌年には，アッカデミア・デイ・リンチェイから，数学分野における国王賞（Premio Reale）

[*2]　［訳者注］公募で大学教授の国家試験に合格した者は，1 年間の準備期間としてのポストにあてられる．

[*3]　［訳者注］＝アッカデミア・デイ・リンチェイ：数学，自然科学，哲学などの研究アカデミーとして 1603 年創設．デイ・リンチェイは「明敏な人たち」の意．

を与えられ，1899 年には，終身会員（Socio Nazionale）になった．この年，彼は，フォレル（Forel）と共に，イタリアの湖における静振（seiche）*4 に関する実験観測的研究を行っていた．

1900 年，エウジェニオ＝ベルトラミ（Eugenio Beltrami）の後継者として，ローマ大学数理物理学講座に招聘された．その数ケ月後，ヴィルジニア＝アルマジア（Virginia Almagià）と結婚する．彼女はその後の 40 年間をビトーと過ごした．

1901 年，彼は，クリスティアニア大学（Università di Cristiania）の名誉博士号を受けた．

ローマ大学の新学期始業式で，彼は，「生物学，社会学への数学の応用の試みについて（Sui tentativi di applicazione delle matematiche alle scienze biologiche e sociali）」という講演を行った．この時，初めて，彼によって後に発展させられてゆく，数学的手法によるいくつかの生物学的，社会学的問題の考察に関わるアイデアが公表されたのである．

1904 年に，彼は，イタリア政府からトリノ理工科大学（Politecnico di Torino）の改組についての要請を受けて，視察のために，スイスやドイツの主要な工科大学を訪問している．その際に得られた知見は，後に詳しい報告書として発表され，2 年後には，上院議会で，理工大学設立プロジェクトについて説明をしている．また，1904 年には，ケンブリッジ大学から名誉博士号を受け，その翌年には，ストックホルム大学に招かれて，数学の講義をした．

1905 年，王室評議員（Senatore del Regno）に選ばれた．彼は，その官職を生涯勤めた．35 年間の評議員生活の間，彼は，大学 —— その中には，トリノ理工科大学，ピサ応用科学学校（Scuola di Applicazione di Pisa）が含まれる —— やその他の文化施設の設立に関する様々な立法の仕事に関わった．放射性物質の研究や利用に関する法案，研究に関する委員会［それは，後に，研究に関する国立評議会（Consiglio Nazionale delle Ricerche）に変わった］の設立法案，イタリアにおける海洋学研究機構法案，水産業保護・振興法案，国立電信電話組織法案，科学的所有権の保護法案，1909 年に彼によって設立された海洋学委員会を海軍省の常任国立委員会にする法案などを提出している．

1914 年，1915 年には，英仏に同盟してのイタリアの参戦を上院において積極的に支持した．彼は，参戦を支持するようなあらゆる活動（たとえば，1915 年 5 月の『十五分の困難（Scoglio di Quarto）』）に参加するような，最も活動的な参戦論者の一人であった．しかし，終戦後の彼は，ずっと，反体制主義の上院議員のグループに参加する頑固なファシズム反対者であった．実際，民主主義の自由を制限するような政策に反対の投票の機会がある毎にあからさまな反対を表明している．

1906 年，ミラノで開催されたイタリア自然科学者会議（Congresso dei Naturalisti italiani）に出席した際には，彼は，科学振興のためのイタリアの学会の設立を提案した．

---

*4 ［訳者注］周期が数分から数時間にわたる湖沼・湾などの水面に起こる定常波．

付録C　Volterra の生涯

このプロジェクトはすぐさま実現に向けて動き出し，翌年，会長として彼を選出した新しい学会の第一回年会がパルマ（Parma）において開かれた．この年会には数多くの参加者があったようである．

1909 年，彼はクラーク大学（Clark University）に招聘され，講義をした．それは彼にとって，初めての米国行きであった．このとき，彼は，クラーク大学から名誉博士号を授与された．

翌年，1910 年，イタリア文部省（Ministero della Pubblica Istruzione）の代表としてアルゼンチンへ赴き，ブエノスアイレスで開かれた万国博覧会と科学会議に招かれた彼は，いくつかの講演を行った．

一方，発明・特許審査委員会委員としての彼は，特に航空関係の担当であった．彼は，軽飛行機や飛行船に乗って様々な飛行を行い，当時最新の航空学に関わる問題にも従事していたのである．

1912 年の初め，彼は，ソルボンヌ大学において線形関数に関する講義を行った．同年，再び招聘されて渡米し，テキサス米研究所（Rice Institut del Texas），イリノイ大学，プリンストン大学，ハーバード大学，コロンビア大学において講義を行った．

ヨーロッパにおける戦争の勃発後，彼は参戦運動に熱心に参加し，1915 年，イタリア戦争が始まるや否や，既に 55 歳を過ぎたというのに志願兵として参戦した．飛行船乗組空軍技官中尉に抜てきされ，2 年間，数々の作戦航行を行い，重大な危機にも見舞われながら，一人の乗組員として他のイタリア人乗員たちとの荒々しい生活を送った．この時期には，彼は航空学の問題に取り組んでいた —— たとえば，飛行船の舷側の特殊な砲撃の仕方について必要な実験を自分自身でやったりしていた —— また，音による測量法（fonotelemetria）に関わる問題にも手をつけていた．後に，これらの研究のいくつかの成果が，科学雑誌に掲載されている．さらに，海外における作戦に参画する場合には，彼は，数学者ポール＝ペインレベ（Paul Painlevé）とエミール＝ボレル（Émile Borel）が監督していたフランス発明局（Ufficio Invenzioni）と連絡を取り合い，フランス国内やフランスの最前線に赴くこともしばしばであった．

果たして，彼は，輝かしい業績によって上級士官となり，V.M. 勲章を受けた[*5]．（その 1917 年に兵器・軍備省（Ministero Armi e Munizioni）管轄のイタリア発明研究局（Ufficio invenzioni e ricerche in Italia）の組織・運営の命を受け，不本意ながら空軍か

[*5] 受賞の理由は以下のようなものであった：非常な危険を伴う戦略において，彼は常に危険に相対する者として模範的な冷静さを示し，1916 年 7 月には，ビゼンツィオ（Bisenzio）の戦場において，約 5000 メートルの高度から危険な降下を行っていた飛行船 No. 7 上で冷静さを失わず研究を継続し，飛行船のあらゆる変動に関するデータを記録したという理由で軍から表彰（encomio solenne: 軍隊の広報に記載され，身分証明書にも記されるような表彰）された．

　また，作戦区域において，彼は，あらゆる研究，高度な観察に基づく実験を遂行し，危険にさらされながらもその危険をものともせずに，イタリア前線にしろ，敵軍の中口径砲によってたたかれた戦場である例のフランス前線にしろ，あらゆる科学的観察を自ら遂行した．

ら去らなければならなかった．そして，その局長として，特命の下に，彼は，しばしば，様々なイタリア前線に赴き，フランスやイギリスの前線にも何度も出かけた．[*6] 他の活動として，彼は，飛行船における水素に代わるヘリウムガスの精製にも関与していた．1918年7月には，キューリー夫人と共にイタリアにおける放射性物質の調査・研究を組織した．同じ時期に，彼は，国際科学会議（Consiglio Internazionale delle Ricerche）の仕事として，その執行委員会の委員も務めた．

終戦後，彼は，研究者としての活動を再開し，ヨーロッパ動乱の中で設立された，科学に関係するいくつかの機関の指導に努力を払った．また，国際科学会議の最終的な設立に関わり，1919年には，副会長に選ばれている．

1919年の9月に彼は再び渡米し，カリフォルニア州立大バークレー校，ヒューストン大学，イリノイ大学，シカゴ大学で招待講演を行った．12月には，ソルボンヌ大学とストラスブルグ大学から名誉博士号を授与された．

1921年，Bureau International des Poids et Mesures の長に選ばれ，生涯この職を勤めた．彼は，18年間もの間，この有名な巨大国際機関に精力を注ぎ，この機関において終生さまざまの重要な役回りを演じた．この機関の活動には電気や光度の測定に関わるものがあり，彼は，その仕事においても，国際委員会関連としての電気諮問委員会，光度測定（Fotometria）諮問委員会や温度測定（Termometria）諮問委員会の設立を次々と手がけた．また，この国際機関において，6名の委員からなる常任行政委員会を設け，組織の能力をより一層効率的なものに高めたり，同時に，機関の新しい活動を展開するためのポストを設けたりしたのも彼である．彼を長として，光度の新しい単位（bugia nuova）の定義，および，エネルギーの単位と対応する熱量の単位の正確な定義のために，国際的に勝手に使われていた様々な単位を統一するプロジェクトの企画も進められた．

1922年には，エジンバラ大学の名誉博士号を受けた．

1920年から1923年までアッカデミア・ナツィオナーレ・デイ・リンチェイの副会長，1923年から1926年までその会長を勤めた彼は，独自の方針をもって行政および財政の態勢を整え，科学分野における国際的な伝統的代表委員会の活動に新鮮な刺激を与えた．また，数多くの文化的なイニシアチブもとった．

1926年にはオックスフォード大学の名誉博士号を受け，同年，ルーマニアのブカレスト・ジャシー＆クリュー（Jassy e Cluy）大学で招待講演を行った．また，1931年には，チェコスロバキアのプラハ大学およびブルノ（Brno）大学において招待講演を行っている．

彼の科学的関心は数学だけにはとどまらなかった．彼が科学史についての深い造詣も持っていたことは，数学や物理学の古典的文献を時間をかけて熱心に探し出して集めた彼

[*6] 1917年4月24日から5月10日までの特命の一つについては，兵器・軍備省によって発行された公的な報告書に加えて，興味深い未公表の手書きの日記がある．それには，当時の彼の様子や出会った様々な要人らについての生き生きとした記述が残っている．

付録 C　Volterra の生涯

の素晴らしい蔵書からもわかることである．また，彼は，音楽の愛好家でもあり，さらに，絵画や彫刻にも詳しかった．彼は，かなりの時間をいろんな類の書物の読書にあて，特に歴史書や文学書を好んで読んでいた．アリッチア（Ariccia）の彼の別荘には歴史書や文学書の小さな蔵書コレクションがあるほどである．彼の文学的教養は実に非凡なもので，国際的な文学の流行にも乗り遅れることのない文学的な生活を送り続けていた．

ところで，彼には生涯変わらなかった政治的持論があった．そのおかげで彼は大学の正教授を追われることになる．1931 年，全ての公務員に対してファシズムに対する忠誠の宣誓が求められた．彼はこれに妥協することを拒み，結果，退職に追い込まれた．それに続いて，あらゆる学会，学士院，そしてイタリアの全ての文化的機関から閉め出されることになったのである．そのような高尚で静かな彼の自尊心は，彼の性格・人格における突出した特徴であった．彼は，妥協によって彼の科学者としての仕事に専念できるという状況を得ようともせず，海外からの様々な申し出がありながらもイタリアを去ることをも拒み続けた．ただし，パリのヘンリ＝ポアンカレ研究所（Institut Henri Poincaré）での講義，数年に渡るマドリード大学での講義については，受諾していたが．

1936 年，教皇科学アカデミー（Pontificia Accademia delle Scienze）を設立しようとしていた教皇ピオ（Pio）11 世は，彼の高度な科学的業績を認め，彼をそのメンバーに任用した．

1937 年には，彼の念願であった，東洋への旅行が実現した．エジプトへの訪問では，ルクソル（Luxor）やアスアン（Assuan）までも出かけた．同じ年，スイスのジュネーブで講演を行ったり，イギリスに赴いたりもしている．そして，1938 年，彼にとっては第 2 の故郷というほど彼が愛した街パリに最後となる訪問をしている．1919 年から患っていた心臓病と戦争中に被った無理によって，その後，彼は再び旅行にでることはできなかったのである．そして，ローマのアルバーニ丘陵（Colli Albani）にあるアリッチアの別荘（そこは，彼が 1903 年に手に入れた別荘で，一年の内の数カ月をそこで過ごすのが彼の常であった）から出ることもできなかった．しかし，心身共に苦しみながら，彼は，その苦しみに負けることなく，その魂は平穏なままにあり，科学的な仕事を中断することはなかった．

1912 年にヘンリ＝ポアンカレ（Henri Poincaré）の伝記を綴る中で，彼は，「人は，自分の生き方を評価しなければしないほど優れている（un uomo vale tanto più quanto meno apprezza la vita）」と書く一方で，様々な理想を抱く科学者の苦悩を書き記してもいる．その苦悩は，科学者として偉大であるべきとか創造力にあふれているべきといったことから，そのような偉大さや創造力を，他人に理解され，評価され，その人格として認められるまでに育ててゆける時間を持てないことへの不安についてであった．VITO VOLTERRA，その人は，その生涯において死を恐れず，自分でもわかっていた最期を静かに超然と待っていたような人物である．その彼も，晩年にはそうした苦悩を経験していたのであろう．彼はそのころ手がけ始めていた仕事を最後までできないかも知れないと感

じていたし，精神的にはいつも若々しく溌剌としていたから，まだまだその独創的で創造的なアイデアで科学に貢献できたはずである．晩年の彼は，しばしば，夜に起きあがり，練り上げた考えを文書に書き記していた．彼は自分の考えの少なくとも大筋だけでもそうやって残したかったのであろう．

このように，彼は，できる限りを人類に残すために最後の最後まで仕事をしていた．遺伝現象におけるエネルギーに関する彼の最後の論文は，1940年夏に，教皇科学アカデミーによって出版された．彼の死は，1940年10月2日の明け方であったが，その数日前までも，彼は数学的な仕事を書きつづっていたのである．ただし，その仕事は残念ながら未完のままとなった．彼の亡骸は，彼が愛し，その生涯においてしばらくの間ののどかな時間を送った地のそば，アリッチア墓地（Cimitero di Ariccia）に埋葬された．

三年後の1943年の10月16日，ドイツ教皇庁の命を受けた一台のトラックがローマの彼の家に向かっていた．彼がまだ生きていると思っていたのであろう．それは，彼を逮捕し，恐ろしいドイツの強制収容所のひとつに運ぶためであった．

完*7

追記：既に記載したように，ケンブリッジ大学，オスロ大学，ストックホルム大学，ウスター・マサテューセッツ大学，ストラスブルグ大学，パリ大学，エディンバラ大学，オックスフォード大学の名誉博士号の他にも，彼は，イタリアや海外からの数多くの叙勲を受けている．また，彼は，以下のような科学アカデミーや学会に所属していた：Accademia Nazionale dei Lincei; Istituto Marchigiano di Scienze, Lettere ed Arti (Ancona); Accademia delle Scienze di Atene; Berliner Mathematische Gesellschaft; Accademia delle Scienze dell'Istituto di Bologna; Unione Matematica Italiana (Bologna); Société des Sciences Physiques et Naturelles (Bordeaux); Académie Royale des Sciences, des Lettres et des Beaux-Arts de Belgique (Bruxelles); Academia Românà (Bucarest); Magyar Tudomàyos Akademia (Budapest); Sociedad Científica Argentina (Buenos Aires); Calcutta Mathematical Society; Accademia Gioenia di Scienze Naturali (Catania); Royal Society of Edinburgh; Physikalisch-Medizinische Societät in Erlangen; Società Ligustica di Scienze Naturali e Geografiche (Genova); Gesellschaft der Wissenschaften zu Göttingen; Sociedad

---

*7 この抄歴は，Cenni Biografici の出版委員会のためにジョセフ＝ペレス教授によって編集されたものである．

[以下訳者注] 出典 [肖像，署名も含む]：Pérès, Joseph, 1954. Cenni Biografici. In: *Vito Volterra: Opere Matematiche: Memorie e Note*, volume primo, Accademia Nazionale dei Lincei, Roma. （原文は伊語）

伊語からのこの翻訳文は，瀬野により，数理生物学懇談会 (Japanese Association for Mathematical Biology；2003年より日本数理生物学会 Japanese Society for Mathematical Biology (JSMB) に移行) のニュースレター (JAMB Newsletter) No. 20 (1996年10月発行) に発表された全訳を改訂後転載したものである．原文では，適宜脚注が用いられており，一部を除いて訳文でも脚注にしてある．訳者瀬野による注については，[訳者注] という表記で区別を付けた．訳文の最後に添付されている追記はペレスによる脚注である．

なお，Vito Volterra の数理生物学に関わる史伝については，たとえば，文献 [59] や [139], [169] も参照できる．

Cubana de Ingenieros (Habana); Kaiserliche Leopoldinisch-Carolinische Deutsche Akademie der Naturforscher (Halle); Société Hollandaise des Sciences (Haarlem); Astronomische Gesellschaft (Heidelberg); Société Mathématique de Kharkov; Konigl. Danske Widenskabernes Selskab (Köbenhavn); Accademia delle Scienze dell'U.R.S.S. (Leningrad); Royal Society of London; Royal Institution (London); London Mathematical Society; British Association for the Advancement of Sciences (London); British Ecological Society (London); Kungl. Fysiografiska Sällskapet (Lund); Real Academia de Ciencias Exactas Fisicas y Naturales (Madrid); Sociedad Matemática (Madrid); Istituto Lombardo di Scienze e Lettere (Milano); Accademia di Scienze, Lettere ed Arti (Modena); Accademia delle Scienze Fisiche e Matematiche (Napoli); Accademia Pontaniana (Napoli); American Mathematical Society (New York); Circolo Matematico (Palermo); Académie des Sciences (Paris); Bureau des Longitudes (Paris); Société Mathématique de France (Paris); Société Française de Physique (Paris); Société Philomatique (Paris); American Philosophical Society for Promoving Useful Knowledge (Philadelphia); Regia Societas Scientiarum Bohemica (Praga); Union des Physiciens et Mathématiciens Tchecoslovaques (Praga); Pontificia Accademia delle Scienze (Città del Vaticano); Istituto Nazionale per la Storia delle Scienze Fisiche e Matematiche (Roma); Società Geografica Italiana (Roma); Società degli Spettroscopisti Italiani (Roma); Kungl. Svenska Vetenskaps-Akademien (Stockholm); Académie Impériale des Sciences (St. Pétersbourg); Société des Sciences, agriculture et Arts du Bas Rhin (Strasbourg); Accademia delle Scienze (Torino); K. Vetenskaps Societeten (Uppsala); National Academy of Sciences (Washington); D. C. Econometric Society (Washington).

あとがき

　数理生物学との出会いのきっかけは，大学3回生のときの山口昌哉先生との出会いでした．山口先生を知ったのは，数学セミナーという雑誌の別冊に掲載された数理生物学の記事を通じてだったと思います．そして，大学3回生まで物理を学んできた段階で，私の興味はとりわけ「応用数学（Applied Mathematics）」に移りました．4回生になってからは，数学教室の山口先生の研究室の講究に参加し，当時，これからもっと流行るぞっというところの「カオス（chaos）」の文献輪読をやりました．いくつの文献の輪読をしたのかは忘れてしまいましたが，カオスの存在性に関わる有名な Li-York の定理の原論文 [195] を，山口研の助手だった畑政義さんをテューターに読んだのは覚えています．一方，この大学4回生のときに，この講究と並行して，生物物理学教室の寺本英先生の研究室での課題研究にも参加していました．こちらの方は，R.M. Nisbet & W.S.C. Gurney の mathematical population dynamics の専門書 [254]（特に，確率的な環境揺らぎの個体群サイズ変動への影響についての記述に特徴のある本）の輪読に加えて，課題として一つの数理モデルの解析を行い，その結果をレポートとしてまとめるという卒業論文的なものでした（ただし，卒業論文の提出などというものは，私の在学した大学の学部卒業要件にはなかったし，卒業単位数はとっくに足りていたので，いずれも勉学心だけでの参加です）．当時，寺本研の助手だった重定南奈子先生から課題として初めにもらったのは，拡散2種競争系に関する何らかの問題だったと思うのですが，結局，自分で問題を変え，ある時間的周期変動をする環境内における拡散する単一種個体群の存続性に関する数理モデルの考察を主に数値計算によって行いました．

　この山口研と寺本研での1年間，そして，大学院に入ってからの寺本研での数年間が，私の数理生物学への興味・関心を否応なしにふくらませてくれたのです．なかでも，山口研，寺本研の研究室の先輩たちとの交流は，私が今まで数理生物学に惹かれ続ける原因をつくったともいえるほど私にとっては意味のあるものでしたし，だから，今でも意味のあることです．

　大学院では寺本先生の研究室にお世話になることになったわけですが，寺本先生が指導教官として，テーマをくれたり，何か勉強の指示をくれたりするというわけではありませんでした．それは，助教授の西尾英之助先生，助手の重定南奈子先生，小淵洋一先生にし

ても同じで，(もっとも，学部も同じような感じでしたが) ほとんど放任のような感じでした．ただし，研究室には，おおまかに数理生態学とオートマトンというゆるやかな2つのグループ分けがあって，それぞれが，年度毎に文献を決めた輪読セミナーを提供しており，それらが，研究室によって定期的に与えられる勉強の材料でした．

しかし，何といっても，本書を執筆した今の私を「育て」てくれたのは，寺本研の先輩たちです．高田壮則，松田裕之，梯 正之，和田健之介，斎藤 隆，梅田民樹，原田泰志（敬称略）という先輩たちとの交流のなかでの寺本研での数年間は，私にとっての数理生物学の面白さが深まっていった，まさに，青春時代です．これらの先輩たちと，この数年の間，自主的な輪読セミナーをやったり，数理モデルなど（！）についての突然の議論をしたり，いろいろな形の学生レベルの研究交流に出席させてもらったりと，私は恩の受けっぱなしです．

寺本研に入るか入らないかの時期（？大学4回生のとき）だったと思うのですが，私自身の研究の数理モデルの数値計算の結果に関する先輩とのある日の議論の思い出です．先輩は，数値計算の結果と数理モデルの数式を見て，数値計算のプログラムに間違いがあるだろうという指摘をしました．これは，決して，私のプログラムをチェックしてそういう指摘をしたのではなく，対象としている生物学的問題に関する数理モデリングにおける仮定と数理モデルの数理的構造「から考えて」，数値計算の結果に矛盾がある，つまり，でるはずのない計算結果が出ている，ということに先輩は気がついたのです．はたして，後日，私の数値計算のプログラムには他愛のない間違いが見つかりました．当時の私にとっては，結果の矛盾に関する数学的な証明でもなく，また，数理モデルに関する生物学的な批判でもなく，そのような議論のできる先輩のセンスが非常に興味深く感じられました（その面白さは私にも徐々にわかってきた気がしています．今ほど面白いと感じるようになるものとはその頃の私にはわかりませんでしたが）．先輩にとっては，数式は，ただの「数式」ではなく，そこに現象が見えていたに違いないのです．それこそが，本書の内容の数理モデリングの基本的考え方に結びつくセンスであり，ここで述べた先輩の指摘こそが，（広義の）数理モデリングによるものです．そんな先輩たちとの交流，先輩たちを通じての多くの生物学，物理学，数学の研究者との出会いが私の数理モデリングへの思いを本書を執筆するまでに育んできたと思います．

さらに，山口研の大先輩になる三村昌泰氏との出会いと交流が，私を「自分は数理モデリングを面白いと思っている」という自覚に導いてくれました．1991年，フランスのGrenobleのAlpe d'Huezスキーリゾートで開かれた理論・数理生物学の国際会議に参加する機会に恵まれた際，三村氏も参加されており，親しくしていただいたのがその道程の始まりでした．現象に関する数理モデリングについていつもとても面白そうに語る三村氏から受けた影響は決して小さくありません．そして，三村氏との交流が本書の執筆を後押ししていたことも間違いありません．

残念なことに，山口昌哉先生は1998年12月に，寺本英先生は1996年2月に他界され

ました．お二人は，いつまでも（いつも！）「青春」という感じで，いつも「次」の面白い
ことを考えていらっしゃったように思います．私が数理生物学というやくざな（！？）道
に惹かれるきっかけを与えてくださり，いつも自分の意識のマンネリ化をはっと気づかせ
てくださった山口先生，寺本研でのすばらしい経験を与えてくださり，数理生物学は面白
いぞぉという気持ちを育ててくださった寺本先生，そのお二人からこの拙書へのご意見を
いただけないのは，本当に無念です．

　実は，本書の執筆は，1997（平成9）年秋から始め，その後，3度の脱稿を経て出版に
至りました．最初の脱稿は1999（平成11）年5月でしたが，結局，その原稿は出版に至
ることなく，改訂が重なることになりました．当時，私は，奈良女子大学に勤務していま
したが，まもなく広島大学に異動し，2度目の脱稿，2004（平成16）年6月まで長い陣痛
が続きました（残念ながら [?!]，この2度目の脱稿時の原稿も出版の運びとはなりません
でした）．この間，多くの方々に励ましと期待のお言葉をいただきながら，なかなか区切
りがつけられず，ようやく締めくくることができた頃には，最初の脱稿の2ヶ月後に生ま
れた長男が小学校に入学してしまいました．本書のような内容の専門書の必要性をますま
す感じつつも，その後も本書の出版まではさらに紆余曲折を経ざるを得ない宿命を背負っ
たことは不徳の致すところです．全面的に再々改訂を行った原稿をなんとかこうして出版
にまでたどり着けたことができて心から安堵しています．辛抱強く執筆・出版を応援して
くださった方々に改めて感謝の意を表します．本当にありがとうございます．

　これからの数理生物学の裾野の広がりの中で，数理生物学，あるいは，数理モデリング
がもっともっと面白くなることを心から期待し，本書がそれに少しでも役に立つならば本
望です．

著者

鏡山の桜ほころぶ予感の東広島の地にて

平成19年3月

*8

---

　*8　この鳥獣戯画図は，『鳥獣人物戯画巻』を手本として故寺本英先生が描かれたものを複製し掲載させてい
　　ただきました．

参考文献

[1] W.G. Abrahamson and A.E. Weis. *Evolutionary Ecology Across Three Trophic Levels: Goldenrods, Gallmakers, and Natural Enemies*, Vol. 29 of *Monographs in Population Biology*. Princeton University Press, Princeton, 1997.

[2] G.I. Ågren and E. Bosatta. *Theoretical Ecosystem Ecology: Understanding element cycles*. Cambridge University Press, Cambridge, 1996.【生態系における炭素循環の数理モデル，植物成長の数理モデル，そして，それらを組み合わせた数理モデルについて述べられた専門書．記述は簡明で読みやすい】．

[3] 赤池弘次. 統計的思考と応用数理 —— 前提となるモデル化の技［フォーラム 応用数理の遊歩道（16）］．応用数理, Vol. 9, No. 1, pp. 66–68, 1999.

[4] H.R. Akçakaya, M.A. Burgman, and Lev R. Ginzburg. *Applied Population Ecology: Principles and Computer Exercises using RAMAS EcoLab 2.0, Second Edition*. Sinauer Associates, Sunderland, MA, USA, 1999.

[5] H. レシットアクチャカヤ，マーク A. バーグマン，レフ R. ギンズバーグ．コンピュータで学ぶ応用個体群生態学 —— 希少生物の保全をめざして．文一総合出版, 東京, 2002.（楠田・小野山・紺野訳）【数理モデルを用いたデータ解析やデータを用いた数理モデルのパラメータ評価などに触れられている，かなり実際的な専門的概説書といったところ。扱われている数理モデルは基礎的なもののみであり，数理モデリングを学べる書ではないが，実際の現象研究に携わる研究で数理モデルが道具として用いられるケースに触れることができる】．

[6] W.C. Allee. *Animal Aggregations: A Study in General Sociology*. University of Chicago Press, Chicago, 1931.

[7] D. Alstad. *Basic Populus: Models of Ecology*. Prentice Hall, 2000.

[8] D.N. Alstad. *Basic Populus Models of Ecology*. Prentice-Hall, Upper Saddle River, NJ, 2001.【この本は，総頁数 144 のとてもコンパクトな生物個体群動態の数理モデルへの入門書である。まさに数理モデルへの入門書として書かれており，それらの数学的な基本的性質を *Populus* というフリーソフトウェアを利用して演習として理解するように構成された教科書的なものである。ただし，*Populus* を使わなくても，内容としてうまくまとめられた適切にコンパクトな入門書として他に例のないものである】．

[9] 甘利俊一, 重定南奈子, 石井一成, 太皷地武, 弓場美裕. 生命・生物科学の数理, 岩波講座 応用数学, 4［対象 8］．岩波書店, 東京, 1993.【数理生態学, 数理集団遺伝学,

神経情報処理とニューロコンピューティング，年金システムの数理，の全4章からなる．内容は専門的である】．

[10] I. Amdur and G.G. Hammes. *Chemical Kinetics: Principles and Selected Topics.* McGraw-Hill, New York, 1966.

[11] I. Amdur and G.G. Hammes. 化学反応速度論 — 基礎概念と最近のトピックス —. 共立出版, 東京, 1966. (三山・浅羽 訳).

[12] T. Andersen. *Pelagic Nutrient Cycles: Herbivores as Sources and Sinks.* Springer-Verlag, Berlin, 1997.

[13] T. アンダーセン. 水圏生態系の物質循環. 恒星社厚生閣, 東京, 2006. (山本民次訳)【生態系のひとつのとらえ方として，物質循環をみる立場がある．この本は，有名な物質循環の数理的研究に関する専門書である．数理モデルがばんばんとでてくるわけではないが，一貫して，物質循環の数理的なとらえ方が述べられている】．

[14] R.M. Anderson, editor. *Population Dynamics of Infectious Diseases: Theory and Applications.* Chapman and Hall, London, 1982.

[15] R.M. Anderson and R.M. May. Population biology of infectious diseases: I and II. *Nature*, Vol. 280, pp. 351–367, 455–461, 1979.

[16] 穴太克則. タイミングの数理 — 最適停止問題 —, シリーズ［現代人の数理］, 第15巻. 朝倉書店, 東京, 2000.【社会学や経済学関連における行動意志決定に関する最適理論を紹介する専門書である．生態学における適応行動理論，適応採餌理論と密接な関係を持っていると考えられる．応用，発展が期待される内容である】．

[17] P.L. Antonelli and R.H. Bradbury. *Volterra-Hamilton Models in the Ecology and Evolution of Colonial Organisms*, Vol. 2 of *Series in Mathematical Biology and Medicine*. World Scientific, Singapore, 1996.【扱っている数理モデルは，Lotka-Volterra型の競争系，餌－捕食者系と体成長過程の基礎的古典的なものが主であるが，扱いが独特であり，微分幾何を用いた安定性解析の記載もある．表記法も独特のものであり，他の数理モデル解析の本を読み慣れた読者でも違和感を感じるだろう．基礎レベルの記載もあるが，この表記法の独自性で，一見，難しそうにみえたりもする．応用レベルの記載については，かなり専門的である．教科書としては少々内容が偏りすぎかもしれないが，勉強すれば新しいアイデアが得られそうな本ともいえそうである】．

[18] 有田隆也. 人工生命. 科学技術出版, 東京, 2000.【本書には，進化論の議論に対する人工生命の手法による数理モデルの解説が述べられている．生物個体群動態に対しても同様の手法が応用できる可能性もありそうである】．

[19] V.I. Arnold. *Geometrical Methods in the Theory of Ordinary Differential Equations*, Vol. 250 of *Grundlehren der mathematischen Wissenschaften (A series of Comprehensive Studies in Mathematics)*. Springer-Verlag, New York, 1983. [Translated by Joseph Szücs, English translation edited by Mark Levi].

[20] N.T.J. Bailey. *The Mathematical Theory of Epidemics.* Charles Griffin & Co. Ltd., London, 1957.【古典的な疫病の個体群動態論的数理モデルのテキスト．読みやすい】．

[21] D.J. Bartholomew. *Stochastic Models for Social Processes.* John Wiley & Sons,

London, 1967.

[22] M.S. Bartlett. *An Introduction to Stochastic Processes with Special Reference to Methods and Applications, Third Edition*. Cambridge University Press, Cambridge, 1978.

[23] M.S. バートレット. バートレット確率過程入門（第 3 版）— 理論と応用 —. 東京大学出版会, 東京, 1980.（津村 他訳）【確率過程（生成・死滅過程）に基づく個体群サイズ変動の数理モデリングに関しても述べられている】.

[24] M. Begon, J.L. Harper, and C.R. Townsend. 生態学 — 個体・個体群・群集の科学 [原書第 3 版]. 京都大学学術出版会, 京都, 2003.（堀道雄 監訳）【世界的に有名な生態学の教科書 Begon, M., Harper, J.L. and Townsend, C.R. (1999) *Ecology: Individuals, Populations and Communities*, 3rd Edition, Blackwell の翻訳書である。翻訳書は 1304 ページもあり，まさに辞典である。生態学の教科書的な本として座右にあってもよいだろう】.

[25] M. Begon, M. Mortimer, and D.J. Thompson. *Population Ecology: A Unified Study of Animals and Plants, Third Edition*. Blackwell Science, Oxford, 1996.【非常にコンパクトにまとめられた個体群動態のテキストである。基礎的な数理モデルについても触れられており，個体群動態の秀逸な入門書の一つといえよう】.

[26] T.S.Jr. Bellows. The descriptive properties of some models for density-dependence. *J. Anim. Ecol.*, Vol. 50, pp. 139–156, 1981.

[27] C.M. Bender and S.A. Orszag. *Advanced Mathematical Methods for Scientists and Engineers*. McGraw-Hill, Tokyo, 1978.

[28] H. Bernardelli. Population waves. *Journal of the Burma Research Society*, Vol. 31, pp. 1–18, 1941.

[29] A.A. Berryman. *Population Systems: A General Introduction*. Plenum Publishing Corp., New York, 1981.

[30] アラン A. ベリーマン. 個体群システムの生態学. 蒼樹書房, 東京, 1985.（吉川 賢訳）【数理生態学の数理モデルの概念を数式よりも理論的（グラフを用いた）概念で解説したような専門書。読みにくいが，考え方は有用である】.

[31] R.J.H. Beverton and S.J. Holt. On the dynamics of exploited fish population. *Fish. Invest., Lond., Ser. 2*, Vol. 19, p. 533, 1957.

[32] N.P. Bhatia and G.P. Szegö. *Stability Theory of Dynamical Systems*, Vol. 161 of *Grundlehren der mathematischen Wissenschaften (A series of Comprehensive Studies in Mathematics)*. Springer-Verlag, Berlin, 1970.

[33] J.M. Blanco. Relationship between the logistic equation and the lotka-volterra models. *Ecol. Modelling*, Vol. 66, pp. 301–303, 1993.

[34] J.A.M. Borghans, R.J. De Boer, and L.A. Segel. Extending the quasi-steady state approximation by changing variables. *Bull. Math. Biol.*, Vol. 58, pp. 43–63, 1996.

[35] E. Bradford and J.R. Philip. Stability of steady distributions of asocial populations dispersing in one dimension. *J. theor. Biol.*, Vol. 29, pp. 13–26, 1970.

[36] Å. Brännström and D.J.T. Sumpter. The role of competition and clustering in

population dynamics. *Proc. R. Soc. B*, Vol. 272, pp. 2065–2072, 2005.

[37] F. Brauer and C. Castillo-Chávez. *Mathematical Models in Population Biology and Epidemiology*, Vol. 40 of *Texts in Applied Mathematics*. Springer, New York, 2001.【個体群動態の数理モデルに関する専門書。個体群動態の数理モデルについて基礎的なものから応用的なもの（特にとりあげたトピックに関するもの）まで相当に丁寧に書かれている。数理モデルの数学的な解析についても重点が置かれている。大学院レベルでのセミナーの材料としては適当だろう。ただし，じっくり取り組む必要はありそうである】．

[38] G.E. Briggs and J.B.S. Haldane. A note on the kinetics of enzyme action. *Biochem. J.*, Vol. 19, pp. 339–339, 1925.

[39] N.F. Britton. *Reaction-Diffusion Equations and Their Applications to Biology*. Academic Press, London, 1986.【とりわけ，生物の空間分布の変動に関する数理モデリングにしばしば用いられる反応拡散方程式の数学的な理論を数理生物学への応用を念頭においてまとめられた教科書】．

[40] N.F. Britton. *Essential Mathematical Biology*. Springer Undergraduate Mathematics Series. Springer, London, 2003.【学部学生向けのシリーズの1冊として出版されているが，内容は，大学院レベル。個体群動態，伝染病，集団遺伝学，進化，動物の動き，分子・細胞生物学，パターン形成，癌といった章立てからもわかるように，数理生物学の内，近年，比較的盛んに研究されている分野の要論がまとめられている。付録に，数学的に進んだ解析手法についても述べられている。入門書とはいいがたいが，比較的簡明である。ただし，微分方程式，偏微分方程式などは，平気でぽんっと書いてある】．

[41] D. Brown and P. Rothery. *Models in Biology: Mathematics, Statistics and Computing*. John Wiley & Sons, Chichester, 1993.【数理生物学全般を扱う教科書。データの統計的扱いの数理も扱っている。計算機による演習的な部分もあるが，有用性はどうか】．

[42] M. Bulmer. *Theoretical Evolutionary Ecology*. Sinauer Associates Publishers, Sunderland, Massachusetts, 1994.【非常にうまくまとめられた数理生物学の教科書的専門書。個体群動態，生活史進化，採餌理論，集団遺伝学，ゲーム理論，適応戦略論，性比理論の基礎理論】．

[43] V. Capasso. *Mathematical Structures of Epidemic Systems*, Vol. 97 of *Lecture Notes in Biomathematics*. Springer-Verlag, Berlin, 1993.【伝染病モデルの非線形解析に関する数学理論のモノグラフ】．

[44] C. Castillo-Chavez and Wenzhang Huang. The logistic equation revisited: The two-sex case. *Math. Biosci.*, Vol. 128, pp. 299–316, 1995.

[45] H. Caswell. *Matrix Population Models*. Sinauer Associates, Sunderland, 1989.【構造をもつ個体群に対する行列モデルに関する理論が体系的にまとめられた優れた専門書。教科書としても使えそうである】．

[46] L.L. Cavalli-Sforza and M.W. Feldman. *Cultural Transmission and Evolution: A Quantitaive Approach*. Princeton University Press, Princeton, New Jersey, 1981.【文化の伝播に関する数理的研究のモノグラフ。拡散方程式，集団遺伝学を

文化伝播に応用した数理モデリングの述べられた希有な本】．

[47] R.N. Chapman. The quantitative analysis of environmental factors. *Ecology*, Vol. 9, pp. 111–122, 1928.

[48] R.N. Chapman. *Animal Ecology, with Special Reference to Insect*. McGraw-Hill, New York, 1931.

[49] B. Charlesworth. *Evolution in Age-structured Populations*. Cambridge University Press, Cambridge, 1980.

[50] Joel E. Cohen. *Food Webs and Niche Space*, Vol. 11 of *Monographs in Population Biology*. Princeton University Press, Princeton, 1978. 【食物網とニッチ空間に関する理論についての専門書】．

[51] Joel E. Cohen. *How Many People Can the Earth Support?* W.W. Norton & Company, New York, 1995.

[52] ジョエル・E・コーエン．新「人口論」 生態学的アプローチ．農山漁村文化協会（農文協），東京, 1998. (重定・瀬野・高須訳) 【人口の時間変化に対する様々な評価や対策について，多角的に生態学的な視点から述べた大部の書である．著者は数理生態学者としても著名であり，本書には，「環境許容量」に関する生態学上の定義についての歴史的，体系的なまとめもあり，個体群動態の理論を考える上で有用な記載が少なくない】．

[53] P. Collet and J.-P. Eckmann. *Iterated Maps on The Interval as Dynamical Systems*. Birkhäuser, Boston, 1980. 【離散力学系の数学理論の発展途上の時期にまとめられたモノグラフ．少し読みにくい】．

[54] P. コレ, J.-P. エックマン．カオスの出現と消滅 — １次元単峰写像を中心として．遊星社, 東京, 1993. (森 真 訳)．

[55] C. Cosner and D.L. DeAngelis. Effects of spatial grouping on the functional response of predators. *Theor. Pop. Biol.*, Vol. 56, pp. 65–75, 1999.

[56] H. Curtis. *Biology of Populations*. Worth Publication, 1989.

[57] J.M. Cushing. *An Introduction to Structured Population Dynamics*, Vol. 71 of *CBMS-NSF Regional Conference Series in Applied Mathematics*. Society for Industrial and Applied Mathematics (SIAM), Philadelphia, 1998. 【構造をもつ個体群の動態に関する数理モデルの理論をまとめた優れたモノグラフ．数学の理論も掲載されているが，数理生物学の専門書として読みやすくまとめられている．最近の発展についてもふれることができる】．

[58] J.M. Cushing, S. Levarge, N. Chitnis, and S.M. Henson. Some discrete competition models and the competitive exclusion principle. *J. Diff. Eqns. Appl.*, Vol. 10, pp. 1139–1151, 2004.

[59] P.J. Davis. Carrisimo papà: A great fish story. *SIAM News*, Vol. 38, No. 8, pp. 6–7, 2005.

[60] R.J. De Boer and A.S. Perelson. Towards a general function describing T cell proliferation. *J. theor. Biol.*, Vol. 175, pp. 567–576, 1995.

[61] G. de Vries, T. Hillen, M. Lewis, J. Müller, and B. Schönfisch. *A Course in Mathematical Biology: Quantitative Modeling with Mathematical and Computational*

Methods. Mathematical Modeling and Computation. Society for Industrial and Applied Mathematics, Philadelphia, 2006. 【非常にコンパクトにまとまった数理生物学関連の数学的基礎を学べるモノグラフ教科書的専門書。離散力学系，微分方程式系，偏微分方程式系，確率過程モデル，セルオートン，パラメータ評価，Mapleの利用，プロジェクト，という章立てになっており，どちらかというと，数理生物学の数理モデル解析の基礎を学ぶために編まれているという印象。分岐理論については他書にはない要点まで触れた最新の内容になっており，現在の同類の内容の本としては秀逸なものと言える。分量は多くないので，大学院の半期程度でのゼミに使うのに適当かもしれない。数理モデリングについてはそれほど多くの記載はないので，数理生物学の入門書としては数学寄り】．

[62] R.L. Devaney. *An Introduction to Chaotic Dynamical Systems, Second Edition*. Addison-Wesley, New York, 1989.

[63] R.L. Devaney. カオス力学系入門 第2版. 共立出版, 東京, 1990．（後藤憲一 訳）．

[64] U. Dieckmann, R. Law, and J.A.J. Metz, editors. *The Geometry of Ecological Interactions: Simplifying Spatial Complexity*. Cambridge University Press, Cambridge, 2000. 【メタ個体群動態やペア近似に関する数理モデルについての複数の著者による総説をとりまとめたもの。とりわけ，ペア近似に関する総説は入門として優れた内容の章となっている。専門的ではあるが】．

[65] O. Diekmann and J.A.P. Heesterbeek. *Mathematical Epidemiology of Infectious Diseases: Model Building, Analysis and Interpretation*. Wiley Series in Mathematical and Computational Biology. John Wiley & Son, Chichester, 2000. 【近年，疫病の数理モデルに関する数理的研究を精力的に行い，そのリーダー的役割を果たしつつある二人の国際的研究者による待望の疫病の数理モデル解析に関するモノグラフである。数学をバックグラウンドにした研究者が著者のため，数学的な記述に不慣れな読者にとっては，かなりとっつきにくい本かもしれないが，本書の副題が示すように，数理の意味の記述にも重点をおいた内容となっている。最近の数理モデル解析に関しても記述があり，どちらかというと高度な専門書の位置づけとなろう】．

[66] P. Doucet and P.B. Sloep. *Mathematical Modeling in The Life Sciences*. Ellis Horwood, London, 1992. 【数理生物学における数理モデル解析の考え方の要点がまとめられた教科書。数学的な解説はかなりはしょってあっさりと書かれている】．

[67] B. Drossel and A. McKane. Modelling food webs. In S. Bornholdt and H.G. Schuster, editors, *Handbook of Graphs and Networks (2003)*. Wiley-VC, Berlin, 2003.

[68] R. Durrett. *Mutual Invadability Implies Coexistence in Spatial Models*, Vol. 156 of *Memoirs of the American Mathematical Society*. American Mathematical Society, Providence, Rhode Island, 2002. 【米国数学会のモノグラフとしての専門書。格子空間でのLotka-Volterra型競争系や餌-捕食者系をODEやPDEと結びつける話に触れる部分もあるが，大半は，ODEやPDEで表現されるLotka-Volterra系の数学的な定理の解説。解説は比較的詳しいので，関連の研究者にとっては，じっくり取り組むべき部分もあるだろう】．

[69] L. Edelstein-Keshet. *Mathematical Models in Biology*, Vol. 46 of *Classics in Applied Mathematics*. Society for Industrial and Applied Mathematics, Philadelphia, 2005.【個体群動態の数理モデルを主幹として扱っている数理生物学的な数理モデルの専門的教科書．本書によく似た性格がかいま見られ，基本的な数理モデルの数理モデリングに関する解説もきちんと述べられている．また，数理モデルを応用した具体的な生物現象に関する議論が例として頻繁に用いられている．本書の次に取り組むべき有効な本のひとつである．ややてんこ盛り的な内容で，相当にぎゅうぎゅう詰めの感があり，レイアウトは見にくいが，まちがいなくしっかりとした内容構成，密度のある秀書．数学の基礎についても解説が加えられており，自習書としても使えると思われるが，少々分厚いので根性が要るかも．各節に多めの演習問題が用意されており，基礎的なものは学習指導的であるが，むしろ，かなり専門的な問題の方の割合が高い．学部レベルでも，大学院レベルでも使えるだろう．図版は多くない】．

[70] C.S. Elton. *The Ecology of Invasion by Animals and Plants*. Methuen & Co. Ltd., London, 1958.

[71] チャールズ・S・エルトン. 侵略の生態学. 思索社, 東京, 1971. （川那部 他訳）【生態学の大御所エルトンの著書．新しい生物種の侵入によって起こる種間競争や餌－捕食者関係の新設などによる生態系の変化に関する内容．原著は1958年と古いが，新しい生態学的問題，ひいては，数理モデル解析の問題をみつけられそうである】．

[72] J.A.N. Filipe, G.J. Gibson, and C.A. Gilligan. Inferring the dynamics of a spatial epidemic from time-series data. *Bull. Math. Biol.*, Vol. 66, pp. 373–391, 2004.

[73] A. Ford. *Modeling the Environment: An Introduction to System Dynamics Modeling of Environmental Systems*. Island Press, Washington, D.C., 1999.

[74] A.C. Fowler. *Mathematical Models in the Applied Sciences*. Cambridge Texts in Applied Mathematics. Cambridge University Press, Cambridge, 1997.

[75] J.E. Franke and A.-A. Yakubu. Mutual exclusion versus coexistence for discrete competitive systems. *J. Math. Biol.*, Vol. 30, No. 2, pp. 161–168, 1991.

[76] J.C. Frauenthal. Population dynamics and demography. *Proc. Symp. Appl. Math.*, Vol. 30, pp. 9–18, 1984.

[77] J.M. Fryxell and P. Lundberg. *Individual Behavior and Community Dynamics*, Vol. 20 of *Population and Community Biology Series*. Chapman & Hall, London, 1997.【動物個体の捕食行動の理論とその個体からなる個体群全体の動態を結びつけた数理モデリングを目指した内容のモノグラフ．数理モデルの記述がかなりあっさりとしているので，ある程度知識がないと要点がつかみにくいかもしれないが，面白い観点の内容である】．

[78] 藤曲哲郎. 確率過程と数理生態学. 日評数学選書. 日本評論社, 東京, 2003.【数理生態学の話題を適宜引きながら，確率過程の勉強のできる専門的教科書として独特なものである．著者による講義の内容が骨組みとして使われているようである．MathematicaやCのプログラムが適宜挿入されている．学部レベルでは少々難しいかもしれないが，大学院レベルなら，自習書としても使えるだろう】．

[79] 藤沢武久. 新編 確率・統計. 日本理工出版会（オーム社書店発売），東京, 1977.

[80] H. Fujita and S. Utida. The effect of population density on the growth of an animal population. *Ecology*, Vol. 34, No. 3, pp. 488–498, 1953.

[81] N. Gershenfeld. *The Nature of Mathematical Modeling.* Cambridge University Press, Cambridge, 1999. 【物理学，数理生物学などの数理モデルの解析のための数学的手法や数値計算手法に関する基礎のまとめられたテキスト】．

[82] W.M. Gets and R.G. Haight. *Population Harvesting: Demographic Models of Fish, Forest, and Animal Resources*, Vol. 27 of *Monographs in Population Biology*. Princeton University Press, Princeton, New Jersey, 1989. 【人の手による生態系への攪乱の効果に関する個体群生態学の専門書であるが，かなり数理モデリングに関しての議論が掲載されている】．

[83] M. Gillman and R. Hails. *An Introduction to Ecological Modelling: Putting Practice into Theory.* Methods in Ecology Series. Blackwell Science, Oxford, 1997. 【数理モデルの抽象的な解説をさけ，具体的な数値による理解を目指した内容となっているが，そのためか，数理モデル本来の特性についての理解にはもの足りないかも。とはいえ，数理モデルを掲げるだけでなく，数理モデリングの本質にも触れた内容が述べられており，かなりすっきりと書かれた教科書である】．

[84] M.E. Gilpin and F.J. Ayala. Global models of growth and competition. *Proc. Natl. Acad. Sci. U.S.A.*, Vol. 70, pp. 3590–3593, 1973.

[85] J. Gleick. *Chaos — Making A New Science.* Penguin Books, New York, 1987.

[86] J. Gleick. カオス — 新しい科学をつくる（ジェイムス・グリック），新潮文庫，ク-18-1. 新潮社，東京, 1991. （上田睆亮監修，大貫昌子訳）【カオス力学系に関する大部のエッセイ。力学系やカオス理論の概念をつかまえる手だてになる内容豊富だがちょっと重い】．

[87] B. Gompertz. On the nature of the function expressive of the law of human mortality and on a new mode of determining life contingencies. *Phil. Trans. Boy. Soc. London A*, Vol. 115, pp. 513–585, 1825.

[88] L.A. Goodman. On the reconciliation of mathematical theories of population growth. *Journal of the Royal Statistical Society*, Vol. 130, pp. 541–553, 1967.

[89] L.A. Goodman. The analaysis of population growth when the birth and death rates depend upon several factors. *Biometrics*, Vol. 25, pp. 659–681, 1969.

[90] L.A. Goodman. On the sensitivity of the intrinsic growth rate to changes in the age-specific birth and death rates. *Theoretical Population Biology*, Vol. 2, pp. 339–354, 1971.

[91] L.A. Goodman and W.H. Kruskal. Measures of association for cross classifications. *Journal of the American Statistical Association*, Vol. 49, pp. 732–764, 1954.

[92] N.J. Gotelli. *A Primer of Ecology, Third Edition.* Sinauer, Sunderland, Massachusetts, 2001. 【「生態学入門」というタイトルになっているが，個体群生態学の入門書であり，しかも，数理モデルによる解説が主体である。個体群生態学に関する数理モデルの入門書としては，コンパクト（総ページ数265）であり，しかも，

島嶼生態学 (Island Biogeography), 遷移 (Succession), メタ個体群動態を章としてもうけてもおり, 海外ではあちこちで教科書として使われているようである. たしかに, 教科書としてよくまとまっている感がある. セミナーの輪読にも適しているだろう】.

[93] 後藤晃, 井口恵一朗他. 水生動物の卵サイズ — 生活史の変異・種分化の生物学. 海游舎, 東京, 2001. 【複数の著者による水生動物の卵サイズの生態と進化の問題に関する総説集. この問題については, 古典的な数理生物学的アプローチがあり, 本書にも諸処に数理モデルによる理論が引用されている. また, 原田・酒井による章には新しいアプローチによる数理モデル研究がまとめられている】.

[94] J. Gottman and J. Mordechai. *Mathematics of Marriage: Dynamic Nonlinear Models.* Bradford Books, 2002.

[95] W.S.C. Gurney and R.M. Nisbet. *Ecological Dynamics.* Oxford University Press, Oxford, 1998. 【数理生態学の数理モデルに関する教科書的専門書. 数理モデルの構成, すなわち, 数理モデリングについても要所要所で解説が加えられており, 独習にも, ゼミにも適していると思われる】.

[96] R. ハーバーマン. 生態系の微分方程式：個体群成長の数学モデル. 現代数学社, 東京, 1992. （稲垣宣生 訳）.

[97] R. Haberman. *Mathematical Models: Mechanical Vibrations, Population Dynamics, and Traffic Flow.* Prentice-Hall, New Jersey, 1977. 【Lotka-Volterr 系までの個体群サイズ変動に関する常微分方程式による数理モデルの解説を含む, 基礎的な数理モデル入門としてまとめられた古典的な教科書】.

[98] R. Haberman. *Mathematical Models: Mechanical Vibrations, Population Dynamics, and Traffic Flow*, Vol. 21 of *Classics in Applied Mathematics.* Society for Industrial and Applied Mathematics (SIAM), Philadelphia, 1998.

[99] J.W. Haefner. *Modeling Biological Systems: Principles and Applications.* Chapman & Hall, New York, 1996. 【数理生物学における数理モデリングについての専門的な本. 数理モデリングに関する一般的な議論もかなりのページを割いて述べられている. ゼミの文献としては非常に読みにくいが, 独特な内容をもつ専門書である】.

[100] J.B.S. Haldane. Disease and evolution. Symposium sui fattori ecologici e genetic della speciazione negli animali. *Ric. Sci.*, Vol. 19 suppl., pp. 3–11, 1949.

[101] T.G. Hallam and S.A. Levin. *Mathematical Ecology: An Introduction.* Springer-Verlag, Berlin, 1980. 【数理生態学に関する国際的な研究者らによって書かれた入門的総説集. 中には少し難しいものもあるが, たとえば, 大学院レベルの入門的な文献として優れた内容をもつ】.

[102] I. Hanski. *Metapopulation Ecology.* Oxford Series in Ecology and Evolution. Oxford University Press, Oxford, 1999. 【メタ個体群動態の数理的研究のリーダー的存在である著者によるモノグラフ. 著者による「メタ」個体群動態の捉え方がまとめられている. 数理モデルの解析自体はほとんどスキップされ, 数理モデルの記載とその解析結果に関する議論, という内容である. フィールドデータからのメタ個体群動態の議論についても詳しく述べられている】.

[103] 長谷川真理子. 雄と雌の数をめぐる不思議. NTT 出版, 東京, 1996.【生物の性に関する理論の概要が動物生態学で著名な著者によって簡明にまとめられた本。非常にわかりやすく書かれており，性比の理論や有性の個体群動態の理論の入門書として秀逸である。かなり専門的な内容に触れている部分もあり，数理モデル研究につながる箇所が諸処にみられる】.

[104] 長谷川真理子. 雄と雌の数をめぐる不思議, 中公文庫, は-53-1. 中央公論新社, 東京, 2001.【1996 年 NTT 出版刊の著書の文庫版】.

[105] M.P. Hassell. Density-dependence in single-species populations. *J. Anim. Ecol.*, Vol. 44, pp. 283–295, 1975.

[106] M.P. Hassell and H.N. Comins. Discrete time models for two-species competition. *Theor. Pop. Biol.*, Vol. 9, No. 2, pp. 202–221, 1976.

[107] M.P. Hassell, J.H. Lawton, and R.M. May. Patterns of dynamical behaviour in single species populations. *J. Anim. Ecol.*, Vol. 45, pp. 471–486, 1976.

[108] A. Hastings. *Population Biology: Concepts and Models*. Springer-Verlag, New York, 1997.【書名通り，個体群生態学の数理モデルの数理モデリングに焦点をおいた教科書である。非常にすっきりと書かれており，教科書として優れている。独習にも適当であろう】.

[109] 畑政義. 神経回路モデルのカオス, カオス全書, 第 6 巻. 朝倉書店, 東京, 1998.【神経回路に関する数理モデルの話題をもとにした非線形数学の理論の専門書。入門書ではない】.

[110] V. Henri. Recherches sur la loi de l'action de la sucrase. *C.R. Hebd. Acad. Sci.*, Vol. 133, pp. 891–899, 1901.

[111] V. Henri. Über das gesetz der wirkung des invertins. *Z. Phys. Chem.*, Vol. 39, pp. 194–216, 1901.

[112] V. Henri. Théorie générale de l'action de quelques diastases. *C.R. Hebd. Acad. Sci.*, Vol. 135, pp. 916–919, 1902.

[113] V. Henri. *Lois Générales de l'Action des Diastases*. Hermann, Paris, 1903.

[114] H.W. Hethcote. Three basic epidemiological models. In S.A. Levin, T.G. Hallam, and L.J. Gross, editors, *Applied Mathematical Ecology*, Vol. 18 of *Biomathematics Texts*, pp. 119–144. Springer-Verlag, New York, 1989.

[115] 東正彦. 記述モデルと説明モデルと予測モデル. エコフロンティア Ecofrontier, Vol. 1, pp. 62–63, 1998.

[116] M.W. Hirsch and S. Smale. *Differential Equations, Dynamical Systems, and Linear Algebra*. Academic Press, New York, 1974.【力学系の理論の有名な教科書】.

[117] M.W. Hirsch and S. Smale. スメール, ハーシュ 力学系入門. 岩波書店, 東京, 1976.（田村・水谷・新井 訳）.

[118] J. Hofbauer, V. Hutson, and W. Jansen. Coexistence for systems governed by difference equation of Lotka–Volterra type. *J. Math. Biol.*, Vol. 25, pp. 553–570, 1987.

[119] J. Hofbauer and K. Sigmund. *The Theory of Evolution and Dynamical Systems,*

Vol. 7 of *London Mathematical Society Student Texts*. Cambridge University Press, Cambridge, 1988.【数理生物学の教科書。集団遺伝学，進化遺伝学の数理モデルの解説の章もある。少し読みにくい装幀なのであるが，教科書としては個々の部分がうまくまとまっている】．

[120] J. Hofbauer and K. Sigmund. *Evolutionary Games and Population Dynamics*. Cambridge University Press, Cambridge, 1998.【数理生物学の教科書。1988年に出版された同著者らによる本の改訂版の位置づけとなろうが，改訂も大きく，1988年の本の場合のシリーズからははずれているので，新訂とでも呼べるものとなっている。数理生物学における集団遺伝学，ゲーム理論，非線形力学系の基礎がコンパクトにまとめられている】．

[121] ホッフバウアー／シグムンド. 進化ゲームと微分方程式. 現代数学社, 東京, 2001. (竹内・佐藤・宮崎 訳)【1998年出版の"Evolutionary Games and Population Dynamics"の翻訳書。原書通りの誤植も残っている】．

[122] C.S. Holling. The components of predation as revealed by a study of small mammals predation of the European pine sawfly. *Canad. Ent.*, Vol. 91, pp. 292–320, 1959.

[123] C.S. Holling. Some characteristics of simple type of predation and parasitism. *Canad. Ent.*, Vol. 91, pp. 385–398, 1959.

[124] C.S. Holling. The functional response of predators to prey density and its role in mimicry and population regulation. *Mem. Ent. Soc. Canada*, Vol. 45, pp. 43–60, 1965.

[125] 本多 久夫他. 生物の形づくりの数理と物理, シリーズ・ニューバイオフィジックス II, 第6巻. 共立出版, 東京, 2000.【バクテリアコロニーの空間パターン，細胞の配置による生体構造の構築から血管創成，樹木の分枝構造まで近年の生物による形づくりへの数理的研究について複数の研究者によってまとめられた専門書】．

[126] F.C. Hoppensteadt and C.S. Peskin. *Mathematics in Medicine and the Life Sciences*, Vol. 10 of *Texts in Applied Mathematics*. Springer-Verlag, New York, 1992.【どちらかというと生体システムに関する数理モデルの教科書。しかし，数理生態学の章についても，数理モデリングに関してきちんと書かれており，ゼミの文献として適当である】．

[127] F.C. Hoppensteadt and C.S. Peskin. *Mathematics in Medicine and the Life Sciences, Second Edition*, Vol. 10 of *Texts in Applied Mathematics*. Springer-Verlag, New York, 2002.【文献 [126] の第二版。初版に相当する内容構成にはなっているが，ほぼ全面的な書き換えがなされたといっていいほど内容のレイアウトや個々の内容が新しくなっている。初版に比べて，個体群動態に関する数理モデルの章が充実し，また，その記載も丁寧かつ新しい。ただし，初版同様，生体システム（生理系，神経系など）に関する数理モデル解析についての記載が充実している。生体システムに関心のある学生，研究者にとっては，よい専門的教科書となるだろう】．

[128] F.C. Hoppensteadt. *Mathematical Theories of Populations: Demographics, Genetics and Epidemics*, Vol. 20 of *CBMS-NSF Regional Conference Series in*

Applied Mathematics. Society for Industrial and Applied Mathematics (SIAM), Philadelphia, 1975.【数理生物学の数理モデルに関する基礎的な知識がないと読めないが，基礎の発展を図るためのコンパクトな材料としてつかえそうである】．

[129] 堀良通, 大原雅, 種生物学会（編）．草木を見つめる科学 — 植物の生活史研究．文一総合出版, 東京, 2005.【植物生態学の専門書。高田壮則氏による行列モデルの解説の章は入門から応用まできれいにまとまっている。他のフィールド研究の章も含めて質の高い入門的専門書である】．

[130] 宝谷・神谷他．細胞のかたちと運動, シリーズ・ニューバイオフィジックス II, 第5巻．共立出版, 東京, 2000.【細胞のかたちや内部構造，運動に関する生物学的な研究の専門書。近年，これらのトピックスについての数理モデル研究も進みつつあり，その意味で大変に興味深い内容である】．

[131] A.I. Houston and J.M. McNamara. *Models of Adaptive Behaviour: An approach based on state*. Cambridge University Press, Cambridge, 1999.【動的計画法，ゲーム理論による最適行動戦略の数理モデルの解説としての専門書】．

[132] R.N. Hughes, editor. *Diet Selection: An Interdisciplinary Approach to Foraging Behaviour*. Blackwell Scientific Publications, Oxford, 1993.【採餌戦略に関する論文集であるが，それぞれの論文が要点よく書かれており，採餌理論の勉強をするための文献として優れたものである。数理モデル研究に発展の期待される材料が埋蔵されているだろう】．

[133] G. Huisman and R.J. De Boer. A formal derivation of the "Beddington" functional response. *J. theor. Biol.*, Vol. 185, pp. 389–400, 1997.

[134] G.E. Hutchinson. *An Introduction to Population Ecology*. Yale University Press, New Haven, 1978.【個体群生物学の教科書ではあるが，とりわけ，個体群生物学の数理モデルの歴史やそのモデリングの考え方まで丁寧に述べられている】．

[135] M. Iannelli, M. Martcheva, and F.A. Milner. *Gender-Structured Population Modeling: Mathematical Methods, Numerics, and Simulations*. Frontiers in Applied Mathematics. Society for Industrial and Applied Mathematics, Philadelphia, 2005.【人間の異性間相互作用のある個体群動態の数理モデルに関する専門的モノグラフ。楕円型偏微分方程式による数理モデルに関する内容がほとんど】．

[136] 伊庭斉志．進化論的計算の方法．東京大学出版会, 東京, 1999.【本書には，進化論的計算（GA）を応用した生物学の問題に対する数理モデルの解説が述べられている。遺伝子の進化，免疫系の情報処理，種の分化と棲み分け，集団遺伝学，共進化の問題が取り上げられている】．

[137] 稲葉寿．数理人口学．東京大学出版会, 東京, 2002.【生物個体群動態のなかでも，構造（年齢やサイズ）をもつ個体群の時間変動ダイナミクスに深く関わる専門書である。「人口」となっているのは，人間個体の集団を扱う数理モデルに関する数学的性質の記述が中心になっているからであるが，人間以外の生物個体群に対しても数理モデルとしては共通性が高い内容であり，人間個体群のみを対象としたものと考える必要はない。内容は，相当に高度である。数学的な基礎なしには読み進めるのはかなり難しいだろう】．

[138] 稲垣宣生, 山根芳知, 吉田光雄．統計学入門（第6版）．裳華房, 東京, 1994.

[139] G. Israel and A.M. Gasca, editors. *The Biology of Numbers: The Correspondence of Vito Volterra on Mathematical Biology.* Birkhäuser Verlag, Boston, Basel, and Berlin, 2002.

[140] 伊藤嘉昭, 山村則男, 嶋田正和. 動物生態学. 蒼樹書房, 東京, 1992.【動物生態学の大部の教科書。数理モデルについても著者らによってかなり的確な記載があり, 数理生態学への入門のための文献としては秀逸である。2005年に出版社を変え, 新規に著者を加えた新版 [315] が出版されている】.

[141] 伊藤嘉昭. 動物生態学（上）. 古今書院, 1975.【下巻と合わせて, 動物生態学における理論と数理モデルの解説が非常に幅広く, 丁寧に述べられた類書なき文献である】.

[142] 伊藤嘉昭. 動物生態学（下）. 古今書院, 1976.

[143] 伊藤嘉昭. 生態学と社会［経済・社会系学生のための生態学入門］. 東海大学出版会, 東京, 1994.

[144] 岩本誠一. 動的計画論. 経済工学シリーズ.（財）九州大学出版会, 福岡, 1987.【生態学, 動物行動学において, 適応行動の連鎖の最適化を数理モデリングする際に動的計画法が使われる手法は確立したものとなっているが, もともと, 動的計画法は, 工学系で理論的な研究が進められていたものである。この本は, その工学系の動的計画法の理論がまとめられた専門書である】.

[145] 巌佐庸. 数理生物学入門 — 生物社会のダイナミックスを探る. 共立出版, 東京, 1990.【今や生態学に関わる研究者のほとんどが知っているような数理生物学（とりわけ数理生態学）の専門書。「入門」と名うってあるが, 数理モデルの詳細はかなりはしょってあるので, 独習はかなり大変であろう】.

[146] 巌佐庸. よいモデルとはなんだろうか? 保全生態学研究, Vol. 4, pp. 143–149, 1999.

[147] 巌佐庸. 生物の適応戦略 — ソシオバイオロジー的視点からの数理生物学, ライブラリ 生命を探る, 第3巻. サイエンス社, 東京, 1981.【著者による適応戦略理論に基づく数理モデリング, 数理モデル解析の比較的コンパクトにまとめられたモノグラフ。適応戦略理論の数理モデルに関しては, 一度は勉強してみたい本である】.

[148] 巌佐他. 数理生態学, シリーズ・ニューバイオフィジックス, 第10巻. 共立出版, 東京, 1997.【日本の数理生態学の研究に関する多様な側面をかいま見られる総説集。それぞれの総説はうまくコンパクトにまとめられているので, 現在の数理生態学に関心のところを見つけることができるだろう】.

[149] A. Johansson and D.J.T. Sumpter. From local interactions to population dynamics in site-based models of ecology. *Theor. Pop. Biol.*, Vol. 64, pp. 497–517, 2003.

[150] F. John. *Lectures on Advanced Numerical Analysis.* Gordon and Breach, Science Publishers, New York, 1967.

[151] F. ジョン. 数値解析講義, 数理解析とその周辺, 第11巻. 産業図書, 東京, 1975.（藤田・名取 訳）.

[152] D.S. Jones and B.D. Sleeman. *Differential Equations and Mathematical Biology.* George Allen & Unwin, London, 1983.【数理生物学のわかりやすい教科書】.

[153] D.S. Jones and B.D. Sleeman. *Differential Equations and Mathematical Biology.*

Mathematical Biology & Medicine Series. Chapman & Hall/ CRC, 2003.【文献 [152] の改訂本。出版社も変わって，参考文献リストが大きくなっている。内容については大きな改訂はなく，数理生物学のわかりやすい教科書という性質はそのままである。初版と同様，やはり，微分方程式によるモデルについての丁寧な記述が中心である。学部レベルでのセミナーや講義・演習の材料としても使えるだろう】．

[154] D.W. Jordan and P. Smith. *Nonlinear Ordinary Differential Equations.* Oxford Applied Mathematics and Computing Science Series. Clarendon Press, Oxford, 1977.【数理生物学関連の数理モデルを例として多くとりあげられた非線形常微分方程式の数学的基礎専門書】．

[155] P.B. Kahn. *Mathematical Methods for Scientists and Engineers: Linear and Nonlinear Systems.* John Wiley & Sons, New York, 1990.

[156] 金子 邦彦他. 複雑系のバイオフィジックス, シリーズ・ニューバイオフィジックス II, 第 7 巻. 共立出版, 東京, 2001.【編集委員である金子氏らによって精力的に研究され，発展している，『複雑系』による生物進化の数理的議論に関わる複数の著者による専門的内容。とりわけ，粘菌の細胞分化に関する数理的な研究について取り上げられている。かなり専門的な本】．

[157] 金子邦彦, 池上高志. 複雑系の進化的シナリオ — 生命の発展様式 —, 複雑系双書, 第 2 巻. 朝倉書店, 東京, 1998.【著者らによって精力的に研究され，発展している，『複雑系』による生物進化の数理的議論が内容である。かなり専門的な本】．

[158] 金子邦彦, 津田一郎. 複雑系のカオス的シナリオ, 複雑系双書, 第 1 巻. 朝倉書店, 東京, 1996.

[159] D. Kaplan and L. Glass. *Understanding Nonlinear Dynamics.* Textbooks in Mathematical Sciences. Springer-Verlag, New York, 1995.【非線形理論に関する入門書であるが，数理生物学を念頭において書かれており，適宜，具体的な生物現象の例を挙げて読者に数理と現象の関連をつたえようとした良書である】．

[160] 笠原晧司. 微分積分学, サイエンスライブラリ 数学, 第 12 巻. サイエンス社, 東京, 1974.

[161] 粕谷英一. 行動生態学入門. 東海大学出版会, 東京, 1990.【行動生態学の教科書として非常にうまくまとめられた専門書。数理モデルについても言及されている】．

[162] 加藤恭義, 光成友孝, 築山洋. セルオートマトン法 — 複雑系の自己組織化と超並列処理 —. 森北出版, 東京, 1998.【セルオートマトンもしくは格子空間による数理モデリングは，数理生態学においても昨今頻繁に用いられる手法である。本書は，この数理モデリングの応用手法に関する専門書である。数理生物学の例も載っているが，手法自体に相当の関心がないと読むのは大変であろう】．

[163] 慶伊富長. 反応速度論（第 2 版）. 東京化学同人, 東京, 1983.

[164] W.O. Kermack and A.G. McKendrick. A contribution to the mathematical theory of epidemics. *Proc. Roy. Soc.*, Vol. A115, pp. 700–721, 1927.

[165] M. Kimmel and D.E. Axelrod. *Branching Processes in Biology*, Vol. 19 of *Interdisciplinary Applied Mathematics.* Springer, New York, 2002.【分枝過程による生物現象の数理モデリングの専門的入門書。ただし，難しめの入門書と考えておいた方がいいだろう。とりあげられている生物現象は，細胞分裂などの細胞活動

[166] 木元新作. 集団生物学概説. 共立出版, 東京, 1993.【個体群生態学の数理モデルの考え方の要点も述べられた教科書. 生態学者である著者による独自の内容もあって興味深い】.

[167] 木元新作. 島の生物学 — 動物の地理的分布と集団現象. 東海大学出版会, 東京, 1998.【島環境における個体群生態学の研究のモノグラフ. 図や写真が豊富で読みやすい専門書】.

[168] 木元新作, 武田博清. 群集生態学概説. 共立出版, 東京, 1989.【個体群生態学の数理モデルの考え方の要点も述べられた教科書. 群集を扱う数理モデルについての解説が特徴】.

[169] S.E. Kingsland. *Modeling Nature: Episodes in the History of Population Ecology, Second Edition with a New Afterword.* The University of Chicago Press, Chicago, 1985.【個体群生態学における歴史がまとめられた希有な書. あまりなじみのない, 数理モデルの発展の歴史を知ることができる. また, その内容は, 古典的な数理モデルのモデリングの考え方にも触れるところがあり, 興味深い】.

[170] 北原和夫, 吉川研一. 非平衡系の科学 I: 反応・拡散・対流の現象論. 講談社サイエンティフィク, 東京, 1994.

[171] M.S. Klamkin, editor. *Mathematical Modelling: Classroom Notes in Applied Mathematics.* the Society for Industrial and Applied Mathematics, Philadelphia, 1987.

[172] 香田徹. 離散力学系のカオス. コロナ社, 東京, 1998.

[173] 國府寛司. 力学系の基礎, カオス全書, 第 2 巻. 朝倉書店, 東京, 2000.【力学系の基礎概念に関する, きっちりとした数学の専門書】.

[174] 小室元政. 基礎からの力学系 — 分岐理論からカオス的遍歴へ, 臨時別冊・数理科学 SGC ライブラリ, 第 17 巻. サイエンス社, 東京, 2002.【前半では, 連続および離散力学系の基礎が例を挙げながら解説されているが, 後半では, 主に分岐理論の基礎と具体例が丁寧に解説されている. 後半は相当に専門的な内容であるが, 前半は, 基礎的な概念を勉強するには適しているかもしれない】.

[175] 近藤次郎. 数理モデル入門, OR ライブラリー, 第 3 巻. 日科技連, 東京, 1974.【生物学, 経済, 社会学などの問題に関する基礎的な数理モデルをとりまとめて紹介する内容】.

[176] S.A.L.M. Kooijman. *Dynamic Energy and Mass Budgets in Biological Systems, Second Edition.* Cambridge University Press, Cambridge, 2000.【生物個体の成長や個体群サイズを変動を, エネルギーの出入りという観点から理論的に考察するアプローチの歴史は古い. この本は, その観点での最近の数理モデル研究まで含めた専門書であり, 類書はない. このアプローチでの理論的研究は, 現在, 決して多くないので, この本の内容からも新しい数理モデリング発展の可能性が見いだせるかもしれない】.

[177] 河野光雄. 社会現象の数理解析 — 微分・積分と現象のモデル化. 中央大学出版部, 1995.【社会学における問題の数理的な研究のための数学的な基礎を内容の主軸におき, 社会学に関する簡単な数理モデルの紹介ものっている】.

[178] E. Kreyszig. *Advanced Engineering Mathematics, Fifth Edition*. John Wiley & Sons, New York, 1983.

[179] E. クライツィグ. 数値解析 原書第5版, 技術者のための高等数学, 第5巻. 培風館, 東京, 1988. （近藤 他 訳）.

[180] V. Křivan and I. Vrkoč. Should "handled" prey be considered? Some consequences for functional response, predator–prey dynamics and optimal foraging theory. *J. theor. Biol.*, Vol. 227, pp. 167–174, 2004.

[181] 久保忠雄, 後藤憲一. 基礎 微分積分. 共立出版, 東京, 1983.

[182] 蔵本由紀（編）. リズム現象の世界, 非線形・非平衡現象の数理（三村昌泰 監修）, 第1巻. 東京大学出版会, 東京, 2005. 【物理系の研究者によるリズム現象に関する数理モデルに関わる研究の概説集。当然ながら生物現象にも多くのリズムが見られるので，今後のさらなる研究の発展にとって意味ある専門書だろう】.

[183] T.G. Kurtz. *Approximation of Population Processes*, Vol. 36 of *CBMS-NSF Regional Conference Series in Applied Mathematics*. Society for Industrial and Applied Mathematics (SIAM), Philadelphia, 1981.

[184] 楠田哲也, 巖佐庸（編）. 生態系とシミュレーション. 朝倉書店, 東京, 2002. 【生態「系」に関するコンピュータによるシミュレーションを利用した数理モデルによる研究の例が集められている。各節をそれぞれの著者が担当したオムニバス的な総説がつづられた専門書】.

[185] Y.A. Kuznetsov. *Elements of Applied Bifurcation Theory, Third Edition*, Vol. 112 of *Applied Mathematical Sciences*. Springer, New York, 2004.

[186] J.P. LaSalle. *The Stability of Dynamical Systems*, Vol. 25 of *CBMS-NSF Regional Conference Series in Applied Mathematics*. SIAM, Philadelphia, 1976.

[187] L.P. Lefkovitch. Census studies on unrestricted populations of *Lasioderma serricorne* (F.) (Coleoptera: Anobiidae). *Journal of Animal Ecology*, Vol. 32, pp. 221–231, 1963.

[188] L.P. Lefkovitch. The study of population growth in organisms grouped by stages. *Biometrics*, Vol. 21, pp. 1–18, 1965.

[189] P.H. Leslie. On the use of matrices in certain population mathematics. *Biometrika*, Vol. 33, pp. 183–212, 1945.

[190] P.H. Leslie. Some further notes on the use of matrices in population mathematics. *Biometrika*, Vol. 35, pp. 213–245, 1948.

[191] P.H. Leslie. A stochastic model for studying the properties of certain biological systems by numerical methods. *Biometrika*, Vol. 45, pp. 16–31, 1958.

[192] P.H. Leslie and J.C. Gower. The properties of a stochastic model for two competing species. *Biometrika*, Vol. 45, pp. 316–330, 1958.

[193] P.H. Leslie and J.C. Gower. The properties of a stochastic model for the predator-prey type of interaction between two species. *Biometrika*, Vol. 47, pp. 219–234, 1960.

[194] E.G. Lewis. On the generation and growth of a population. *Sankhya: The Indian Journal of Statistics*, Vol. 6, pp. 93–96, 1942.

[195] T.Y. Li and J.A. Yorke. Period three implies chaos. *American Math. Monthly*, Vol. 82, pp. 985–992, 1975.

[196] C.C. Lin and L.A. Segel. *Mathematical Applied to Deterministic Problems in the Natural Sciences*. Society for Industrial and Applied Mathematics (SIAM), Philadelphia, 1988.【今日の数理生物学の数理モデル解析に応用されている非線形数学の手法がまとめられており，数理モデル解析における実用的な内容をもつ】．

[197] P. Liu and N. Elaydi. Discrete competitive and cooperative models of Lotka–Volterra type. *J. Comp. Anal. Appl.*, Vol. 3, No. 1, pp. 53–73, 2001.

[198] A.J. Lotka. *Elements of Physical Biology*. Williams and Wilkins, Baltimore, 1925.

[199] A.J. Lotka. *Elements of Mathematical Biology*. Dover, New York, 1956.【"Elements of Physical Biology" (1925, Williams and Wilkins, Baltimore) の再発行】．

[200] R.H. MacArthur. *Geographical Ecology: Patterns in the Distribution of Species*. Harper & Row, New York, 1972.

[201] R.H. マッカーサー. 地理生態学：種の分布にみられるパターン. 蒼樹書房, 東京, 1982.（川西 他 訳）．

[202] G. Macdonald. The analysis of infection rates in diseases in which superinfection occurs. *Tropical Diseases Bulletin*, Vol. 47, No. 10, pp. 907–915, 1950.

[203] G. Macdonald. The measurement of malaria transmission. *Proc. R. Soc. Med.*, Vol. 48, pp. 295–301, 1955.

[204] G. Macdonald. Epidemiological basis of malaria control. *Bull. W.H.O.*, Vol. 15, pp. 613–626, 1956.

[205] G. Macdonald. *The Epidemiology and Control of Malaria*. Oxford University Press, London, 1957.

[206] A. MacFadyen. *Animal Ecology*. Pitman, London, 1963.

[207] T.R. Malthus. *An Essay on the Principle of Population, as it Affects the Future Improvement of Society with Remarks on the Speculations of Mr. Godwin, M. Condorcet, and Other Writers*. Printed for J. Johnson, in St. Paul's churchyard, London, 1798.【著名なマルサス著「人口論」初版。現在なら，www 上でフリーで公開されているソースを見つけることもできる】．

[208] T.R. Malthus. *An Essay on the Principle of Population: A View of its Past and Present Effects on Human Happiness; with an Inquiry into Our Prospects Respecting the Future Removal or Mitigation of the Evils which It Occasions*. John Murray, London, 1803.【著名なマルサス著「人口論」第2版。初版から大幅に改訂された。1826年に出版された Sixth Edition ではさらなる改訂が加えられ，後に有名となる「人口論」としては，この第6版が参照されることが多い】．

[209] M. Martelli. *Discrete Dynamical Systems and Chaos, First Edition*. CRC Press LLC, Boca Raton, 1992.

[210] M. Martelli. 離散動的システムとカオス. 森北出版, 東京, 1999.（浪花・有本 訳）．

[211] 松田裕之. 環境生態学序説. 共立出版, 東京, 2000.【昨今，保全生態学関連の数理モデル研究も盛んになっている。理論・数理生態学者である著者による近年の保全

生態学関連の問題への所見が述べられている本。数理モデル研究が取り組むべき問題をみることができる】．

[212] 松田裕之. ゼロからわかる生態学. 共立出版, 東京, 2004.【昨今，保全生態学関連の数理モデル研究も盛んになっている．理論・数理生態学者である著者による近年の保全生態学関連の問題を例としてとりあげつつ生態学についての基礎概念を概説した本．全体的に理論や数理が主幹となっているが，数学的な表記にとっつきにくい入門者にとってはとりくみやすい内容構成・表記になっているのではないだろうか．ただし，生態学の問題の本質をより専門的に学ぶことはこの本だけでは難しい】．

[213] 松永隆司. 理論生物学・数理生物学講座［3］個の確率と集団の確率 — 水産資源の生存曲線をめぐって —. 生物科学, Vol. 24, No. 1, pp. 47–52, 1972.

[214] 松下貢（編）. 生物に見られるパターンとその起源, 非線形・非平衡現象の数理（三村昌泰監修), 第2巻. 東京大学出版会, 東京, 2005.【生物のパターン形成現象に関する数理モデルに関わる研究の概説集．数理モデリングの実際が見えて意義深い】．

[215] R.M. May. *Stability and Complexity in Model Ecosystems, 2nd Edition*. Princeton University Press, Princeton, 1973.【May によるカオス研究が有名になるのに一役かった専門書．基礎知識がないとすこし読みにくいかも知れないが，現在でも，そのなかから数理生物学の問題が探せそうな内容である】．

[216] R.M. May. Biological populations with non-overlapping generations: stable points, stable cycles, and chaos. *Science*, Vol. 186, pp. 645–647, 1974.

[217] R.M. May. Patterns in multispecies communities. In R.M. May, editor, *"Theoretical Ecology: Principles and Applications"*, pp. 197–227. Blackwell, Oxford, 1981.

[218] R.M. May and G.F. Oster. Bifurcations and dynamics complexity in simple ecological models. *Am. Nat.*, Vol. 110, pp. 573–599, 1976.

[219] J. Maynard Smith. *Mathematical Ideas in Biology*. Cambridge University Press, Cambridge, 1968.

[220] J. Maynard Smith and M. Slatkin. The stability of predator-prey systems. *Ecology*, Vol. 54, pp. 384–391, 1973.

[221] A. McKane and B. Drossel. Models of food web evolution. In M. Pascual and J. Dunne, editors, *Food Webs*. Oxford University Press, London, 2005.

[222] A.G. McKendrick. Applications of mathematics to medical problems. *Proc. Edin. Math. Soc.*, Vol. 44, pp. 98–130, 1926.

[223] M. Mesterton-Gibbons. *An Introduction to Game-Theoretic Modelling, Second Edition*, Vol. 11 of *Student Mathematical Library*. American Mathematical Society, 2001.

[224] J.A.J. Metz and O. Diekmann. *The Dynamics of Physiologically Structured Populations*, Vol. 68 of *Lecture Notes in Biomathematics*. Springer-Verlag, Berlin, 1986.【個体群内構造をもつ個体群の数理モデリング，数理モデル解析に関する数学的理論が体系的にまとめられた専門書】．

[225] L. Michaelis and M. Menten. Die Kinetik der Invertinwirkung. *Biochem. Z.*, Vol. 49, pp. 333–369, 1913.

[226] R.E. Mickens. *Nonstandard Finite Difference Models of Differential Equations*. World Scientific, Singapore, 1993.

[227] R.E. Mickens. *Applications of Nonstandard Finite Difference Schemes*. World Scientific, Singapore, 2000.

[228] R.E. Mickens. A nonstandard finite-difference scheme for the Lotka–Volterra system. *Appl. Numer. Math.*, Vol. 45, pp. 309–314, 2003.

[229] R.E. Mickens. *Advances in the Applications of Nonstandard Finite Difference Schemes*. World Scientific, Singapore, 2005.

[230] R.S. Miller. Pattern and process in competition. *Adv. Ecol. Res.*, Vol. 4, pp. 1–74, 1967.

[231] 三村昌泰（編）. パターン形成とダイナミクス, 非線形・非平衡現象の数理（三村昌泰監修）, 第4巻. 東京大学出版会, 東京, 2006.【生物の数理モデルに用いられる反応拡散方程式の数理モデル解析の実際の概説集。数学的だが数理モデリングに触れる重要な内容も含まれている。今後の発展が期待される】.

[232] 宮下直, 野田隆史. 群集生態学. 東京大学出版会, 東京, 2003.【群集生態学のコンパクトな教科書的専門書。種間相互作用, ニッチ, 種多様性, 食物網についての, 理論もふくめた概要が簡明にまとめられており, 数理モデルによる理論的研究にとっても有用な本】.

[233] P.A.P. Moran. Some remarks on animal population dynamics. *Biometrics*, Vol. 6, pp. 250–258, 1950.

[234] 森主一. 動物の生態. 京都大学学術出版会, 京都, 1997.【個体群生態学における数理モデルにもかなり記述がさかれた大部の専門書。個体群生態学に関する理論的な勉強をするのに有用な本】.

[235] M. Morisita. Estimation of population density by spacing method. *Memoirs of Faculty of Science, Kyushu University, Series E*, Vol. 1, pp. 187–197, 1954.

[236] 森下正明. 動物の個体群. 宮地伝三郎他（編）, 動物生態学, pp. 163–262. 朝倉書店, 東京, 1961.

[237] M. Morisita. The fitting of the logistic equation to the rate of increase of population density. *Researches on Population Ecology*, Vol. 7, pp. 52–55, 1965.

[238] 森田善久. 生物モデルのカオス, カオス全書, 第3巻. 朝倉書店, 東京, 1996.【数理生物学に現れる数理モデルの非線形数学的解析に関する数学的な専門書。入門としては難しいかもしれないが, うまくまとめられた本なので, 関連のゼミの文献としても有用であろう】.

[239] L.D. Mueller and A. Joshi. *Stability in Model Populations*, Vol. 31 of *Monographs in Population Biology*. Princeton University Press, Princeton, 2000.

[240] 村松晃. 理論生物学・数理生物学講座［8］生物システムの関係構造（2）. 生物科学, Vol. 26, No. 2, pp. 106–112, 1974.

[241] 村松晃, 太田邦昌. 理論生物学・数理生物学講座［4］生物システムの関係構造（1）. 生物科学, Vol. 24, No. 2, pp. 106–112, 1972.

[242] 村田省三. 経済のゲーム分析, 経済の情報と数理, 第5巻. 牧野書店, 東京, 1992.【生態学, 動物行動学において, ゲーム理論が数理的, 理論的研究に応用されて久し

いが, 経済学理論におけるゲーム理論の応用はさらに歴史が長いであろう. この本は, 経済活動におけるゲーム理論の基礎的専門書であるが, ゲーム理論の入門を済ませた読者にとって, さらなる応用的な基礎を学ぶための本として分量も適当であり, すっきり書かれた良書と思われる】.

[243] W.W. Murdoch, C.J. Briggs, and R.M. Nisbet. *Consumer-Resource Dynamics*, Vol. 36 of *Monographs in Population Biology*. Princeton University Press, Princeton, 2003. 【生物は生きるために資源を利用しなければならない. その観点から, 数理モデルには, 消費者 vs 資源という枠組みに収まるものが多い (おそらく, ほとんど). この本は, その観点に立脚しながら, 理論と数理モデルがまとめられた専門書である】.

[244] J.D. Murray. *Mathematical Biology*, Vol. 19 of *Biomathematics Texts*. Springer-Verlag, New York, 1989. 【大部の数理生物学の教科書的専門書. 反応拡散方程式系によるパターン形成の数理モデルまでの幅広いテーマが扱われている. 応用数理の専門書であり, 学際分野の研究者が勉強しやすい本である】.

[245] J.D. Murray. *Introduction to Mathematical Biology*, Vol. 17 of *Interdisciplinary Applied Mathematics*. Springer, New York, 2002. 【大部の数理生物学の教科書的専門書 [244] の改訂版として出された 2 冊の内の入門的内容のもの】.

[246] J.D. Murray. *Mathematical Biology: Spatial Models and Biomedical Applications, 3rd Edition*, Vol. 18 of *Interdisciplinary Applied Mathematics*. Springer, New York, 2002. 【大部の数理生物学の教科書的専門書 [244] の改訂版として出された 2 冊の内の専門的内容のもの. 大学院レベルでも相当にハードな内容だろう. 専門書としては卓越した内容の一冊ではある】.

[247] 南雲他. 数理を通してみた生命, 岩波講座 現代生物科学, 第 17 巻. 岩波書店, 東京, 1975. 【少し古い本であるが, 心臓の拍動に関する数理モデルなど, あまり他の和書では得られない内容もあり, 興味深い内容をもつ】.

[248] 中川尚史. 食べる速さの生態学 — サルたちの採食戦略, 生態学ライブラリー, 第 4 巻. 京都大学学術出版会, 京都, 1999. 【霊長類の採食の生態についてのモノグラフ. とはいえ, 理論的側面からは, 採餌戦略の理論にとって興味深い内容が多く, 新しい数理モデル研究も発掘できそうな内容である】.

[249] 長島弘幸, 馬場良和. カオス入門 — 現象の解析と数理 —. 培風館, 東京, 1992.

[250] 中田聡, 福永勝則, 金田義亮. ダイナミックな現象を科学する — 身近に見るリズムやパターンに潜む非線形性を考える —. 産業図書, 東京, 1996. 【非線形現象と考えられる現象の数理についての大学院レベルの入門書. 生物現象もいくつか取り上げられている】.

[251] A.J. Nicholson. The balance of animal populations. *J. Anim. Ecol.*, Vol. Suppl. 2, pp. 132–178, 1933.

[252] A.J. Nicholson. An outline of the dynamics of animal populations. *Austrl. J. Zool.*, Vol. 2, pp. 9–65, 1954.

[253] A.J. Nicholson and V.A. Bailey. The balance of animal populations. Part I. *Proc. Zool. Soc. Lond.*, Vol. 1935, No. 3, pp. 551–598, 1935.

[254] R.M. Nisbet and W.S.C. Gurney. *Modelling Fluctuating Populations*. John

Wiley & Sons, Chichester, 1982.【とりわけ，環境の確率的変動の数理モデリングへの導入，そのような数理モデルの解析について焦点がおかれた専門的教科書ではあるが，数理生態学への入門書としても（少し難しいかもしれないが）使えるだろう】.

[255] 丹羽敏雄. 微分方程式と力学系の理論入門：非線形現象の解析にむけて. 遊星社, 東京, 1988.

[256] E.P. Odum. *Fundamentals of Ecology, 3rd Edition*. Saunders, Philadelphia, 1971.

[257] 小倉久直. 物理・工学のための確率過程論. コロナ社, 東京, 1978.

[258] 太田邦昌. 理論生物学・数理生物学講座［２］自由生物集団の生長理論 — 連続型令構造モデル —. 生物科学, Vol. 23, No. 4, pp. 203–217, 1972.

[259] 太田邦昌. 理論生物学・数理生物学講座［６］世代の重なる生物集団の生長諸特性（１）. 生物科学, Vol. 24, No. 4, pp. 214–221, 1973.

[260] 太田邦昌. 理論生物学・数理生物学講座［７］世代の重なる生物集団の生長諸特性（２）. 生物科学, Vol. 25, No. 3, pp. 163–168, 1973.

[261] 太田邦昌. γ進化からみた生物の繁殖戦略と生活史 — COLE の命題に関連した一般論— （１）. 生物科学, Vol. 26, No. 2, pp. 78–83, 1974.

[262] 太田邦昌. 理論生物学・数理生物学講座［１１］個体成長の古典的モデルとダイナミカルシステム. 生物科学, Vol. 27, No. 2, pp. 103–112, 1975.

[263] 太田邦昌. 理論生物学・数理生物学講座［１２］ピュッター・ベルタランフィ成長モデルの検討（１）方程式の解析. 生物科学, Vol. 28, No. 2, pp. 107–112, 1976.

[264] 太田隆夫. 界面ダイナミクスの数理. チュートリアル：応用数理の最前線. 日本評論社, 東京, 1997.【反応拡散系などによるパターン形成ダイナミクスに関わる応用数理の専門書. 生物によるパターン形成の数理モデルへの応用が今後大いに期待できる】.

[265] 太田隆夫. 非平衡系の物理学. 裳華房, 東京, 2000.【反応拡散系などによるパターン形成ダイナミクスや相転移現象に関わる応用数理の専門書. 大学院レベルの学生，研究者にとっては相当に興味深い内容だろう. 生物によるパターン形成や状態遷移の数理モデルへの応用が今後大いに期待できる】.

[266] 岡部篤行, 鈴木敦夫. 最適配置の数理, シリーズ［現代人の数理］, 第 3 巻. 朝倉書店, 東京, 1992.【社会学関連における空間的な「モノ」の配置に関する最適理論を紹介する専門書である. 生態学における縄張りや雄，雌，あるいは，巣などの空間配置についての適応戦略理論, 個体や資源の空間配置に依存した個体群動態の理論と密接な関係を持っている. 応用, 発展が期待される内容である】.

[267] A. Okubo and S.A. Levin. *Diffusion and Ecological Problems: Modern Perspectives, Second Edition*, Vol. 14 of *Interdisciplinary Applied Mathematics*. Springer, New York, 2001.【大久保明氏が中心となった 1980 年の初版から 21 年後に出版された第 2 版は，大久保氏が改訂を進めていた原稿に Levin 氏が最終的な手を入れ，大久保氏の死後出版されたものである. 初版は，生物の拡散現象を取り入れた数理モデルの研究者にとって，名作ともいえるほどの文献の地位を築いた. 生物の拡散現象を取り入れた数理モデリングの専門的入門書としては，やは

り確固たる価値をもつ書である．拡散現象の基礎的な考え方から取り上げられており，数学寄りというより応用数理寄りのとりつきやすい本である】．

[268] 奥川光太郎. 数理統計学概説 新版. 学術図書出版社, 東京, 1977.

[269] 大住圭介. 経済計画分析, 経済の情報と数理, 第 10 巻. 牧野書店, 東京, 1994. 【不確定もしくは曖昧な情報による経済計画の数理的体系に関する専門書．相当に理論的な内容なので，気軽に読んでみる内容ではないが，生物の繁殖戦略の適応経済理論への応用，発展が可能かもしれない】．

[270] J.T. Ottesen, M.S. Olufusen, and J.K. Larsen. *Applied Mathematical Models in Human Physiology*. Monographs on Mathematical Modeling and Computation. Society for Industrial and Applied Mathematics, Philadelphia, 2004. 【血液循環系，呼吸器系に関する数理モデル解析の専門的内容のモノグラフ．入門書としては少し難しいかもしれない．血液循環系についての数理モデルに関する記述が 7 割程度を占める】．

[271] R. Pearl. *The Biology of Death*. Lippincott, Philadelphia, 1922.

[272] R. Pearl. *The Biology of Population Growth*. Alfred A. Knopf, New York, 1925.

[273] R. Pearl. The growth of populations. *Quarterly Review of Biology*, Vol. 2, pp. 532–548, 1927.

[274] R. Pearl. *The Rate of Living*. Alfred A. Knopf, New York, 1928.

[275] R. Pearl and L.J. Reed. On the rate or growth of the population of the United States since 1790 and its mathematical representation. *Proc. Natl. Acad. Sci. U.S.A.*, Vol. 6, pp. 275–288, 1920.

[276] M.G. Pedersen, A.M. Bersani, and E. Bersani. The total quasi-steady-state approximation for fully competitive enzyme reactions. *Bull. Math. Biol.*, Vol. 69, pp. 433–457, 2007.

[277] E.C. Pielou. *An Introduction to Mathematical Ecology*. John Wiley & Sons, London, 1969.

[278] E.C. ピールー. 数理生態学. 産業図書, 東京, 1974. （合田・藤村 訳）．

[279] E.C. Pielou. *Mathematical Ecology*. John Wiley & Sons, London, 1977.

[280] S.L. Pimm. *Food Webs*. Chapman & Hall, London, 1982. 【食物連鎖網に関する理論と数理モデルに関する専門書】．

[281] J. Playfair. *Infection and Immunity*. Oxford University Press, Oxford, 1995. 【免疫系についての入門書であるが，生態学的な論点での記載もあって興味深い本である】．

[282] J. Playfair. 感染と免疫. 東京化学同人, 東京, 1997. （入村達郎 訳）．

[283] L.C. ポントリャーギン. 最適制御理論における最大値原理, ポントリャーギン数学入門双書, 第 6 巻. 森北出版, 東京, 1989. （坂本 實訳）【最適制御理論の最大値原理は，とりわけ，生態学の生活史最適戦略の数理モデリングに応用されている．この本は，その始祖であるポントリャーギンによるモノグラフの翻訳本である．わかりやすさはともかく，最大値原理を学ぶのに手頃感がある】．

[284] L.A.J. Quetelet. *Sur l'homme et le développement de ses facultés: ou Essai de physique sociale, 2 vols.* Bachelier, Paris, 1835.

[285] W.E. Ricker. Stock and recruitment. *J. Fish. Res. Board Can.*, Vol. 11, pp. 559–623, 1954.

[286] L.-I.W. Roeger. A nonstandard discretization method for Lotka–Volterra models that preserves periodic solutions. *J. Diff. Eqs. Appl.*, Vol. 11, No. 8, pp. 721–733, 2005.

[287] L.-I.W. Roeger. Nonstandard finite-difference schemes for the Lotka–Volterra systems: generalization of Micken's method. *J. Diff. Eqs. Appl.*, Vol. 12, No. 9, pp. 937–948, 2006.

[288] R. Ross. An application of the theory of probabilities to the study of a priori pathometry — part I. *Proc. R. Soc. Lond. Ser. A*, Vol. 92, pp. 204–230, 1916.

[289] R. Ross. *Memoirs, With a Full Account of the Great Malaria Problem and Its Solution.* John Murray, London, 1923.

[290] T. Royama. A comparative study of models for predation and parasitism. *Res. Popul. Ecol.*, Vol. Suppl. 1, pp. 1–91, 1971.

[291] T. Royama. *Analytical Population Dynamics.* Chapman & Hall, London, 1992. 【蝋山による個体群動態に関する数理モデリングの専門書である．入門的ではないが，数理モデリングの考え方を発展させるに足る興味深いテーマが多い】．

[292] W. Rudin. *Principles of Mathematical Analysis, Second Edition.* McGraw-Hill, New York, 1964.

[293] W. ルディン. 現代解析学. 共立出版, 東京, 1971. （近藤・柳原 訳）．

[294] 酒井憲司. カオス農学入門, カオス全書, 第5巻. 朝倉書店, 東京, 1997. 【農学に関わる数理モデルとしての力学系のカオスに絡む話題を述べた専門書．農学における数理モデル解析の話題に触れられる興味深いコンパクトな本である】．

[295] 酒井聡樹, 高田壮則, 近雅博. 生き物の進化ゲーム — 進化生態学最前線：生物の不思議を解く —. 共立出版, 東京, 1999. 【ゲーム理論を応用した，最適戦略理論，個体群動態理論に関して簡明に記述された入門的専門書である．この分野に関心のある入門者にとっては，最適な書の一つと思われる】．

[296] 佐藤宏明, 山本智子, 安田弘法. 群集生態学の現在. 京都大学学術出版会, 京都, 2001. 【3人の編著者らによって編まれた群集生態学の優れた専門的入門書である．全17章の各章を一人ずつ計17名の中堅気鋭の研究者らが総説的に，しかし，丁寧に最先端の内容まで触れながら，それぞれのトピックスをまとめている．数理生態学に関する内容も相当に織り込まれている】．

[297] 佐藤葉子, 瀬野裕美. 姓の継承と絶滅の数理生態学 — Galton–Watson 分枝過程によるモデル解析. 京都大学学術出版会, 京都, 2003. 【最も単純で基礎的な分枝過程である Galton-Watson 過程の入門的専門書．特に，姓（もしくは家系）の存続性というトピックを中心にして，その数理モデリングへの応用も記述されている．分枝過程の考え方に関心のある読者にとっては，（全部ではなく必要部分を）自習するのによいだろう】．

[298] K.R. Schneider and T. Wilhelm. Model reduction by extended quasi-steady-state approximation. *J. Math. Biol.*, Vol. 40, pp. 443–450, 2000.

[299] S. Schnell, M.J. Chappell, N.D. Evans, and M.R. Roussel. The mechanism

distinguishablility problem in biochemical kinetics: The single-enzyme, single-substrate reaction as a case study. *C.R. Biologies*, Vol. 329, pp. 51–61, 2006.

[300] L.A. Segel and M. Slemrod. The quasi steady-state assumption: A case study in perturbation. *SIAM Rev.*, Vol. 31, pp. 446–477, 1989.

[301] L.A. Segel. *Modeling Dynamic Phenomena in Molecular and Cellular Biology*. Cambridge University Press, Cambridge, 1984.【ミクロなレベルの個体群生態学の数理モデルの教科書と考えてよい。優れた専門的教科書である】．

[302] 関村利朗, 竹内康博, 梯正之, 山村則男. 理論生物学入門. 現代図書, 東京, 2007.【「理論」生物学となっているが,「数理生物学」の『入門』にとって価値ある一冊。生物個体数変動論，生化学反応論，生物の形態とパターン形成，遺伝の数理，適応戦略の数理，医学領域の数理といった部立てになっており，数理生物学全般の入門書とはいえないが，数理モデル解析，モデリングの概説が比較的細かな節立てでまとめられている。特に，医学領域の数理の部の内容は和書としては初めてまとめられた内容も含む。かなり大雑把な概説のみの節もあり，行間を補完しなければ正確な理解は難しく，その補完がかなり重い部分もあり，入門として概観を得るには適した本であるが，理解のためのテキストとして使うのは難しいだろう】．

[303] 関村利朗, 野地澄晴, 森田利仁（編）. 生物の形の多様性と進化 — 遺伝子から生態系まで —. 裳華房, 東京, 2003.【生物のもつ「かたち」に関する問題についての，先端的研究の概要をとりまとめた専門書。数理モデル研究に関する章もある。「かたち」に関心のある研究者・学者にとっては，重要な1冊といえる】．

[304] H. Seno. Some time-discrete models derived from ode for single-species population dynamics: Leslie's idea revisited. *Scientiae Mathematicae Japonicae*, Vol. 58, No. 2, pp. 389–398, 2003.

[305] H. Seno. A new discrete prey-predator system dynamically consistent with structurally unstable Lotka-Volterra ODE model. 【未発表】, 2007.

[306] R. Seydel. *Practical Bifurcation and Stability Analysis: From Equilibrium to Chaos, Second Edition*, Vol. 5 of *Interdisciplinary Applied Mathematics*. Springer-Verlag, New York, 1994.

[307] N. Shigesada and K. Kawasaki. *Biological Invasions: Theory and Practice*. Oxford Series in Ecology and Evolution. Oxford University Press, Oxford, 1997.【とりわけ，数理生態学における拡散現象の数理モデリング，数理モデル解析についてまとめられた専門書。基礎知識がなければ読み進めるのは難しいだろうが，拡散現象の数理モデル研究についての勉強ができる】．

[308] 重定南奈子. 侵入と伝播の数理生態学, 第 92 巻 of *UP BIOLOGY*. 東京大学出版会, 東京, 1992.【拡散方程式を応用した個体群動態の数理モデル解析に関する専門的なモノグラフ。疫病の伝染の数理モデルや階層的拡散のアイデアを用いた数理モデリングの紹介もある】．

[309] 志方守一. 理論生物学・数理生物学講座［１］ 生物の対称性と群論. 生物科学, Vol. 23, No. 3, pp. 144–149, 1972.

[310] 志方守一. 理論生物学・数理生物学講座［５］ 成長，対数ラセン，自由群. 生物科学, Vol. 24, No. 3, pp. 157–168, 1972.

[311] 志方守一. 葉序の起原と確率過程. 生物科学, Vol. 26, No. 2, pp. 70–77, 1974.

[312] 志方守一. 理論生物学・数理生物学講座［１０］自殖集団の数学理論 — 特に対称性の観点から　２ —. 生物科学, Vol. 26, No. 4, pp. 205–224, 1974.

[313] 志方守一. 理論生物学・数理生物学講座［９］自殖集団の数学理論 — 特に対称性の観点から　１ —. 生物科学, Vol. 26, No. 3, pp. 151–166, 1974.

[314] 志方守一. 理論生物学・数理生物学講座［１３］繰返し型の成長を記述する言語. 生物科学, Vol. 28, No. 3, pp. 159–164, 1976.

[315] 嶋田正和, 山村則男, 粕谷英一, 伊藤嘉昭. 動物生態学 新版. 海游社, 東京, 2005.【「動物生態学」[140] の改訂新版。蒼樹書房の閉業に伴って，出版社を変え新しく出版されたのみならず，新規の著者を加え，13 年間の間に生態学で発展した内容（メタ個体群モデルなど）について加筆するパートが付加されたさらに大部の教科書的専門書。秀逸な専門的教科書の地位はますます高まった。数理生態学への入門にとって重要な和書として不可欠】.

[316] 下條隆嗣. カオス力学入門 — 古典力学からカオス力学へ —, シミュレーション物理学, 第 6 巻. 近代科学社, 東京, 1992.

[317] 白岩謙一. 基礎課程 線形代数入門, サイエンスライブラリ 現代数学への入門, 第 1 巻. サイエンス社, 東京, 1976.

[318] J.W. Silvertown. *Introduction to Plant Population Ecology, Second Edition*. Longman Scientific and Technical, Harlow, 1987.

[319] J.W. Silvertown. 植物の個体群生態学 第 2 版. 東海大学出版会, 東京, 1992.（河野・高田・大原 訳）.

[320] J.W. Silvertown and J.L. Doust. *Introduction to Plant Population Biology*. Blackwell Scientific Publications, Oxford, 1993.【植物個体群動態のテキスト。非常に簡潔にまとめられており，動物も含めた個体群動態の基礎として学ぶべきことはほとんどカバーされている。植物個体群動態の数理モデリングに関心の読者にとっては，よい入門書といえるだろう】.

[321] G.T. Skalski and J.F. Gilliam. Functional responses with predator interference: Viable alternatives to the Holling type II model. *Ecology*, Vol. 82, No. 11, pp. 3083–3092, 2001.

[322] J.G. Skellam. Random dispersal in theoretical populations. *Biometrika*, Vol. 38, pp. 196–218, 1951.

[323] J.G. Skellam. Studies in statistical ecology: I. Spatial pattern. *Biometrika*, Vol. 39, pp. 346–362, 1952.

[324] F.E. Smith. Population dynamics in *Daphnia magna* and a new model for population growth. *Ecology*, Vol. 44, pp. 651–663, 1963.

[325] H.L. Smith and P. Waltman. *The Theory of the Chemostat — Dynamics of Microbial Competition*. Cambridge University Press, Cambridge, 1995.

[326] ハル・スミス, ポール・ウォルトマン. 微生物の力学系：ケモスタット理論を通して. 日本評論社, 東京, 2004.（竹内康博監訳）【chemostat 系は，生態学のみならず，生理学の現象に対する理論的なモデリングとして，歴史的に有名な考え方であり，数理モデルの数学的構造が比較的単純になりうること，非現実性は必ずしも高

くないこと，から有用な数理モデリングの方針でありつづけている．有名な Simth & Waltman [325] の翻訳書である．数学的な手法の解説もあり，数理モデル解析を学ぶための大学院レベルの本としても有用である】．

[327] M.E. Solomon. The natural control of animal populations. *J. Anim. Ecol.*, Vol. 2, pp. 235–248, 1949.

[328] T. Sota and M. Mogi. Effectiveness of zooprophyaxis in malaria control: a theoretical inquiry, with a model for mosquito populations with two bloodmeal hosts. *Med. Vet. Entomol.*, Vol. 3, pp. 337–345, 1989.

[329] D.W. Stephens and J.R. Krebs. *Foraging Theory*. Princeton University Press, Princeton, 1986. 【採餌理論に関する専門書．数理モデルについての解説もある．ゼミの文献として，あるいは，独習のための文献として有用である】．

[330] A.M. Stuart and A.R. Humphries. *Dynamical Systems and Numerical Analysis*, Vol. 2 of *Cambridge Monographs on Applied and Computational Mathematics*. Cambridge University Press, Cambridge, 1996.

[331] D.J.T. Sumpter and D.S. Broomhead. Relating individual behaviour to population dynamics. *Proc. R. Soc. B*, Vol. 268, pp. 925–932, 2001.

[332] 鈴木昱雄. カオス入門, Mathematica で学ぶシリーズ, 第 4 巻. コロナ社, 東京, 2000. 【カオス力学系に関する Mathematica の演習書のような位置づけで出版されているようであるが，内容は，力学系の基礎概念をちゃんと説明しようとするものであり，簡明ながら，力学系に関心があり，Mathematica にも興味のある学生にとっては，非常に優れた本である．ただし，数学的な内容については，他書なりで補わないと理解は難しいだろう】．

[333] 多田和夫. 探索理論, OR ライブラリー, 第 15 巻. 日科技連, 東京, 1973. 【生物現象の数理ではないが，生物学における探索理論の数理的研究への発展につながる内容である】．

[334] 高橋伸夫. 組織の中の決定理論, シリーズ［現代人の数理］, 第 7 巻. 朝倉書店, 東京, 1993. 【社会学や経済学関連における組織構造に関する最適理論を紹介する専門書である．たとえば，社会生物学の集団内構造の理論的体系化に役立つかもしれない】．

[335] 田村坦之, 中村豊, 藤田眞一. 効用分析の数理と応用. コロナ社, 東京, 1997. 【不確実性下での意志決定やグループ意志決定に関する数理モデルのコンパクトな専門書である．動物の適応行動の理論の数理モデリングには未だ多くの理論的課題が多く，この本の内容を応用，発展させることによって，新しい数理モデリングが展開できると期待される】．

[336] 田坂隆士. 解析学入門, 使える数学シリーズ, 第 1 巻. 秀潤社, 東京, 1978.

[337] 寺本英. ランダムな現象の数学. 吉岡書店, 京都, 1990. 【確率過程による数理生態学の数理モデリングの解説がコンパクトにまとめられている．自習するのに適した専門書である】．

[338] 寺本英. 数理生態学. 朝倉書店, 東京, 1997. 【著者の遺著となった数理生態学の専門書．著者の死後，第一線の数理生態学研究者らによって加筆の上まとめられた．基礎知識がなければ少し難しい内容も含まれるが，要所要所がかなり丁寧に書かれ

ているので，独習よりも，内容についての質問に答えられる誰かがいれば，かなりの勉強のできる本である】．

[339] H.R. Thieme. *Mathematics in Population Biology*. Princeton University Press, Princeton, 2003. 【数学者によって書かれた個体群動態の数理モデリング，数理モデル解析の専門的教科書．数理モデリングに関する数学的な導出にも重きのある記述がなされており，その点で本書と性格が通ずるところがある．節立ても数理モデリングに関わるものになっており，第1章「数理モデリングに関するいくつかの一般的論考」は，"Modeling is an ttempt to see the wood for the trees." という文から始まり，数理モデリングが数学的解析を用いて現象の理解を深めようとするものであること，そして，その3段階として，(i) モデル構築：科学的な問題を数理的表現に変換すること，(ii) モデル解析，(iii) モデルの解釈と評価：解析結果を解釈し，対象としていた科学的問題に関する評価を行うことを挙げている．ただし，この本には，かなり数学的な（より厳密な数学的扱いに関する）内容が含まれているため，数理分野の学生，研究者以外にはとっつき（わかり）にくいだろう．とはいえ，内容も整理され，体系的に書かれている良書だと思う】．

[340] ホルスト R. ティーメ．生物集団の数学（上）— 人口学，生態学，疫学へのアプローチ．日本評論社，東京，2006．（齋藤保久監訳）【Thieme [339] の翻訳の上巻．大抵の場合，英文の原本に比べて和訳本は少しごちゃごちゃした感じになってしまうのは仕方ないのだろう．本としての印象はどうしても数学っぽい香りが強くなってしまっているが，内容は特異的で翻訳が出ることは大変に意義があると思う】．

[341] ホルスト R. ティーメ．生物集団の数学（下）— 人口学，生態学，疫学へのアプローチ．日本評論社，東京，2007．（齋藤保久監訳）【Thieme [339] の翻訳の下巻．（本書執筆時には未刊であり，出版年は予定）】．

[342] D. Tilman. *Resource Competition and Community Structure*. Princeton University Press, Princeton, 1982. 【Tilman による食物連鎖網の数理的な理論がまとめられた専門書】．

[343] D. Tilman. Resources, competition and the dynamics of plant communities. In M.J. Crawley, editor, *Plant Ecology*, pp. 51–75. Blackwell, Oxford, 1986.

[344] 戸田正直，中原淳一．ゲーム理論と行動理論，情報科学講座，第 C-12-1 巻．共立出版，1968．【一般的なゲーム理論の専門的入門書】．

[345] 時政勗．枯渇性資源の経済分析，経済の情報と数理，第8巻．牧野書店，東京，1993．【資源量が有限なる上界をもつ，もしくは，資源の更新のないような状況下における資源利用に関する経済の数理的基礎理論である．あちこちに数理生態学における数理モデルとの共通性をみることができる．数理生態学への応用，発展が期待できる内容を多く含んでいる】．

[346] E. Trucco. Mathematical models for cellular systems. The von Foerster equation. *Bull. Math. Biophys.*, Vol. 27, pp. 285–305, 449–471, 1965.

[347] E. Trucco. Collection functions for non-equivalent cell populations. *J. Theor. Biol.*, Vol. 15, pp. 180–189, 1967.

[348] S. Tuljapurkar and H. Caswell, editors. *Structured-Population Models in Marine, Terrestrial, and Freshwater Systems*, Vol. 18 of *Population and Community*

Biology Series. Chapman & Hall, New York, 1996. 【1993年に Cornell University で開かれた大学院生以上対象の summer school の講義内容に準じて編まれた本である．タイトルからは水圏の個体群動態に関する数理モデルの内容のようであるが，実際には，基礎的な構造をもつ個体群の数理モデリング，数理モデル解析についてもきちんと述べられている．各章が独立して異なる著者によって書かれたものであり，しかも丁寧に書かれているので，関心の章だけを勉強することもできる．内容は，やはり，大学院生（特に博士後期課程）レベルの基礎というところか】．

[349] A.R. Tzafriri and E.R. Edelman. The total quasi-steady-state approximation is valid for reversible enzyme kinetics. *J. theor. Biol.*, Vol. 226, pp. 303–313, 2004.

[350] 内田俊郎．動物個体群の生態学．京都大学学術出版会，京都，1998．【離散 logistic 方程式の実験データへの応用研究で有名な内田博士のソフトな論文集．数理モデリングに関しても考えさせられる内容．読み物としても読める】．

[351] J.H. Vandermeer and D.E. Goldberg. *Population Ecology: First Principles.* Princeton Univeristy Press, Princeton, 2003.

[352] J.H. Vandermeer and D.E. Goldberg. 個体群生態学入門：生物の人口論．共立出版，東京，2007．（佐藤・竹内・宮崎・守田 訳）【"Population Ecology: First Principles"（2003）の和訳本．数理個体群動態の現代的な専門的「入門書」として優れた本．内容は厳選されて（絞られて）おり，数学的な厳密さよりも数学的な考え方で数理モデルやその数学的性質を理解させようと書かれているため，数学的な詳細やさらなる発展についてはより専門的な文献にあたる必要があろう】．

[353] P.F. Verhulst. Notice sur la loi que la population suit dans son accroissement. *Correspondances Mathematiques et Physiques*, Vol. 10, pp. 113–121, 1838.

[354] P.F. Verhulst. Recherches mathématiques sur la loi d'accroissement de la population. *Nouv. mém. de l'Academie Royale des Sci. et Belles-Lettres de Bruxelles*, Vol. 18, pp. 1–41, 1845.

[355] P.F. Verhulst. Deuxième mémoire sur la loi d'accroissement de la population. *Mém. de l'Academie Royale des Sci., des Lettres et des Beaux-Arts de Belgique*, Vol. 20, pp. 1–32, 1847.

[356] V. Volterra. Variazione e fluttuazioni del numero d'individui in specie animali conviventi. *Mem. Acad. Lincei.*, Vol. 6, pp. 30–113, 1926.

[357] V. Volterra. *Leçon sur la théorie mathématique de la lutte pour la vie.* Gauthier-Villars, Paris, 1931.

[358] V. Volterra. Variations and fluctuations of the number of individuals in animal species living together. In Chapman, R.N. "Animal Ecology", pp. 412–433. McGraw-Hill, New York, 1931. （英訳）．

[359] H. von Foerster. Some remarks on changing populations. In F. Stohlman, editor, *The Kinetics of Cellular Proliferation*, pp. 382–407. Grune and Stratton, New York, 1959.

[360] P. Waltman. *Competition Models in Population Biology*, Vol. 45 of *CBMS-NSF Regional Conference Series in Applied Mathematics.* Society for Industrial and Applied Mathematics (SIAM), Philadelphia, 1983. 【競争系の数理モデル解析に

関する総77ページのモノグラフであるが，入門的なことから書かれており，競争系の数理モデルの数学的な解析にふれるゼミの文献として適当であろう】．

[361] C.P. Winsor. The Gompertz curve as a growth curve. *Proc. Nat. Acad. Sci.*, Vol. 18, pp. 1–8, 1932.

[362] S. Wright. Review of *The Biology of Population Growth*, by Raymond Pearl. *J. Amer. Statis. Assoc.*, Vol. 21, pp. 493–497, 1926.

[363] 藪野浩司. 工学のための非線形解析入門 — システムのダイナミクスを正しく理解するために, 臨時別冊・数理科学 SGC ライブラリ, 第 33 巻. サイエンス社, 東京, 2004．【微分方程式による力学系の解析の手法について，かなり専門的な内容まで丁寧に述べられた専門書。基礎についてもしっかり書かれている。基本として用いられる具体例は，力学からとられている】．

[364] 山田明雄, 船越浩海. 細胞増殖の数理. 松本信二, 船越浩海, 玉野井逸朗（編）, 細胞の増殖と生体システム, 第 6 章, pp. 125–165. 学会出版センター, 東京, 1993．【細胞増殖の数理モデリング，数理モデル解析についての単報。細胞増殖の数理モデリングにおける着眼点をみることのできる文献である】．

[365] 山口昌哉. 非線形現象の数学, 基礎数学シリーズ, 第 11 巻. 朝倉書店, 東京, 1972．【数理個体群生態学に現れる（非線形）常微分方程式系，拡散方程式系の古典的な基礎理論の専門書。個体群生態学に関する詳細な記述はほとんどなく，数学書であるが，著者の数学センスによる個体群動態の数理モデル理論と数学の橋渡しの書。絶版であったが，2004 年 12 月に復刊されている。Population dynamics に関わる特異的な内容で，かつ，重要な数学の基礎が与えられており，じっくりと取り組んでみたくなる数学サイドの入門書とも考えられる】．

[366] 山口昌哉. 現象と非線形 — メイの最近の講義をめぐって —. 数理科学, Vol. 224, pp. 5–10, 1982．【山口先生によるロバート＝メイのカオス離散力学系の紹介。$x_{n+1} = a(1 − x_n)x_n$ による離散力学系の平衡解の分岐構造についての解析の入門的な文献】．

[367] 山口昌哉. 食うものと食われるものの数学. 筑摩書房, 東京, 1985．【第 1 部は，数学者としての山口先生のエッセイ。第 2 部は Malthus 増殖, logistic 方程式, prey-predator 系といった基礎的な数理モデルにまつわる歴史に触れながらのエッセイ。この第 2 部は入門の入門にはよいだろう】．

[368] 山口昌哉. カオス入門, カオス全書, 第 1 巻. 朝倉書店, 東京, 1996.

[369] 山村則男, 早川洋一, 藤島政博. 寄生から共生へ：昨日の敵は今日の友, シリーズ共生の生態学, 第 6 巻. 平凡社, 東京, 1995.

[370] 柳川堯. 統計数学, 現代数学ゼミナール, 第 10 巻. 近代科学社, 東京, 1990.

[371] 柳田英二（編）. 爆発と凝集, 非線形・非平衡現象の数理（三村昌泰 監修）, 第 3 巻. 東京大学出版会, 東京, 2006．【生物の数理モデルに用いられる反応拡散方程式に関する非線形解析についての数学的研究の概説集】．

[372] E.K. Yeargers, R.W. Shonkwiler, and J.V. Herod. *An Introduction to the Mathematics of Biology: with Computer Algebra Models*. Birkhäuser, Boston, 1996. 【数理モデリングに焦点をおいた解説が大半を占める数理生物学の入門的専門書。Maple のプログラムが実習用として併記されている。全書を読み進めるのはかなり

労力が必要だろうが，各章で特定の生物現象をテーマとしてとりあげ，現象の説明，その数理的な捉え方の解説という様式なので，各章を独立して読むことはできる】．

[373] 吉川研一. 非線形科学 — 分子集合体のリズムとかたち —. 学会出版センター, 東京, 1992. 【非線形現象と考えられる実際の現象と数理の関連に関する入門書．生物現象もいくつかとりあげられている】．

索引

acquired immunodeficiency syndrome, ⇒ AIDS
adaptive, ⇒ 適応的
age
 — distribution, ⇒ 年齢
  stable —, ⇒ 年齢
 ecological —, ⇒ 年齢
 physiological —, ⇒ 年齢
AIDS, 214
all-or-none, ⇒ 全か無か
Allee effect, ⇒ 密度効果
Allee's density effect, ⇒ 密度効果
Allee's principle, ⇒ アリーの原理
Allee, Warder Clyde, 37
Allee 効果（Allee effect）, ⇒ 密度効果
allocation of effort, ⇒ 努力配分
autonomous, ⇒ 自励的
 — system, ⇒ 自励系

Bailey, Victor Albert, 216
bang-bang 制御, 252, 253
basic reproductive rate, ⇒ 基本繁殖率
Bernoulli equation, ⇒ ベルヌーイ方程式
Beverton–Holt モデル, 91, 93, 147
bifurcation
 — diagram, ⇒ 分岐
 — structure, ⇒ 分岐
 Neimark-Sacker —, ⇒ 分岐
 pitchfork —, ⇒ 分岐
biomass, ⇒ 生体量
biotic potential, ⇒ 内的自然増殖率
boundary condition, ⇒ 境界条件
Bradford–Philip モデル, 44
Briggs–Haldane 近似（Briggs-Haldane approximation）, ⇒ 準定常状態近似

cannibalism, ⇒ 共食い
carrying capacity, ⇒ 環境許容量
cellular automaton model, ⇒ セルオートマトンモデル
chaos, ⇒ カオス
chaotic variation, ⇒ カオス
characteristic curve, ⇒ 特性曲線
characteristic equation, ⇒ 固有方程式
closed system, ⇒ population
cobweb 法（cobweb method）, 93
cohort, ⇒ コホート

community structure, ⇒ 群集構造
compartment model, ⇒ コンパートメントモデル
competition, ⇒ 競争
 — coefficient, ⇒ 競争
 direct —, ⇒ 競争
 exploitative —, ⇒ 競争
 indirect —, ⇒ 競争
 inter-specific —, ⇒ 競争
 interference —, ⇒ 競争
complex, ⇒ コンプレックス
computer simulation, ⇒ コンピュータシミュレーション
confinement condition, ⇒ 拘束条件
conservative quantity, ⇒ 保存量
conversion coefficient, ⇒ 変換係数
cumulative frequency ditribution, ⇒ 頻度

density
 — effect, ⇒ 密度効果
 asocial — effect, ⇒ 密度効果
 optimum —, ⇒ 最適密度
 population —, ⇒ 個体数密度
derivative
 directional —, ⇒ 方向導関数
 total —, ⇒ 全微分
deterministic, ⇒ 決定論的
deterministic model, ⇒ 決定論的モデル
diet menu theory, ⇒ 餌選択
diet selection, ⇒ 餌選択
 — theory, ⇒ 餌選択
 optimal —, ⇒ 餌選択
disc equation, ⇒ 円盤方程式
 Holling's —, ⇒ 円盤方程式
distribution function, ⇒ 分布関数
 density —, ⇒ 分布関数
 joint —, ⇒ 分布関数
 marginal —, ⇒ 分布関数
 joint —, ⇒ 分布関数
 marginal —, ⇒ 分布関数
dry weight, ⇒ 乾重量
dumping oscillation, ⇒ 減衰振動
dynamical consistency（力学的対等性）, 93, 186, 223, 224
dynamical system, ⇒ 力学系
 discrete —, ⇒ 力学系

dynamically consistent（力学的に対等な），⇒ dynamical consistency

ecological disturbance, ⇒ 生態的撹乱
ectoparasitism, ⇒ 寄生
effort allocation, ⇒ 努力配分
eigenvalue, ⇒ 固有値
eigenvector, ⇒ 固有ベクトル
endoparasitism, ⇒ 寄生
energy conversion coefficient, ⇒ 変換係数
enzyme, ⇒ 酵素
equilibrium point, ⇒ 平衡点
evolution, ⇒ 進化
evolutionary optimal strategy, ⇒ 適応戦略
exponential, ⇒ 指数関数的
 — distribution, ⇒ 指数分布

fast process, ⇒ 速い過程
favorableness, ⇒ 嗜好度
feedback, ⇒ フィードバック
fitness, ⇒ 適応度
fixed point, ⇒ 不動点
food chain, ⇒ 食物連鎖, ⇒ 食物連鎖
food web, ⇒ 食物連鎖網
foraging theory, ⇒ 採餌理論
frequency density ditribution, ⇒ 頻度

generation, ⇒ 世代
　non-overlapping —, ⇒ 増殖過程
geometric distribution, ⇒ 幾何分布, ⇒ 幾何分布
Gompertz, Benjamin, 29
Gompertz–Wright 曲線, ⇒ Gompertz 曲線
Gompertz 曲線, 28–30
Goodman matrix, ⇒ グッドマン行列
Goodman, L.A., 115
Gower, J.C, 183
group, ⇒ 群れ
growth, ⇒ 増殖

Haldane の k 値, 99
handling time, ⇒ 処理時間
Henri, Victor, 134
heredity, ⇒ 遺伝
Hill, Archibald Vivian, CH CBE FRS, 134
HIV, 214
Holling, Crawford Stanley, 188, 189, 225
Holling 型方程式, ⇒ 円盤方程式
host, ⇒ 宿主
host-parasite relationship, ⇒ 寄生者–宿主関係
human immunodeficiency, ⇒ HIV

ideal free distribution, ⇒ 理想自由分布
immunity, ⇒ 免疫
incidence, ⇒ 罹患率
　momentary —, ⇒ 罹患率
indirect effect, ⇒ 間接効果
individual, ⇒ 個体
infected, ⇒ 非感染者
infective, ⇒ 非感染者

inhibitor, ⇒ 阻害物質
initial condition, ⇒ 初期条件
intensity, 2
inter-specific
 — interaction, ⇒ 相互作用
 — relationship, ⇒ 種間関係
 — competition coefficient, ⇒ 競争
interaction, ⇒ 相互作用
interaction function, ⇒ 相互作用関数
intra-specific
 — competition coefficient, ⇒ 競争
 — interaction, ⇒ 相互作用
intrinsic
 — growth rate, ⇒ 内的自然増殖率
 — natural growth rate, ⇒ 内的自然増殖率
 — rate of natural increase, ⇒ 内的自然増殖率
invasion, ⇒ 侵入
isocline method, ⇒ アイソクライン法
isolation, ⇒ 隔離

Kermack, William Ogilvy, 200
Kermack–McKendrick モデル, 186, 200, 203, 209, 214
kin selection, ⇒ 選択
kinetic order, ⇒ 反応

Laplace 変換（Laplace transformation）, 65
latent period, ⇒ 潜伏期
lattice model, ⇒ 格子空間モデル
lattice space model, ⇒ 格子空間モデル
law of kinetic mass action, ⇒ 質量作用
law of mass action, ⇒ 質量作用
Lefkovitch matrix, ⇒ レフコビッチ行列
Lefkovitch, L.P., 113
Leslie matrix, ⇒ レスリー行列
Leslie, Patrick Holt, 111, 183, 223
Leslie–Gower モデル, 93, 183, 223
life span
　averaged —, ⇒ 平均寿命
　mean —, ⇒ 平均寿命
limiting factor, ⇒ 限定要因
linear approximation, ⇒ 線形近似
linearization analysis, ⇒ 線形化解析
Lineweaver–Burk 式, 138
local stability, ⇒ 局所安定性
logistic growth
　discrete exponential —, ⇒ 増殖過程
　extended —, ⇒ 増殖過程
logistic 写像（logistic map）, 85
　指数関数型 —, 98
logistic 方程式, i, 20, 125, 165
　Verhulst–Pearl の —, 20
　拡張 —（extended logistic equation）, 33–35, 102, 130–133
　慣用的 —, 128, 130
　単一個体群に関する —, 22
　標準 —（standard logistic equation）, 33, 35, 132

離散型 —（discrete logistic equation）, vii, 82, 84
Lotka, Alfred James, ix, 123, 197, 273
Lotka–Volterra system, ⇒ ロトカ–ヴォルテッラ系

MacArthur, Robert Helmer, 167
Macdonald, George Urquhart, 214
Macdonald–Ross モデル, ⇒ Ross–Macdonald モデル
Malthus growth, ⇒ 増殖過程
Malthus, Thomas Robert, 11
malthusian coefficient, ⇒ Malthus 係数
malthusian growth, ⇒ 増殖過程
Malthus 型, ⇒ 増殖過程
Malthus 係数（Malthus coefficient; malthusian coefficient）, 11, 14, 126, 129–131
Malthus 的, ⇒ 指数関数的
Markov 過程（Markov process）, 72
Mass-action 型, 146
Mass-action 仮定, 33, 45, 96, 121–126, 130, 132, 133, 163, 171, 186, 201, 224, 227, 233, 235, 264
　　動的な —, 139
Mass-action の法則（law of mass action）, 122
　　動的な —（law of kinetic mass action）, 122
Mathematical Biology, ⇒ 数理
Mathematical Ecology, ⇒ 数理
mathematical model, ⇒ 数理
mathematical modelling, ⇒ 数理
Mathematical Population Biology, ⇒ 数理
mating, ⇒ 交配
matrix model, ⇒ 行列モデル
May, Lord (Robert), 80, 190, 192
McKendrick, Anderson Gray, 66, 200
McKendrick–von Foerster 方程式, ⇒ von Foerster 方程式
mean value theorem, ⇒ 平均値定理
mean-field approximation, ⇒ 平均場近似
Menten, Maud Leonora, 134
menu, ⇒ 捕食リスト
metapopulation dynamics, xi
Michaelis, Leonor, 134
Michaelis–Menten 型相互作用, 134, 142, 143
Michaelis–Menten 機構（Michaelis–Menten structure）, 135, 137
Michaelis–Menten 式, ⇒ 反応
Michaelis 定数, 136
migration process, ⇒ 移出入過程
momental growth rate, ⇒ 瞬間増殖率
monocarpic annual plant population, ⇒ 一回繁殖型一年生植物個体群
Moran, Patrick Alfred Pierce, 95
multi-parasitism, ⇒ 寄生
multi-species population, ⇒ 個体群
mutualism, ⇒ 共生

Naimark-Sacker 分岐, ⇒ Neimark-Sacker 分岐
natural death process, ⇒ 自然死亡過程
natural reproduction process, ⇒ 自然繁殖過程

natural selection, ⇒ 自然選択
Neimark, J.I., 221
Neimark-Sacker 分岐, ⇒ 分岐
neutrally stable, ⇒ 中立安定
Nicholson, Alexander John, 216
Nicholson–Bailey モデル, 216, 217, 219, 221

overcrowding, ⇒ 過密

parasite, ⇒ 寄生
parasite-host relationship, ⇒ 寄生者–宿主関係
parasitism, ⇒ 寄生
parasitoid, ⇒ 寄生
patch, ⇒ パッチ
Pearl, Raymond, 20, 30
period-doubling, ⇒ 周期倍化現象
perturbation, ⇒ 摂動
　　— method, ⇒ 摂動
Poisson
　　— 過程（Poisson process）, 12, 16, 24, 124, 219
　　— 分布（Poisson distribution）, 124, 145
polyparasitism, ⇒ 寄生
population, ⇒ 個体群
　　— concentration, ⇒ 個体数密度
　　— density, ⇒ 個体数密度
　　— dynamics, ⇒ 個体群
　　age-classified —, ⇒ 個体群
　　age-structured —, ⇒ 個体群
　　closed —, ⇒ 個体群
　　open —, ⇒ 個体群
　　physiologically structured —, 65
　　stage-classified —, ⇒ 個体群
　　stage-structured —, ⇒ 個体群
　　structured —, ⇒ 個体群
predation
　　— effort, ⇒ 捕食努力
　　　　allocation of —, ⇒ 捕食努力
　　— pressure, ⇒ 捕食圧
　　— process
　　　　Lotka–Volterra —, ⇒ 捕食過程
　　selective —, ⇒ 捕食過程
　　switching —, ⇒ 捕食過程
predator, ⇒ 捕食者
predator-prey system, ⇒ 餌–捕食者系
prey, ⇒ 餌, 被食者
prey-predator system, ⇒ 餌–捕食者系
　　Lotka–Volterra —, ⇒ 餌–捕食者系
principal root, ⇒ 主要根
probabilistic, ⇒ 確率的
probability matching, ⇒ 確率対応
projection matrix, ⇒ 推移行列

QSSA, ⇒ quasi-steady state approximation
quasi-stationary state approximation, ⇒ 準定常状態近似
quasi-steady state approximation, ⇒ 準定常状態近似
Quetelet, Lambert Adolphe Jacques, 20

rate constant, ⇒ 速度定数
rate equation, ⇒ 速度式
rate law, ⇒ 速度則
reaction order, ⇒ 反応
reaction velocity equation, ⇒ 反応
    Michaelis–Menten —, ⇒ 反応
reaction-diffusion equation model, ⇒ 反応拡散方程式モデル
reaction-diffusion model, ⇒ 反応拡散方程式モデル
Reed, Lowell J., 20
regulation, ⇒ 調節
renewal equation, ⇒ 更新方程式
reproduction
    — curve, ⇒ 増殖曲線
    — process, ⇒ 繁殖過程
    — rate, ⇒ 繁殖率
reproduction matrix, ⇒ 再生産行列
reproductive success, ⇒ 繁殖
resource, ⇒ 資源
response
    functional —, ⇒ 応答
    Holling's Type I —, ⇒ 応答
    Holling's Type II —, ⇒ 応答
    Holling's Type III —, ⇒ 応答
    numerical —, ⇒ 応答
    switching —, ⇒ 応答
Ricker, William Edwin, 95
Ricker–Moran モデル, ⇒ Ricker モデル
Ricker モデル, 95, 155, 182, 221
Ross, Ronald, 214
Ross–Macdonald モデル, 213
Royama, Tomoo, ⇒ 蠟山朋雄

Sacker, Robert John, 221
Sacker-Neimark 分岐, ⇒ Neimark-Sacker 分岐
saturation density, ⇒ 飽和密度
searching effort, ⇒ 探索努力
searching image, ⇒ 探索像
secondary Hopf 分岐, ⇒ Neimark-Sacker 分岐
semi-spatial model, ⇒ セミ空間モデル
sensitivity, ⇒ 感受性
    — analysis, ⇒ 感受性
sex ratio, ⇒ 性比
sexual reproduction, ⇒ 有性生殖
sexual selection, ⇒ 選択
single population, ⇒ 個体群
single species population, ⇒ 個体群
SIRS モデル, 205, 207
SIR モデル, 205
SIS モデル, 205, 206
site-based model, 151, 152
size, ⇒ サイズ
SI モデル, 206
Skellam, John Gordon, 147
Skellam model, 147, 149, 154
slow process, ⇒ 遅い過程
social behaviour, ⇒ 社会的行動
spread, ⇒ 流行
    the early —, ⇒ 流行

stability analysis, ⇒ 安定性解析
stable age distribution, ⇒ 年齢
standing crop, ⇒ 現存量
state distribution, ⇒ 状態変数
    stable —, ⇒ 状態変数
state variable, ⇒ 状態変数
stationary point, ⇒ 定常点
stationary state approximation, ⇒ 定常状態近似
steady-state kinetic studies, ⇒ 定常状態速度論的研究
stochastic, ⇒ 確率的
stochastic model, ⇒ 確率論的モデル
strategy, ⇒ 戦略
    foraging —, ⇒ 戦略
    adaptive —, ⇒ 戦略
    optimal —, ⇒ 戦略
structure, ⇒ 構造
    ecological —, ⇒ 構造
    physiological —, ⇒ 構造
    social —, ⇒ 構造
substrate, ⇒ 反応
successful reproduction rate, ⇒ 繁殖
susceptible, ⇒ 非感染者
S字型, 24, 30, 31, 188, 189

Taylor's theorem, ⇒ Taylor 展開
Taylor 展開 (Taylor expansion), 8, 50–55, 62, 67, 69, 97, 118, 195, 267
Theoretical Biology, ⇒ 理論生物学
Tilman, G. David, 170
torus 分岐, ⇒ Neimark-Sacker 分岐
transition matrix, ⇒ 推移行列
trophic level, ⇒ 栄養段階
two-timing method, ⇒ 2–時間単位法

undercrowding, ⇒ 過疎
unimodal, ⇒ 単峰型

variable separation method, ⇒ 変数分離法
vector, ⇒ 伝染病
Verhulst, Pierre François, 18
Verhulst–Pearl 係数 (Verhulst–Pearl coefficient), 21
Verhulst 係数 (Verhulst coefficient), 20, 21
Verhulst 写像 (Verhulst map), 92, 99
Verhulst モデル, 91, 93, 102, 147, 149, 154, 221
    拡張 —, 99–102, 154, 155, 183
Volterra, Vito Isacar, ix, 123, 197, 277
von Bertalanffy model, xi
von Foerster, Heinz, 66
von Foerster 方程式, 66, 70, 117, 118

Weibull 分布, 68, 69
Wright, Sewell, 29, 30

zero-net-growth-isocline, ⇒ ゼロ–純成長–アイソクライン
ZNGI, ⇒ ゼロ–純成長–アイソクライン

アイソクライン法, 163, 167

索引

アリーの原理（Allee's principle），37
アレロパシー物質，157
安定性解析（stability analysis），101
安定年齢分布（stable age distribution），112
安定齢分布（stable age distribution），⇒ 安定年齢分布

移出入過程（migration process; immigration and emigration），10
一回繁殖型一年生植物個体群（monocarpic annual plant population），77
遺伝（heredity），23, 246, 254

栄養段階（trophic level），143
餌（prey），186
餌選択（diet selection），240, 241, 247, 248
　　最適 —（optimal diet selection），245
　　— 理論（diet selection theory; diet menu theory），239, 243–246, 248–250
　　　最適 —（optimal diet selection theory），240, 242, 243, 250
餌–捕食者系（prey-predator system; predator-prey system），123, 186, 216, 235
　　Lotka–Volterra 型 —（Lotka–Volterra prey-predator system），123, 186, 197, 223
エネルギー変換係数，⇒ 変換係数
円盤方程式（disc equation），237
　　Holling の —（Holling's disc equation），137, 142, 143, 225, 229, 230, 235, 238, 243, 247, 249, 251, 255

オイラー・コーシー（Euler–Cauchy）法，⇒ 単純差分近似
オイラー（Euler）の折れ線近似，⇒ 単純差分近似
応答（response）
　　Holling's Type I —，188
　　Holling's Type II —，142, 188, 229, 230
　　Holling's Type III —，188
　　機能的 —（functional response），142, 188–190
　　スウィッチング —（switching response），254–256
　　— 関数，254, 256
　　数的 —（numerical response），188, 192
遅い過程（slow process），170

解の一意性，51
回復，200
カオス（chaos），84, 101
　　— 変動，89, 98, 100, 102, 221, 249
化学反応速度論，121, 134, 135, 139
隔離（isolation），200, 202, 204
確率対応（probability matching），254
確率的（stochastic; probabilistic），72
確率論的（stochastic）
　　— モデル（stochastic model），xi
過疎（undercrowding），37
過密（overcrowding），37

環境許容量（carrying capacity），23, 128, 147, 161, 200
環境収容量，⇒ 環境許容量
環境変動，24, 27
乾重量（dry weight），1
感受性（sensitivity），iv
　　— 分析（sensitivity analysis），110
間接効果（indirect effect），157
感染者（infective; infected），200

幾何分布（geometric distribution），147, 149, 153
基質，⇒ 反応
寄主，⇒ 宿主
寄生
　　— 過程（parasitism），187, 200, 216
　　— 者（parasite；パラサイト），187
　　　捕食 —（parasitoid；パラサイトイド，パラサイトイド），187
　　重複 —（multi-parasitism; polyparasitism），217
　　体外への —（ectoparasitism），187
　　体内への —（endoparasitism），187
寄生者–宿主関係（host-parasite relationship; parasite-host relationship），187, 216
季節変動，11, 12, 17
基本繁殖率（the basic reproductive rate），204
境界条件（boundary condition），64
競合，⇒ 競争
共生（mutualism），188
競争（competition），157
　　干渉型 —（interference competition），157–159, 177
　　間接的 —（indirect competition），157, 169
　　— 系
　　　Lotka–Volterra 型 —，123, 162, 165, 183, 184, 223
　　　Lotka–Volterra 型 m 種 —，162
　　— 係数（competition coefficient），162
　　種間 — 係数（inter-specific competition coefficient），162, 182
　　種内 — 係数（intra-specific competition coefficient），162, 182
　　搾取型 —（exploitative competition），157–159
　　資源消費型，⇒ 搾取型競争
　　資源利用型，⇒ 搾取型競争
　　種間 —（inter-specific competition），146, 170
　　直接的 —（direct competition），157, 169
行列モデル（matrix model），105
局所安定性（local stability），73

グッドマン行列（Goodman matrix），115
蜘蛛の巣法，⇒ cobweb 法
群集構造（community structure），186

決定論的（deterministic），7, 10, 51
　　— モデル（deterministic model），xi

減衰振動（dumping oscillation），87
現存量（standing crop），1
限定要因（limiting factor），172

格子空間モデル（lattice space model, lattice model），156
更新方程式（renewal equation），64, 116, 263
酵素（enzyme），134
構造（structure），48, 104
　　社会的 ―（social structure），48
　　生態的 ―（ecological structure），48
　　生理的 ―（physiological structure），48
拘束条件（confinement condition），81, 92
酵素反応理論，134
後天性免疫不全症候群，⇒ AIDS
交配（mating），45, 235
個体（individual），1
個体群（population），1
　　構造をもつ ―（structured population），48
　　― 密度，⇒ 個体数密度
　　― サイズ
　　　― 依存性（population size dependence），⇒ 密度依存性
　　　― 増加率，4
　　　― サイズ変動ダイナミクス，⇒ 個体群ダイナミクス，個体群動態
　　世代分離（non-overlapping generation）型 ―，77
　　― ダイナミクス（population dynamics），i, viii, 2
　　単一 ―（single population），5
　　単一生物種 ―（single species population），5
　　段階構造をもつ ―（stage-structured population），104
　　段階によって分類された ―（stage-classified population），104
　　― 動態（population dynamics），i, viii
　　閉じた ―（closed population），8, 10, 14, 21, 114, 191
　　年齢構造をもつ ―（age-structured population），65, 110
　　年齢によって分類された ―（age-classified population），65, 110
　　開いた ―（open population），105
　　複数の生物種の ―（multi-species population），5
個体数密度（population density; population concentration），1
固定点，⇒ 不動点
コホート（cohort），14, 49, 53
固有値（eigenvalue），110
固有ベクトル（eigenvector），110
固有方程式（characteristic equation），113
コンパートメントモデル（compartment model），xii
コンピュータシミュレーション（computer simulation），iii
コンプレックス（complex），134
　　中間 ―，135

再感染，206
採餌理論（foraging theory），239
サイズ（size），2
再生産行列（reproduction matrix），105
再生産曲線，⇒ 増殖曲線
最適密度（optimum density），37
錯体，⇒ コンプレックス

資源（resource），1, 144
　　枯渇性の ―，193
嗜好度（favorableness），254, 256
指数関数的（exponential），11, 14, 29, 79, 129, 131, 132, 160, 194, 199, 218
指数分布（exponential distribution），16
自然死亡過程，10
自然選択（natural selection），244, 246
自然繁殖過程，10
質量作用（mass action）
　　― の仮定，⇒ Mass-action 仮定
　　― の法則（law of mass action），⇒ Mass-action の法則
　　　動的な ―（law of kinetic mass action），⇒ Mass-action の法則
質量作用の法則（law of mass action）
　　動的な ―（law of kinetic mass action），135
射影行列（projection matrix），⇒ 推移行列
社会的行動（social behaviour），48
周期倍化現象（period-doubling），88–90, 98, 100, 101, 221
種間関係（inter-specific relationship），157, 186
宿主（host；ホスト），187
主要根（principal root），113
瞬間増殖率（momental growth rate），62
準定常状態近似（quasi-steady state approximation），136, 138–142, 170, 234
準平衡状態近似，⇒ 準定常状態近似
状態変数（state variable），49, 104, 258
　　― 分布（state distribution）
　　　安定 ―（stable state distribution），109
初期条件（initial condition），64
食物連鎖（food chain），143, 197
食物（連鎖）網（food web），143
処理時間（handling time），228–230, 233, 235, 237, 240, 241, 246, 247, 251, 256
自励系（autonomous system），73
自励的（autonomous），43, 247
進化（evolution），23, 188, 246, 254
人口論（An Essay on the Principle of Population），11
侵入（invasion），202

推移行列（transition matrix），105, 111
数理（mathematical）
　　― 個体群生物学（Mathematical Population Biology），i, viii
　　― 集団生物学（Mathematical Population Biology），i, viii

——生態学 (Mathematical Ecology), i, viii
——生物学 (Mathematical Biology), ii, v, 122
——モデリング (mathematical modelling), i, ii
——モデル (mathematical model), i, ii
生態的撹乱 (ecological disturbance), 4
生体量 (biomass), 1
性比 (sex ratio), 45, 236–239
世代 (generation), 71
世代分離型個体群 (non-overlapping generation population), ⇒ 個体群
摂食過程
　　Nicholson–Bailey 型 ——, 196, 222, 227, 229, 233
摂動 (perturbation), 74
　　—— 法 (perturbation method), 170
絶滅 (extinction), 46, 85, 99, 101, 148, 236, 249
　　——過程
　　　　Malthus 型 ——, 14, 17, 66, 96, 202, 214
　　　　一般 Malthus 型 ——, 18, 19
　　必然的 ——, 166, 180, 181
セミ空間モデル (semi-spatial model), 156
セルオートマトンモデル (cellular automaton model), 156
ゼロ–純成長–アイソクライン (zero-net-growth-isocline; ZNGI), 173–175
遷移行列, ⇒ 推移行列
全か無か (all-or-none), 76, 251, 252
線形化解析 (linearization analysis), 74
線形近似 (linear approximation), 268
選択 (selection)
　　血縁 —— (kin selection), 48
　　性 —— (sexual selection), 48
全微分 (total derivative), 67
潜伏期 (latent period, incubation period, encapsuled period), 200, 214
戦略 (strategy), 188
　　採餌 —— (foraging strategy)
　　　　適応的 —— (adaptive foraging strategy), 252
　　　　適応 —— (optimal strategy), 246
　　　　適応進化的 —— (evolutionary optimal strategy), 48
双安定 (bistable), 164, 185
増加率
　　個体群サイズ ——, 4
　　　　単位個体群サイズあたりの ——, 4
　　内的自然 ——, 14
　　相互作用
　　　　Lotka–Volterra 型 ——, 122, 127, 186, 197, 201, 203, 208, 209, 211, 227, 233
　　　　個体間 ——, 37, 144, 145
　　　　個体群間 ——, 123
　　　　　　Lotka–Volterra 型 ——, 123, 196
　　　　　　一般化された Lotka–Volterra 型 ——, 123
　　　　個体群内 ——, 146, 147, 150

　　　　Lotka–Volterra 型 ——, 125, 126
　　　　一般化された Lotka–Volterra 型 ——, 125, 130
　　　種間 —— (inter-specific interaction), 123
　　　種内 —— (intra-specific interaction), 125
相互作用関数 (interaction function), 152
増殖 (growth), 3
増殖過程
　　logistic 型 ——, 20, 22–24, 116, 125, 147, 161, 249
　　　　一般 ——, 22, 23, 82
　　　　拡張 —— (extended logistic growth), 35, 36
　　　　慣用的 ——, 22, 82
　　　　広義の ——, 130, 171
　　Malthus 型 ——, 11, 12, 18, 126, 130, 131, 160, 210, 249
　　世代分離 (non-overlapping generation) 型 ——, 77, 93, 97, 102
　　離散 logistic —— (discrete logistic growth)
　　　　指数関数型 —— (discrete exponential logistic growth), 95, 98, 144, 146, 182
増殖曲線 (reproduction curve), 74, 75, 84, 91, 150, 154
　　勝ち残り型 ——, ⇒ コンテスト型 ——
　　コンテスト (contest) 型 ——, 75, 79, 91, 92, 99, 102, 103, 150, 154
　　スクランブル (scramble) 型 ——, 75, 76, 79, 84, 85, 91, 98, 99, 150, 154
　　共倒れ型 ——, ⇒ スクランブル型 ——
阻害物質 (inhibitor), 139
速度式 (rate equation), 121
速度則 (rate law), 121
速度定数 (rate constant), 122

探索像 (searching image), xii
探索努力 (searching effort), 189, 251
単純差分近似, 83, 94
単峰型 (unimodal), 98, 99

中立安定 (neutrally stable), 198, 224
調節 (regulation), 6, 132, 173, 221

定常状態近似 (stationary state approximation), ⇒ 準定常状態近似
定常状態速度論的研究 (steady-state kinetic studies), 135
定常点, ⇒ 不動点
適応的 (adaptive), 252
適応度 (fitness), 80
適用限界, 81
伝染病, 5, 200
　　—— 媒介者 (ベクター；vector), 209, 210

等傾斜線法, ⇒ アイソクライン法
同時出生集団, ⇒ コホート
動的平衡, 8
特性曲線 (characteristic curve), 65
特性方程式, ⇒ 固有方程式

閉じた系 (closed system), ⇒ 閉じた個体群
閉じた個体群 (closed population), ⇒ 個体群
共食い (cannibalism), 96
努力配分 (effort allocation; allocation of effort), 250

内的自然増加率, ⇒ 内的自然増殖率
内的自然増殖率 (intrinsic natural growth rate; intrinsic rate of natural increase; intrinsic growth rate), 14, 23, 38, 160, 165, 178, 199
内的自然繁殖率, ⇒ 内的自然増殖率

ニコルソン–ベイリーモデル, ⇒ Nicholson–Bailey モデル
二次関数近似, 268
2-時間単位法 (two-timing method), 170

年齢 (age)
　　生態 — (ecological age), 49
　　生理 — (physiological age), 49
　　— 分布 (age distribution), 49, 65

パッチ (patch), 3, 151
速い過程 (fast process), 170
パラサイト, ⇒ 寄生
パラサイトイド, ⇒ 寄生
パラシトイド, ⇒ 寄生
繁殖
　　—過程 (reproduction process), 3
　　— 成功度 (reproductive success), 78, 80, 155
　　— 成功率 (successful reproduction rate), 78
　　内的自然 — 率, ⇒ 内的自然増殖率
　　— 率 (reproduction rate), 80
反応
　　— 原系 (substrate), 134
　　— 次数 (reaction order, kinetic order), 122
　　— 速度, 121
　　— 速度式 (reaction velocity equation), 134
　　　Michaelis–Menten 型 —, 134, 136, 229, 234
反応拡散方程式モデル (reaction-diffusion equation model, reaction-diffusion model), 156

非感染者 (susceptible), 200
被食者 (prey), ⇒ 餌
被食者–捕食者系, ⇒ 餌–捕食者系 (prey-predator system; predator-prey system)
ヒト免疫不全ウィルス, ⇒ HIV
一山型, ⇒ 単峰型
頻度 (frequency)
　　— 分布 (frequency distribution), 147, 148
　　累積 — (cumulative frequency distribution), 15, 19
　　— 密度分布 (frequency density distribution), 15, 19

フィードバック (feedback), 30
フェロモン物質, 157
複合体, ⇒ コンプレックス
複雑系の科学, iv
不動点 (fixed point), 85, 185
プレイ, ⇒ 餌
プレデイター, ⇒ プレデター
プレデター, ⇒ 捕食者
分岐 (bifurcation)
　　Neimark-Sacker —, 221, 223
　　熊手型 — (pitchfork bifurcation), 88–90, 98, 100, 101, 221
　　— 構造 (bifurcation structure), 102
　　— 図 (bifurcation diagram), 89, 90, 98
分布関数 (distribution function), 56, 57
　　周辺 — (marginal distribution function), 60
　　同時 — (joint distribution function), 60
　　頻度 — (frequency distribution function), 68
　　密度 — (density distribution function), 56–59, 68
　　　周辺 — (marginal density distribution function), 60, 61, 64
　　　寿命 —, 69
　　　同時 — (joint density distribution function), 59

平均寿命 (mean life span; averaged life span), 16
平均値定理 (mean value theorem), 267
平均場近似 (mean-field approximation), 125
平衡点, ⇒ 不動点
ベクター, ⇒ 伝染病
ベルヌーイ方程式 (Bernoulli equation), 22, 35
変換係数 (conversion coefficient), 192
変数分離法 (variable separation method), 217

方向導関数 (directional derivative), 67
飽和密度 (saturation density), 23
捕食圧 (predation pressure), 239, 247, 248, 251, 252, 257
捕食過程 (predation)
　　Holling 型 —, 216, 249, 250, 256, 257
　　Lotka–Volterra 型 — (Lotka–Volterra predation process), 196
　　スウィッチング — (switching predation), 246, 251–257
　　選択的 — (selective predation), 258
　　ランダム — (random predation), 254
捕食行動, 188
捕食者 (predator), 186
　　待ち受け型の —, 226
捕食者–被食者系, ⇒ 餌–捕食者系 (prey-predator system; predator-prey system)
捕食努力 (predation effort), 251
　　— 配分 (allocation of predation effort), 246
捕食リスト (menu), 242

索引

ホスト, ⇒ 宿主
保存量（conservative quantity）, 128–130

マラリア（malaria）, 209, 214

密度依存性（density dependence）, 75, 100, 238
密度効果（density effect）, 5, 20, 23–25, 30, 37, 40, 45, 73, 93, 131, 132, 148, 182, 183, 218, 221
  Allee 型 ——（Allee's density effect）, 37–40, 42, 43, 237
  アソーシャル（asocial）型 ——, 43

群れ（group）, 2, 49

免疫（immunity）, 202, 204
  —— 獲得, 200

有性生殖（sexual reproduction）, 40, 42, 45–47, 235

余命, 68

罹患率（incidence）
  瞬間 ——（momentary incidence）, 201
力学系（dynamical system）
  離散 ——（discrete dynamical system）, 84
力学的対等性, ⇒ dynamical consistency
理想自由分布（ideal free distribution）, 252, 254
流行（spread）, 202
  初期 ——（the early spread）, 202, 203
理論生物学（Theoretical Biology）, vi, vii

レスリー行列（Leslie matrix）, 111, 117, 119, 183
レフコビッチ行列（Lefkovitch matrix）, 111, 113
連続体近似, 59

蠟山朋雄（Royama, Tomoo）, 144, 225
ロジスティック方程式, ⇒ logistic 方程式
ロトカ–ヴォルテッラ系（Lotka–Volterra system）, viii

数理生物学 個体群動態の数理モデリング入門
Mathematical Biology: Introduction to Population Dynamics Modelling

著者紹介

瀬野裕美(せの ひろみ)

1960年	山口県岩国市生まれ
1989年	京都大学大学院理学研究科博士後期課程修了(生物物理学専攻)
現　在	広島大学大学院理学研究科　准教授　理学博士(京都大学)
専門分野	数理生物学
主要著書	『医学・生物学とフラクタル解析−生物に潜む自己相似性を探る』(品川嘉也と共著, 東京書籍, 1992), 『数理生態学』(シリーズ・ニューバイオフィジックス⑩, 共著, 巖佐 庸編, 共立出版, 1997), 『姓の継承と絶滅の数理生態学−Galton-Watson 分枝過程によるモデル解析』(佐藤葉子と共著, 京都大学学術出版会, 2003) など

近影

NDC 461.9　　　　　　　　　　　　　　　　　　　　検印廃止　ⓒ 2007

2007 年 6 月 1 日　初版 1 刷発行
2009 年 9 月 20 日　初版 2 刷発行

著　者　瀬野裕美
発行者　南條光章
発行所　**共立出版株式会社**　　[URL]　http://www.kyoritsu-pub.co.jp/
　　　　〒112-8700　東京都文京区小日向 4-6-19
　　　　電　話　03-3947-2511(代表)　　振替口座　00110-2-57035
印刷・製本　藤原印刷　　　　　　　　　　　　　　　　　　　　Printed in Japan

ISBN 978-4-320-05656-5　　　　　　　　　　社団法人 自然科学書協会 会員

JCOPY <(社)出版者著作権管理機構委託出版物>
本書の無断複写は著作権法上での例外を除き禁じられています。複写される場合は、そのつど事前に、(社)出版者著作権管理機構(電話 03-3513-6969, FAX 03-3513-6979, e-mail: info@jcopy.or.jp)の許諾を得てください。

日本生態学会 創立50周年記念出版

生態学事典
Encyciopedia of Ecology

編集：巖佐　庸・松本忠夫・菊沢喜八郎・日本生態学会
A5判・上製・約708頁・13,650円（税込）

「生態学」は，多様な生物の生き方，関係のネットワークを理解するマクロ生命科学です。特に近年，関連分野を取り込んで大きく変ぼうを遂げました。またその一方で，地球環境の変化や生物多様性の消失によって人類の生存基盤が危ぶまれるなか，「生態学」の重要性は急速に増してきています。そのようななか，本書は創立50周年を迎える日本生態学会が総力を挙げて編纂したものです。生態学会の内外に，命ある自然界のダイナミックな姿をご覧いただきたいと考えています。

『生態学事典』編者一同

7つの大課題

I　基礎生態学
II　バイオーム・生態系・植生
III　分類群・生活型
IV　応用生態学
V　研究手法
VI　関連他分野
VII　人名・教育・国際プロジェクト

のもと，298名の執筆者による678項目の詳細な解説を五十音順に掲載。生態科学・環境科学・生命科学・生物学教育・保全や修復・生物資源管理をはじめ，生物や環境に関わる広い分野の方々にとって必読必携の事典。

共立出版
http://www.kyoritsu-pub.co.jp/